普通高等教育“十三五”规划教材

弹丸飞行力学

郭 锐 编著

国防工业出版社

·北京·

内容简介

弹丸飞行力学是研究无控和有控弹药在空中的运动规律、飞行特性、导引控制及其应用的一门综合性基础课程。全书共分8章，主要介绍作用在飞行弹丸上的空气动力、无控弹药和有控弹药的飞行动力学方程组的建立及其数值解法，同时也介绍了一些有关子母弹、末敏弹和弹道修正弹飞行特性的内容。

本书可作为弹药工程与爆炸技术和飞行器设计专业本科生的教材，也可作为相关专业本科生、研究生的参考书，同时也是现代弹药设计、维护、使用的相关科研技术人员的参考资料。

图书在版编目（CIP）数据

弹丸飞行力学/郭锐编著．—北京：国防工业出版社，2020.1

ISBN 978-7-118-11686-1

Ⅰ.①弹…　Ⅱ.①郭…　Ⅲ.①弹丸-飞行力学-研究
Ⅳ.①TJ011

中国版本图书馆 CIP 数据核字(2018)第 254469 号

※

国防工业出版社出版发行
（北京市海淀区紫竹院南路23号　邮政编码 100048）
三河市天利华印刷装订有限公司印刷
新华书店经售

*

开本 787×1092　1/16　**印张** 14　**字数** 320 千字
2020 年 1 月第 1 版第 1 次印刷　**印数** 1—2000 册　**定价** 45.00 元

国防书店：(010)88540777　　发行邮购：(010)88540776
发行传真：(010)88540755　　发行业务：(010)88540717

前　言

弹药作为武器系统实现精确打击和高效毁伤目标的终端环节，是完成武器系统作战使命和作战任务的核心。从弹药的发展来看，最初是无控弹药，20世纪中期出现了导弹，是自动寻的弹药。由于导弹成本昂贵，为了适应现代战争精确打击的要求，又出现了低成本有能力弹药，即灵巧和智能弹药。灵巧和智能弹药是指在外弹道某段上能够自身搜索、识别目标，或者自身搜索、识别目标后还能追踪目标，直至命中和毁伤目标的弹药。灵巧与智能弹药是介于无控弹药和导弹之间的弹药，包括末敏弹、末修弹和末制导弹药等，它们具有效费比高的优点，是当今世界弹药的发展方向之一。为了适应现代弹药技术的发展及教学、科研的需要，我们结合当前科研最新成果编写了本教材。

"弹丸飞行力学"是研究无控和有控弹药在空中的运动规律、飞行特性、导引控制及其应用的一门综合性基础课程。弹丸的飞行动力学特性是弹药设计必需的一环，尤其是对于灵巧和智能弹药。为了适应技术的发展需要，进一步拓展弹药工程与爆炸技术专业和飞行器专业的教学和科学研究，在前期讲义的基础上编写了本书。

本书主要介绍无控弹药和有控弹药的飞行动力学方程组的建立及其数值解法，同时也介绍了一些有关子母弹、末敏弹和弹道修正弹飞行特性的内容。它是从事无控弹丸和有控弹丸的弹道设计、灵巧与智能弹药总体设计、飞行器设计等研究工作不可或缺的理论基础。

本书由南京理工大学郭锐编著，书中的插图和文字稿由吕胜涛博士、马晓冬博士、陈亮博士、周昊博士、邱荷硕士、刘萌萌硕士、郑永乾硕士、唐辉辉硕士等研究生参与整理。

本书承蒙南京理工大学刘荣忠教授和高旭东副研究员审阅，并提出许多有益的建议，对提高书稿质量起了重要作用，特致谢意。

由于编者水平有限，书中难免有失误和不妥之处，欢迎读者批评指正。

编者

目　录

第1章　绪　　论

弹丸飞行力学(又称外弹道学)是研究弹丸在空中的运动规律、飞行特性及其总体性能的科学,其研究对象包括无控和有控炮弹、火箭弹以及灵巧与智能弹药等小型飞行体。弹丸的运动状态与其结构特征、气动外形、发射条件及飞行环境密切相关,对有控弹丸,还与控制机构有关。要使弹丸具有良好的飞行弹道性能,需要对其运动规律及其影响因素进行综合分析,以获得良好的弹药设计参数和最佳的飞行状态。

1.1　弹丸飞行力学的起源与发展

弹丸飞行力学(外弹道学)是一门古老的学科。

史前人投掷的第一块石头可以认为是外弹道现象最早的例子。外弹道学的英文名词“ballistics”来源于拉丁语“ballista”,指古代的投掷装置,如投掷、矛和弩炮等。公元前3世纪,亚历山大和拜占庭时代的哲学家费朗(Philon)写出了一本有关投掷机设计、制造和使用技术的书籍,名为“βελοπο-ιικα”,它是最早的一本外弹道学著作。继费朗所写的著作之后,在约1900年的漫长历史过程中,又有一些外弹道学著作问世,但是,这些论著都不同程度地受到希腊哲学家亚里士多德(Aristotele, 公元前384—公元前322)的哲学思想的影响,主张用臆测和神秘的观点,凭主观想象研究抛射体的运动,提出不科学的运动学说。直到17世纪初,意大利科学家伽利略(Galileo Galilei,1564—1642)主张用观察、实验和数学方法研究自然界,成功地建立了一个精确而科学的研究物体运动的基础,伽利略与亚里士多德的哲学思想彻底决裂,使外弹道学成为一门严密的科学。

从伽利略提出抛物线理论到现在,外弹道学已有300多年的历史。现在外弹道学的研究内容与17—18世纪相比发生了重大变化。但是,外弹道学的基本定义还是具有其普遍性的,即“外弹道学是研究抛射体或飞行体在空中运动及与之有关的问题的科学”。伽利略时代的“抛射体”是指石块、弓箭、球形弹等,“空中”是指真空,“相关的问题”只是计算运动轨迹。我们现在理解的弹丸飞行力学(外弹道学)中,“飞行体”除了各种炮弹、火箭弹甚至导弹外,还包括各种高速运动的物体;“空中”除空气外,还包括水中及其他均匀介质;“相关问题”的研究范畴包括总体设计、参数辨识技术、射表编制、飞行稳定性分析、射击精度分析等。

目前,弹丸飞行力学已发展成为应用力学的一个分支,属刚体动力学的范畴。正如圣·路易德法研究所的库特尔(R. E. Kutterer)博士所说:“弹道学是一门基础科学,在许多军事技术领域中都有根本的重要性。它是由于武器技术的需要而产生的,武器技术也是它的主要应用领域。不过,抛开在武器技术中的用途不谈,弹道学仍然是一门基础学科,外弹道学是处理高速问题的科学,也为高速问题的研究提供了理论和各种试验设备。”

随着科学技术的发展,弹丸飞行力学已广泛应用于诸多专门的研究领域,如普通炮弹飞行力学、航弹飞行力学、火箭弹飞行力学、导弹飞行力学,以及用于体育领域的足球、排球、乒乓球、高尔夫球、标枪、铅球、铁饼等器械的飞行力学,用于侦破案件的司法鉴定外弹道学,用于军事勤务处理的军事外弹道学等。

1.2 弹丸飞行力学的发展阶段

根据弹丸飞行力学(外弹道学)的研究内容、解决的主要问题,以及对数学、力学的应用程度,可以把外弹道学的发展分为以下几个阶段,如图 1.1 所示。

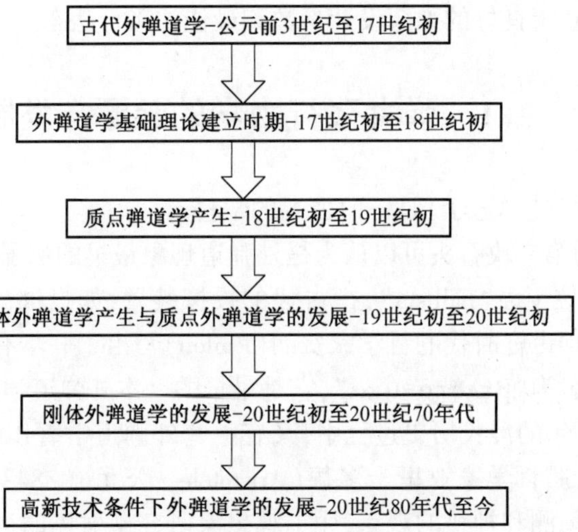

图 1.1 外弹道学的几个发展阶段

1.2.1 牛顿前时代外弹道学的发展

牛顿前时代从公元前 3 世纪至 17 世纪初,这一时代的主要特征是在亚里士多德哲学思想影响下,研究抛射体的运动规律,外弹道学没有真正成为科学。17 世纪以前的外弹道学,由于没有科学的力学基础,建立在臆想和假设的基础上,是受到哲学思想影响的外弹道学,此时期也称为牛顿前时代的外弹道学。

亚里士多德关于物体运动的学说,在长达 19 个世纪的时间内,一直影响着对物体运动规律的正确解释,即使到 16 世纪,塔尔塔利亚的抛射体运动模型,也没有完全摆脱亚里士多德的关于物体运动学说的影响。但是,这些前人的研究为提出正确的物体运动理论提供了线索。

1.2.2 外弹道学基础理论的建立

16 世纪至 18 世纪,由于资本主义的发展,促进了以力学为中心的实验科学的兴起。天文学领域取得突破性进展以及数学的发展,为力学的发展提供了基础。从 17 世纪初至 18 世纪初,由伽利略、牛顿等科学家建立的经典力学体系,为外弹道学的产生奠定了基础。同时,伽利略与牛顿也开始研究外弹道学方面的问题。

伽利略在研究球形弹的运动规律时,在独立实验的基础上,研究了落体落下定律,证明自由落体为等加速运动,发现无阻力运动的轨迹为抛物线,利用抛物线公式可以计算外弹道诸元。牛顿研究了弹丸在均匀介质中的飞行阻力,根据阻力定律,从实验和理论上研究了运动弹丸的流体阻力,提出质点阻力与它的直径成正比(即“牛顿平方阻力定律”),阻力与流体密度一次方成正比。

1.2.3 质点弹道学的产生

18 世纪是质点外弹道学的形成时期,此时期从 18 世纪初至 19 世纪初。此时期的特点是各国的物理学家、力学家、数学家都参与研究球形弹质点弹道学问题,为质点外弹道学的产生打下了基础。

质点外弹道学的古典问题是研究抛射体的轨迹,特别着重于弹着点准确度的研究。在质点外弹道学研究过程中,对空气阻力的研究具有重要地位,测试装置的出现具有更重大意义,应用力学原理与数学方法计算弹道是根本目的。空气阻力、质点弹道解法等方面的研究成果组成了初期质点外弹道学的主要内容。

为了确定弹道规律,欧拉提出了两种著名的弹丸质心运动方程的近似解法。一种解法是平均值短弧法。在空气密度为常数、阻力与速度的平方成比例的条件下,将弹丸质心运动方程的积分求解简化为求面积和代数公式,按顺序分弧的形式表示弹道,并将这些小弧段用直线近似代替,可求得时间与横、纵坐标的对应关系,将其相加即得到全弹道。另一种解法是利用古典级数展开理论,把自变量按幂级数展开,求解弹丸运动的平面问题。

1.2.4 刚体外弹道学产生与质点外弹道学的发展

此时期从 19 世纪初至 20 世纪初,由于膛线火炮与旋转长柱形弹丸的应用,出现了刚体运动的各种现象,如章动、偏流等,同时也对长柱形弹丸的阻力特性进行研究,此时期质点弹道解法也在发展,专业外弹道工作者、外弹道教研室和外弹道学书籍也已出现。

19 世纪是外弹道学发展的关键时期,外弹道学的主要内容与体系在此时期初步形成。刚体外弹道学已产生,质点外弹道学得到进一步发展。进一步测定阻力,在各种阻力定律确定之后,质点弹道的各种近似解法,得到很大发展。这一时期的主要特点是外弹道试验技术有很大发展,对外弹道学发展有重大影响的试验技术已研制成功,用于试验研究。

19 世纪中期膛线火炮与旋转长柱形弹丸的使用,是火炮技术的一次革命,它提高火炮的初速使初速的稳定性得到改善。19 世纪后期无烟火药的应用,又进一步提高了内弹道性能,提高了火炮初速及其稳定性。初速的提高,必须研究阻力变化规律,以适应外弹道计算的需要。上述因素促进了刚体外弹道学的产生。

1.2.5 刚体外弹道学的发展

此时期从 20 世纪初至 20 世纪 70 年代,外弹道学体系已形成,外弹道学的研究内容扩充很多,测试手段也有很大发展。

在19世纪后半期研制成功的膛线火炮与长柱形旋转弹丸，在炮兵实际应用与科学研究试验过程中出现了许多外弹道现象需要科学的解释，如长柱形弹丸的空气阻力确定方法、外弹道计算、飞行稳定性计算等。这些刚体外弹道现象需要进一步研究和分析。所以，在20世纪的研究中，逐渐形成了刚体外弹道学理论体系及各种测试技术。

20世纪是外弹道试验技术快速发展的时期。这时期测试技术的发展与19世纪的测试技术相比，出现了大型外弹道专用试验设备，如超声速风洞、现代靶道、各种新型测速系统、各种高速摄影系统以及遥测系统等。这些先进的试验设备，为外弹道学的发展提供了基础。此外，电子计算机的研究成功，为外弹道研究提供了新的计算手段。

1.2.6 高新技术条件下外弹道学的发展

此时期从20世纪80年代至今，在高新技术条件下，外弹道学的发展又有了新的内容。特别在提高射程和射击精度方面，提出了许多新的研究内容。近20年来，随着光电技术、信息技术、控制技术、计算机技术、新材料新工艺的发展和新原理的应用，出现了许多新型弹种，其中有的已定型、有的还正在研制中，它们再也不是简单的炸药加钢铁弹丸结构了，而是智能化的弹药，如末敏弹、弹道修正弹、滑翔增程弹、巡飞弹、简控火箭和航空炸弹、末制导炮弹等。这使常规武器向远程、精确打击方向发展，不但大幅提高了对目标的命中概率和毁伤概率，而且这些新型弹丸不同于一般意义上的导弹。首先它们仍以火炮、火箭炮或飞机作为发射平台，因而必须体积小，并能承受高发射过载；其次是与导弹相比较价格低廉，在战争中能较大量使用。所以，它们的控制系统比导弹简单，一般不进行全程制导，弹道的主要部分还是无控飞行段，只是在弹道的关键部分，如火箭弹飞行的降弧段或接近目标的弹道末段增加控制、敏感或修正，并且多是开环控制或仅对目标敏感，且大多数自身不带动力装置。这些新型弹丸对目标的毁伤概率比普通弹丸高几倍，而价格是导弹的几分之一，所以效费比很高，在近20年的几场战争中已充分表现出了它们的威力，因而引起各国的重视。目前这种高技术含量弹药的研制，已成为弹丸发展的热点和主流。

新型弹丸不仅在其作用原理上不同于普通弹丸，在其飞行原理和弹道特性上也与普通弹丸有很大差别。例如，在全弹道上既有无控飞行段，也有有控飞行段，还有火箭增程或冲压增程段，有的用降落伞形成螺旋扫描运动（如末敏弹），有的在飞行中途改变气动外形和空气动力（如一维弹道修正弹），有的采用脉冲发动机改变飞行弹道（如二维弹道修正弹）等。这都是普通外弹道学中不曾遇到的问题，必须针对具体的弹种建立新的外弹道理论，一方面可解决此类弹丸研制的需要，另一方面也开拓了外弹道学的新领域，丰富了外弹道学的内容，同时使外弹道学与导弹飞行力学有了更多的融合点。

目前，有关新型弹丸的外弹道和飞行力学理论还在研究发展中，本书仅以末敏弹为例作简单介绍。

1.3 现代弹丸气动外形及其对飞行特性的影响

1.3.1 弹丸的飞行稳定方式

弹丸在空气中飞行将受到空气动力和力矩的作用，其中空气动力直接影响质心的运动,使速度大小、方向和质心坐标改变,而空气动力矩则使弹丸产生绕质心转动并进一步改变空气动力,影响到质心的运动。这种转动有可能使弹丸翻滚造成飞行不稳而达不到飞行目的,因此,保证弹丸飞行稳定是外弹道学、飞行力学、弹丸设计、飞行控制系统最基本、最重要的目标。

目前,使弹丸飞行稳定有两种基本方式:一是安装尾翼实现风标式稳定,二是采用高速旋转的方法形成陀螺稳定(图 1.2)。

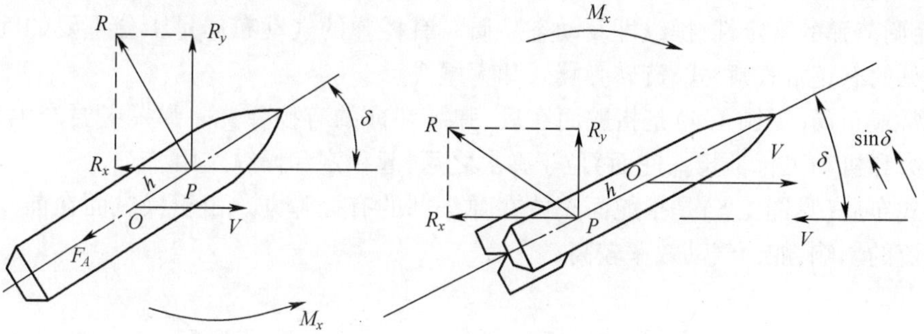

(a) 陀螺稳定　　(b) 风标式稳定

图 1.2　两种稳定方式

图 1.2(a)为无尾翼的旋成体弹丸。这时主要的空气动力在头部,故总空气动力 R 和压力中心 P 在质心之前,将 R 也分解为平行于速度反方向的阻力 R_x 和垂直于速度方向的升力 R_y 。这时的静力矩 M_z 使弹轴离开速度线,使 δ 增大,如不采取措施弹就会翻跟斗造成飞行不稳,故称之为翻转力矩,这种弹称为静不稳定弹。使静不稳定弹飞行稳定的办法就是令其绕弹轴高速旋转(如线膛火炮弹丸或涡轮式火箭弹),利用其陀螺定向性保证弹头向前稳定飞行。

图 1.2(b)为尾翼弹飞行时的情况,其中弹轴与质心速度方向间的夹角 δ 称为攻角。由于尾翼空气动力大,使全弹总空气动力 R 位于质心和弹尾之间,总空气动力与弹轴之交点 p 称为压力中心。总空气动力 R 可分解为平行于速度反方向的阻力 R_x 和垂直于速度的升力 R_Y 。显然此时总空气动力对质心的力矩 M_z ,力图使弹轴向速度线方向靠拢,起到稳定飞行的作用,故称为稳定力矩,这种弹称为静稳定弹,这种稳定原理与风标稳定原理相同。

1.3.2　现代弹丸的气动外形和气动布局

根据飞行性能要求和战斗性能要求,弹丸的气动外形和气动布局是各种各样的,甚至是奇形怪状的,但就对称性来分有轴对称形、面对称形和非对称形。轴对称形中又分完全旋成体形和旋转对称外形。如普通线膛火炮弹丸即是完全旋成体形(见图 1.2(a)),其外形由一条母线绕弹轴旋转形成。尾翼或鸭翼或弹翼或舵面沿弹尾或弹头或弹身圆周均布的弹丸具有旋转对称外形(见图 1.2(b))。如翼面数为 n ,则弹每绕纵轴旋转 $2\pi/n$,其气动外形又回复到原来的状态。面对称形弹丸一般是指弹丸只有一个对称面的情况,如飞机形的飞航式导弹和布撒器等(见图 1.3)。非对称形弹丸的典型范例是气动偏心导旋扫描的末敏子弹(见第 6 章)。

对于有控飞行弹丸,一般主要依靠尾翼(或安定面)稳定,但舵面偏转形成的操纵力

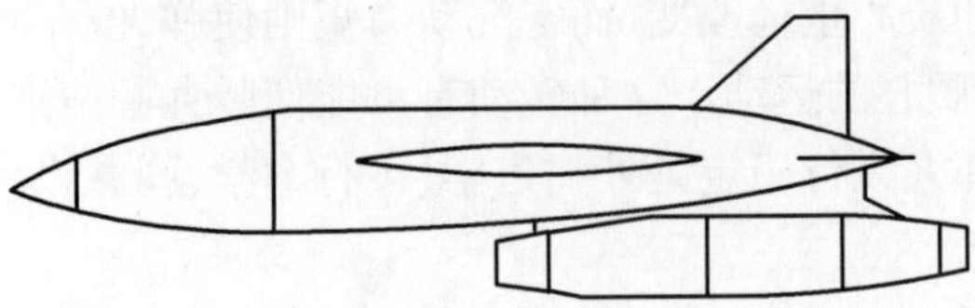

图 1.3　面对称弹丸的气动外形

矩也可以适度地改变或调节总的稳定力矩大小,还可用前翼形成反安定面,减小稳定力矩,从而调节弹的稳定性、操纵性及动态品质。有控弹的气动布局是十分重要的问题,目前最常见的有正常式、鸭式、旋转弹翼式和无尾式。

正常式布局(见图 1.4)是指舵面在后、弹翼在前的有控弹丸。弹翼主要产生升力以平衡重力和机动飞行,尾翼(舵面)位于弹翼之后,起稳定和操纵作用。

鸭式布局(见图 1.5)是指舵面安放在弹头部的有控弹丸。由于操纵面在前,不受弹翼下洗流的影响,舵面气动效率较高。

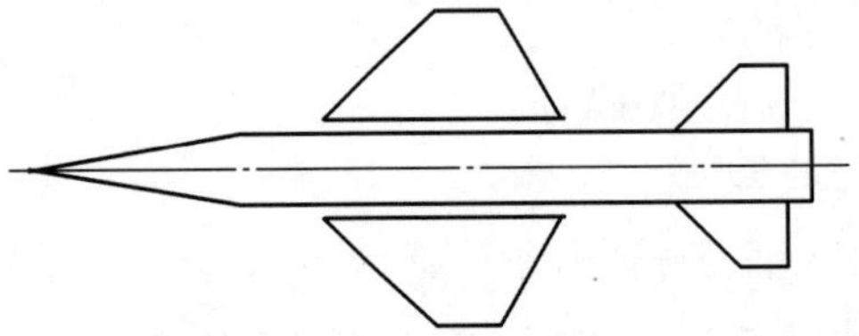

图 1.4　正常式布局

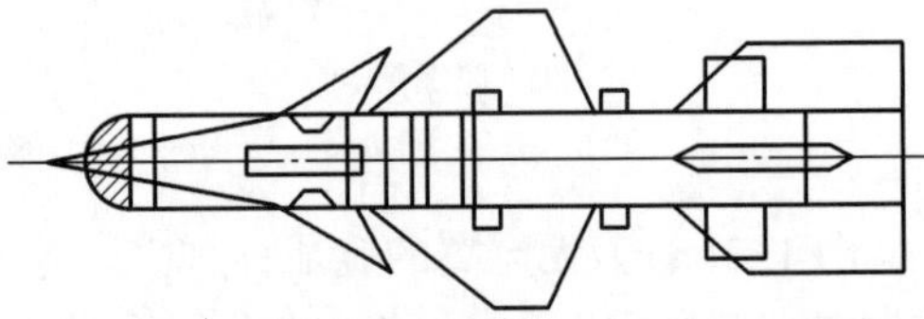

图 1.5　鸭式布局

旋转弹翼式布局(见图 1.6)的外形与正常式类似,弹翼在前,尾翼在后。不同的是,弹翼相对于弹体可以旋转,起操纵面作用,而尾翼是固定的,不能转动。尾翼对弹丸只起稳定作用,故又称为安定面。由于操纵面很大,操纵面偏转直接产生较大的升力,机动性和快速性好,但操纵面的铰链力矩很大,这是不利的。

无尾式布局(见图 1.7)没有尾翼,弹翼固定在弹体后段,操纵面紧靠弹翼,弹翼的翼展较短,翼弦较长。一般此类弹丸的静稳定度较大,为了减小一些静稳定度以改善其操纵性,通常在弹翼前方安装一对小翼,称为反安定面。

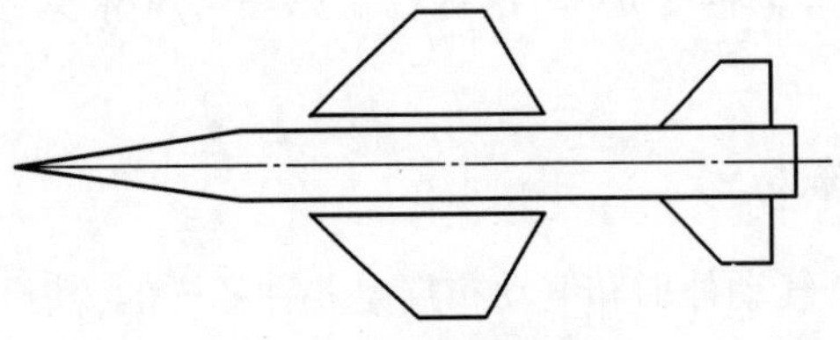

图 1.6　旋转弹翼式布局

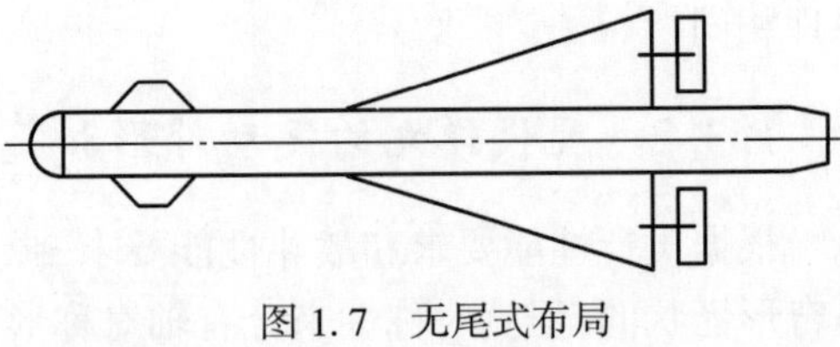

图 1.7　无尾式布局

1.3.3　现代弹丸的气动特性预测

无控弹丸的弹道轨迹包括最大射程、最大弹道高等,从气动力方面讲,主要取决于作用在弹丸上的阻力,故对阻力的研究是无控弹丸气动力研究的核心。而对有控弹丸而言,因还涉及操纵性和弹道机动性,所以升力、稳定力矩和操纵力矩成为比阻力更重要的气动力。

目前,获得弹丸空气动力特性的方法有三种:风洞吹风法、计算法、射击试验法。

(1) 风洞吹风法是将弹丸的缩比模型,以天平杆支撑,在风洞试验段中,高压气瓶中的空气通过整流装置,再经过拉瓦尔喷管以一定的马赫数吹向模型,形成作用于弹丸模型的力,并通过测力天平杆,由六分力测力装置测得三个方向的分力及力矩,最后整理出弹丸的气动力系数。气流的马赫数更换形状不同的喷管实现,攻角可以通过转动模型状态的机构(称为 α 机构)实现。以相似理论为基础,由模型吹风获得的气动力系数就是弹丸的气动力系数(一般要根据实验条件作些修正)。吹风中模型不动时可获得弹丸的升力、阻力、静力矩,称为静态空气动力;吹风中模型摆动或自转时可获得弹丸的动态空气动力系数。有控弹丸操纵面(舵面)上的气动力,尤其是操纵力矩,也可由吹风获得。相比较而言,获取动态气动力系数较为复杂困难。

(2) 计算法包括数值计算法和工程计算法。数值计算法是根据空气流动所满足的 Naver-Stoks 方程、来流性质及弹丸外形的边界条件,采用有限差分法,将流场分成许多网格进行数值积分运算,获得作用在弹体表面每一微元上的压强,再进行全弹积分求得各个气动力和力矩分量。此种方法计算量大、耗用机时多。

工程计算法可将流体力学方程简化,建立不同情况下的解法,如源汇法、二次激波膨胀法等,再加上一些吹风试验数据、经验公式等进行拟合得到。由于它的计算时间很短,故特别适用于在弹丸的方案设计及方案寻优过程中的气动力反复计算。目前由计算法获得的气动力精度是:对于旋成体的阻力和升力误差大约为 5%,对静力矩大约为 10%。但对于尾翼弹,计算所得气动力精度要稍低一些,动导数的计算误差更大一些。

(3) 射击试验法是将弹丸发射出去,利用各种测试仪和方法(如测速雷达、坐标雷达、闪光照相、弹道摄影、高速录像、攻角纸靶等)测得弹丸飞行运动的弹道数据(如速度、坐标随时间的变化、攻角变化等),然后再通过参数辨识技术,获取该弹的气动力系数,其原理也就是什么样的气动力系数才能产生试验测得的弹丸运动。射击试验法因包含了所有实际情况,射击试验法所测得的气动力往往与弹丸实际飞行符合得更好。

1.3.4 气动特性预测精度对弹丸飞行特性的影响

弹丸的飞行特性与其气动特性的预测精度有密切的关系,气动特性预测的误差将对弹丸的飞行性能预估带来相应的误差。对于无控弹丸,升力系数 10%的误差将给射程带来 5%左右的误差;阻力系数 10%的误差将给射程带来 10%的误差。对于有控弹丸,气动特性预测的精度也是越高越好。目前,制导弹丸气动特性预测结果的相对误差如下:纵向气动特性,包括升力、阻力、俯仰力矩和压心等约 10%;滚动力矩、铰链力矩和动导数约为 20%。

第 2 章　作用在飞行弹丸上的空气动力

弹丸在飞行过程中受到空气动力的作用，空气动力的大小主要取决于弹丸的气动外形、飞行速度和飞行姿态。空气动力影响弹丸的射程、飞行稳定性及散布等。

2.1　空气阻力的组成

本节首先研究轴对称弹丸的弹轴与速度矢量重合（即攻角 δ 为零）时的情况。此时作用于弹丸的空气动力沿弹轴向后，称为空气阻力或迎面阻力。因没有升力，故此阻力也称为零升阻力。

2.1.1　旋转弹的零升阻力

空气阻力与弹丸相对于空气的运动速度有很大关系。

（1）当速度很小时，气流流线均匀、连续绕过弹丸如图 2.1(a)所示，此时如用测力天平可以测出弹丸受有一个不大的、与来流方向相反的阻力。如果是理想流体（不考虑气体黏性），在此情况下应该没有阻力。但由于空气是非理想流体，具有一定的黏性，因此把由空气黏性（内摩擦）产生的阻力称为摩阻。

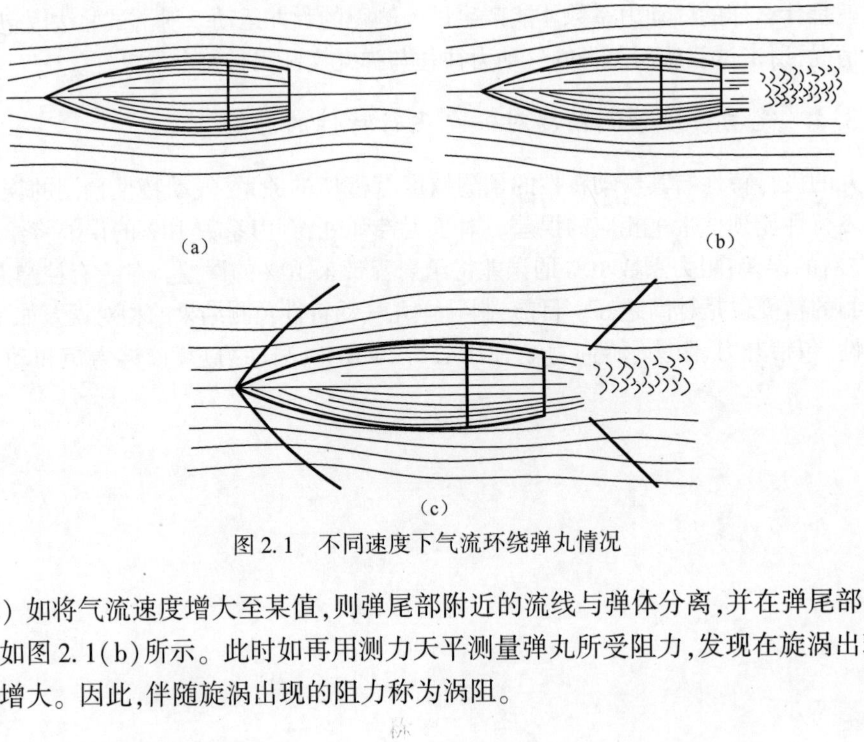

图 2.1　不同速度下气流环绕弹丸情况

（2）如将气流速度增大至某值，则弹尾部附近的流线与弹体分离，并在弹尾部出现许多旋涡如图 2.1(b)所示。此时如再用测力天平测量弹丸所受阻力，发现在旋涡出现后阻力显著增大。因此，伴随旋涡出现的阻力称为涡阻。

在上述两种情况下的弹丸速度(或风洞中气流速度)总是亚声速。如在跨声速或超声速情况下做类似试验,则所见现象将有很大的不同。

(3) 如将弹丸或其模型放在超声速气流中,用纹影照相法可以拍出如图 2.1(c)所示的情况。除尾部有大量旋涡外,在弹头部与弹尾部附近有近似为锥状的、强烈的压缩空气层存在。这就是空气动力学中所说的激波(在弹道学中把弹头附近的激波叫做弹头波,弹尾附近的激波叫做弹尾波),此时空气阻力突然增大。由此可见,对于跨声速和超声速弹丸,除受上述的摩阻和涡阻作用外,还必然受伴随激波影响而产生所谓的波阻作用。此后如速度再行增大,在出现弹丸头部烧蚀现象以前不会有其他特殊变化。

由此可见:弹丸的空气阻力,在超声速与跨声速时,应包括上述的摩阻、涡阻和波阻三个部分;而在亚声速时则没有波阻。由空气动力学知,空气阻力的表达式为

$$R_x = \frac{\rho v^2}{2} S c_{x_0}(Ma) , \qquad q = \frac{\rho v^2}{2} \tag{2.1}$$

式中:$q = \rho v^2/2$ 为速度头或动压头,它是单位体积中气体质量的动能;v 为弹丸相对于空气的速度;ρ 为空气密度;S 为特征面积,通常取为弹丸的最大横截面积,此时 $S = \pi d^2/4$;Ma 为飞行马赫数,$Ma = v/c_s$,c_s 为声速。$Ma < 1$ 时 $v < c_s$ 为亚声速,$Ma > 1$ 时 $v > c_s$ 为超声速。

$c_{x_0}(Ma)$ 为阻力系数,下标“0”指攻角 $\delta = 0$ 的情况。要将摩阻、涡阻和波阻分开,只须将阻力系数 $c_{x_0}(Ma)$ 分开,即将其分为摩阻系数 c_{xf}、涡阻系数(或底阻系数)c_{xb} 和波阻系数 c_{xw}。故

$$c_{x_0}(Ma) = c_{xf} + c_{xb} + c_{xw} \tag{2.2}$$

在亚声速时,$c_{xw} = 0$。

下面简述摩阻、涡阻和波阻产生的原因和旋转弹零升阻力系数的估算方法。

1. 摩阻

当弹丸在空气中飞行时,弹丸表面常常附有一层空气,伴随弹丸一起运动。其外相邻的一层空气因黏性作用而被带动,但其速度较弹丸低;这一层又因黏性,带动更外一层的空气运动,同样,这更外一层空气的速度又要比内层降低一些。如此带动下去,在距弹丸表面不远处,总会有一不被带动的空气层存在,在此层外的空气就与弹丸运动无关,好像空气是理想的气体,没有黏性。此接近弹丸(或其他运动着的物体)表面、受空气黏性影响的一薄层空气叫做附面层(或边界层)。运动着的弹丸表面附面层不断形成,即弹丸飞行途中不断地带动一薄层空气运动,消耗着弹丸的动能,使弹丸减速,与此相当的阻力就是所谓摩阻。

考虑弹丸运动、空气静止时,附面层内空气速度变化如图 2.2(a)所示。在弹丸表面处,空气速度与弹丸速度相等。图 2.2(b)为弹丸静止,空气吹向弹丸时附面层内速度分布情况。附面层内的空气流动常因条件不同而异,有成平行层状流动、彼此几乎不相渗混的,叫做层流附面层。在附面层内不成层状流动而有较大旋涡扩及数层,形成强烈渗混者,叫做紊流附面层。层流附面层内各点的流动速度(以及其他参量,如压力、密度、温度等),不随时间改变,这就是一般所说的定常流。但在紊流附面层内各点的速度随时间变化而不是定常流。故研究紊流附面层内某点的速度,常指其平均速度而言。紊流附面层内近弹丸表面处的平均速度,由于强烈渗混的缘故,变化激烈,离开弹表处以后变化趋缓,

如图 2. 3(a)所示，而层流附面则如图 2. 3(b)所示。一般在弹头部附近很小区域内常为层流附面层；向后逐渐转化成紊流附面层。这种层流与紊流共存的附面层叫做混合附面层(图 2. 4)。

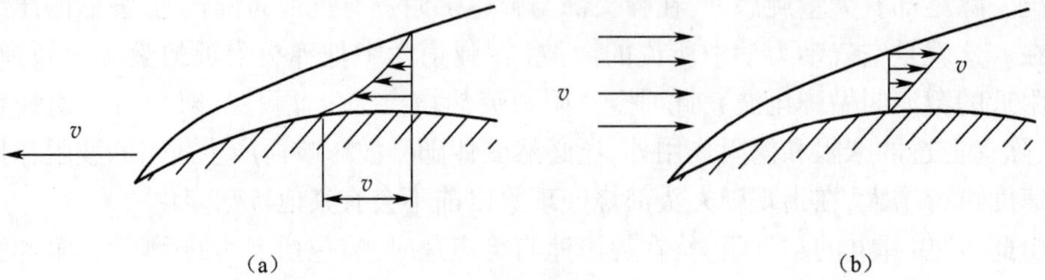

图 2. 2　附面层

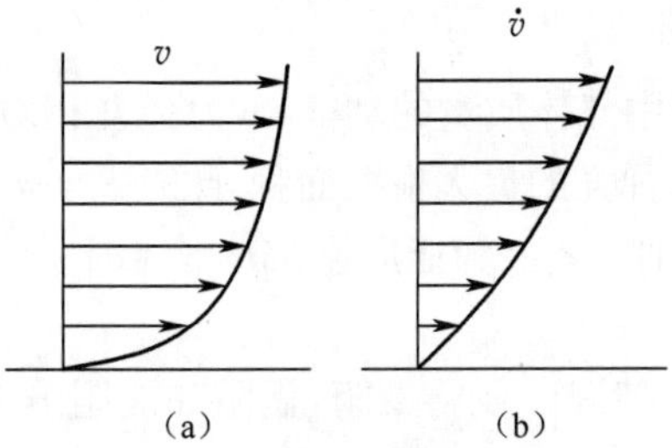

图 2. 3　附面层内速度变化

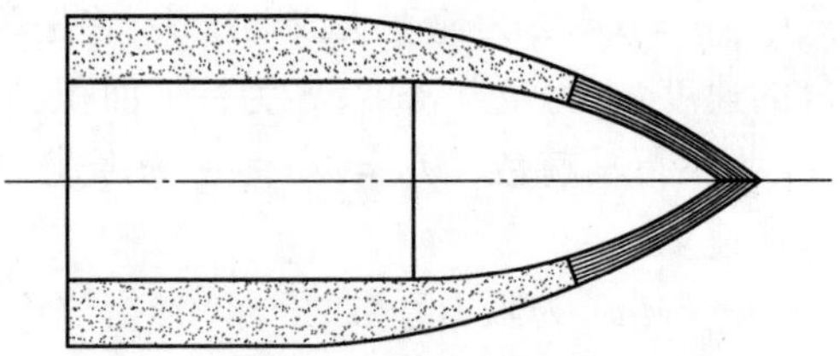

图 2. 4　混合附面层

附面层从层流向紊流的转变称为转捩，常与一个无因次的量有关，即雷诺数 Re。

$$R_e = \frac{\rho v l}{\mu} = \frac{vl}{\nu} \tag{2.3}$$

式中：ρ 为气体(或流体)密度；v 为气体(或流体)速度；l 为平板长度，对弹丸来说，为一相当平板的长度(弹长)；μ 为气体(或流体)的黏性系数，空气的黏性系数可查标准大气表；ν 为气体的动力黏性系数。

$$\nu = \mu / \rho \tag{2.4}$$

根据实验结果，当雷诺数小于某定值时为层流，大于这个值时为紊流。此由层流转变为紊流的雷诺数，叫做临界雷诺数。在紊流附面层内，由于各层空气的强烈渗混，等于使空气黏性增大，消耗弹丸更多的动能。在弹尖处的层流附面层与其后的紊流附面层相比是微不足道的，故计算弹丸摩阻时应以紊流附面层为主。由附面层理论知，在紊流附面层条件下，弹的摩阻系数为

$$c_{xf} = \frac{0.072}{R_e^{0.2}} \frac{S_s}{S} \eta_m \eta_\lambda, R_e < 10^6; \; c_{xf} = \frac{0.032}{R_e^{0.145}} \frac{S_s}{S} \eta_m \eta_\lambda, 2 \times 10^6 < R_e < 10^{10} \tag{2.5}$$

式中：S_s 为弹丸的侧表面积；S 为弹丸的特征面积，对于普通弹丸 S 常取为最大横截面积；η_m 为考虑到空气的压缩性后采用的修正系数，有

$$\eta_m = \frac{1}{\sqrt{1 + aMa^2}}, a = 0.12, R_e \approx 10^6; a = 0.18, R_e \approx 10^8 \tag{2.6}$$

$Ma = v/c_s$ 为当地马赫数，是弹丸飞行速度 v 与当地声速 c_s 之比；η_λ 为形状修正系数，当 λ_B (弹长与弹径之比)>8 时，取 $\eta_\lambda \approx 1.08$。

在弹丸空气动力学中，c_{xf}，η_m，η_λ 均有图表曲线可查。

另外，摩阻还与弹丸表面光洁度有关，表面粗糙可使摩阻增加到 2~3 倍。在实践上常用弹丸表面涂漆的方法来改善其表面光洁度（同时可以防锈），可使弹丸的射程增加 0.5%~2.5%。

2. 涡阻

在弹头部附面层流体由 A 点向 B 点流动时，由于弹体的断面增大，由一圈流线所围成的流管的断面积 S 必然减小（图 2.5）。根据连续方程（$\rho S v$ = 常数）可知，流速 v 将增大。再根据伯努利方程（$\rho v^2/2 + p$ = 常数）可知，流速 v 增大将导致压强 p 减小。在物体的最大断面处 B 以后，流管的横断面积 S 又将增加，因而压强 p 也将增大。故在最大断面 B 点以后，流体将被阻滞。弹体的横断面减小得愈快，S 增大得愈快，因而 p 也增大得愈快，附面层中的流体被阻滞得也愈烈。在一定条件下，这种阻滞作用可使流体流动停止。在流体流动停止点后，由于反压的继续作用，流体可能形成与原方向相反的逆流，图 2.5 中的 BC 线位于顺流和逆流的边界，流速为零，故 BC 线为零流速线。当有逆流出现时，附面层就不可能再贴近弹体表面而与其分离，形成旋涡。在旋涡区内，由于附面层分离使压力降低形成所谓低压区。这种由于附面层分离，形成旋涡而使弹丸前后有压力差出现，所形成的阻力即称为涡阻。

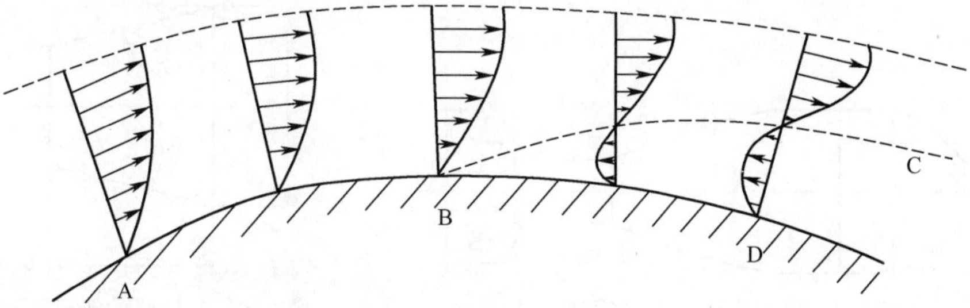

图 2.5　涡流的形成

影响附面层与弹体分离形成涡阻的原因有二：

（1）流速一定最大断面后断面变化愈急，旋涡区愈大，涡阻也越大，见图 2.6（a）、2.6（b）、2.6（c）。

（2）如弹丸最大断面后形状不变（均为流线形），气流速度越大，旋涡区越大，阻力也越大，如图 2.6（d）、2.6（e）、2.6（f）所示。

根据上面的讨论知道，为了减小涡阻，在设计弹丸时，必须正确选定弹丸最大断面后的形状。所以，对于速度较小的迫击炮弹的外形常采用流线形尾部，如图 2.7 所示。

对于旋转稳定弹丸，为了保证膛内的稳定，必须具有一定长度的圆柱部。又由于稳定性的要求，弹体不宜过长，因此为了减小涡阻，通常采用截头形尾锥部（即船尾形弹尾）。其锥角 α_k 的大小，根据经验以 $\alpha_k = 6° \sim 9°$ 较好，尾锥部愈长，其端面积 S_b 愈小，在保证附面层不分离的条件下，底部阻力也愈小。但由于尾部不能过长，故宜根据所设计弹种的其他要求适当地选取尾锥部长度（图 2.8）。

目前还没有准确计算涡阻的理论方法，涡阻通常由风洞试验测定底部压力来确定。在附面层不分离的条件下，涡阻即等于底阻：

$$R_b = |(p_b - p_\infty)| S_b = \Delta p S_b$$

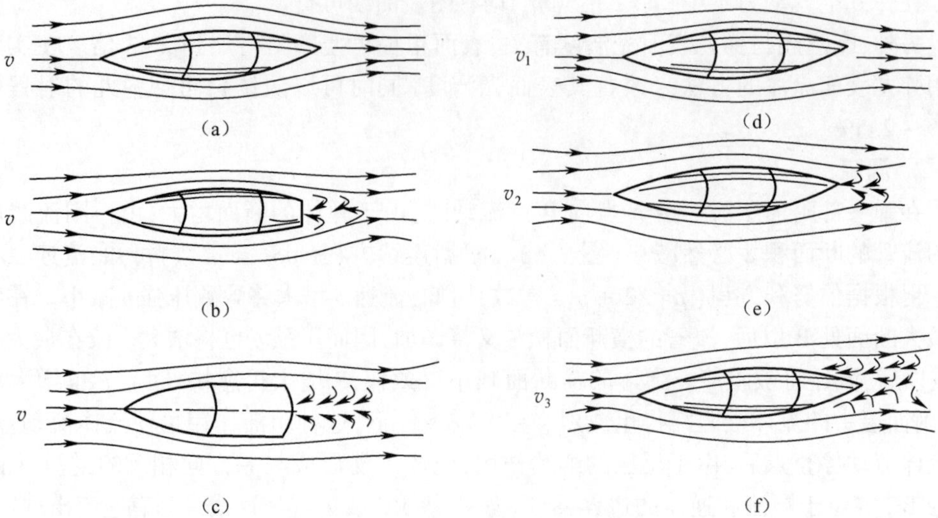

图 2.6　附面层与弹体分离

(a)(b)(c)——最大断面后形状与涡流区大小;(d)(e)(f)——速度与涡流区大小 $v_1 < v_2 < v_3$。

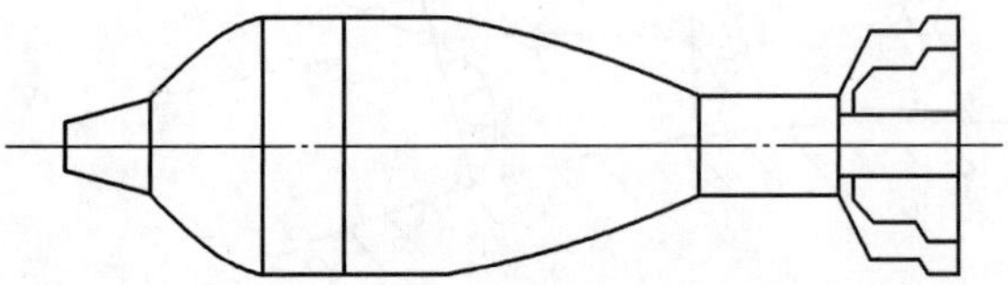

图 2.7　迫击炮弹流线形尾部

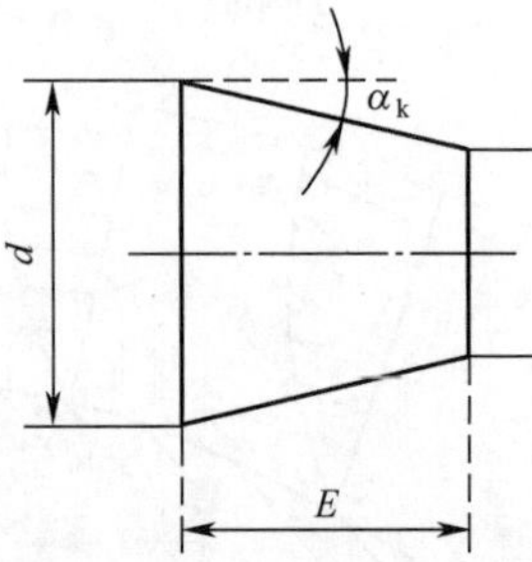

图 2.8　旋转弹的船尾部(尾锥)

式中: R_b 为底阻; Δp 为底部压力 p_b 与周围大气压 p_∞ 的压差; S_b 为尾锥底部端面积。当底部出现分离时,应取分离处的断面积,此时涡阻大于底阻。在工程计算中,把弹体侧表面上产生的压差阻力 c_{xp} 与摩擦阻力 c_{xf} 合在一起计算,而把底部阻力 c_{xb} 曲单独计算,即

$$c_{xf} + c_{xp} = Ac_{xf} + c_{xb} \tag{2.7}$$

式中

$$A = 1.865 - 0.175\lambda_B\sqrt{1 - Ma^2} + 0.01\lambda_B^2(1 - Ma^2)$$

实验指出,在亚声速和跨声速情况下,底阻的经验公式为

$$c_{xb} = 0.029\zeta^3 / \sqrt{c_{xf}} \tag{2.8}$$

而在超声速时的经验公式为

$$c_{xb} = 1.14\frac{\zeta^4}{\lambda_B}\left(\frac{2}{Ma} - \frac{\zeta^2}{\lambda_B}\right) \tag{2.9}$$

式中: λ_B 为弹丸长细比, $\lambda_B = l/d$; $\zeta = d_b/d$, d_b 为底部直径。

对于超声速弹丸,底阻约占总阻的 15%,而对于中等速度飞行的弹丸,底阻约占总阻的 40%~50%。因而通过减小底阻(涡阻)来增程是有实际意义的,现在许多新的弹丸都

在减小底阻上做文章，提出了各种减小底阻的方法。

例如，美国的155mm远程榴弹就将弹头部和弹尾部都做得很细长，使弹形成了枣核状的流线形，通俗称为枣核弹（见图2.9），其底阻明显降低，射程随之增大。为了使这种弹在膛内运动稳定，必须在弹上加装定心块，能起到抗马格努斯效应的作用。

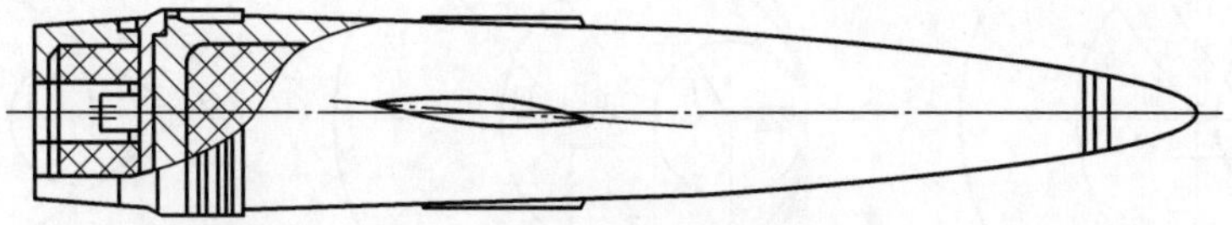

图2.9　枣核形底排弹结构

另外，设法增大底部涡流区内气体压力也是一种减小底阻的方法，称为底凹弹。在亚声速时有保存底部气体不被带走，提高底压的作用；在超声速时通过在底凹侧壁开孔，将前方压力高的空气引入底凹以提高底压，用这种方法可提高射程7%~10%。

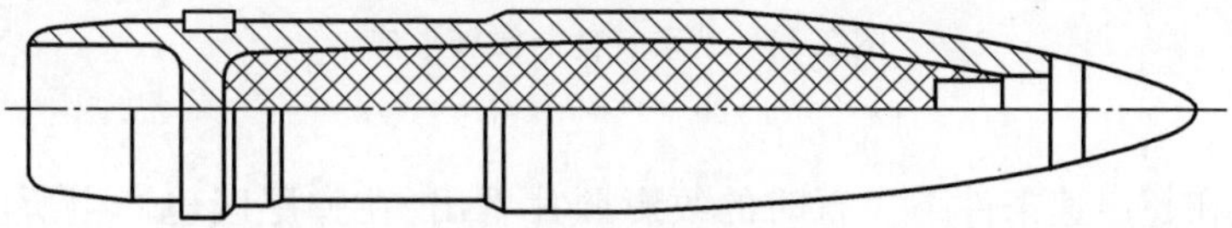

图2.10　底凹弹结构

另外一种最有效的方法是底部排气（见图2.9），在弹底凹槽中装上低燃速火药，火药燃烧生成的气体源源不断地补充底部气体的流失，提高了底压，可提高射程近30%。

3. 波阻

空气具有弹性，当受到扰动后即以疏密波的形式向外传播，扰动传播速度记为 v_B，最微弱扰动传播的速度即为声速，记为 c_s。当扰动源静止（如静止的弹尖）时，由于连续产生的扰动将以球面波的形式向四面八方传播。对于在空中迅速运动着的扰动源（如运动着的弹尖），其扰动传播的形式将因扰动源运动速度 v 小于、等于或大于扰动传播速度 v_B 的不同而异。

（1）$v < v_B$。则扰动源永远追不上在各时刻产生的波，如图2.11（a）所示。图中 O 为弹尖现在的位置，三个圆依次是1s以前，2s以前，3s以前所产生的波现在到达的位置。由图可见，当 $v < v_B$ 时，弹尖所给空气的压缩扰动向空间的四面八方传播，并不重叠，只是弹尖的前方由于弹丸不断往前追赶，各波面相对弹丸而言传播速度慢一些而已。

（2）$v = v_B$。弹丸正好追上各时刻发出的波，诸扰动波前成为一组与弹尖 O 相切的、直径大小不等的球面。也就是说，在 $v = v_B$ 时，弹尖给空气的扰动只向弹尖后方传播。在弹尖处，无数个球面波相叠加，形成一个压力、密度和温度突变的正切面，如图2.11（b）所示。

（3）$v > v_B$。这时弹丸总是在各时刻发出波的前面，诸扰动波形成一个以弹尖 O 为顶点的圆锥形包络面。其扰动只能向锥形包络面的后方传播，此包络面是空气未受扰动与受扰动部分的分界面。在包络面处前后有压力、温度和密度的突变，如图2.11（c）所示。

在（2）和（3）两种情况下所造成的压力、密度和温度突变的分界面，就是外弹道学上所说的弹头波，也就是空气动力学上所说的激波。前者（$v = v_B$ 时）称为正激波，后者（$v>v_B$

时)称为斜激波。由以上分析可知斜激波的强度不如正激波。

在弹丸的任何不光滑处,尤其是弹带处,当 $v \geqslant v_B$ 时也将产生激波,这就是弹带波。

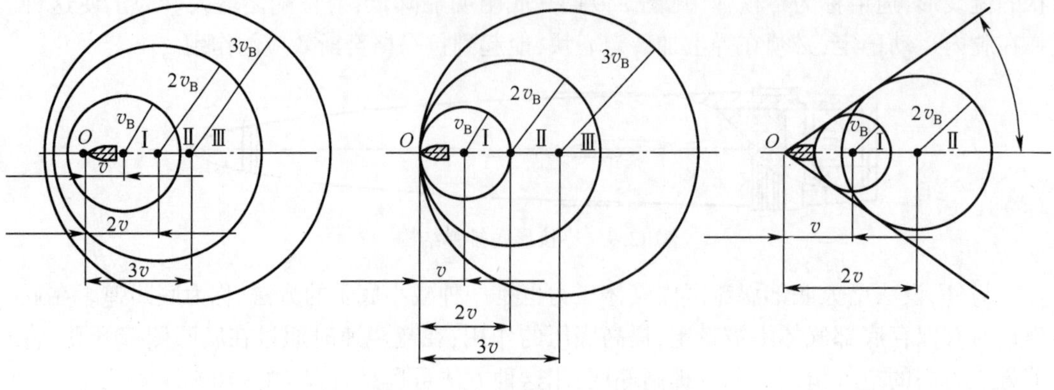

图 2.11 扰动传播与激波形成

(a) $v < v_B$;(b) $v = v_B$;(c) $v > v_B$。

根据弹丸在超声速条件下飞行时的纹影照片看出,在弹尾区也产生所谓弹尾波(如图 2.12 所示)。这是因为流线进入弹尾部低压区先向内折转,而后又因距弹尾较远,压力渐大,又向外折转。这种迫使气流绕内钝角的折转,必然产生压缩扰动。当 $v > v_B$ 时形成激波,即弹尾波。

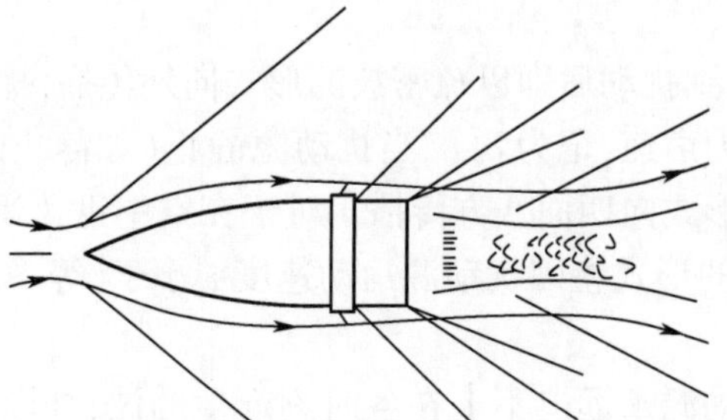

图 2.12 弹道波

弹头波、弹带波、弹尾波在弹道学中总称为弹道波。在弹道波出现处,总是形成空气的强烈压缩,压强增高,其中尤以弹头波为最。弹头愈钝,扰动愈强,激波愈强,消耗的动能愈多,前后压差大;弹头愈锐,扰动愈弱,产生的激波愈弱,消耗的动能愈少,压差小。由激波形成的阻力就叫做波阻。

只要弹丸的速度 v 超过声速 c_s ,就一定会产生弹道波,这是因为虽然扰动传播速度 v_B 开始可能很大,超过了弹丸飞行速度,即 $v_B > v > c_s$,但 v_B 在传播中会迅速减小而向声速接近,在离扰动源不远处就出现 $v \geqslant v_B = c_s$,因而在 $v > c_s$ 的条件下,弹道波就一定会出现。这种情况正好说明分离波出现的原因。

由图 2.13 可以看出:当 $v > c_s$ 时,如弹头较钝,其在弹顶附近造成的扰动传播速度 v_{B_1} 可能大于弹速 v ,即 $v < v_{B_1}$,因此紧接弹顶“1”处不会产生弹头波。但因传播速度迅

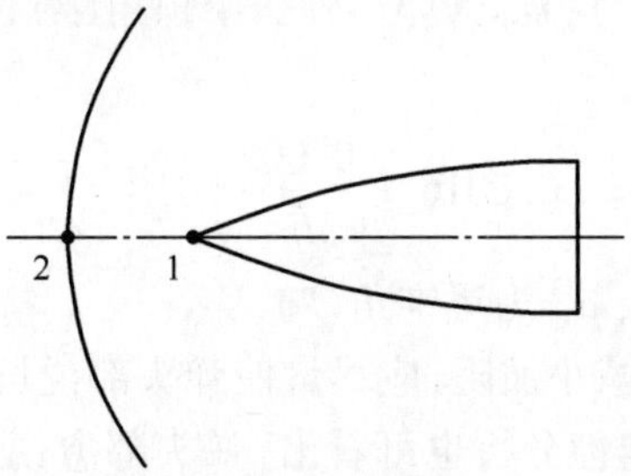

图 2.13　分离波

速减小,设当扰动传至“2”时 $v = v_{B_2}$,此时即形成图 2.11(b)相同的情况,各扰动波前在点“2”处相切。故在离弹顶处有与弹顶分离但与飞行方向垂直的正激波出现,离弹顶愈远激波愈弯曲。

与分离波相对应,凡与弹顶密接的弹头波叫做密接波。密接波总是斜激波,斜激波与速度方向间的夹角 β 叫做激波角,它与弹速及扰动传播速度间的关系为

$$\sin\beta = v_B / v \tag{2.10}$$

见图 2.11(c),当 $v = v_B$ 时, $\sin\beta = 1$。故正激波的激波角为直角($\beta = 90°$)。当 v_B 愈小时 v_B/v 也愈小,因而斜激波的激波角就愈小,于是随着 v_B 减小斜激波逐渐弯曲。

当扰动无限减弱时 $v_B = c_s$,因而斜激波就转变成无限微弱扰动波即所谓马赫波。此时激波角 β 就变为一般所说的马赫角 β_0,并且 $\sin\beta_0 = c_s / v = 1/Ma$ 。

在弹速 v 稍小于声速 c_s 的条件下,在弹体附近仍可出现局部激波。这是由于在靠近弹表的某一区域内的空气流速可能等于或大于该处气温所相应的声速,这就是产生了局部超声速区,如图 2.14 所示。产生局部激波的弹丸飞行马赫数称临界马赫数。

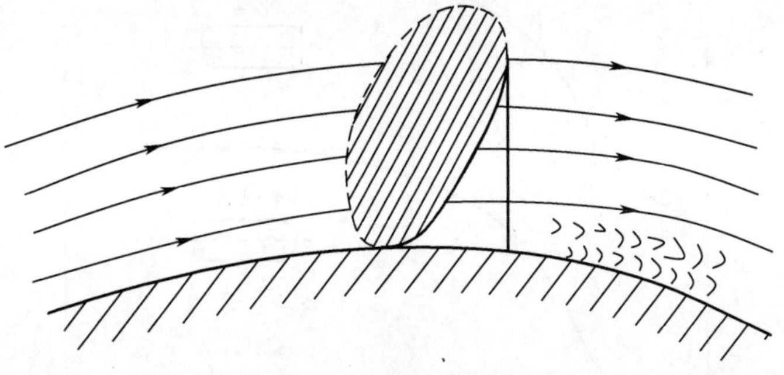

图 2.14　局部超声速区

对于中等速度的弹丸,波阻约占总阻力的 50%。波阻的理论计算方法在弹丸空气动力学里讲述。根据理论和实验,获得估算下示各种头部形状的头部波阻系数公式:

锥形头部
$$c_{xw}^{c} = \left(0.0016 + \frac{0.002}{Ma^2}\right)\psi_c^{1.7} \tag{2.11}$$

卵形头部
$$c_{xw}^{o} = \frac{0.08(15.5 + Ma)}{3 + Ma}\left(0.0016 + \frac{0.002}{Ma^2}\right)\psi_o^{1.7} \tag{2.12}$$

抛物线头部
$$c_{xw}^{p} = \frac{0.3}{\chi}\frac{1 + 2Ma}{\sqrt{Ma^2 + 1}} \tag{2.13}$$

式中：ψ_c 为锥形弹头半顶角(°)；ψ_0 为卵形弹头半顶角(°)；χ 为相对弹头部长，$h_t = \chi d$。

对于截锥尾部的波阻，有

$$c_{xwb} = \left(0.0016 + \frac{0.002}{Ma^2}\right)\alpha_k^{1.7}\sqrt{1-\zeta^2} \tag{2.14}$$

式中：ζ 为相对底径 $\zeta = d_b/d$；α_k 为尾锥角(°)。

由上述公式可以看出：为减小波阻，应尽量使弹头部锐长(即令半顶角 ψ_0 较小或相对头部长 χ 较大)，此点由前述定性分析也可看出，弹头部愈锐长，对空气的扰动愈弱，弹头波也愈弱。

至于头部母线形状，由理论和实验证明，以指数为 0.7～0.75 的抛物线头部波阻较小。

值得注意的是，弹丸外形并不是由那么理想的光滑曲线旋成的，如有弹带突起部，头部引信顶端有小圆平台，有的火箭弹侧壁上还有导旋钮等，这些部位产生的阻力一般很难用理论计算，通常是借助于由实验整理成的曲线或经验公式计算。

4. 钝头体附加阻力

对于带有引信的弹体头部，前端面近乎平头或半球头，前端面的中心部分与气流方向垂直，其压强接近滞点压强。钝头部分附加阻力系数可按钝头体的头部阻力系数计算，即

$$\Delta c_{xn} = (c_{xn})_d S_n / S \tag{2.15}$$

式中：S_n 为钝头部分最大横截面积；S 为弹丸最大截面积；$(cx)_d$ 为按 S_n 定义的钝头体头部阻力系数，其变化曲线绘于图 2.15。

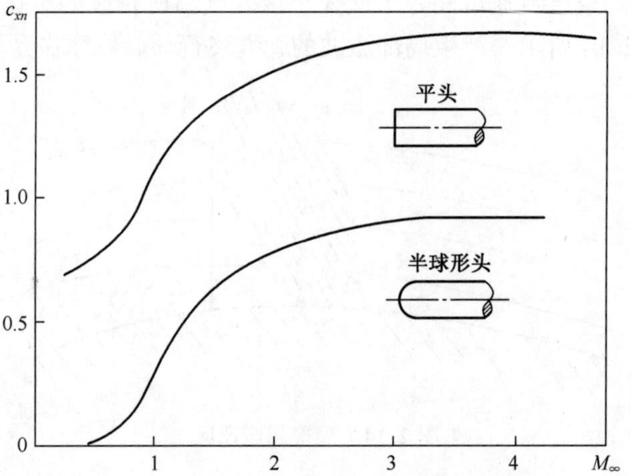

图 2.15　钝头体的头部阻力系数

5. 定心部阻力

由于膛内发射正确性的要求，弹体上常有定心部或弹带，如图 2.16 所示。根据对定心带 $H = 0.026d$ 模型风洞试验，由定心部产生的阻力系数为

$$c_{xh} = \Delta c_{xh} H / 0.01d \tag{2.16}$$

式中：Δc_{xh} 为 $H = 0.01d$ 时定心部的阻力系数，图 2.16 绘出了 Δc_{xh} 随 Ma 变化的曲线(图中 d 为弹径)。

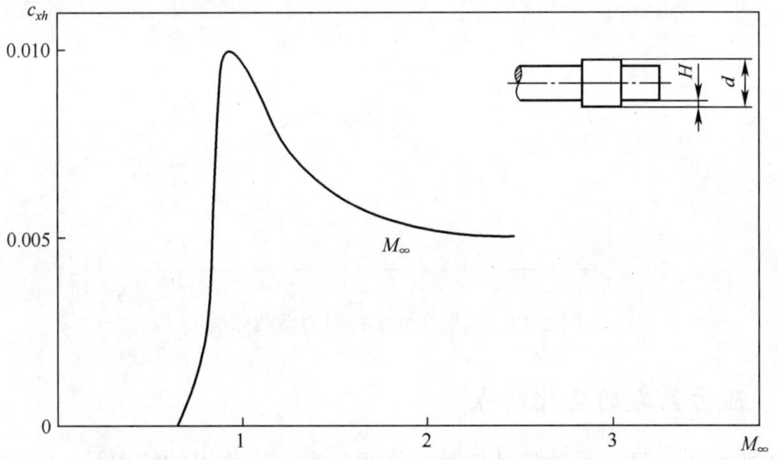

图 2.16　当 $H=0.01$ 时,定心部阻力系数

2.1.2　尾翼弹的零升阻力

对于尾翼弹,除弹体要产生阻力外,尾翼部分也要产生阻力。尾翼气动力的计算方法与弹翼相同,而弹翼的零升阻力系数 c_{x_0} 由摩阻系数 c_{xf}、波阻系数 c_{xw}、钝前缘阻力系数 c_{xu} 和钝后缘阻力系数 c_{xb} 组成。它们形成的机理与弹体阻力形成的机理相同,计算方法在弹丸空气动力学中有详细叙述。

其中,波阻系数 c_{xww} 与翼面相对厚度有较大关系,按线性化理论有

$$c_{xww} = 4\,(\bar{c})^2/\sqrt{Ma^2-1} \tag{2.17}$$

式中:$\bar{c}$ 为上下翼表面的最大厚度与平均几何弦 b_{av} 之比。故采用薄弹翼可显著减小波阻。在相对厚度 $\bar{c}$ 相同的条件下,对称的菱形剖面弹翼具有最小的零升波阻。

尾翼弹的零升阻力系数 $(c_{x0})_{Bw}$ 为单独弹体的零升阻力系数 $(cx_0)_B$ 与 N 对尾翼(两片尾翼为一对)的零升阻力 $(cx_0)_w$ 之和,即

$$(c_{x_0})_{Bw} = (c_{x0})_B + N\,(c_{x_0})_w S_w/S \tag{2.18}$$

式中:S_w 为计算尾翼阻力时的特征面积;S 为计算全弹阻力用的特征面积。

尾翼弹的零升阻力系数 $cx_0(Ma)$ 随马赫数变化的曲线如图 2.17 所示。由图可见该曲线上有两个极值点,一个在 $Ma = 1.0$ 附近,另一个只有当来流 Ma 在弹翼前缘法向上的分量超过弹翼的主要部分产生激波时才出现。这个极值点所对应的来流临界马赫数随弹翼前缘后掠角 χ(弹翼前边缘线与垂直于弹丸纵对称面的直线间的夹角)而变化。χ 增大,需要更大的来流马赫数才能使其在前缘法线上的分量大于 1,故第二个极值点向后移动。

除简单的旋成体阻力有近似计算公式外,大多数尾翼弹和异型弹,如头部为酒瓶状的杆式弹,带卡瓣槽的长杆穿甲弹,弧形尾翼弹,圆柱平头面或凹形抛物面的末敏子弹等都没有简单的理论计算公式,只能借助试验曲线、经验公式计算。在需准确对阻力系数数据计算弹道时还需利用风洞或射击方法从试验中获取。精确的数值解在很多情况下也需用试验值校正。

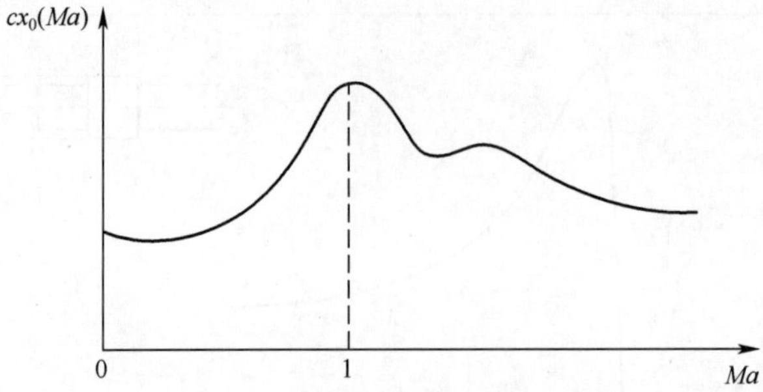

图 2.17　尾翼弹的零升阻力系数曲线

2.1.3　阻力系数的变化特点

图 2.18 即为弹丸阻力系数随马赫数变化的曲线。此曲线的特点是，Ma 数在亚声速阶段（$Ma < 0.7$），c_{x0} 几乎为常数；在跨声速阶段（$Ma = 0.7 \sim 1.2$），起初出现局部激波，阻力系数逐渐上升；随后在 $Ma = 1.0$ 附近出现头部激波；阻力系数几乎呈直线急剧上升，大约在 1.1~1.2 范围内取得极大值。头部越锐长的弹，其 c_{x0} 最大值的位置越接近于 $Ma = 1.1$；当 Ma 继续增大时，头部激波由脱体激波变为附体激波，并且激波倾角 β 随 Ma 增大而减小。这使得气流速度垂直于波面的分量 $v_{\perp}$ 相对减小（图 2.11(c)），空气流经激波的压缩程度也相对减弱，所以 $c_{x0}(Ma)$ 曲线开始下降，直到 $Ma = 3.5 \sim 4.5$ 又渐趋平缓而接近于常数。

需指出的是，超声速时阻力系数 $c_{x0}(Ma)$ 随 Ma 增大而减小并不意味着阻力也减小，这是因为空气阻力除与 $c_{x0}(Ma)$ 成正比外，还与速度 v 的平方成正比，而 Ma 越大，速度 v 也越大。

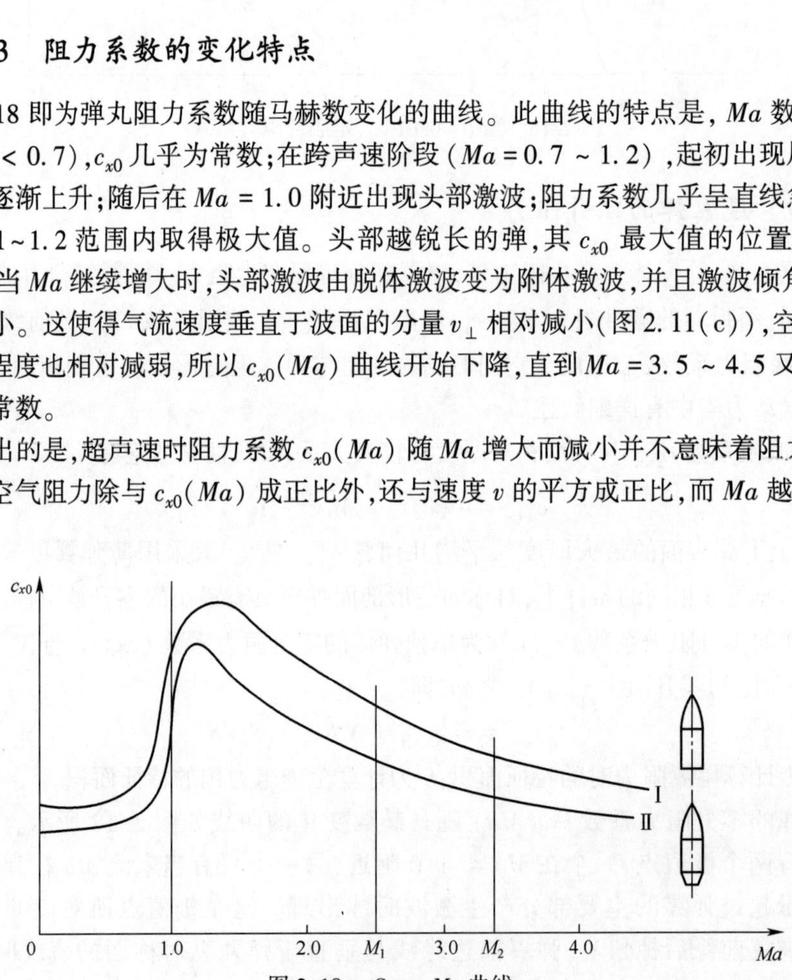

图 2.18　$C_{x0} - Ma$ 曲线

2.1.4　阻力系数的雷诺数修正

由于传统弹丸射程小，飞行高度不大，故在弹道计算中直接应用在地面测得的阻力系数曲线，而不考虑随飞行高度不同雷诺数变化的影响，所造成的误差一般不大。

但是，现代弹丸的飞行距离和高度已大为增加，如 80km 火箭弹的飞行高度可以大于 30km。在这种情况下，高空与地面的空气密度和黏性系数差别很大，使雷诺数减小很多，如 30km 高空上的雷诺数只有地面值的约 0.15 倍,这使摩阻系数和底阻系数增大(注意不是高空阻力比低空阻力大)。再加上弹丸飞行时间长,累积作用结果可使弹丸的射程和侧偏产生误差。例如,30km 炮弹可影响射程 0.5%,对 40km 射程炮弹可影响射程 1%。这种误差已不容忽视,故必须考虑同一马赫数 Ma 、不同高度上雷诺数改变对摩阻和底阻的影响,对地面测得的阻力系数曲线加以修正,即有

$$c_x'(Ma,Re) = c_{x_{on}}(Ma,Re_{on}) + \Delta c_{xf} + \Delta c_{xb} \tag{2.19}$$

图 2.19 为某尾翼弹阻力系数随高度变化示意图。由图可见:①阻力系数在各马赫数上均随高度增加而增加,并且高度越大增加量 Δc_x 也越大。高度增加 10km,阻力系数增量可大于 10%。②亚声速时阻力系数随高度增加大,超声速时阻力系数随高度增加要小些,对于远程大高度飞行弹丸,应将阻力系数作为马赫数和飞行高度 y 的二元函数,不考虑雷诺数的影响,会造成实际射程比计算射程小。

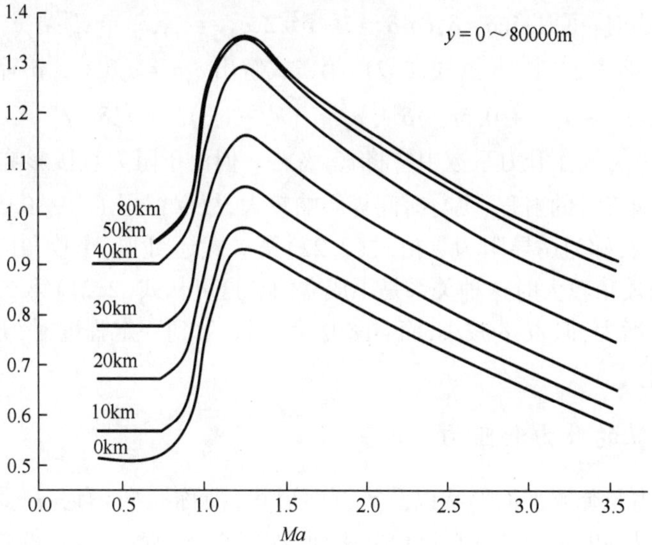

图 2.19　阻力系数曲线随高度变化情况

在地面非标准条件下测得的阻力系数应经过雷诺数修正转换成标准气象条件下的阻力系数,再以此标准阻力系数曲线为基础,对实际气象条件进行雷诺数修正,转换成实际条件下的阻力系数,即

$$c_{x_{on}}(Ma) = x'_{x_{on}} - \Delta c_{xf} - \Delta c_{xb}$$

当然,雷诺数对阻力系数的影响也可用不同雷诺数下的吹风试验获得。但这只有在可变雷诺数、较高水平的风洞中才能实现。

2.2　有攻角时无控弹丸的静态空气动力

静态空气动力是指弹体姿态不变仅由气流以某个不变的攻角和流速(定态流动)流过产生的空气动力。在风洞中将模型以一定的攻角固定吹风,在测力天平上测出的力即为静态空气动力。

当攻角不为零时,气流在由弹轴和速度组成的攻角平面内关于弹轴是不对称的,弹丸迎风的一侧风压大,背风的一侧风压小,在超声速情况下也是迎风一侧激波强烈,这时总空气动力增大,并且它既不沿弹轴或速度反方向,也不通过质心,而是在攻角平面内偏在弹丸背风面弹轴同在速度线的一侧。

2.2.1 弹体的阻力系数 c_x 和升力系数 c_y

在攻角面内,总的空气动力 R 可以分解为沿速度反方向的分力 R_x 和垂直于速度方向的分力 R_y,也可以分解为沿弹轴的分量即轴向力 R_A 和沿垂直弹轴的分量即法向力 R_n。由图 1.2 可得关系式

$$R_x = R_A\cos\delta + R_n\sin\delta \qquad R_y = R_n\cos\delta - R_A\sin\delta \tag{2.20}$$

式(2.20)用气动力系数表示,即有

$$c_x = c_A\cos\delta + c_n\sin\delta \qquad c_y = c_n\cos\delta - c_A\sin\delta \tag{2.21}$$

当攻角 δ 较小时,可取 $\sin\delta=\delta,\cos\delta\approx 1-\delta^2/2, c_A\approx c_{x0}, c_n\approx c_n'\cdot\delta, c_y=c_y'\cdot\delta$,将这些关系代入上式中,略去 δ^3 项,并由式(2.21)第二式解出 $c_n'\delta=c_y'\delta+c_{x_0}\delta$ 后,得

$$c_x = c_{x_0} + (c_y' + 0.5c_{x_0})\delta^2\,,\ c_y \approx (c_n' - c_{x_0})\delta \approx c_n'\delta\,,\ c_y' \approx c_n' \tag{2.22}$$

因为 $c_y' \gg c_{x0}$,故在升力系数中常将 c_{x0} 忽略。但由于阻力直接影响弹丸飞行速度,对无控弹丸长时间飞行的射程、飞行时间等影响较大,故保留了 $(c_y'+0.5c_{x0})\delta^2$ 这一项,它是由攻角产生的,称为诱导阻力。由式(2.22)第二式还可见,小攻角时升力系数与攻角 δ 成正比,但当攻角较大时这种关系是不成立的。这可从式(2.21)第二式定性看出,此时虽然法向力 c_n 增大,但 $\cos\delta$ 减小,而 $\sin\delta$ 增大,当 δ 大到一定程度时,升力系数就会随攻角增大而减小。

2.2.2 弹翼的升力和阻力

弹翼的气动力与弹翼平面形状以及翼剖面形状(简称翼型)有关。翼型是垂直弹翼平面并平行于弹纵轴的平面截弹翼所得之平面,如图 2.20 所示,常见的弹丸翼型有亚声速翼型(a)、菱形(b)、双弧形(c),双楔形(d)、六角形(e)等。以亚声速翼型为例(图 2.23(f)),翼型最前一点 O 叫做前缘,最后一点 G 叫做后缘,此二点之连线称为翼弦,垂直于翼弦上下翼面之间最长的线段 AB 称为最大厚度 c。

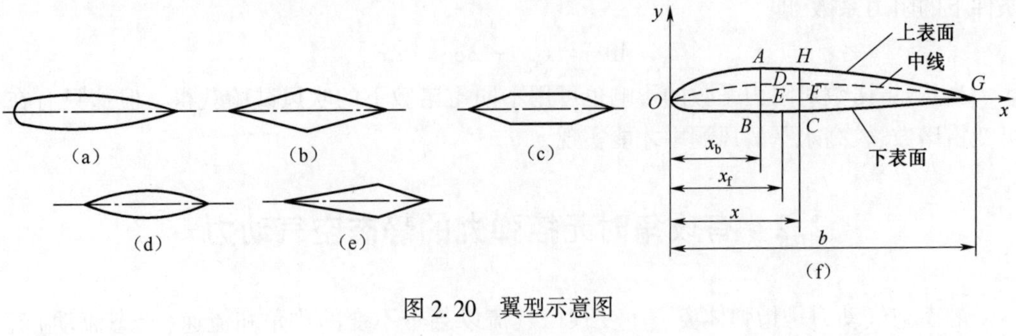

图 2.20 翼型示意图

如图 2.21 所示,常见的翼平面形状有矩形(a)、梯形(b)、三角形(c)、后掠形(d)。无控弹的尾翼形状更多,如卷弧翼、折叠翼等。以后掠翼(e)为例,弹翼最靠前的边缘称

为前缘,最靠后的边缘称为后缘,平行于弹轴的最侧边缘为侧缘。两侧缘之间的距离叫做翼展 l_s;前缘与纵轴线间的夹角叫做前缘后掠角 χ_0;后缘与纵轴垂线间的夹角叫做后缘后掠角 χ_1;弹翼根部翼型长叫做根弦长 b_r,弹翼稍部翼型之弦长叫做稍弦 b_t, $\eta = b_r/b_t$ 称为根稍比;弹翼平面面积 S_1,与翼展之比称为平均几何弦长 $b_{av} = S_1/l$;而翼展与平均弦长之比称为展弦比,以 $\lambda = l/b_{av}$ 表示;平均几何弦长处翼剖面最大厚度 c 对弦长之比称为相对厚度 $c = c/b_{av}$。

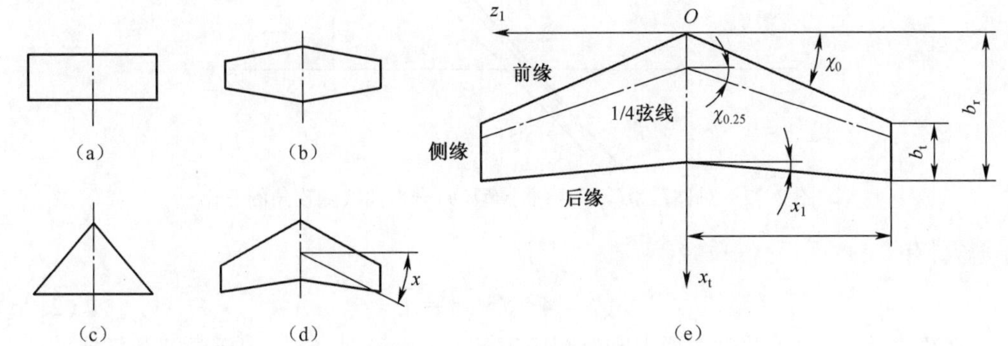

图 2.21 翼平面形状示意图

1. 弹翼的升力

对于无限长翼展弹翼(或二元弹翼),如不计空气黏性和压缩性的影响,按照儒可夫斯基定理,得到翼型的升力系数为

$$c_{yw0} = 2\pi(\delta - \delta_0) \tag{2.23}$$

式中:δ_0 为零升攻角。对于上下翼表面对称的翼型,$\delta_0 = 0$。由上式可见,c_{yw0} 与攻角成线性关系,对攻角的导数为 $c_{yw0} = 2\pi$,如图 2.22 中曲线 a 所示。

实际上,弹翼的翼展都是有限长的。当有攻角时,迎风面的高压气流在翼稍处会卷到上翼面,减少了上下翼面的压力差,从而使升力比二元弹翼的升力小,这种现象称为翼端效应。此外由于黏性的影响,在攻角较大时气流会从翼面分离,因此,c_{yw0} 对 α 的线性关系只能保持在小攻角范围内。攻角超过线性范围后,随着攻角增大,升力线斜率通常下降。当攻角增至一定值时,升力系数将达到极值点 $(c_{yw0})_{max}$,其对应的攻角 α_k 称为临界攻角。过了临界攻角,由于上下翼面的气流分离迅速加剧,随着攻角的增大,升力系数急剧下降,这种现象称为"失速",如图 2.22 中曲线 b、c 所示。图中曲线 b 为低速飞行弯曲弹翼的升力系数曲线,曲线 c 为高速飞行对称弹翼的升力系数曲线。可见低速翼型比高速翼型具有更大的升力系数 $(c_{yw0})_{max}$ 和较大的升力曲线斜率 c'_{yw0}。但因弯曲翼型阻力也大,高速飞行时阻力矛盾突出,故不能采用这种模型。

弹翼的展弦比 λ 越大,气流流动越接近二元弹翼情况,c'_{yw0} 随之增大。减小相对厚度 $\bar{c}$ 和增大后掠角 χ 都可以提高临界马赫数 Ma_k,这对于改善弹丸在跨声速区域的气动性能有很大意义,所以弹丸外形设计中广泛采用薄翼、大后掠角弹翼和三角弹翼。

如考虑空气的压缩性,则在亚音速区域,翼型的 c'_{yw0} 是随 Ma 的增大而增大的,并且有

$$c'_{yw0} = 2\pi\eta/\sqrt{1 - Ma^2} \tag{2.24}$$

式中:$\eta < 1$ 为校正系数,它与相对厚度 $\bar{c}$ 有关;在超声速区,c'_{yw0} 随 Ma 的增大而减小,对

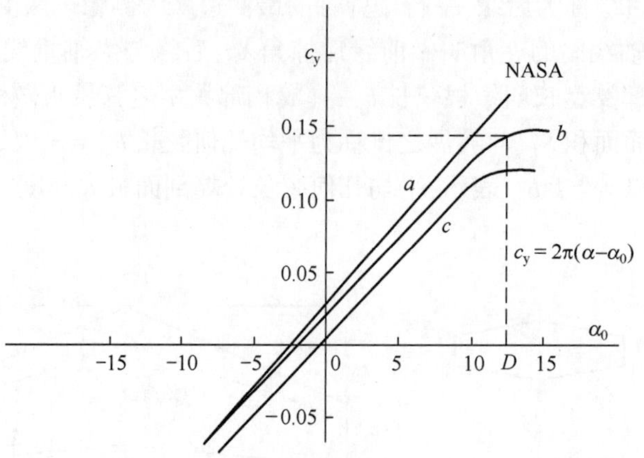

图 2.22　对称翼型(c)和弯曲翼型(b)升力曲线随攻角的变化

于薄翼,有

$$c'_{yw0}=4/\sqrt{Ma^2-1} \tag{2.25}$$

在跨声速区,由于此时翼面上既有超声速流又有亚声速流动,由于激波和气流的分离迅猛发展,翼面压力分布变化剧烈,升力大幅度下降、阻力急剧增大,气动力矩特性变坏(非线性严重),导致弹丸的气动力性能变坏。

2. 弹翼的阻力

记攻角为零时的弹翼阻力系数为 c_{xw0}。当弹翼的攻角不为零时,会产生一部分阻力,称为诱导阻力,其系数记为 c_{xwi},于是有攻角时弹翼的阻力系数为

$$c_{xw}=c_{xw0}+c_{xwi} \tag{2.26}$$

诱导阻力系数 c_{xwi} 与翼型、展弦比、后掠角有关,并且与攻角平方 δ^2 成比例。

2.2.3　全弹的升力系数和阻力系数

1. 全弹的升力系数

对于旋转弹,其升力系数就可用弹体升力系数公式计算,即

$$(c_y)_B=c'_n\cdot\delta \tag{2.27}$$

对于尾翼弹,由于通常不止一对翼面,如十字尾翼有两对翼面,∗形尾翼有三对翼面,这样总升力就应是各翼面提供的升力之和。设十字弹翼有一对翼面与攻角平面平行,不提供升力;另一对弹翼与攻角平面垂直,则其提供的升力为

$$Y_w=c_yq_\infty S_w=c'_y\delta q_\infty S_w,\qquad q_\infty=0.5\rho v_\infty^2 \tag{2.28}$$

设各翼面相对于攻角面转过 γ 角(见图 2.23),将横流 $v_\infty\delta$ 分解为垂直于翼面(1)的分量 $v_\infty\delta\sin\gamma$ 和平行于翼面(1)的分量 $v_\infty\delta\cos\gamma$,则翼面(1)对来流的有效攻角即为 $\delta\sin\gamma$;同理,翼面(2)的有效攻角为 $\delta\cos\gamma$。这两个翼面上,垂直于翼面的升力在横流方向的分量分别为

$$Y_{(1)}=(c'_y\cdot\delta\sin\gamma q_\infty S_w)\sin\gamma,\qquad Y_{(2)}=(c'_y\times\delta\cos q_\infty S_w)\cos\gamma \tag{2.29}$$

而两对弹翼提供的总升力 $Y_{(1)}+Y_{(2)}=c'_y\delta q_\infty S_w=Y_w$ 与一对水平弹翼提供的升力相等,因而与弹翼滚转方位角 γ 无关,并且两对弹翼在总攻角面侧方向上的合力为零。同理,如果有 3 对尾翼∗形布置,则尾翼提供的总升力为

$$Y = Y_{(1)} + Y_{(2)} + Y_{(3)} = 1.5Y_w \tag{2.30}$$

十字翼的结论已为实验所证实,而对于 * 形尾翼,实验表明升力仅为 $1.25Y_w \sim 1.3Y_w$。这是由于翼间之间存在干扰从而使有效攻角减小所致。不过仅从翼面有效攻角来分析滚转角 γ 的影响是不全面的。实际上当翼面有滚转角 γ 时,攻角面两侧流场已不对称,还会产生周期性的诱导滚转力矩和诱导侧向力矩,从而对弹丸运动稳定性有很大影响。

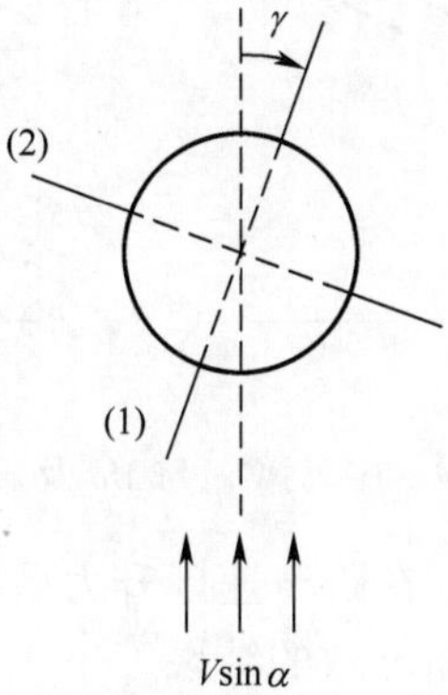

图 2.23　十字弹翼转过 γ 角的情况

所以,尾翼弹的总升力是单独弹体升力 $(Y)_B$、单独弹翼升力 $(Y)_w$、由于弹体存在使弹翼产生的附加升力 $(\Delta Y_w)_B$ 和由于弹翼的存在使弹体产生的附加升力 $(\Delta Y_B)_w$ 之和,即

$$R_y = Y_{Bw} = Y_B + Y_w + (\Delta Y_w)_B + (\Delta Y_B)_w \tag{2.31}$$

令

$$K_w = [Y_w + (\Delta Y_w)_B + (\Delta Y_B)_w]/Y_w \quad \bar{K}_w = [Y_w + (\Delta Y_w)_B]/Y_w \tag{2.32}$$

式中:K_w 和 $\bar{K}_w$ 为干扰因子。

于是,对于尾翼弹,有

$$\begin{cases} \text{亚声速时} & (c_y)_{Bw} = (c_y)_B + K_w(c_y)_w S_w/S \\ \text{超声速时} & (c_y)_{Bw} = (c_y)_B + \bar{K}_w(c_y)_w S_w/S \end{cases} \tag{2.33}$$

弹丸的总升力表达式为

$$R_y = \rho v^2 S c_y/2 \tag{2.34}$$

由式(2.22)、式(2.23)、式(2.33)中 $(c_y)_B$、$(c_y)_w$ 的性质可知,无论旋转弹或尾翼弹,小攻角时,升力系数 c_y 与攻角 δ 成线性关系,但当攻角较大时都与攻角成非线性关系。因为升力是攻角 δ 的奇函数,将此函数在 $\delta = 0$ 附近展成泰勒级数,则可得三次方非线性的升力表达式为

$$R_y = \rho v^2 S(c_{y0}\delta + c_{y2}\delta^3)/2 = \rho v^2 S(c_{y0} + c_{y2}\delta^2)\delta/2 \tag{2.35}$$

式中:$c_{y0} = c_y'$;c_{y2} 为三次方升力项的系数。

一般尾翼弹的升力系数变化规律如图 2.24 所示。由图 2.24(a)可见,当 Ma 一定,小章动角时的 $c_y \sim \delta$ 曲线近似为直线,即 c_y' 只是 Ma 的函数。当 δ 较大时,$c_y \sim \delta$ 曲线不再为直线,这时就不能略去升力中的三次方项 $c_{y_2}\delta^3$。

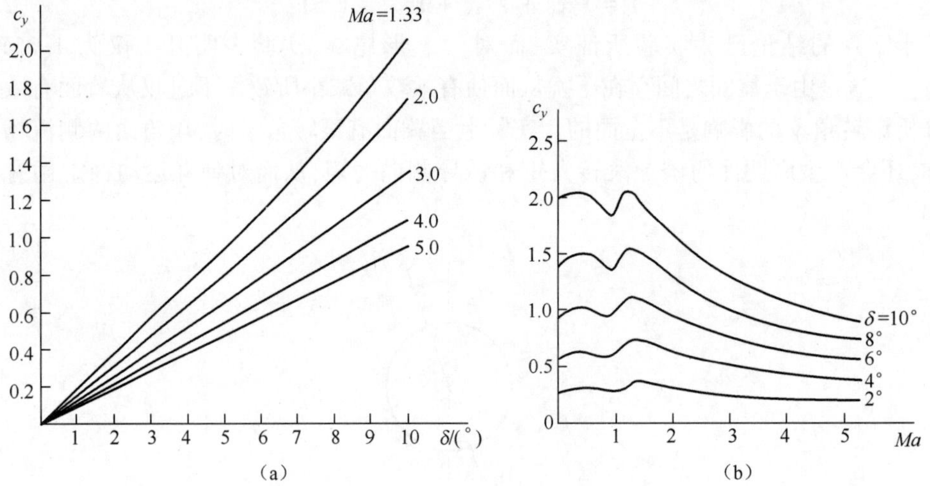

图 2.24　尾翼弹 c_y 与 Ma 及 δ 的关系

此外,由图 2.24(b)还可看出,在跨声速区升力系数突然减小的情况,这就是局部超声速的出现,产生亚、超声速混流而导致的结果。

2. 全弹的阻力系数

对于旋转弹,其阻力系数可用单独弹体的阻力系数公式(2.22)计算。对于尾翼弹,其阻力系数也为零升阻力系数和诱导阻力系数之和,即

$$(c_x)_{Bw} = (c_{x_0})_{Bw} + (c_{x_i})_{Bw} \tag{2.36}$$

从对诱导阻力表达式(2.22)、(2.26)的说明可知,它们都与攻角平方 δ^2 成正比,故无论旋转弹或尾翼弹,其阻力系数是攻角 δ 的偶函数。弹丸的阻力系数可统一写为

$$c_x = c_{x_0}(Ma,Re) + c_{x_2}(Ma,Re)\delta^2 \tag{2.37}$$

上式中:第二项是由攻角产生的,称为诱导阻力,其中 c_{x_2} 为诱导阻力系数。式(2.37)也可写成

$$c_x = c_{x_0}(1 + k\delta^2) \tag{2.38}$$

与式(2.22)对比可知

$$c_{x_2} = c'_y + 0.5c_{x_0}\,, \qquad k = c'_y/c_{x_0} + 0.5 \tag{2.39}$$

式中:c'_y 为升力系数导数。实际上,由试验测出的 k 值较用式(2.39)算出的大得多,一般约为其 2 倍,甚至更大些。对于一般弹丸来说,k 近似在 15~30 的范围内变化,平均为 20 左右。图 2.25 为某旋转弹 ($l = 3.89d$) 由风洞试验测出的 $c_{x_0}(Ma)$ 曲线和 c_x—δ 曲线,其 $k = 16.4$。当 $\delta = 13°$ 时 $c_x \approx 2c_{x_0}$,即 $\delta = 13°$ 时弹丸的阻力增大了一倍。

对于长径比 $\lambda = l/d$ 较大的超口径尾翼弹,由风洞试验结果(图 2.26)看出,$c_x(Ma)$ 曲线的形状与图 2.25 中小长径比的旋转弹丸相似,但在 $Ma > 2$ 后曲线有个小的二次峰,在 $Ma \geqslant 3$ 以后减小较快,而 c_x 随 δ 的增大也较快,其 $k \approx 30 \sim 40$。

弹丸在出炮口时一般摆动较大(即 δ 较大),以后则迅速衰减。因此,弹丸在出炮口后不长的距离内弹形系数和弹道系数较大,以后逐渐减小,如图 2.27 所示。

2.2.4　静力矩 M_Z 和压力中心 x_p

静力矩是攻角面内总空气动力对弹丸质心之矩,其表达式为

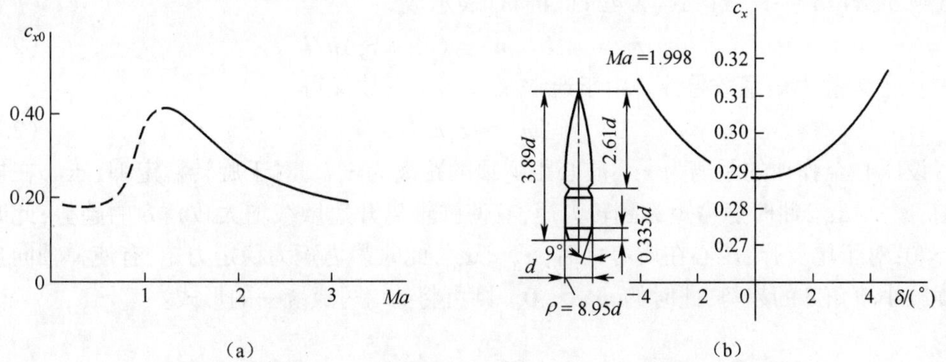

图 2.25　某旋转弹 c_{x_0} (Ma) 和 $c_x-\delta$ 曲线

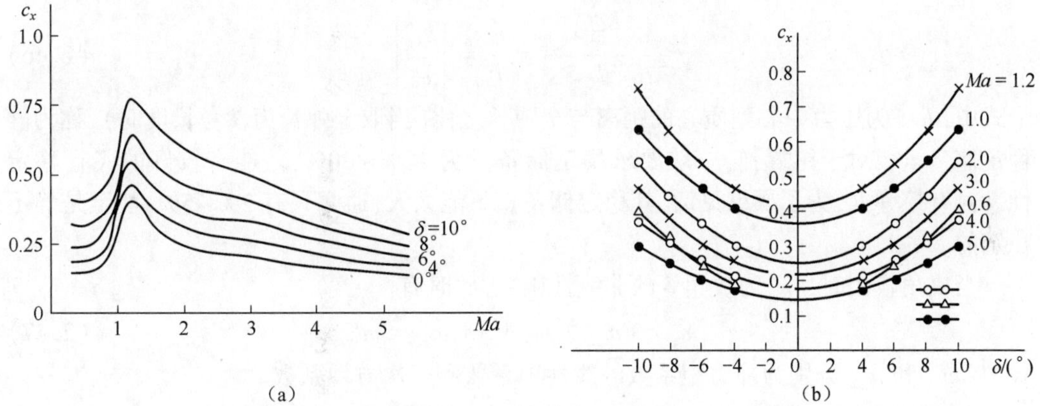

图 2.26　某大长径比尾翼弹的 c_x (Ma) 和 $c_x-\delta$ 曲线

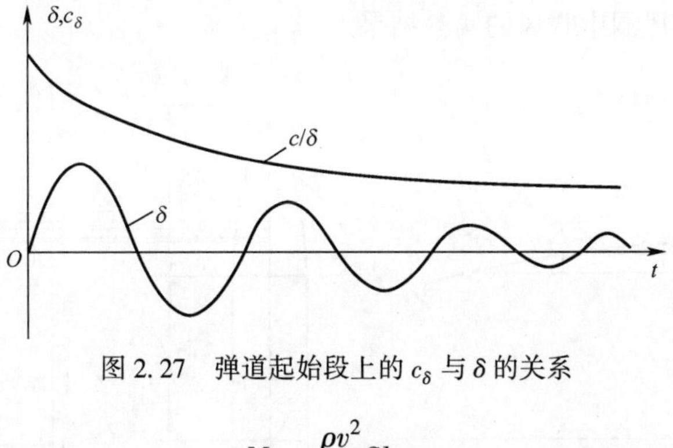

图 2.27　弹道起始段上的 c_δ 与 δ 的关系

$$M_Z=\frac{\rho v^2}{2}Slm_z \tag{2.40}$$

式中：l 为参考长度，常取为弹长；m_z 为静力矩系数。

静力矩 M_Z 与升力 R_Y 、阻力 R_X 和压心 P 到质心 O 之间的距离 h 之间的关系为

$$M_Z=R_Xh\sin\delta+R_Yh\cos\delta \tag{2.41}$$

若写成力和力矩系数的形式，则有

$$m_z=(c_y\cos\delta+c_x\sin\delta)h/l \tag{2.42}$$

由上式可知，静力矩与升力一样也是攻角的奇函数。在小攻角情况下因 $c_y=c_y'\cdot\delta$ ，

$\sin\delta \approx \delta$, $\cos\delta \approx 1$,故由式(2.42)可将 m_z 表示成

$$m_z = m_z'\delta \ , \ m_z' = (c_y' + c_x)h/l \tag{2.43}$$

式中：m_x' 为静力矩系数导数。由于通常 $c_y' >> c_x$,故又得

$$m_z' \approx c_y'h/l \tag{2.44}$$

设压心至弹顶的距离为 x_p ,质心距弹顶的距离为 x_c 。对于旋转稳定弹,压心在质心之前, $x_\mathrm{c} > x_\mathrm{p}$,此时静力矩为翻转力矩,有使弹轴离开速度线增大攻角 δ 的趋势,此时的 $m_z' > 0$;对于尾翼弹,压心在质心之后, $x_\mathrm{c} < x_\mathrm{p}$,此时静力矩为稳定力矩,有使弹轴向速度靠拢减小攻角 δ 的趋势,此时的 $m'_z < 0$。则可将 m'_z 写成统一的形式:

$$m_z' = \frac{x_\mathrm{c} - x_\mathrm{p}}{l}(c_y' + c_x) \approx \frac{x_\mathrm{c} - x_\mathrm{p}}{l}c' , \qquad |x_\mathrm{p} - x_\mathrm{c}| = h \tag{2.45}$$

此外,对于尾翼弹,由式(2.45)还可得到

$$\frac{|x_\mathrm{p} - x_\mathrm{c}|}{l} = \frac{h}{l} = \left|\frac{m_z'}{c_y'}\right| \tag{2.46}$$

上式中, h/l 为压力中心到质心的距离与全弹长之比(当取全弹长为参考长度时),称为静稳定储备量。对于尾翼弹,一般要求稳定储备量为12%~20%,才能有较好的飞行稳定性。对有控弹丸,为了操纵灵活,其稳定储备量不能太大,通常只有2%~5%,甚至是静不稳定的。

当攻角较大时, m_z 为攻角 δ 的非线性函数,此时有

$$m_z = (m_{z_0} + m_{z_2}\delta^2)\delta, m_{z_0} = m_z' \tag{2.47}$$

式中：m_{z_0} 和 m_{z_2} 分别为静力矩系数的线性项系数和三次方项系数。

实验证明,弹丸的压力中心位置不仅随 Ma 变化而变化,而且也随攻角 δ 的不同而不同。图2.28(a)和(b)是用相对头部长度 $x = 2.5(d)$,圆弧半径 $r = 6.5d$ 、圆柱部长为 $2.5d$ 的旋转弹丸在风洞中吹风的实验结果。

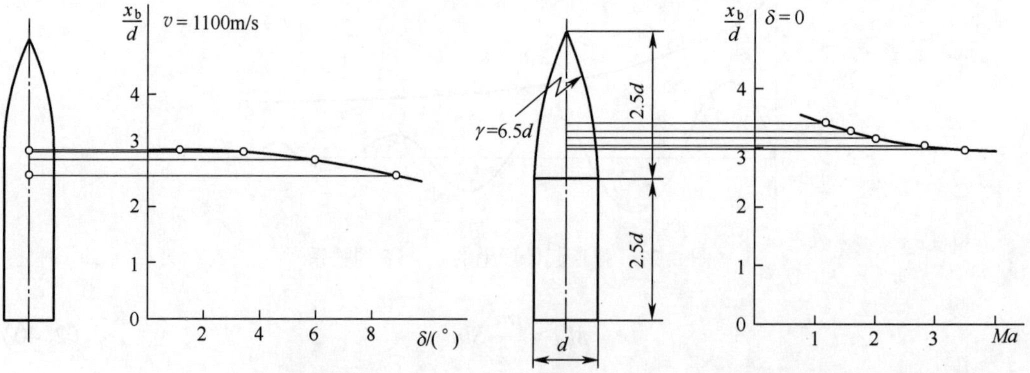

图2.28 旋转弹丸的风洞实验

由图2.28(a)可以看出,在 $\delta < 4°$ 时,压心位置变化很小。但当 $\delta > 4°$ 后变化增速。至 $\delta = 10°$ 时,压心向弹底移动了 $0.5d$ 。由图2.28(b)可以看出,压心随 Ma 的增大而向弹底移动,使实际的压心距 h 减小。当 $\delta = 0$,速度 v 由400m/s增至1100 m/s时,压心(距弹底长度用 x_b 表示)向弹底移动约 $0.5d$,但随着 Ma 的增大,其减小渐缓。

对于超口径尾翼弹，压心位置变化规律与旋转弹不完全相同。图 2.29 为 $l = 16.5d$ 超口径尾翼弹的风洞试验结果。由图看出：当 δ 一定时，压心随 Ma 增大而渐向弹顶靠近（与旋转弹刚好相反）。当 Ma 一定时，压心随 δ 角的增大而渐向弹底靠近，又与旋转弹类似。

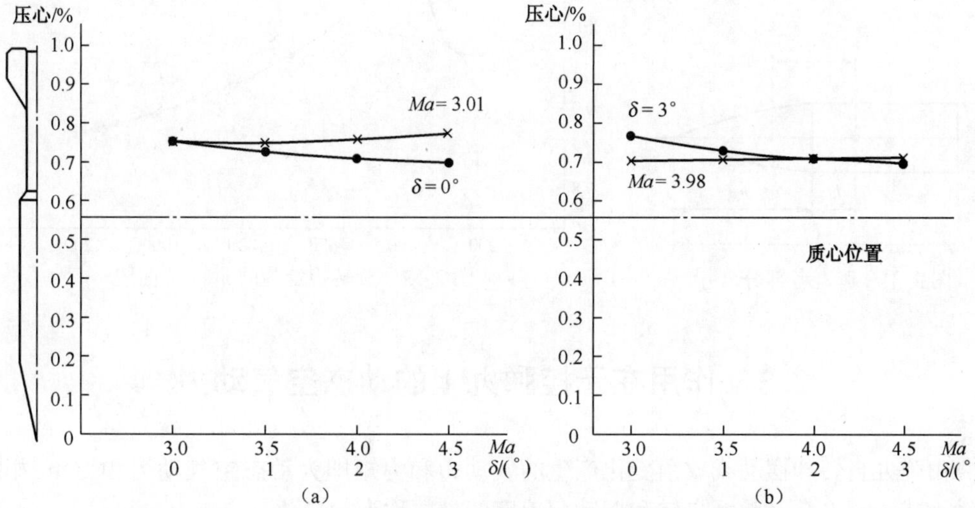

图 2.29 大长细比尾翼弹的压心位置与 Ma 和 δ 的关系

在亚、跨声速附近，尾翼弹的压心随 Ma 变化的情况如图 2.30 所示。随着 Ma 的升高，压心先向前移，至 $Ma = 1$ 时达最前点，又后移，至 $Ma = 1.75$ 附近回到最后点，而后随 Ma 的增大又向前移。在跨声速区，攻角大小对压心位置影响也很大，而且攻角越大，压心位置越向尾部靠近。

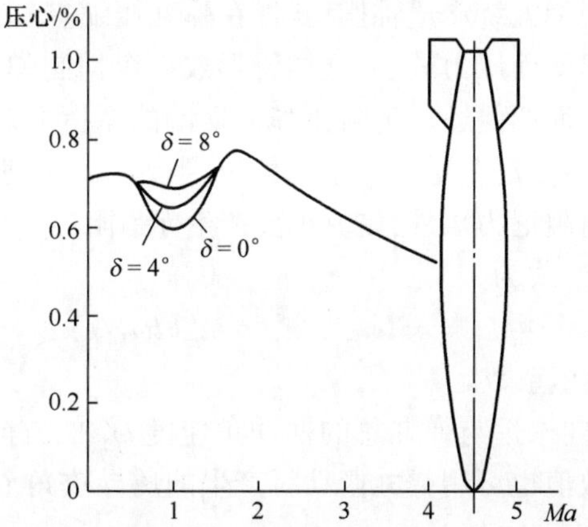

图 2.30 尾翼弹在亚、跨声速附近压心位置的变化

对于旋转弹，其压心至质心的距离 h 可用所谓高巴尔公式估算，即

$$\begin{cases} h = h_0 + 0.57h_t - 0.16d(\text{圆弧形头部}) \\ h = h_0 + 0.37h_t - 0.16d(\text{圆锥形头部}) \end{cases} \tag{2.48}$$

式中：h_0 为头部底至质心的距离（见图 2.31）；h_t 为头部长，$h_t = \chi d$，χ 指相对头部长。

实际上，旋转弹的压心与质心的距离 h 是随 Ma 的增大而减小的。图 2.32 即为旋转

弹实测 m_z' 随速度 v 变化的曲线,图中 $K_{mz} = 4.737 \times 10^{-4} l/h \cdot m_z'$,实线为 $l = 4.5d$ 的某 76.2mm 榴弹实测结果,而"×"为 37mm 榴弹的实测结果。

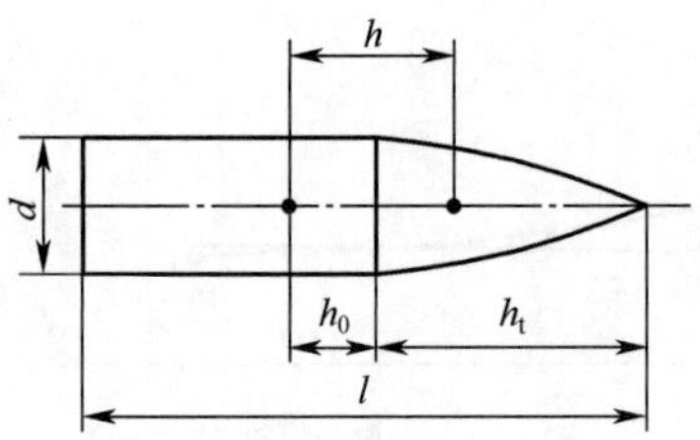

图 2.31　弹丸各部分尺寸

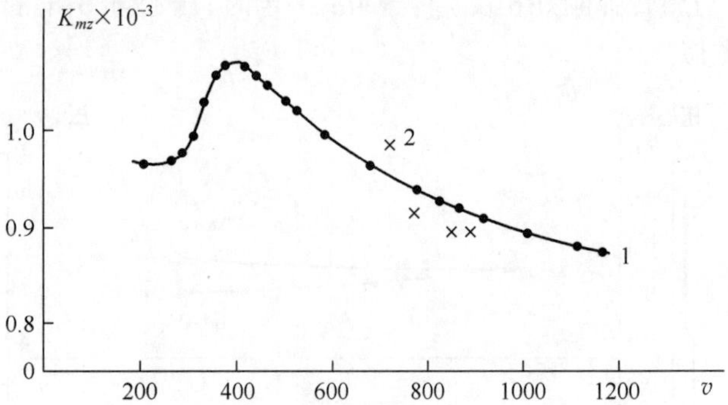

图 2.32　旋转稳定弹的 $m_z' - v$ 曲线

2.3　作用在无控弹丸上的动态空气动力

由弹丸自转和摆动或攻角变化产生的气动力和力矩即为动态空气动力和力矩,相应气动力或力矩系数对弹丸自转和摆动角速度的导数称为动导数。

2.3.1　赤道阻尼力矩 M_{zz}

赤道阻尼力矩是由弹丸绕过质心的横轴转动而产生的,其作用是抑制这种运动。外弹学中,常将过质心的横轴定义为赤道轴,故称这种力矩为赤道阻尼力矩。在空气动力学中,该力矩又称为俯仰阻尼力矩和偏航阻尼力矩。

对于旋转稳定弹,当弹丸绕赤道轴摆动时,在弹丸压缩空气的一面空气压力增大;另一面因弹丸离去、空气稀薄而压力减小,这样就形成一个抑制弹丸摆动的力矩。此外,由于空气的黏性,在弹丸表面两侧还产生阻止弹丸摆动的摩擦力矩。这两个力矩的合力矩就是阻止弹丸摆动的赤道阻尼力矩。对于尾翼弹,当弹丸以角速度 ω_z 或 ω_y 绕赤道轴转动时,除了弹体形成赤道阻尼力矩外,尾翼也要产生赤道阻尼力矩。

赤道阻尼力矩的表达式为

$$M_{zz} = qSlm_{zz}\ ,\ m_{zz} = m_{zz}'(l\omega_1/v) \tag{2.49}$$

式中: m_{zz} 为赤道阻尼力矩系数。

赤道阻尼力矩的方向永远与弹丸总的摆动角速度 ω_1 的方向相反,并且总角速度 ω_1 越大其数值也越大,其数值也可用弹丸摆动时产生的诱导攻角 ($\delta_i = h\omega_1/v$) 所形成的诱导升力来估算,即

$$M_{zz} = qSlm_{zz} = qSc_y'(h\omega_1/v) \cdot h\ ,\ m_{zz} = m_{zz}'(l\omega_1/v), m_{zz}' = c_y'h^2/l^2 \tag{2.50}$$

式中: m_{zz}' 为赤道阻尼力矩系数 m_{zz} 对 $(l\omega_1/v)$ 的导数,是一个动导数。

赤道阻尼力矩也可写成 $M_{zz} = qSldm_{zz}'\omega_1$ 的形式,此时 $m_{zz}' = c_y'h^2/(ld)$ 。必须指出,采取不同形式时相应的 m_{zz} 和 m_{zz}' 数值也将不同,但要保证力矩 M_{zz} 大小不变。

m_{zz} 和 m_{zz}' 随攻角大小而变化,通常认为与攻角方位无关,故它们是攻角的偶函数,一般而言是非线性函数,而最简单的非线性偶函数是二次函数,故可将 M_{zz} 和 m_{zz}' 写成如下

形式：

$$M_{zz}=M_{zz_0}+M_{zz_2}\delta^2, m'_{zz}=m'_{zz_0}+m_{zz_2}\delta^2 \tag{2.51}$$

m_{zz} 和 m'_{zz} 是 Ma 的函数，图 2.33 为某尾翼弹的 $m'_{zz}d/l$ 随 Ma 变化的曲线。

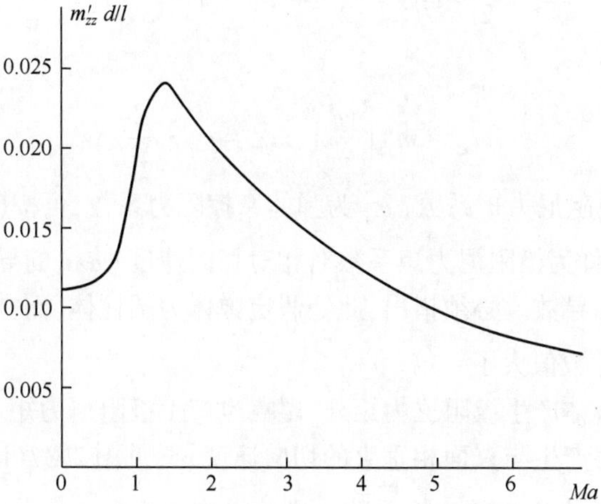

图 2.33　某尾翼弹的 $m'_{zz}d/l-Ma$ 曲线

2.3.2　极阻尼力矩 M_{xz}

弹丸在绕其几何纵轴（亦称极轴）自转时，由于空气的黏性，带动接近弹体表面附近的薄层空气（附面层）随着弹丸旋转（见图 2.34）而旋转，消耗着弹丸的自转动能，使其自转角速度减缓。这个阻止弹丸自转的力矩叫做极阻尼力矩，用 M_{xz} 表示。

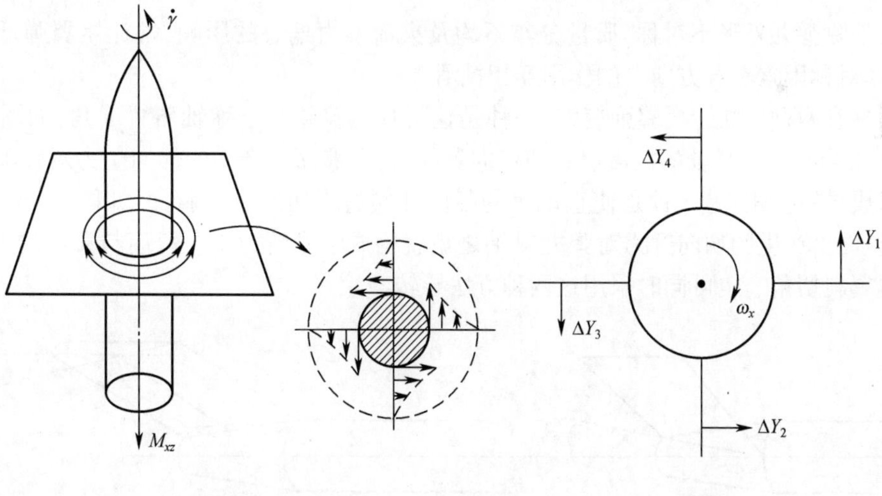

（a）旋转弹　　（b）尾翼弹

图 2.34　极阻尼力矩的形成

由于旋转，弹体表面产生了相对于空气的切向速度（$\dot{\gamma}d/2$），而弹丸质心相对空气的速度为 v，于是气流相对于纵轴的斜角为 $\varepsilon\approx\dot{\gamma}(d/2v)$。由摩擦产生的单位面积上的切向应力 τ 在垂直于弹丸纵轴方向的投影为 $\tau\cdot\varepsilon=\tau\cdot\dot{\gamma}d/(2v)$，它对弹丸纵轴的力矩为

$\tau \frac{\dot{\gamma}d}{2v} \cdot \frac{d}{2}$,将此微元力矩对弹丸全部表面积分后即得极阻尼力矩 M_{xz}。将 M_{xz} 表示成

$$M_{xz} = \frac{\rho v^2}{2}Slm_{xz} = \frac{\rho v^2}{2}Slm'_{xz}\left(\frac{\dot{\gamma}d}{v}\right) = \frac{\rho v}{2}Sldm'_{xz}\dot{\gamma} \tag{2.52}$$

式中

$$m_{xz} = m'_{xz}\left(\frac{\dot{\gamma}d}{v}\right), m'_{xz} = c_{xf} \cdot \frac{d}{4l} \tag{2.53}$$

上两式中:m_{xz} 称为极阻尼力矩系数;c_{xf} 为弹体摩擦阻力系数,可按(2.5)式计算。

式(2.52)中 m'_{xz} 称为极阻尼力矩系数对相对切向速度 $\dot{\gamma}d/v$ 的导数,简称极阻尼力矩系数导数,也是一个动导数。必须指出,此处假定弹体为圆柱体,而空气动力学中的 $m_{xz} = m'_{xz}(\dot{\gamma}d/2v)$,此时 m'_{xz} 数值大了一倍。

对于尾翼弹,除弹体产生极阻尼力矩外,尾翼也产生极阻尼力矩。当尾翼弹绕纵轴自转时,每个翼面上都将产生与翼面相垂直的切向速度 v_t,见图 2.37(b)。设翼面至弹轴的平均距离为 $kd/2$(k 为大于 1 的比例系数),则此平均速度为 $v_t = k\dot{\gamma}d/2$,此速度使各翼面上产生一个平均的诱导攻角 $\Delta\delta_t = k\dot{\gamma}d/(2v)$。各翼面上由 $\Delta\delta_t$ 产生的升力 ΔY 对弹轴的力矩即合成阻止自转的轴向力矩,即为滚转阻尼力矩或极阻尼力矩,此极阻尼力矩也与 $\dot{\gamma}d/(2v)$ 成比例,故仍可写成式(2.52)的形式。尾翼弹的总极阻尼力矩为弹体和尾翼极阻尼力矩之和。

2.3.3 尾翼导转力矩 M_{xw}

为消除弹丸外形不对称、质量分布不均及火箭推力偏心的影响,常让尾翼弹低速旋转,使非对称因素在各方向上的作用互相抵消。

通常有两种方法让尾翼弹旋转:一种是让每片尾翼相对于弹轴斜置 ε 角,如图 2.35(a)所示,当平行于弹轴的气流以 ε 角流向翼面时,在翼面上产生的侧向生力对弹轴之力矩即形成导转力矩;另一种是使直尾翼的径向外侧边缘切削成一斜面,如图 2.35(b)所示,由斜面上产生的切向升力对弹丸纵轴之矩就构成了导转力矩。斜面与翼面的夹角 ε 称为尾翼斜切角。也可同时采用这两种方法导转。

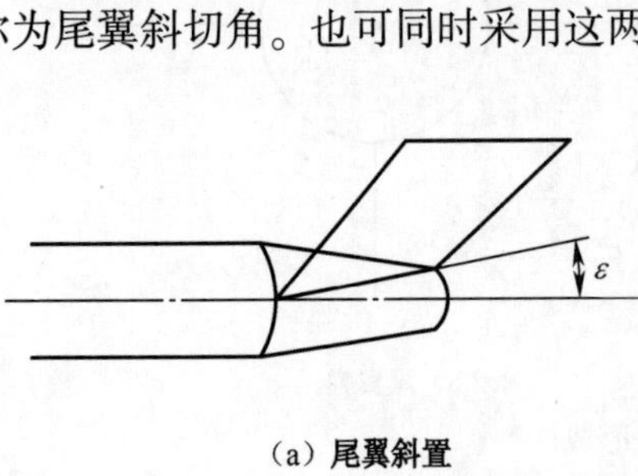

(a) 尾翼斜置

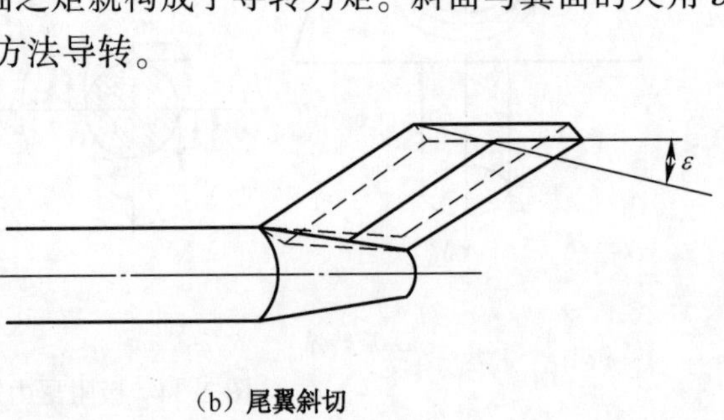

(b) 尾翼斜切

图 2.35 尾翼斜置(斜切)角

尾翼导转力矩的表达式如下:

$$M_{xw} = qSlm_{xw} \qquad m_{xw} = m'_{xw} \cdot \varepsilon q = \rho v^2/2 \tag{2.54}$$

式中：m_{xw} 为导转力矩系数。

根据某高速尾翼弹（$l=16.5d$）尾翼斜置角 $\varepsilon=20^\circ$ 的风洞试验结果，测得尾翼导转力矩系数 m_{xw} 及其导数 m'_{xw} 与 Ma 及攻角 δ 的关系如图 2.39 所示。在高速条件（$Ma=3\sim4.5$）下 m'_{xw} 随 Ma 的增大而增大，但随攻角增大而略有减小。

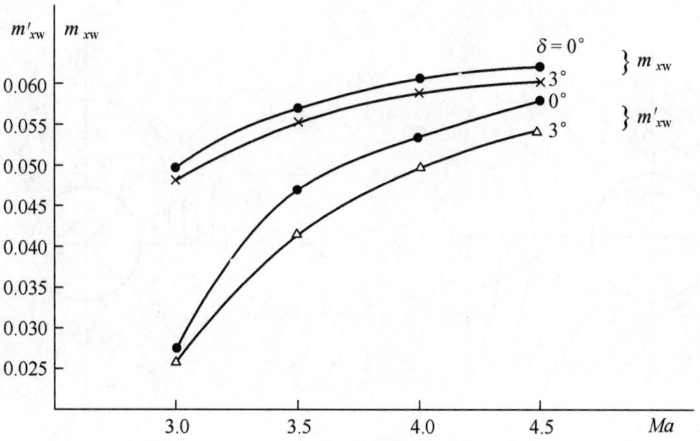

图 2.36　斜置(切)尾翼导转力矩系数及其导数随 Ma 的变化

2.3.4　马格努斯力 R_Z

德国科学家马格努斯于 1852 年在研究火炮弹丸射击偏差时发现，当弹丸自转并存在攻角时，由于弹表面附近流场相对于攻角平面不对称而产生垂直于攻角面的力 R_Z 及其对质心的力矩，此现象称为马格努斯效应，相应的力和力矩称为马格努斯力和马格努斯力矩。

马格努斯效应的古典解释如下：当旋转弹以攻角 δ 飞行时，流经弹体的横流为 $v\sin\delta$；此外由于气体有黏性，弹丸旋转将带动周围的气流也旋转产生环流。图 2.37 即为从弹尾向前看去弹体的旋转方向和横流流场。攻角面左侧（也即图中 y 轴左侧）横流与环流方向一致，气流速度加快，而右侧情况正好相反，流速降低。根据伯努利定理，流速高处压力低，流速低处压力高，结果就形成了指向攻角平面左侧的力，即马格努斯力。由此可见，弹体马格努斯力的指向是自横流方向逆弹丸自转方向转 90°，即 $\dot{\boldsymbol{\gamma}}\times\boldsymbol{v}$ 的方向（$\boldsymbol{v}$ 为弹速）。

马格努斯效应很早就被发现，但对它的理论研究近几十年才比较深入。根据大量的实验研究，人们发现马格努斯力的成因并非上面解释的那么简单，必须研究弹体周围附面层由于弹丸旋转产生的畸变、附面层由层流向紊流转捩的特性以及涡流与附面层间的相互作用。

当弹丸仅有攻角而不旋转时，轴对称弹的附面层关于攻角平面是左右对称的。当弹丸旋转时附面层的对称面就偏出攻角平面之外，图 2.38 即为横截面上附面层厚度不对称分布以及附面层内速度分布不对称的情况。附面层内侧速度等于弹丸旋转时弹表面的线速度，附面层外边界的速度等于理想无黏性流体绕不旋转弹体流动时的速度，此二边界之间的厚度即为附面层厚度，而附面层位移厚度约为附面层厚度的 1/3。附面层位移厚度相当于改变了弹丸的外形，对于由附面层位移厚度所形成的畸变后的外形，可用细长体理论求出畸变物体上的压力分布,并积分得到侧向力,这就是由附面层产生的马格努斯力的一部分。此外由于横流沿弹壁曲线流动将产生离心力,攻角面左侧附面层内气流流速高,离心力大,因而对弹体的径向压力低;右侧情况正好相反,流速低,离心力小,径向压力高。这样就形成了垂直于攻角平面的侧向力,这就是附面层产生的马格努斯力的第二个部分。

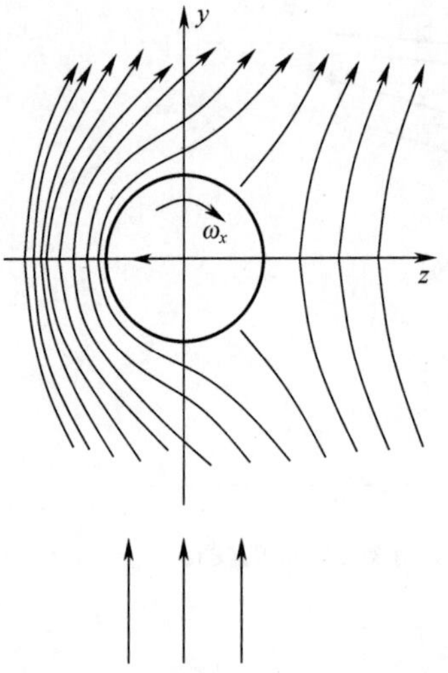

图 2.37　马格努斯力的经典解释

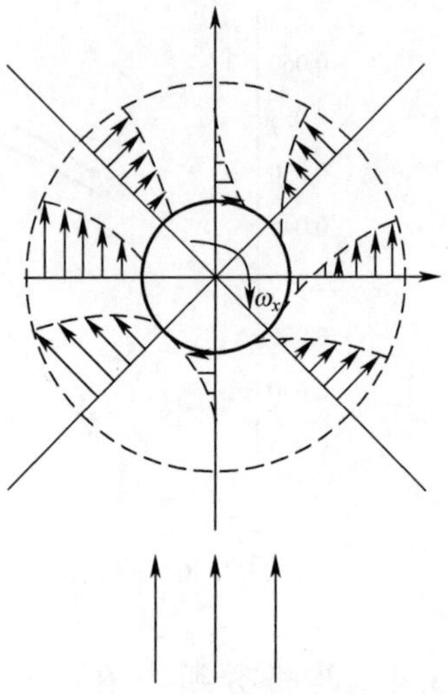

图 2.38　附面层畸变

马格努斯力的大小还与附面层内流动状态以及从层流向紊流转捩的特性有关。紊流情况下的马氏力比层流的增大 30%~40%,故转捩越早,马格努斯力越大(见图 2.39)。低转速和小雷诺数下,附面层沿弹轴保持为层流,并向弹丸旋转方向歪斜,形成侧向力;在大雷诺数和高速转速下附面层变为紊流,转速越高歪斜越甚,形成的侧向力也越大。

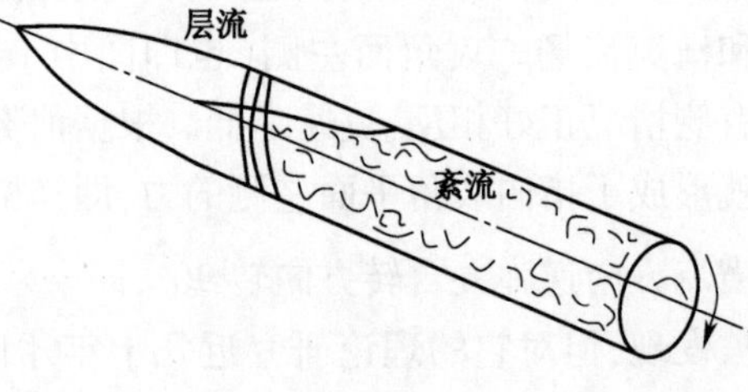

图 2.39　附面层的转捩

大攻角情况下的特点是产生负的马格努斯力。在攻角较小时,附面层的流动不脱体,弹体背风面内的涡浸沉在附面层内;但大攻角时背风面内成涡脱体,由于旋转使分离涡呈非对称分布,从而形成负的马格努斯力,见图 2.40。增大转速,可以使顺旋转方向的涡更加靠近弹体,最后又依附到弹体上,而另一个涡则顺旋转方向移动,马格努斯力又变为正值。

马格努斯力一般可写成如下形式:

$$R_Z = qSc_z, q = \rho v^2/2 \tag{2.55}$$

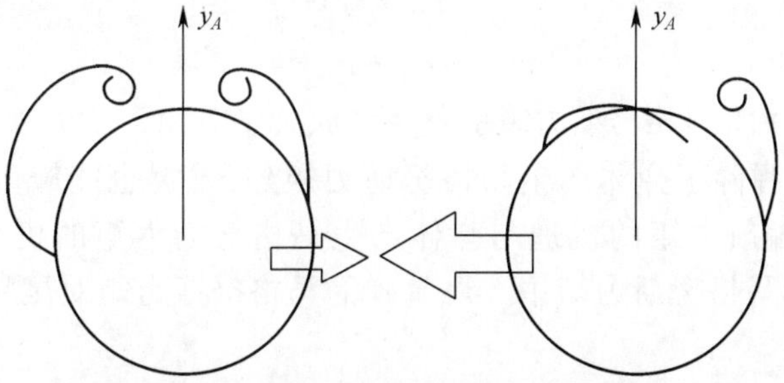

图 2.40 大攻角情况下脱体涡的分布

式中：c_z 为马格努力斯力系数。

转速 $\dot{\gamma}$ 越大，攻角 δ 越大，则马格努斯力越大，故 c_z 除了随马赫数变化外，还与 $\dot{\gamma}$ 及 δ 有关，因而可将 c_z 写成如下形式：

$$c_z = c_z'(\dot{\gamma}d/v) \tag{2.56}$$

式中：c_z' 是马格努力斯力系数 c_z 对无因次转速 $\dot{\gamma}d/v$ 的导数。

由于当攻角由正变负时，弹轴相对于速度线的方位正好相反，横流的方向也反过来，因而马格努力斯力的方向也是攻角的奇函数。当攻角较小时可写成线性函数形式：

$$R_Z = \frac{\rho v}{2}Sdc_z''\dot{\gamma}\delta\ ,\ c''_z = \frac{\partial c'_z}{\partial\delta} = \frac{\partial c_z}{\partial\delta\partial(\dot{\gamma}d/v)} \tag{2.57}$$

式中：c_z'' 为马格努力斯力系数 c_z 对攻角 δ 和无因次转速 $\dot{\gamma}d/r$ 的联合偏导数，小攻角情况下不随攻角变化。

当攻角较大时，马格努力斯力呈现出明显的非线性特性，则可将马格努力斯力系数导数写成如下形式：

$$c_z'' = c_{z_0} + c_{z_2}\delta^2 \tag{2.58}$$

这时，c_z'' 是 δ 的二次函数，c_{z_2} 是马格努力斯力系数导数的非线性部分的系数。

2.3.5 马格努斯力矩 M_y

由于马格努斯力一般不恰好通过弹丸的质心，于是形成对质心的力矩，称为马格努斯力矩。因弹丸的不同，马格努斯力的正负方向以及其作用点相对于质心的前后位置各不相同，故马格努斯力矩的方向也不同。我们规定正的马格努斯力作用在质心之前所形成的马格努斯力为正。作用在弹丸上的马格努斯力一般很小，常可略去不计，但马格努斯力矩对飞行稳定性有重要影响，不可忽视。

马格努斯力矩可写成如下形式：

$$M_y = qSlm_y\ q = \rho v^2/2 \tag{2.59}$$

式中：m_y 是马格努斯力矩系数，通常可写成

$$m_y = m_y'\left(\frac{\dot{\gamma}d}{v}\right) = m''\left(\frac{\dot{\gamma}d}{v}\right)\delta \tag{2.60}$$

式中：m_y' 和 m_y'' 分别是 m_y 对无因次转速 $\dot{\gamma}d/v$ 的导数以及对 $\dot{\gamma}d/v$ 和 δ 的二阶联合偏导数。小攻角时 m_y'' 不随 δ 变化，大攻角时可认为马格努斯力矩 M_y 是攻角的三次函数，m_y'' 则是 δ

的二次函数,即

$$m_y'' = m_{y_0} + m_{y_2}\delta^2 \tag{2.61}$$

式中:m_{y_0} 和 m_{y_2} 分别是马格努斯力矩系数导数 m_y' 一次项和三次方项的系数。

低速旋转尾翼弹除了弹体产生马格努斯力矩外,尾翼也能产生使弹丸偏航的力矩,尽管尾翼产生偏航力矩的机理与弹体产生马格努斯力矩的机理大不相同,但习惯上也将它归并到马格努斯力矩中。尾翼弹的马格努斯力矩对尾翼弹的运动稳定性有重大影响。

图 2.41 为以攻角 δ 飞行的低速旋转尾翼弹。

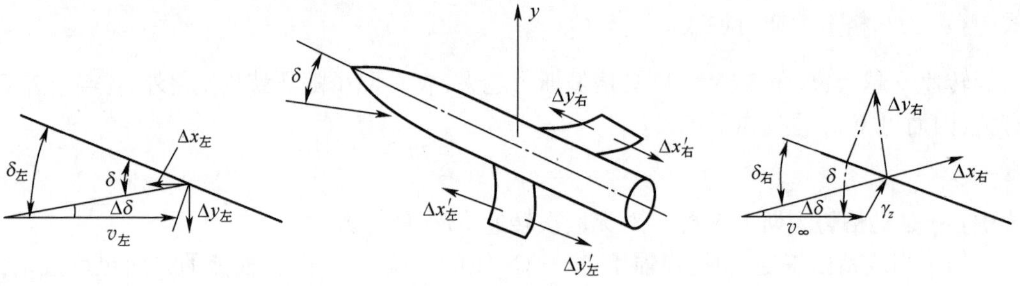

图 2.41 平直尾翼由旋转产生的马氏力矩

尾翼弹在旋转时,尾翼上任一纵剖面得到附加速度 $\dot{\gamma}z$ 和附加攻角 $\Delta\delta = \pm\dot{\gamma}z/v$,其中 z 是该剖面至弹轴的距离。对于右旋弹,右翼面攻角增大 $\Delta\delta > 0$,左翼面攻角减小 $\Delta\delta < 0$,并且由图 2.41(c)可见右翼面有效来流速度增大 $v_{右} > v_\infty$,而左翼面 $v_{左} < v_\infty$。由此右翼面产生向上的升力增量 $\Delta Y_{右}$ 和向后的阻力增量 $\Delta X_{右}$;而左翼面产生向下的 $\Delta Y_{左}$ 和向前的 $\Delta X_{左}$。将这些增量向翼弦平面投影,即可得到图 2.41(b)图中相应的投影值 $\Delta X'_{左}$、$\Delta X'_{右}$、$\Delta Y'_{左}$、$\Delta Y'_{右}$。其中,$\Delta X'_{左}$、$\Delta X'_{右}$ 形成负的偏航力矩,$\Delta Y'_{左}$、$\Delta Y'_{右}$ 形成正的偏航力矩。将各剖面上的这两种力矩相加并积分,即得到使弹偏航的马格努斯力矩。

图 2.42 为具有斜置翼的尾翼弹,各翼面与弹轴均成 δ_f 角。当来流与弹轴成 δ 角时则左、右翼面上实际攻角为 $\delta + \delta_f$ 和 $\delta - \delta_f$,这时左翼面将产生正的附加升力 $\Delta Y_{正}$、正的附加阻力 $\Delta X_{左}$;右翼面产生负的 $\Delta Y_{右}$、$\Delta X_{右}$。将这些附加力向弹轴方向投影,则 $\Delta Y'_{左}$、$\Delta Y'_{右}$ 形成负的偏航力矩,$\Delta X'_{左}$、$\Delta X'_{右}$ 形成正的偏航力矩。显然,此偏航力矩只与斜置角 δ_f 有关,弹丸不旋转时也存在。由于斜置尾翼弹的平衡转速 $\dot{\gamma}_L$ 与尾翼面斜置角 δ_f 有一定的关系,故此偏航力矩与转速间接相关。

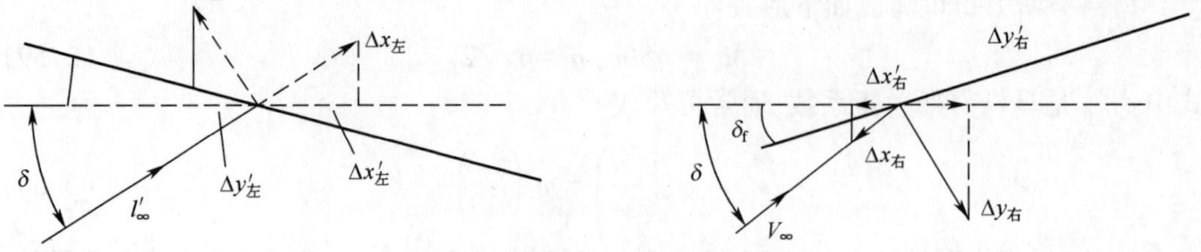

图 2.42 斜置尾翼产生的偏航力矩

2.3.6 非定态阻尼力矩(或下洗延迟力矩) $M_{\dot{\alpha}}$

当有攻角 δ 时，气流作用于弹头和弹身或前翼将产生升力，同时弹头和弹身或前翼也阻挡气流给气流以反作用，使气流速度大小和方向改变，这个改变了速度大小和方向的气流称为下洗流。设气流速度方向改变了 ε' 角，称 ε' 角为下洗角，见图 2.43。

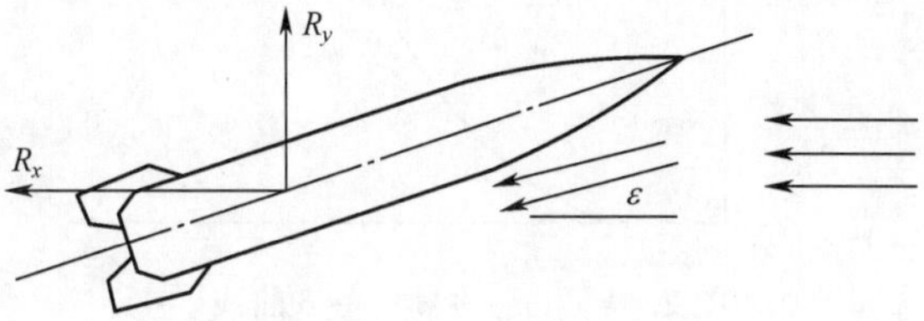

图 2.43 气流的下洗

由于气流与弹体摩擦或产生激波，使气流的部分动能变成热能耗散，从而动压降低。另外，流经弹尾或尾翼上的实际攻角为 $\delta - \varepsilon'$，比原来的攻角小，因此，弹尾和尾翼上的实际升力将小于不考虑下洗影响时的升力。

当弹丸作非定态飞行时，攻角 δ 是不断变化的。设 $\delta > 0$，又设下洗流从弹头至弹尾需要时间 $\Delta t = t_2 - t_1$，则在 t_2 时刻虽然攻角已变为 $\delta = \delta_1 + \dot{\delta}\Delta t$，头部下洗流的下洗角已增大到 $\varepsilon_2' = \varepsilon_1' + \Delta\varepsilon'$，但此下洗流尚未到达尾部，弹尾区仍是上一时刻的下洗流，下洗角为 ε_1'，它比按每一时刻作定态飞行考虑的下洗角小 $\Delta\varepsilon'$，因而尾部实际攻角将比按定态飞行考虑时 $\Delta\varepsilon'$，这就形成了尾部向上的附加升力。此附加升力对质心之矩正好阻止弹轴向增大攻角的方向转动，具有与赤道阻尼力矩 M_{zz} 相同的作用，故称其为非定态阻尼力矩或下洗延迟力矩，记为 $M_{\dot{\alpha}}$。如设 $\dot{\delta} < 0$，经过分析可知，下洗延迟力矩同样有阻止攻角减小的作用。

非定态阻尼力矩用下式表示：

$$M_{\dot{\alpha}} = \frac{\rho v^2}{2} Slm_{\dot{\alpha}}\ m_{\dot{\alpha}} = m'_{\dot{\alpha}}\left(\frac{\dot{\delta}d}{v}\right) \tag{2.62}$$

式中：$m_{\dot{\alpha}}$ 和 $m'_{\dot{\alpha}}$ 分别是非定态阻尼力矩系数及其对无因次攻角变化率（$\dot{\delta}d/v$）的导数。$M_{\dot{\alpha}}$ 与攻角大小有关但与攻角方位无关，它永远只与攻角速度 $\dot{\delta}$ 的方向相反，因此 $M_{\dot{\alpha}}$ 应是攻角的偶函数，非线性非定态阻尼力矩系数可表示为如下形式：

$$m'_{\dot{\alpha}} = m_{\dot{\alpha}_0} + m_{\dot{\alpha}_2}\delta^2 \tag{2.63}$$

由于在弹丸的运动中，弹轴绕质心速度的摆动十分迅速，而质心速度方向的变化十分缓慢，因此攻角变化速率 $\dot{\delta}$ 与弹轴摆动速率 ω_1 几乎是相同的，因此非定态阻尼力矩与赤道阻尼力矩二者的作用基本上是相同的，故可将二者合并起来成为弹丸摆动运动的阻尼。图 2.44 即为某尾翼弹的（$m'_{zz} + m'_{\dot{\alpha}}$）随攻角变化的曲线。习惯上把这两种力矩统称为赤道阻尼力矩。

对于尺寸较大的弹丸、长细比较大的尾翼式弹丸和有前翼的鸭式导弹，由于下洗流延迟时间长，非定态阻尼力矩的作用必须予以考虑，这时 m'_{zz} 和 $m'_{\dot{\alpha}}$ 就不能合并，必须单独考虑。

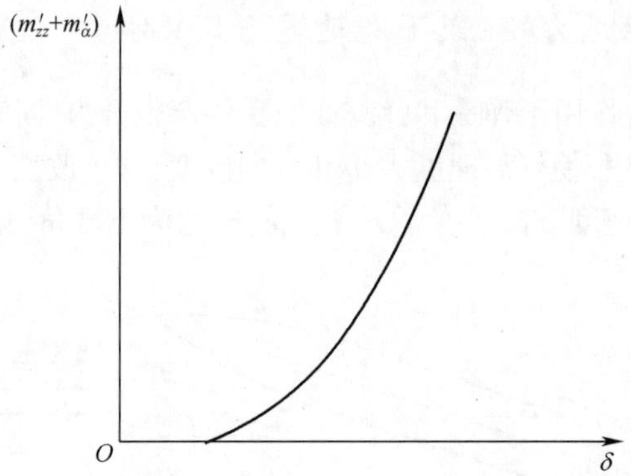

图 2.44 $(m'_{zz}+m'_{\dot{\alpha}})-\delta$ 曲线

2.4 作用在有控弹丸上的空气动力和力矩

对于在大气中飞行的有翼式有控弹丸,从空气动力产生的物理本质上,其所受空气动力和力矩与无控弹丸没有差别。但由于这两种弹丸在飞行方式(有控飞行和自由飞行)、弹道特性(机动弹道和自由飞弹道)上的不同,使其所关心的主要空气动力有所区别。为了与控制系统各通道(俯仰、偏航、滚转)相对应,有控弹丸多沿用飞机飞行力学中的坐标系和符号,而无控弹丸多沿用弹道学中的一些符号。本节将采用导弹飞行力学和导弹空气动力学中的一些气动力公式、符号、坐标系,攻角用 α 表示,侧滑角用 β 表示,舵偏角用 $\delta_x,\delta_y,\delta_z$ 表示。

无控弹丸几乎都是轴对称或旋转对称的,弹体的滚转方位对气动力基本无影响,故可简单地定义弹轴与速度矢量间的夹角为攻角 δ,弹轴与速度线组成的平面称为攻角面,作用在无控弹丸上的空气动力及力矩的大小及方向与攻角大小以及攻角平面方位密切相关,但基本与弹体的滚转方位无关。

有控弹丸除了有轴对称形的,还有面对称形的,这时就不能简单地只用速度线与弹轴间的夹角大小和方位来描述气流与弹轴间的相互位置关系和相互作用。因为当弹丸自转后,弹轴方位不变,但对称面方位改变,气流对弹丸的作用力就不同了。为此,有控弹丸多按面对称气动布局情况建立坐标系。

下面先建立弹体坐标系和速度坐标系。

弹体坐标系 $Ox_1y_1z_1$ 与弹丸固连,其原点在质心上, Ox_1 轴即为弹轴; Oy_1 轴垂直于 Ox_1 轴并在纵队称面内,向上为正; Oz_1 轴按右手法则确定,从弹尾向弹头看,指向纵对称面右侧为正,见图 2.45。

速度坐标系 $Ox_3y_3z_3$ 的原点也在质心 O 上, Ox_3 轴与速度方向一致; Oy_3 垂直于 Ox_3 轴并在纵对称平面内,向上为正; Oz_3 轴垂直于 Ox_3y_3 平面,其方法按右手法则确定,指向纵对称面右侧为正,见图 2.45。定义速度线在纵对称面内的投影线与弹轴的夹角 α 为攻角,并规定弹轴在速度线上方向时攻角为正,反之为负。显然,它与无控弹丸攻角的定义不同。定义速度线与纵对称面之间的夹角 β 为侧滑角,并规定当来流从纵对称面右侧流向左侧,或质心速度方向指向纵对称面右侧时 β 为正(这时产生沿负 z_1 轴方向的侧力),

反之为负。

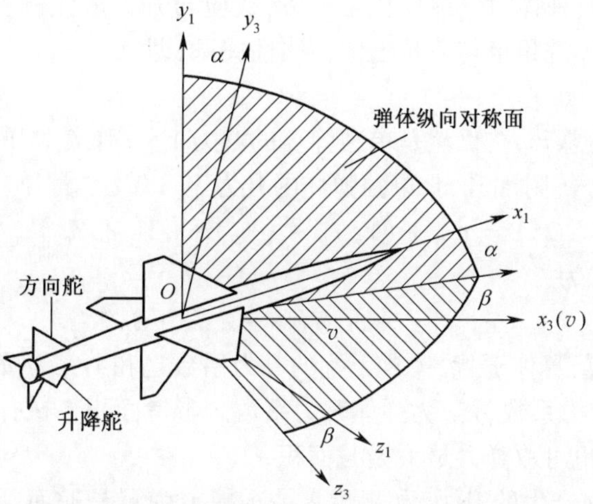

图 2.45 有控弹丸的弹体坐标系和速度坐标系

2.4.1 作用在有控弹丸上的气动力

有控弹丸控制的目的是为了改变其弹道轨迹,或是进行弹道机动,这就需要提供改变质心速度方向的法向力。对于利用空气动力提供法向力的弹丸,就需要装一对或两对面积较大的弹翼,利用弹翼上的升力或侧力形成法向力,故升力常常是比阻力更重要的气动力。

1. 升力、压力中心和焦点

全弹升力仍是弹翼、弹身、尾翼或前翼(或舵面)等各部件产生的升力及各部件间相互干扰产生的附加升力之和,其中弹翼提供的升力最大。

单独弹翼的升力特性与计算方法与 2.3 所述相同,单独弹身的升力特性与计算方法也与 2.3 节相同,但尾翼升力的计算方法与无控尾翼弹有些不同,它要考虑弹翼和弹身对气流的阻滞所引起的动压减小以及产生下洗角 ε',如图 2.46 所示。

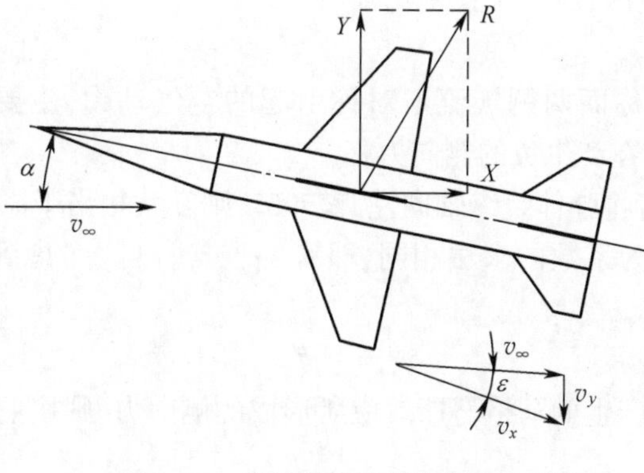

图 2.46 流经弹体和弹翼气流的下洗

尾翼的升力 Y_t 就应按气流速度 $v_t = \sqrt{k_q}v$ 和有效攻角($\alpha - \varepsilon'$)来计算。式中, $k_q = q_t/q$,其中 q_t 为尾翼区平均动压, q 为来流动压。速度阻滞系数 k_q 取决于弹丸外形、飞行

马赫数 Ma 、雷诺数 Re 以及攻角等因素,一般可取 0.85~1.0。至于下洗角 ε' ,考虑它是气流对弹体产生升力,弹体对气流反作用形成,故应与升力成比例。因在攻角不大时,升力与攻角成正比,故下洗角也与攻角近似为线性关系,即

$$\varepsilon' = \varepsilon^{\alpha} \cdot \alpha \tag{2.64}$$

至于有控弹丸的总升力,仍然是单独弹翼的升力 Y_{w0} 、弹翼对弹体的干扰 $(Y_B)_w$ 和弹体对弹翼干扰 $(Y_w)_B$ 等附加升力、单独弹体的升力 Y_B 以及尾翼升力 Y_t 的总和,可表示为

$$Y = Y_{w0} + (Y_B)_w + (Y_w)_B + Y_B + Y_t \tag{2.65}$$

写成升力系数的形式为

$$c_y = c_{yw} + c_{yB} S_B / S + c_{yt} k_q \cdot S_t / S \tag{2.66}$$

式中: c_{yw} 为单独弹翼、翼体干扰、体翼干扰的升力系数之和; c_{yt} 为按来流速度但考虑下洗角 ε 计算出的尾翼升力系数; c_{yB} 为弹体升力系数。参考面积 S 在有控弹丸中常选作弹翼面积,对于制导炮弹也可取弹丸最大横截面积。

以上是由攻角 α 产生的升力,如果后翼或前翼或弹翼是舵面,则当其转动 δ_z 角度时又将产生一部分升力,在线性范围内(一般 $\alpha + \delta_z < 20°$),这部分升力与舵偏角 δ_z 成比例,则总升力可表示为

$$c_y = c_{y0} + c_y^{\alpha} \cdot \alpha + c_y^{\delta_z} \cdot \delta_z \tag{2.67}$$

式中: c_{y_0} 为 $\alpha = 0, \delta_z = 0$ 时的升力系数,这是由弹丸外形相对于 Ox_1z_1 平面不对称引起的,许多情况下是人为的安装角产生的,对于轴对称弹丸 $c_{y_0} = 0$, c_y^{α} 即无控弹丸中的 c_y' 。

总空气动力作用线与弹轴的交点称为压力中心。在小攻角情况下,可近似将总升力在纵轴上的作用点作为全弹的压力中心。仅由攻角 α 产生的那部分升力 $Y^{\alpha} \cdot \alpha$ 在纵轴上的作用点称为导弹的焦点。舵面偏转产生的那部分升力 $Y^{\delta_z}\delta_z$ 就作用在舵面的压力中心上,因此焦点一般不与全弹压力中心重合,因为压力中心位置还受到舵面升力的影响,仅在导弹是轴对称(即 $c_{y_0} = 0$)且 $\delta_z = 0$ 时焦点才与压力中心重合。焦点至弹顶的距离一般用 x_F 表示,而压心距弹顶的距离一般用 x_p 表示。

对于有翼式导弹,其压力中心位置在很大程度上取决于弹翼相对于弹身的前后位置,弹翼安装位置离弹顶越远则 x_p 越大。此外,压心位置还受 Ma 、攻角 α 、舵偏角、安定面、安装角的影响,在跨声速区,压心位置变化剧烈。

2. 侧向力

侧向力是由纵向对称面两侧气流不对称引起的空气动力,主要由侧滑角引起。在图 2.47表明正的侧滑角 β 产生负的侧向力 Z。

对于轴对称弹丸,若将弹体绕纵轴向左旋转90°,则 β 就相当于原来的 α 角,这时导弹侧向力系数的求法与升为系数的求法相同,即有 $|c_z^{\beta}| = |c_y^{\alpha}|$,考虑到正的 β 产生负的侧向力,故有

$$c_z^{\beta} = - c_y^{\alpha} \tag{2.68}$$

至于由旋转和攻角产生的马格努斯效应所形成的侧向力,则按上节所述方法考虑。

3. 阻力

全弹的阻力仍是弹身、弹翼、尾翼或前翼各部分阻力之和。考虑到各部分阻力计算的误差,在进行初步设计时常将各部分阻力之和乘以 1.1 作为全弹阻力近似值。但用于准确计算射程和速度变化的阻力则必须准确。

4. 升阻比、极曲线

极曲线是描述同一飞行高度(密度 ρ 相同)、同一马赫数、不同攻角下弹丸升力系数 c_y 和阻力系数 c_x 关系的一条曲线,如图 2.48 所示。曲线上每一点 c_y 与 c_x 之比就是该状态下的升阻比。极曲线上过原点的那一条切线的斜率(图中 φ 角的正切)即为对应飞行状态下的最大升阻比。升阻比越大,弹丸的滑翔飞行能力越强。

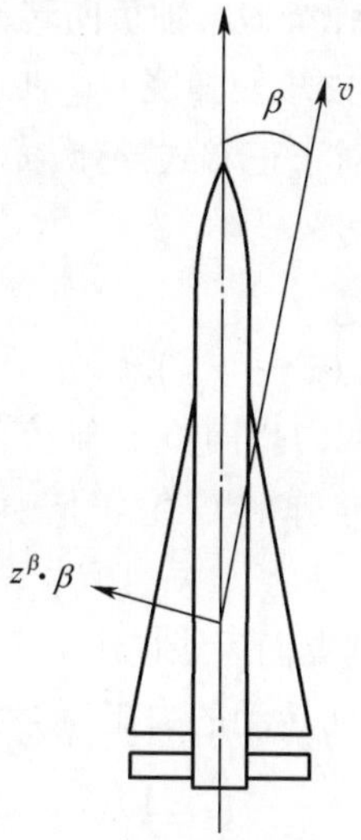

图 2.47 侧滑角和侧向力

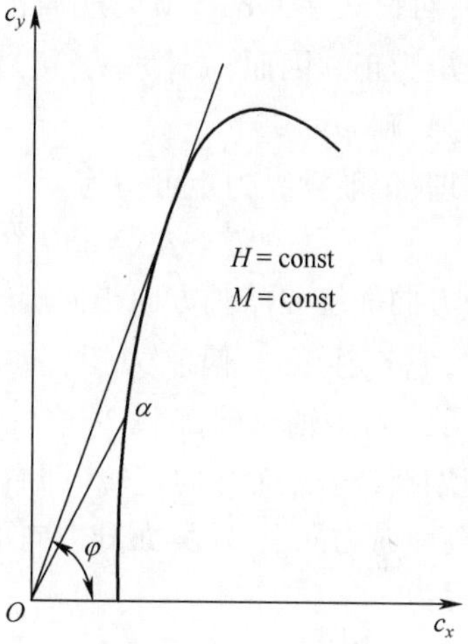

图 2.48 极曲线示意图

2.4.2 作用在有控弹丸上的空气动力矩

与无控弹丸相比,有控弹丸的空气动力矩多了操纵力矩以及舵面升力对舵机转轴的铰链力矩。此外,由于气动外形和布局不同,有些在无控弹丸上认为可以忽略的力矩在有控弹丸里数值较大不能忽略。如由于弹翼面积大或由于飞机型导弹的立尾的作用,由滚转和偏航交叉影响产生的力矩就不能忽略。

1. 操纵力矩

导弹绕 O_{z1} 轴在纵对称面内的摆动运动称为俯仰运动,绕 O_{y1} 轴在垂直于纵对称面的平面 O_{x1z1} 内的摆动称为偏航运动,绕纵轴 O_{x1} 方向转动称为滚转运动或倾斜运动。导弹就是利用控制飞行姿态的方式,改变作用在导弹上的气动力,从而改变质心速度方向和弹道轨迹,达到有控飞行的目的。

对于"+~+"形正常或鸭式气动布局导弹,在弹尾部(或弹头部)平行于 O_{z1} 轴方向上装有可绕 O_{z1} 转动的升降舵,控制导弹的俯仰;在弹尾部(或弹头部)上装有可绕 O_{y1} 轴方向转动的方向舵,控制导弹的偏航;此外,在弹翼两稍装有副翼,利用副翼差动偏转控制导弹的翻滚。

轴对称导弹一般不安装副翼,则用一对方向舵或(和)一对升降舵的两个舵面差动,来控制滚转。

升降舵偏转 δ_z 角后在舵面上产生升力 $Y^{\delta_z}\delta_z$,设舵面压心距弹顶的距离为 $x_{p\delta}$,x_c 为导弹质心距弹顶的距离,则舵面升力产生的操纵力矩为

$$M_z^{\delta_z}\delta_z = Y_{\delta_z}\delta_z(x_c - x_{p\delta}) = m_z^{\delta_z}\delta_z q \cdot Sl \text{ , } Y_{\delta_z} = 0.5\rho v^2 Sc_y^{\delta_z}$$

故有

$$m_z^{\delta_z} = c_y^{\delta_z}(\bar{x}_c - \bar{x}_{p\delta})$$

式中：$M_z^{\delta_z}$ 和 $m_z^{\delta_z}$ 分别为操纵力矩和操纵力矩系数导数；$\bar{x}_c$，$\bar{x}_{p\delta}$ 为质心和舵面压心对弹顶的相对距离。按规定升降舵绕 Oz_1 方向正向右转时以 $\delta_z > 0$，这时产生的舵面升力向上，对于正常式布局导弹，舵面正向升力对质心的操纵力矩使弹绕 Oz_1 轴负向转动，即俯仰力矩为负；对鸭式导弹 $\delta_z > 0$ 时舵面正转升力对质心的操纵力矩使弹绕 Oz_1 轴正向转动，即俯仰力矩为正。因而，$(x_c - x_{p\delta})\delta_z$ 正好服从这种关系。对于正常式导弹，$m_z^{\delta_z} < 0$；而对鸭式导弹，则 $m_z^{\delta_z} > 0$。

同理，偏航操纵力矩可写为

$$M_y^{\delta_y} \cdot \delta_y = qSlm_y^{\delta_y} \cdot \delta_y \text{ , } \qquad m_y^{\delta_y} = c_z^{\delta_y}(\bar{x}_c - \bar{x}_{p\delta}) \tag{2.69}$$

当方向舵绕 Oy_1 轴方向正向旋转时，$\delta_y > 0$，舵面侧向力指向负 z_1 轴方向，对于正常式导弹，它产生负的偏航力矩，故 $m_y^{\delta_y} < 0$，对于鸭式导弹它产生正向偏航力矩，故 $m_y^{\delta y} < 0$ 。对于轴对称弹 $|m_y^{\delta_y}| = |m_z^{\delta_z}|$ 。

当副翼绕 Oz_1 轴方向正转（即右副翼面后缘向下，左副翼面后缘向上）。如图 2.49 所示，右翼面升力向上，左翼面升力向下，形成绕弹轴 Ox_1 负向转动的力矩，称为滚转操纵力矩，可写为

$$M_x^{\delta_x} \cdot \delta_x = qSlm_x^{\delta_x}\delta_x \tag{2.70}$$

式中：$m_x^{\delta_x}$ 为单位副翼偏转角产生的操纵力矩，称为副翼操纵效率，由定义知 $m_x^{\delta_x} < 0$，即操纵力矩 $m_x^{\delta_x}\delta_x$ 方向与副翼转动方向相反。

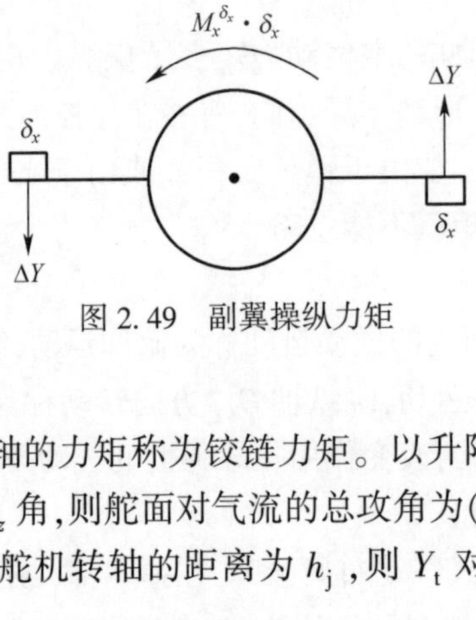

图 2.49　副翼操纵力矩

2. 铰链力矩

舵面上的升力对舵机转轴的力矩称为铰链力矩。以升降舵为例，如图 2.50 所示，导弹以攻角 α 飞行，舵面偏转 δ_z 角，则舵面对气流的总攻角为($\alpha + \delta_z$)，气流在舵面上产生的升力 Y_t ，又设 Y_t 作用点距舵机转轴的距离为 h_j ，则 Y_t 对舵机轴的力矩，也即铰链力矩为

$$M_h = - Y_t h_j \cos(\alpha + \delta_z)$$

当 $\alpha + \delta_z$ 不大时，$\cos(\alpha + \delta_z) \approx 1$。舵面升力和铰链力矩也可以写成

$$Y_t = Y_t^{\alpha} \cdot \alpha + Y_t^{\delta_z} \cdot \delta_z \text{ , } \qquad M_h = M_h^{\alpha} \cdot \alpha + M_h^{\delta_z} \cdot \delta_z \tag{2.71}$$

如用铰链力矩系数表示，则有 $m_h = m_h^{\alpha} \cdot \alpha + m_h^{\delta_z} \cdot \delta_z$。$m_h$ 主要取决于舵面类型、形状、Ma 、攻角 α（对于方向舵为侧滑角 β ）、舵面偏转角，以及铰链轴的位置。偏导数 m_h^{α}，$m_h^{\delta_z}$ 随攻角 α 变化不大。舵机转轴离舵面压力中心越远，铰链力矩越大。如果舵机转轴就在

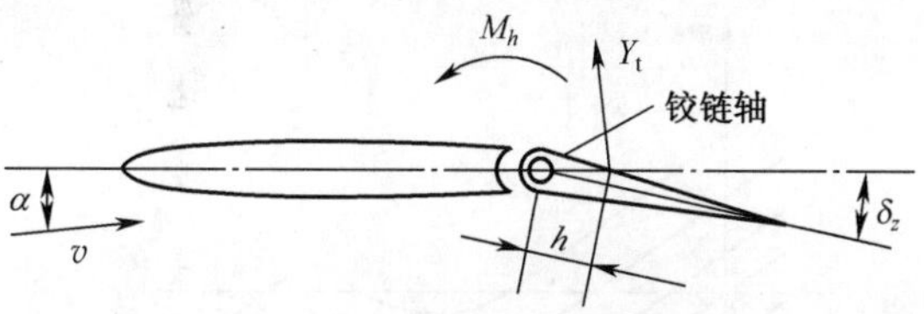

图 2.50　铰链力矩示意图

压力中心上,则铰链力矩为零。但舵面升力对舵机转轴根部横断面的剪切力矩并不会因此而减小。

铰链力矩越大所需舵机功率和转矩也越大,机动性高的导弹所需操纵力矩较大,铰链力矩和舵机转矩也较大。不同类型和大小导弹的舵机转矩可从几牛顿米到几十牛顿米变化。为避免飞行中铰链力矩过大,常在舵面上采取诸如移铰链轴,移舵面压心位置等措施减小铰链力矩。

3. 俯仰力矩

忽略一些太小的力矩成分,俯仰力矩可表示成如下形式(略去下标 1):

$$M_z = M_{z0} + M_z^{\alpha} \cdot \alpha + M_z^{\delta_z} \cdot \delta_z + M_z^{\bar{\alpha}} \cdot \bar{\alpha} + M_z^{\bar{\dot{\alpha}}} \cdot \bar{\dot{\alpha}} + M_z^{\bar{\delta}} \cdot \bar{\delta} \tag{2.72}$$

式中:M_{z0} 为 $\alpha,\delta_z,\omega_z,\bar{\dot{\alpha}},\bar{\delta}$ 均为零时的俯仰力矩,是由于导弹几何不对称(如人为的安装角)产生的力矩,也即由 Y_0 产生的力矩;$M_z^{\alpha} \cdot \alpha$ 称为纵向静稳定力矩或恢复力矩;$M_z^{\delta_z} \cdot \delta_z$ 即为操纵力矩;$M_z^{\bar{\omega}_z} \cdot \bar{\omega}_z$ 是由绕 O_{z1} 轴摆动产生的俯仰阻尼力矩,即赤道阻尼力矩;$M_z^{\bar{\dot{\alpha}}} \cdot \bar{\dot{\alpha}}$ 和 $M_z^{\bar{\delta}_z} \cdot \bar{\delta}_z$ 都是下洗延迟力矩,前者由攻角变化引起,后者由前舵面偏转速率引起。上标有"–"的量均为无量纲参数,即 $\bar{\omega}_z = \omega_z l/v, \bar{\dot{\alpha}} = \dot{\alpha} l/v, \bar{\delta}_z = \delta_z l/v$ 。以力矩系数的形式来写式(2.92)式即有

$$m_z = m_{z0} + m_z^{\alpha} \cdot \alpha + m_z^{\delta_z} \cdot \delta_z + m_z^{\bar{\omega}} \cdot \bar{\omega} + m_z^{\bar{\dot{\alpha}}} \cdot \bar{\dot{\alpha}} + \overline{m^{\delta}}_z \cdot \bar{\delta} \tag{2.73}$$

式中:力矩系数导数 $m_z^{\alpha}, m_z^{\bar{\omega}_z}, m_z^{\bar{\dot{\alpha}}}$ 在无控弹丸中分别是用符号 $m_z', m_{zz}', m_{\dot{\alpha}}$ 表示的。

在导弹的定态飞行中,速度 v 、弹道倾角 θ 、攻角 α 、侧滑角 β 、舵偏角 δ_z、δ_y 等均不随时间变化,即 $\omega_z = \dot{\alpha} = \dot{\beta} = \dot{\delta}_z = \dot{\delta}_y = 0$,这称为定态飞行。这时由上式得

$$m_z = m_{z0} + m_z^{\alpha}\alpha + m_z^{\delta_z}\delta_z \tag{2.74}$$

对于轴对称导弹,$m_{z0} = 0$。上式表明俯仰力矩系数与 α 和 δ_z 成线性关系。不过实验表明,只有在小攻角、小舵偏角情况下这种线关系才成立。图 2.51 为有翼式导弹 m_z 与 α 和 δ_z 的关系曲线示意图,可见在小攻角时 m_z 与 α 成线性关系,并且 $m_z' < 0$,大攻角时,m_z 与 α 成非线性关系。

$m_z = 0$ 的位置称为力矩平衡点。如果导弹保持在此条件下飞行,必有 $\omega_z = \dot{\alpha} = \dot{\delta}_z = 0$,即导弹处于纵向平衡状态。对于轴对称导弹,$m_{z0} = 0$,则由此得到平衡关系式

$$\delta_{zB} = -\frac{m_z^{\alpha}}{m_z^{\delta_z}} \cdot \alpha_B \quad \text{或} \quad \alpha_B = -\frac{m_z^{\alpha}}{m_z^{\delta_z}} \cdot \delta_{zB} \tag{2.75}$$

式中:δ_{zB} 和 α_B 分别称为升降舵平衡舵偏角和平衡攻角。此式表明,在力矩平衡状态下平衡舵偏角和平衡攻角有互成比例、一一对应的关系,其比例系数为 $|m_z^{\alpha}/m_z^{\delta_z}|$,此值的绝

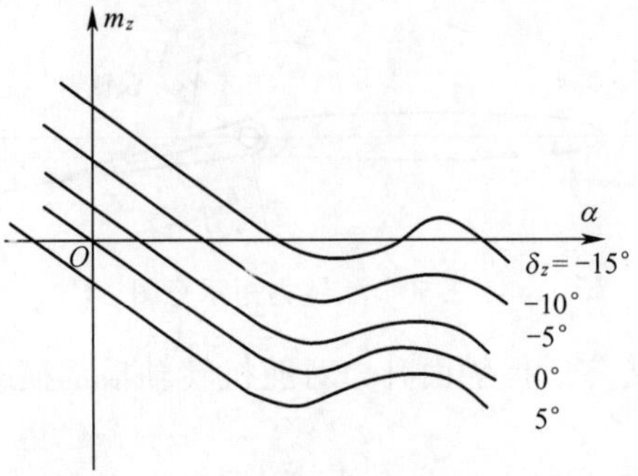

图 2.51　有翼式导弹 $m_z = f(\alpha)$ 曲线图

对值越大表示操纵效率越高，即用小的舵偏角就能产生大的攻角，提供大的升力。对于正常式导弹因 $m_z^\alpha < 0$，$m_z^{\delta_z} < 0$，故此值为负；对于鸭式导弹因 $m_z^\alpha < 0$，$m_z^{\delta_z} > 0$，故此值为正。此比值除了与飞行马赫数 Ma 有关外，还与导弹气动布局有关，对于正常式布局一般为 1.2 左右；鸭式布局约为 1.0，对于旋转弹翼式可达 6~8。

平衡状态下，全弹升力即所谓平衡升力可由下式计算：

$$c_{yB} = c_y^\alpha \cdot \alpha_B + c_y^{\delta_z} \cdot \delta_{z_B} = \left[c_y^\alpha + c_y^{\delta_z}(-m_z^\alpha / m_z^{\delta_z}) \right] \alpha_B \tag{2.76}$$

显然，对于正常式导弹，因 $-m_z^\alpha / m_z^{\delta_z} < 0$，故平衡升力为攻角升力与舵面升力之差；而对于鸭式导弹，平衡升力则为二者之和，如图 2.52 所示。

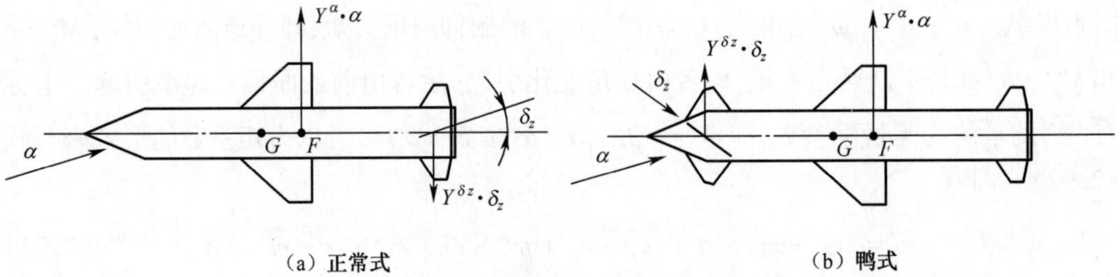

图 2.52　正常式和鸭式导弹的平衡升力

有控弹丸的纵向静稳定性定义与无控弹丸是一样的，静力矩系数导数 m_z^α（在无控弹中用 m_z' 表示）的正负号就确定了弹丸的静稳定特性，$m_z^\alpha < 0$ 时静稳定，$m_z^\alpha > 0$ 时静不稳定，$m_z^\alpha = 0$ 时为中立稳定。由于 m_z^α 只表示由攻角产生的力矩，不含舵面偏转的影响，即只考虑 $\delta_z = 0$ 时的力矩大小，此时压力中心即为焦点，于是按前述 m'_z 的表达式(2.45)，即可写出有控弹丸的静力矩系数以及静稳定度的表达式：

$$m_z^\alpha = \frac{x_G - x_F}{l}(c_y^\alpha + c_x) \approx (\bar{x}_G - \bar{x}_F) c_y^\alpha,\ m_z^{c_y} = m_z^\alpha / c_y^\alpha = -(\bar{x}_G - \bar{x}_F) \tag{2.77}$$

以上式中 $\bar{x}_G$，$\bar{x}_F$ 分别为质心和焦点至弹顶的相对距离，显然，当焦点位于质心之后时，$m_z^\alpha < 0$ 为静稳定；焦点位于质心之前时，$m_z^\alpha > 0$ 为静不稳定。焦点位于质心之后越远静稳定度 $(\bar{x}_f - \bar{x}_g)$ 越大。导弹的静稳定度不仅与飞行稳定性有关，而且与操纵性、自振频率有关，过大的静稳定度会导致导弹操纵不灵活，故导弹的静稳定度不能过大，一般仅为 2%~5%，有的甚至设计成静不稳定的。选择静稳定度是导弹总体设计最重要的工作之一。为了获得所需要的静稳定度，可采用调节 $\bar{x}_F$ 大小或调节 $\bar{x}_G$ 大小两种途径。前者要设计各气动面（弹翼、前翼、后翼）的面积大小、形状和安装位置，后者要调整导弹各部分质量分布、改变质心位置。

4. 偏航力矩

导弹侧力 Z 对质心的力矩使导弹绕 OY 轴左右转动，故称为偏航力矩，记为 m_y。它是由于纵对称面两侧气流流场不对称产生的，对于轴对称导弹，偏航力矩的组成与俯仰力矩相同，但对于面对称导弹还需考虑滚转运动的交叉影响。故偏航力矩系数可表示为

$$m_y = m_y^{\beta} \cdot \beta + m_y^{\bar{\omega}_y}\bar{\omega}_y + m_y^{\delta_y}\delta_y + m_y^{\bar{\dot{\beta}}}\bar{\dot{\beta}}_y + m_y^{\bar{\dot{\delta}}_y}\bar{\dot{\delta}}_y + m_y^{\bar{\omega}_x}\bar{\omega}_x \tag{2.78}$$

因为所有导弹关于纵对称面都是镜面对称的，故 $m_{y0} = 0$。$m_y^{\bar{\omega}_y} \cdot \bar{\omega}_y$ 为 ω_y 产生的偏航阻尼力矩系数，$m_y^{\delta_y} \cdot \delta_y$ 为由方向舵偏转 δ_y 产生的航向操纵力矩系数，$m_y^{\bar{\dot{\beta}}} \cdot \bar{\dot{\beta}}$ 和 $m_y^{\bar{\dot{\delta}}_y} \cdot \bar{\dot{\delta}}_y$ 仍为下洗延迟力矩系数，$m_y^{\bar{\omega}_x} \cdot \bar{\omega}_x$ 即为由滚转角速度 ω_x 产生的偏航交叉力矩系数。

$m_y^{\beta}\beta$ 是航向静稳定力矩系数。当侧力 $Z_{\beta} \cdot \beta$ 作用点在质心之后时，就产生航向静稳定特性。因为当侧滑角 $\beta > 0$ 时产生的侧向力 $Z_{\beta} \cdot \beta$ 指向纵对称面左侧（即 $c_z^{\beta} \cdot \beta < 0$），它对质心的力矩指向 Oy_1 轴负向，使弹轴顺时针旋转向速度线方向靠拢，有减小 β 的趋势，起到航向静稳定作用，此时，力矩系数导数 $m_y^{\beta} < 0$；反之，当侧力 $z_{\beta} \cdot \beta$ 作用点在质心之前时，$m_y^{\beta} > 0$，即为航向静不稳定。

5. 滚动力矩

滚动力矩是作用在导弹上的气动力矩沿弹轴 Ox_1 的分量，它使导弹绕 Ox_1 滚转（对飞机或飞航式导弹称为倾斜）。滚动力矩是由于气流不对称地绕流过导弹产生的。由于侧滑飞行、舵面偏转、导弹滚转、偏航运动、翼面差动安装以及加工误差都会破坏绕流的对称性，故引起滚转的原因是很多的，加之弹丸的轴向转动惯量都较小，所以直尾翼导弹在无控飞行段内也会或多或少地滚转，甚至在不同马赫数和攻角上一会儿正转，一会儿又反转。因而对许多有控弹丸，抑制或消除无规则滚转是一项重要工作。

在线性范围内滚转力矩用系数表示可写成如下形式：

$$m_x = m_{x0} + m_x^{\beta} \cdot \beta + m_x^{\delta_x}\delta_x + m_x^{\bar{\omega}_x}\bar{\omega}_x + m_x^{\delta_y} \cdot \delta_y + m_x^{\bar{\omega}_y}\bar{\omega}_y + m_{x\varepsilon} \tag{2.79}$$

式中：m_{x0} 是由于制造误差引起的外形不对称产生的；$m_x^{\delta_x} \cdot \delta_x$ 是副翼或差动舵偏转产生的滚转操纵力矩；$m_x^{\omega_x}$ 为滚转阻尼力矩（无控弹中用 m'_{xz} 表示）；$m_x^{\delta_y} \cdot \delta_y$ 和 $m_x^{\omega_y} \cdot \omega_y$ 分别是由于面对称导弹方向舵偏转和绕 O_{y1} 偏航运动产生的滚转力矩；也是一种交叉力矩；$m_{x\varepsilon}$ 是鸭式导弹由前翼产生的斜吹力矩；$m_x^{\beta} \cdot \beta$ 是横滚静力矩。当气流以某个侧滑角 β 流过导弹时，对称面两侧的流场是不对称的，由图 2.53 可见，对于后掠角为 ψ 的弹翼，当有侧滑角 β 时，右翼面前缘后掠角减小为 $\chi - \beta$，而垂直于右翼面前缘的速度加大，并且右翼面一部分侧缘变成前缘，故升力增大；左翼正好相反，有效后掠角增大为 $x + \beta$，并且后一部分侧缘变成后缘，使升力减小。故右翼升力大于左翼，结果形成绕 Ox 轴反转的滚动力矩 $m_x^{\beta} \cdot \beta < 0$。

对于飞机形导弹还有垂直立尾产生的滚动力矩，这是因为垂直立尾只安装在机尾上部，由于侧滑，将产生作用在立尾上的侧力 Δz，其作用点大致在垂尾面积中心上，从而形成了对 Oy_1 轴的偏航力矩和对 Ox_1 轴的滚动力矩，见图 2.54。并且由于 $\beta > 0$ 时立尾侧力指向 Oz_1 轴负向，故形成的偏航力矩 $M_y^{\beta} \cdot \beta$ 和滚转力矩 $M_x^{\beta} \cdot \beta$ 均为负，m_x^{β} 和 m_y^{β} 也均为

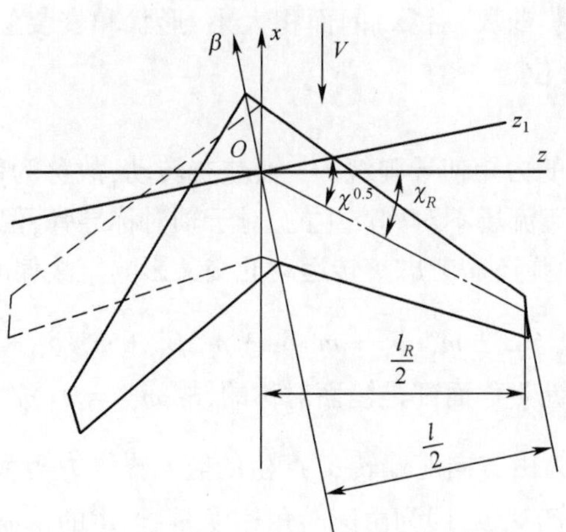

图 2.53　后掠翼侧滑产生的横滚力矩$\frac{l}{2}$

负。偏导数 m_x^β 的正负号表征了导弹的横向静稳定性，对于面对称导弹，特别是飞机形导弹，它有很重要的意义。如图 2.55 所示，当导弹受干扰绕 Ox_1 轴滚转(倾斜)角 $\gamma > 0$ 后，位于对称面上的升力 Y 也转过 γ 角，它在侧方向上的分力 $Y\sin\gamma$ 将引起质心向侧向运动而形成正的侧滑角 $\beta > 0$。如果导弹的 $m_x^\beta < 0$，则产生的滚转力矩 $M_x^\beta \cdot \beta < 0$，使导弹绕 Ox_1 轴反转回去，减小 γ 角，趋于返回原 $\gamma = 0$ 位置，这时称导弹具有横向静稳定性；反之，当 $m_x^\beta > 0$ 时就是横向不稳定的。一般面对称导弹都是横向静稳定的，但横向静稳定性也不宜过大，否则会降低副翼操纵效率，甚至在有目的操纵副翼欲使弹倾斜 γ 角时会产生过大的横向静稳定力矩 $M_x^\beta \cdot \beta$ 使弹反转，完全达不到操纵的目的，这就是所谓的“副翼反逆”效应。

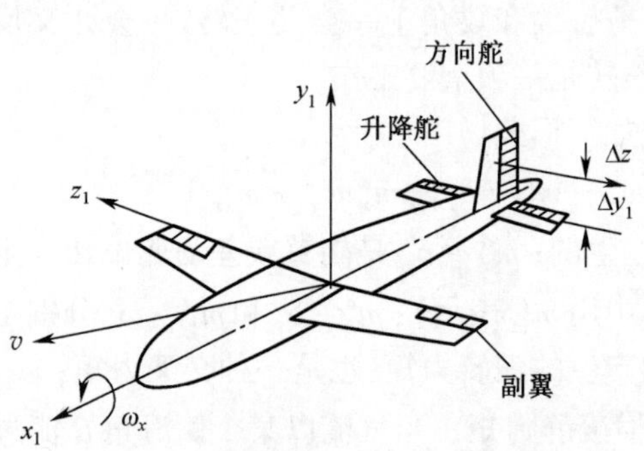

图 2.54　垂尾产生的横滚力矩

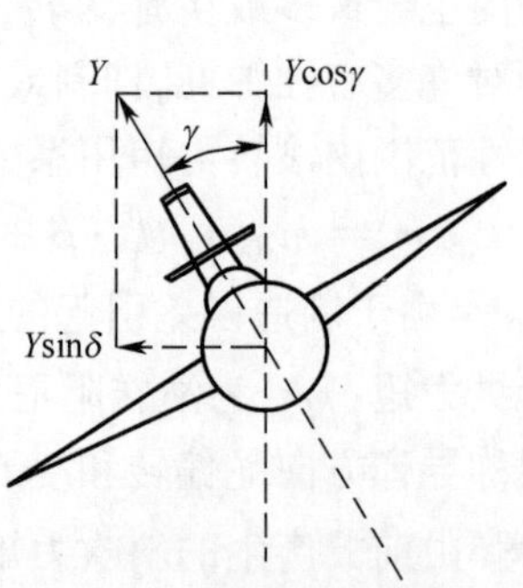

图 2.55　导弹倾斜时的升力分解

具有上反角 ψ 的弹翼在侧滑时，气流在垂直于纵对称面方向上的分速为 $V\sin\beta$，见图 2.56，它在右翼上的垂直分速为 $V\sin\beta\sin\psi \approx V\beta\psi$，而在左弹翼上的垂直分速为 $-V\beta\psi$。这样右弹翼上产生了正的攻角增量 $\Delta\alpha_{右} = \beta\psi$，左弹翼上产生负的攻角增量 $\Delta\alpha_{左} = -\beta\psi$，于是右翼上升力大于左翼，形成负的横滚力矩，并且 $m_x^\beta < 0$。对于后掠很大的超声速弹翼，为防止弹横向静稳定性过大，破坏侧向运动特性，往往将弹翼设计成适度的下反翼。

对于鸭式布局弹丸，当具有攻角和侧滑角或同时存在升降舵和方向舵的偏转时，前舵面上的下洗流到达后弹翼时流动是不对称的，从而产生了绕导弹纵轴的滚转力矩，称为斜吹力矩,记为 $M_{x\varepsilon}$,如图 2.57 所示。

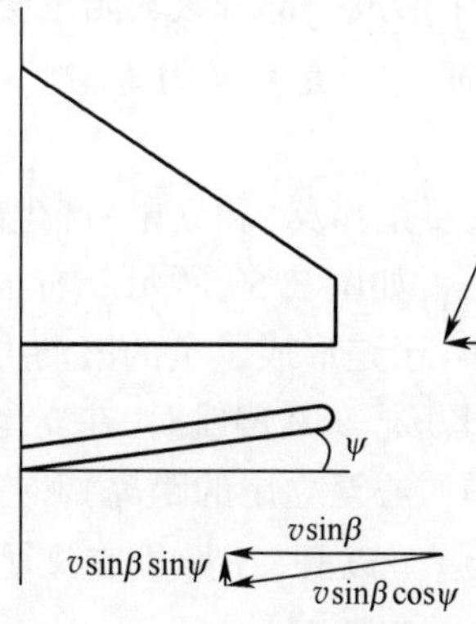

图 2.56　侧滑时上反翼形成的实际攻角

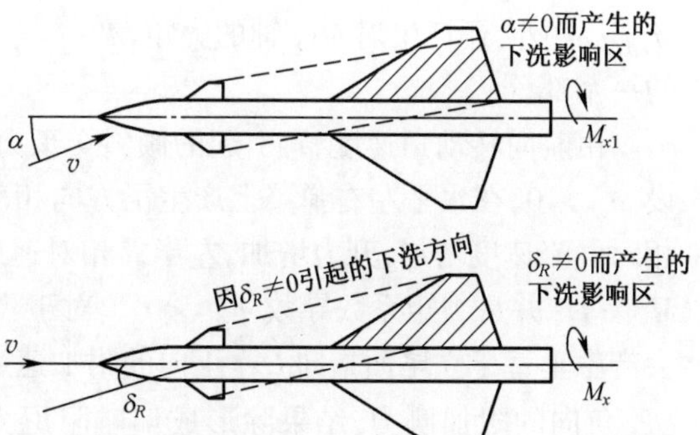

图 2.57　鸭式导弹 $\alpha \neq 0$ 和 $\delta_R \neq 0$ 时的斜吹力矩

6. 由偏航和滚转(倾斜)运动产生的交叉力矩

由导弹绕 Oy_1 的偏航、绕 Ox_1 轴的滚动(倾斜)都属于侧向运动。由于气动力特性的缘故,这两种运动是耦合的,特别是面对称导弹这种耦合更为显著。

由导弹倾斜(横滚)而产生的偏航力矩以 $m_y^{\omega_x} \cdot \omega_x$ 表示,其产生的原因可用图 2.58 说明。

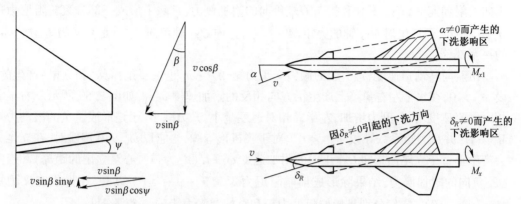

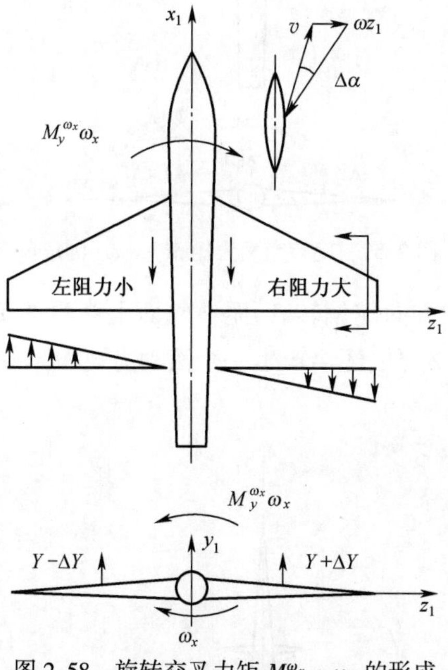

图 2.58　旋转交叉力矩 $M_y^{\omega_x} \cdot \omega_x$ 的形成

当导弹以 $\omega_x > 0$ 滚转时,左弹翼产生向上的垂直速度为 $\omega|z_1|$,使左弹翼相对横流速度和有效攻角减小;右弹翼产生向下的附加垂直速度 $\omega|z_1|$,使右弹翼相对横流速度和有效攻角增大,于是右弹翼出现向上的升力增量 ΔY 和向后的阻力增量 ΔX ,而左半翼的升力和阻力增量正好与上相反,左右弹翼上升力不同将产生滚转阻尼力矩 $M_x^{\omega_x} \cdot \omega_x$,而阻力增量方向的不同就形成绕 Oy_1 轴负向的航向交叉力矩 $M_y^{\omega_x} \cdot \omega_x$,并且可知交叉力矩系

数导数 $m_y^{\omega_x} < 0$。对于飞机形导弹,在导弹以 $\omega_x > 0$ 滚转时,在立尾上也会产生指向 Oz_1 正向的附加速度 $\omega_x y_1 > 0$ 和指向 Oz_1 负向的附加侧力,它除了形成一部分滚转阻尼力矩 $M_x^{\omega_x} \cdot \omega_x$ 外,还产生对 Oy_1 轴的力矩 $M_y^{\omega_x} \cdot \omega_x$,指向 Oy_1 轴负向,它也是交叉力矩 $M_y^{\omega_x} \cdot \omega_x$ 的一个部分。

由航向转动角速度 ω_y 引起的倾斜交叉力矩 $M_x^{\omega_y} \cdot \omega_y$ 也主要是弹翼(和立尾)产生的。设 $\omega_y > 0$,在水平左右弹翼上产生了方向相反的附加速度 $\omega_y z_1$,如图 2.59 所示。右半翼相对气流速度增加,升力增加,左半翼相对速度减小,升力减小,于是形成了负的滚动力矩 $M_x^{\omega_y} \cdot \omega_y$ 并且力矩系数导数 $m_x^{\omega_x} < 0$。对于飞机形导弹,当它以 $\omega_y > 0$ 偏航时,在立尾上会产生垂直于立尾面指向 Oz_1 正向的附加速度 $\omega_y \cdot l_t$(l_t 为弹质心至立尾的距离)和指向 Oz_1 负向的附加侧力,结果除形成偏航阻尼力矩 $M_y^{\omega_y} \cdot \omega_y (< 0)$ 以外,还形成交叉力矩 $M_x^{\omega_y} \cdot \omega_y (< 0)$,它们分别是偏航阻尼力矩和总的交叉力矩的一个部分。

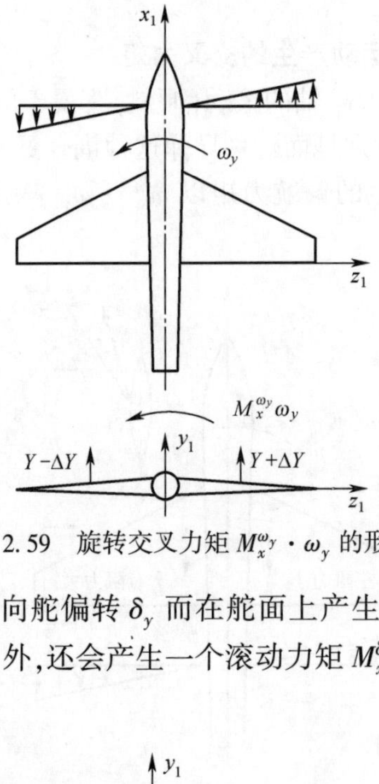

图 2.59　旋转交叉力矩 $M_x^{\omega_y} \cdot \omega_y$ 的形成

最后,由垂直尾翼后的方向舵偏转 δ_y 而在舵面上产生的侧力 $Z^{\delta_y} \cdot \delta_y$,除能形成绕 Oy_1 轴的向操纵力矩 $M_y^{\delta_y} \cdot \delta_y$ 外,还会产生一个滚动力矩 $M_x^{\delta_y} \cdot \delta_y$。如图 2.60 所示,可知 $m_x^{\delta_y} < 0$。

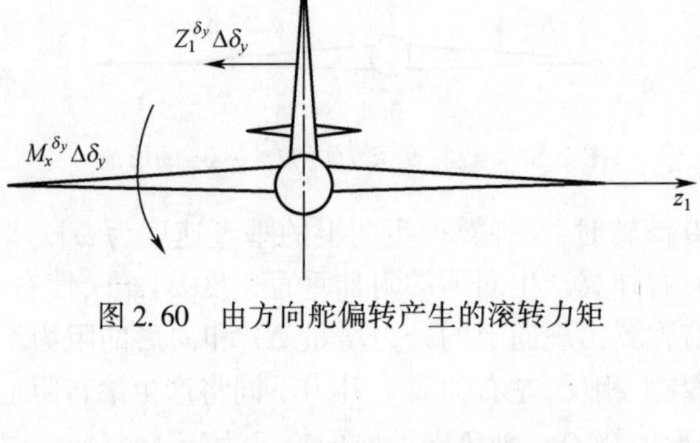

图 2.60　由方向舵偏转产生的滚转力矩

第3章 无控弹丸飞行力学

不同种类的弹丸(如炮弹、航弹、火箭弹及导弹等),由于其各自不同的用途需要、运动受力状态和飞行特性,出现了与之相应的外弹道学和飞行力学,已有不少论著详细推导了不同形式的各种飞行动力学模型。为了便于研究无控弹丸的飞行特性,本章直接选择其中典型的质点弹道模型和刚体弹道模型进行介绍。

3.1 无控弹丸的质点弹道模型

3.1.1 基本假设

对于设计正确的弹丸,飞行中的攻角都很小,围绕质心的转动对质心运动影响不大,因而在研究弹丸质心运动规律时,可以暂时忽略围绕质心运动对质心运动的影响,即认为攻角 δ 始终等于零,就使问题得到了本质的简化。

另外,当弹丸外形不对称或者由于质量分布不对称使质心不在弹轴上时,即使攻角 $\delta=0$ 也会产生对质心的力矩,导致弹丸绕质心转动。为了使问题简化,首先抓住弹丸运动的主要规律,假设:

(1) 在整个弹丸运动期间攻角 $\delta\equiv 0$。

(2) 弹丸的外形和质量分布均关于纵轴对称。这样,空气动力必然沿弹轴通过质心而不产生气动力矩,因而弹丸的运动可以看作是全部质量集中于质心的一个质点的运动。

(3) 地球表面为平面,重力加速度为常数,方向铅直向下。

(4) 科氏加速度为零。

(5) 气象条件是标准的、无风雨。

由于科氏加速度为零又无风,就没有使速度方向发生偏转的力。这样,弹丸射出后,由于重力和空气阻力始终在铅直射击面内,弹道轨迹将是一条平面曲线。质心运动只有两个自由度。

以上假设称为质心运动基本假设,在基本假设下建立的质心运动方程可以揭示质心运动的基本规律和特性,可用于计算弹道,但并不严格和精确。为了考虑实际条件与标准条件(3)~(5)不同对质心运动的影响,需要建立非标准条件下的质心运动方程用于实际弹道计算;为了考虑绕心运动对质心运动的影响,需建立包括绕心运动在内的6自由度刚体弹道方程。

3.1.2 质心运动方程组的建立

在基本假设下作用于弹丸的力仅有重力和空气阻力,故可写出弹丸质心运动矢量方程。

$$\mathrm{d}v/\mathrm{d}t = \boldsymbol{a}_x + \boldsymbol{g} \tag{3.1}$$

为了获得标量方程,须找恰当坐标系投影,投影坐标系不同,质心运动方程的形式也不同。

1. 直角坐标系的弹丸质心运动方程

如图 3.1 所示,以炮口 O 为原点建立直角坐标系, Ox 为水平轴指向射击前方, Oy 轴铅直向上, Oxy 平面即为射击面。弹丸位于坐标 (x,y) 处,质心速度矢量$\boldsymbol{v}$ 与地面 Ox 轴成 θ 角,称为弹道倾角。水平分速 $v_x = \mathrm{d}x/\mathrm{d}t = v\cos\theta$,铅直分速 $v_y = \mathrm{d}y/\mathrm{d}t = v\sin\theta$,而 $v = \sqrt{v_x^2 + v_y^2}$ 。重力加速度$\boldsymbol{g}$ 沿 y 轴负向,阻力加速度 $\boldsymbol{a}_x$ 沿速度反方向。

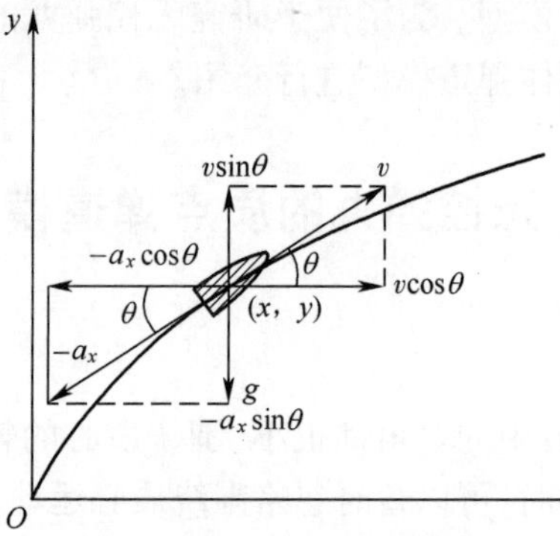

图 3.1　直角坐标系

将矢量方程(3.1)两边向 Ox 轴和 Oy 轴投影,并加上气压变化方程,得到直角坐标系的质心运动方程组如下:

$$\begin{cases}\dfrac{\mathrm{d}v_x}{\mathrm{d}t} = -\,cH(y)G(v,c_\mathrm{s})v_x \\ \dfrac{\mathrm{d}v_y}{\mathrm{d}t} = -\,cH(y)G(v,c_\mathrm{s})v_y - g \\ \dfrac{\mathrm{d}y}{\mathrm{d}t} = v_y \\ \dfrac{\mathrm{d}v_x}{\mathrm{d}t} = v_x \\ \dfrac{\mathrm{d}p}{\mathrm{d}t} = -\,\rho g v_y \end{cases} \tag{3.2}$$

式中: $Ma = v/c_\mathrm{s}$; $v = \sqrt{v_x^2 + v_y^2}$; $c_\mathrm{s} = 20.047\sqrt{\tau}$; $H(y) = \rho/\rho_{0N}$; $R_1 = 29.27$,

$\rho = P/R_1\tau$;　　$G(v,c_\mathrm{s}) = 4.737 \times 10^{-4} c_{x0N}(Ma)v$; $c = id \times 10^3/\mathrm{m}$ 。

积分起始条件为

$t = 0$ 时, $x = y = 0$, $v_{x_0} = v_0\cos\theta_0$, $v_{y_0} = v_0\sin\theta_0$, $p = p_{0N}$

式中: v_0 为初速; θ_0 为射角; $\rho_{0N} = 1.206\mathrm{kg/m^3}$; τ 按标准大气条件计算; d 为弹丸直径; m 为弹丸质量。 $c_{x0N}(v,c_\mathrm{s})$ 一般采用 43 年阻力定律,此时弹形系数 i 即为 43 年阻力定律的弹形系数。对于标准气象条件, p 和 $H(y)$ 也可用表达式计算,而取消第 5 个方程。

如果使用弹丸自身的阻力系数 $c_{x0}(v,c_\mathrm{s})$ 取代标准弹阻力系数 $c_{x0N}(v,c_\mathrm{s})$,则相应的

弹形系数 $i=1$,其他不变,只是不能再用 43 年阻力定律编出的函数表。

2. 自然坐标系里的弹丸质心运动方程组

由弹道切线为一根轴,法线为另一根轴组成的坐标系即为自然坐标系,如图 3.2 所示。因为速度矢量 $\boldsymbol{v}$ 即沿弹道切线,如取切线上单位矢量为 $\boldsymbol{\tau}$,则可将 $\boldsymbol{v}$ 表为

$$\boldsymbol{v}=v\boldsymbol{\tau}$$

速度为

$$\frac{\mathrm{d}\boldsymbol{v}}{\mathrm{d}t}=\frac{\mathrm{d}v}{\mathrm{d}t}\boldsymbol{\tau}+v\frac{\mathrm{d}\boldsymbol{\tau}}{\mathrm{d}t} \tag{3.3}$$

式(3.3)右边第一项大小为 $\mathrm{d}v/\mathrm{d}t$,方向沿速度方向,称为切向加速度,它反映了速度大小的变化。再看右边第二项中 $\mathrm{d}\tau/\mathrm{d}t$ 表示 τ 的矢端速度,现在 τ 大小始终为 1,只有方向在随弹道切线转动,转动的角速度大小显然是 $|\mathrm{d}\theta/\mathrm{d}t|$,故矢端速度的大小为 $1\cdot|\mathrm{d}\theta/\mathrm{d}t|$,方向垂直于速度,在图 3.2 中是指向下方。将此方向上的单位矢量记为 n' ,它与所建坐标系法向坐标单位矢量 n 方向相反。此外,按图 3.2 自然坐标系中弹道曲线的状态,切线倾角 θ 不断减小, $\mathrm{d}\theta/\mathrm{d}t<0$,故有 $|\mathrm{d}\theta/\mathrm{d}t|=-\mathrm{d}\theta/\mathrm{d}t$,这样就可将矢端速度 $\mathrm{d}\tau/\mathrm{d}t$ 表示为

$$\frac{\mathrm{d}\tau}{\mathrm{d}t}=\left|\frac{\mathrm{d}\theta}{\mathrm{d}t}\right|\boldsymbol{n}'=\left(-\frac{\mathrm{d}\theta}{\mathrm{d}t}\right)(-\boldsymbol{n})=\frac{\mathrm{d}\theta}{\mathrm{d}t}\boldsymbol{n}$$

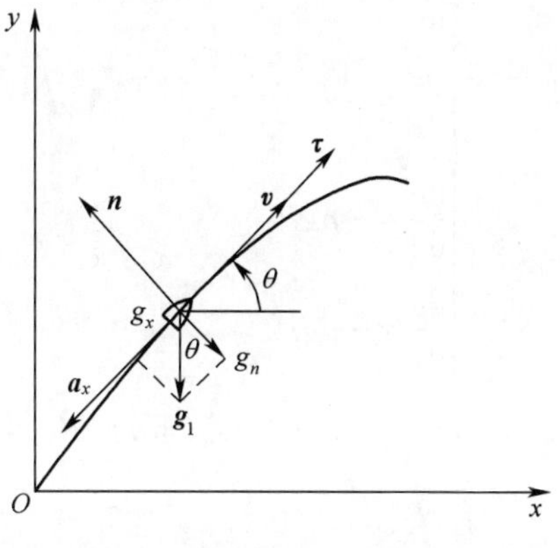

图 3.2　自然坐标系

按图 3.2 中弹丸受力状态,将质心运动矢量方程向自然坐标系二轴分解,得到速度坐标系上的质点弹道方程组:

$$\begin{cases}\dfrac{\mathrm{d}v}{\mathrm{d}t}=-cH(y)F(v,c_{\mathrm{s}})-g\sin\theta\quad\dfrac{\mathrm{d}\theta}{\mathrm{d}t}=-\dfrac{g\cos\theta}{v}\\[2ex]\dfrac{\mathrm{d}y}{\mathrm{d}t}=v\sin\theta\quad\dfrac{\mathrm{d}x}{\mathrm{d}t}=v\cos\theta\quad\dfrac{\mathrm{d}p}{\mathrm{d}t}=-\rho gv\sin\theta\end{cases} \tag{3.4}$$

积分初始条件为

$$t=0\text{ 时},\ x=y=0\qquad v=v_0\qquad\theta=\theta_0\qquad p_0=p_{0N}$$

3. 以 x 为自变量的弹丸质心运动方程组

为获得比方程组(3.2)、(3.4)更简单的方程组,可将自变量改为水平距离 x ,这时有

$$\frac{dv_x}{dx}=\frac{dv_x}{dt}\cdot\frac{dt}{dx}=-cH(y)G(v,c_s) \tag{3.5}$$

再令 $P=\tan\theta=\sin\theta/\cos\theta$，得

$$\frac{dP}{dx}=\frac{dP}{d\theta}\frac{d\theta}{dt}\frac{dt}{dx}=\frac{1}{\cos^2\theta}\left(-\frac{g\cos\theta}{v}\right)\frac{1}{v_x}=-\frac{g}{v_x^2}$$

又由式(3.2)第4个和第5个方程，分别得

$$dt/dx=1/v_x dp/dx=dp/dy\cdot dy/dx=-\rho gP$$

式(3.2)第3个和第4个方程相除，得

$$dy/dx=v_y/v_x=\tan\theta=P$$

此外还有

$$v=v_x/\cos\theta=v_x\sqrt{1+P^2}$$

将以上方程集中起来，便得到以 x 为自变量的方程组

$$\begin{cases}\dfrac{dv_x}{dx}=-cH(y)G(v,c_s)\\ \dfrac{dP}{dx}=-\dfrac{g}{v_x^2}\\ \dfrac{dy}{dx}=P\\ \dfrac{dt}{dx}=\dfrac{1}{v_x}\\ \dfrac{dp}{dx}=-\rho gP\\ \dfrac{dp}{dx}=-\rho gP\end{cases} \tag{3.6}$$

式中：$v=v_x\sqrt{1+P^2}$；$G(v,c_s)=4.737\times10^{-4}vc_{0N}(Ma)$，$Ma=v/c_s$，$c_s=20.047\sqrt{\tau}$；$H(y)=\rho/\rho_{0N}$；$\rho=p/(R_1\tau)$。

积分起始条件为

$$x=0\text{ 时}, t=y=0, P=\tan\theta_0, v_x=v_0\cos\theta_0, p_0=p_{0N}$$

这组方程在 $\theta_0<60^\circ$ 时计算方便而准确，但当 $\theta_0>60^\circ$ 以后，由于 $P=\tan\theta$ 变化过快（$\theta\to\pi/2$ 时，$P\to\infty$）和 v_x 值过小，$1/v_x$ 尤其是 $-g/v_x^2$ 变化过快，计算难以准确。故这一组方程不适用于 $\theta_0>60^\circ$ 的情况，比较适用于求解低伸弹道的近似解。

3.2 无控弹丸的刚体弹道模型

理想弹道不考虑攻角，实际上弹丸在运动中受到各种扰动，弹轴并不能始终与质心速度方向一致，于是形成攻角，对于高速旋转弹又称为章动角。由于攻角的存在，又产生了与之相应的空气动力和力矩，如升力、马格努斯力、静力矩、马格努斯力矩等，它们引起弹丸相对于质心的转动，又反过来影响质心运动，如形成气动跳角、螺线弹道和偏流等。

在弹丸运动过程中，攻角 δ 不断地变化，产生复杂的角运动。如果攻角 δ 始终较小，弹丸将能平稳地飞行；如果攻角很大，甚至不断增大，则弹丸运动很不平稳，甚至翻跟斗坠落，这就出现了运动不稳。此外，各种随机因素（如起始扰动和阵风）产生的角运动情况各发弹都不同，对质心运动影响的程度也不同，这也将形成弹丸质心弹道的散布和落点散布。

为了研究弹丸角运动的规律及它对质心运动的影响，进行弹道计算、稳定性分析和散布分析，必须首先建立弹丸作为空间自由运动刚体的运动方程或刚体弹道方程。由于无控弹丸绝大多数是轴对称的，故本节先按无控轴对称弹特点建立方程，并采用复数来描述其角运动。

3.2.1 坐标系及坐标变换

弹丸的运动规律不以坐标系的选取而改变，但坐标系选得恰当与否却影响着建立和求解运动方程的难易和方程的简明易读性。

1. 地面坐标系 $O_1XYZ(E)$

坐标系主要用于确定弹丸质心的空间坐标。原点在炮口断面中心，O_1X 轴沿水平线指向射击方向，O_1Y 轴铅直向上，O_1XY 铅直面称为射击面，O_1Z 轴按右手法则确定为垂直于射击面指向右方。此坐标系如图 3.3 所示。

2. 基准坐标系 $OX_NY_NZ_N(N)$

此坐标系是由地面坐标系平移至弹丸质心 O 而成，随质心一起平动，主要用于确定弹轴和速度的空间方位（见图 3.3）。

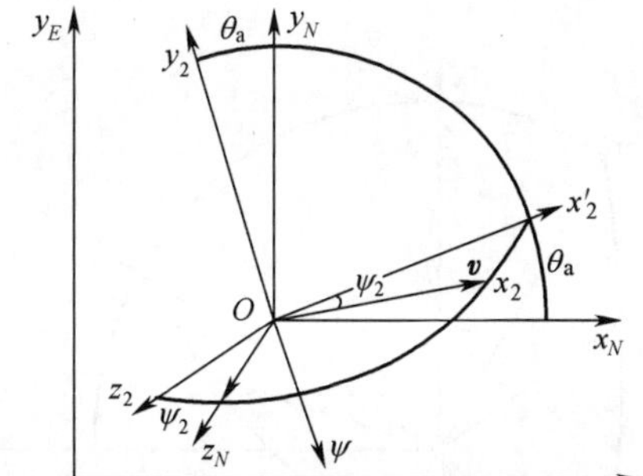

图 3.3 地面坐标系（E）、基准坐标系（N）和速度坐标系（V）

3. 弹道坐标系 $OX_2Y_2Z_2(V)$

该坐标系的 OX_2 轴沿质心速度矢量 $\boldsymbol{v}$ 的方向，OY_2 轴垂直于速度向上，OZ_2 按右手法则确定为垂直于 OX_2Y_2 平面向右为正。

弹道坐标系可由基准坐标系经两次旋转而成。第一次是（N）系绕 OZ_N 轴正向右旋 θ_a 角到达 $OX'_2Y_2Z_N$ 位置，第二次是 $OX'_2Y_2Z_N$ 系绕 OY_2 轴负向右旋 ψ_2 角达到 $OX_2Y_2Z_2$ 位置。称 θ_a 为速度高低角，ψ_2 角为速度方向角，见图 3.3。弹道坐标系（V）随速度矢量 $\boldsymbol{v}$ 的变化而转动，是转动坐标系，因它相对于（N）系的方位由角 θ_a 和 ψ_2 确定，故其角速度矢量为

$$\boldsymbol{\Omega} = \dot{\boldsymbol{\theta}}_a + \dot{\boldsymbol{\psi}}_2 \tag{3.7}$$

式中：$\dot{\theta}_a$ 矢量沿 OZ_N 方向；$\dot{\psi}_2$ 矢量沿 OY_2 轴负向。

4. 弹轴坐标系 $O\xi\eta\zeta(A)$

此坐标系也称第一弹轴坐标系，记为(A)。其 $O\xi$ 轴为弹轴，$O\eta$ 轴垂直于 $O\xi$ 轴指向上方，$O\zeta$ 轴按右手法则垂直于 $O\xi\eta$ 平面指向右方，如图 3.4 所示。

弹轴坐标系可以看作是由基准坐标系(N)经两次转动而成；第一次是(N)系绕 OZ_N 轴正向右旋 ϕ_a 角到达 $O\xi'\eta Z_N$ 位置，第二次是 $O\xi'\eta Z_N$ 系绕 $O\eta$ 轴负向右旋 ϕ_2 角而到达 $O\xi\eta\zeta$ 位置。称 ϕ_a 为弹轴高低角，ϕ_2 为弹轴方位角，此二角决定了弹轴的空间方位。

弹轴系是一个随弹轴方位变化而转动的动坐标系，其转动角速度 $\boldsymbol{\omega}_1$ 是 $\dot{\boldsymbol{\varphi}}_a$ 和 $\dot{\boldsymbol{\varphi}}_2$ 之和，即

$$\boldsymbol{\omega}_1 = \dot{\boldsymbol{\varphi}}_1 + \dot{\boldsymbol{\varphi}}_2 \tag{3.8}$$

式中：$\dot{\boldsymbol{\varphi}}_a$ 矢量沿 OZ_N 方向；$\dot{\boldsymbol{\varphi}}_2$ 矢量沿 $O\eta$ 轴负向。

5. 弹体坐标系 $OX_1Y_1Z_1(B)$

此坐标系记为(B)，其 OX_1 轴仍为弹轴，但 OY_1 和 OZ_1 轴固连在弹体上并与弹体一同绕纵轴 OX_1 旋转。设从弹轴坐标系转过的角度为 γ，则此坐标系的角速度 ω 要比弹轴坐标系的角速度矢量 $\boldsymbol{\omega}_1$ 多一个自转角速度矢量 $\dot{\boldsymbol{\gamma}}$，即

$$\boldsymbol{\omega} = \boldsymbol{\omega}_1 + \dot{\boldsymbol{\gamma}} \tag{3.9}$$

式中：$\dot{\gamma}$ 对于右旋弹指向弹轴前方。由于 OX_1 轴和 $O\xi$ 轴都是弹轴，因此坐标面 $OY_1\dot{Z}_1$ 与坐标面 $O\eta\xi$ 重合，两坐标系只相差一个转角 γ，如图 3.4 所示。

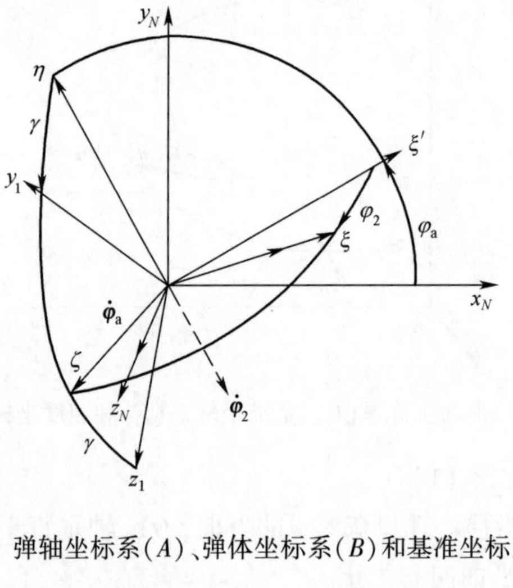

图 3.4　弹轴坐标系(A)、弹体坐标系(B)和基准坐标系(N)

6. 第二弹轴坐标系 $O\xi\eta_2\zeta_2(A_2)$

坐标系记为 A_2，其 $O\xi$ 轴仍为弹轴，但 $O\eta_2$ 和 $O\zeta_2$ 轴不是自基准坐标系(N)旋转而来，而是自速度坐标系 $OX_2Y_2Z_2(V)$ 旋转而来；第一次是 $OX_2Y_2Z_2(V)$ 绕 OZ_2 轴旋转 δ_1 角到达 $O\xi\eta_2\zeta_2$ 位置，如图 3.5 所示。称 δ_1 为高低攻角，δ_2 为方向攻角。此坐标系用于确定弹轴相对于速度的方位和计算空气动力。

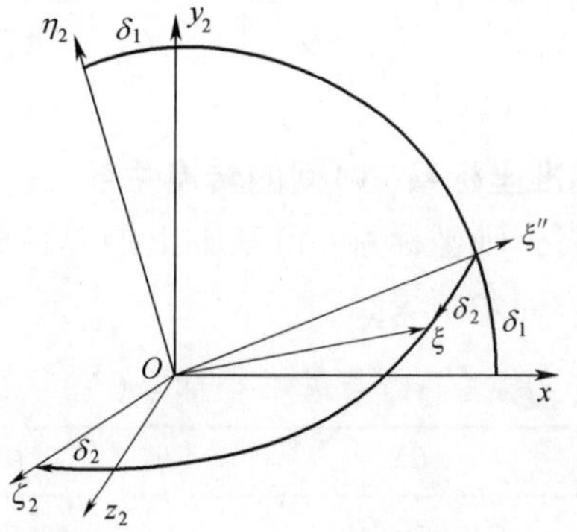

图 3.5　第二弹轴坐标系(A_2)与速度坐标系(V)的关系

7. 弹道坐标系(V)与基准坐标系(N)间的关系

由图 3.3 可见,沿弹道坐标系 OX_2 轴的速度 $\boldsymbol{v}$ 在地面系 O_1XYZ 三轴上的投影分别为

$$v_x = v\cos\psi_2\cos\theta_a\ ,\ v_y = v\cos\psi_2\sin\theta_a\ ,\ v_z = v\sin\psi_2 \tag{3.10}$$

显然, OX_2 轴上的单位矢量 $\boldsymbol{i}_2$ 在地面坐标系(E)或基准坐标系(N)上的分量为

$$\boldsymbol{i}_2 = (\cos\psi_2\cos\theta_a, \cos\psi_2\sin\theta_a, \sin\psi_2) \tag{3.11}$$

同理可得 OY_2 和 OZ_2 轴上的单位矢量 $\boldsymbol{j}_2, \boldsymbol{k}_2$ 在基准坐标系三轴上的投影,于是可得如表 3.1 所示的投影表,也称方向余弦表或坐标转换表。

表 3.1　弹道坐标系与基准坐标系间的方向余弦表

坐标系	OX_N	OY_N	OZ_N	$\sum b^2$
OX_2	$\cos\psi_2\cos\theta_a$	$\cos\psi_2\sin\theta_a$	$\sin\psi_2$	1
OY_2	$-\sin\theta_a$	$\cos\theta_a$	0	1
OZ_2	$-\sin\psi_2\cos\theta_a$	$-\sin\psi_2\sin\theta_a$	$\cos\psi_2$	1
$\sum a^2$	1	1	1	

由表可见,表中每一横行各元素的平方和等于 1,每一直列各元素的平方和也等于 1,这是由于这种变换是正交变换。这也是检查投影表是否正确的一种方法。

有了此表就很容易将地面坐标系中的矢量投影到弹道坐标系中去,或者相反。如重力 $\boldsymbol{G} = m\boldsymbol{g}$ 沿 OY_N 轴负向铅直向下,则它在弹道坐标系(V)上的投影由表 3.1 可查得,依次为

$$G_{X_2} = -mg\sin\theta_a\cos\psi_2\ ,\ G_{Y_2} = -mg\cos\theta_a\ ,\ G_{Z_2} = mg\sin\theta_a\sin\psi_2 \tag{3.12}$$

表 3.1 中的转换关系也可写成矩阵形式,即

$$\begin{pmatrix} X_2 \\ Y_2 \\ Z_2 \end{pmatrix} = \boldsymbol{A}_{VN} \begin{pmatrix} X_N \\ Y_N \\ Z_N \end{pmatrix} \boldsymbol{A}_{VN} = \begin{pmatrix} \cos\psi_2\cos\theta_a & \cos\psi_2\sin\theta_a & \sin\psi_2 \\ -\sin\theta_a & \cos\theta_a & 0 \\ -\sin\psi_2\cos\theta_a & -\sin\psi_2\sin\theta_a & \cos\psi_2 \end{pmatrix} \tag{3.13}$$

矩阵 $\boldsymbol{A}_{VN}$ 称为由基准坐标系 (N) 向弹道坐标系(V)转换的转换矩阵或方向余弦矩阵;由于此矩阵来自正交变换表 3.1,故它是一个正交矩阵。根据正交矩阵的性质,其逆矩阵等于转置矩阵,由此可得如下逆变换,式中 $\boldsymbol{A}_{VN}$ 是从弹道坐标系向基准坐标系转换的转换矩阵。

$$\begin{pmatrix} X_N \\ Y_N \\ Z_N \end{pmatrix} = \boldsymbol{A}_{NV} \begin{pmatrix} X_2 \\ Y_2 \\ Z_2 \end{pmatrix} \quad \text{及} \quad \boldsymbol{A}_{NV} = \boldsymbol{A}_{VN}^{-1} = \boldsymbol{A}_{VN}^{\mathrm{T}} \tag{3.14}$$

8. 弹轴坐标系(A)与基准坐标系(N)间的转换关系

根据与上相同的步骤,将弹轴坐标系(A)三轴上的单位矢量分别向基准坐标系(N)三轴投影,立即得到如下的方向余弦表。

表 3.2　弹道坐标系(A)与基准坐标系(N)间的方向余弦表

坐标系	OX_N	OY_N	OZ_N
ξ	$\cos\varphi_2\cos\varphi_a$	$\cos\varphi_2\sin\varphi_a$	$\sin\varphi_2$
η	$-\sin\varphi_a$	$\cos\varphi_a$	0
ζ	$-\sin\varphi_2\cos\varphi_a$	$-\sin\varphi_2\sin\varphi_a$	$\cos\varphi_2$

实际上只要将表 3.1 中的 θ_a 以改为 ϕ_a ,ψ_2 改为 ϕ_2 即可得到此表。如以 $\boldsymbol{A}_{AN}$ 记以上方向余弦表所相应的方向余弦矩阵,以 A_{NA} 记从弹轴系向基准系转换的方向余弦矩阵,则有

$$\begin{pmatrix} \xi \\ \eta \\ \zeta \end{pmatrix} = \boldsymbol{A}_{AN} \begin{pmatrix} X_N \\ Y_N \\ Z_N \end{pmatrix} \quad \text{和} \quad \begin{pmatrix} X_N \\ Y_N \\ Z_N \end{pmatrix} = \boldsymbol{A}_{NA} \begin{pmatrix} \xi \\ \eta \\ \zeta \end{pmatrix} \quad \text{及} \quad \boldsymbol{A}_{NA} = A_{AN}^{-1} = A_{AN}^{\mathrm{T}} \tag{3.15}$$

表 3.3　弹体坐标系(B)与基准坐标系(A)间的方向余弦表

坐标系	X_1	Y_1	Z_1
ξ	1	0	0
η	0	$\cos\gamma$	$-\sin\gamma$
ζ	0	$\sin\gamma$	$\cos\gamma$

9. 弹体坐标系(B)与弹轴坐标系(A)间的关系

弹体坐标系的 $OX_1Y_1Z_1$ 轴与弹轴坐标系 $O\xi\eta\zeta$ 轴仅仅是坐标平面 OY_1Z_1 相对于坐标平面 $O\eta\xi$ 转过一个自转角 γ ,如图 3.4 所示,故得到如下的方向余弦表,见表 3.3。将与此表相应的转换矩阵记为 $\boldsymbol{A}_{AB}$ 则有 $\boldsymbol{A}_{BA} = \boldsymbol{A}_{AB}^{-1} = \boldsymbol{A}_{AB}^{\mathrm{T}}$

10. 第二弹轴坐标系(A_2)与弹道坐标系(V)之间的关系

由图 3.5 可见,从弹道坐标系(V)经两次转动 δ_1,δ_2 也到达第二弹轴坐标系(A_2)的转动关系只需将表 3.2 中的 ϕ_a 改为 δ_1,ϕ_2 改为 δ_2 即可。于是得表 3.4。

表 3.4　第二弹轴坐标系(A_2)与弹道坐标系(V)间的方向余弦表

坐标系	X_2	Y_2	Z_2
ξ	$\cos\delta_2\cos\delta_1$	$\cos\delta_2\sin\delta_1$	$\sin\delta_2$
η_2	$-\sin\delta_1$	$\cos\delta_1$	0
ζ_2	$-\sin\delta_2\cos\delta_1$	$-\sin\delta_2\sin\delta_1$	$\cos\delta_2$

记以上方向余弦表相应的转换矩阵为 $\boldsymbol{A}_{A_2V}$,则有 $\boldsymbol{A}_{VA_2} = \boldsymbol{A}_{A_2V}^{-1} = \boldsymbol{A}_{A_2V}^{\mathrm{T}}$ 。

11. 第二弹轴坐标系(A_2)与第一弹轴坐标系(A)之间的关系

第一弹轴坐标系(A)与第二弹轴坐标系(A_2)的 $O\xi$ 轴都是弹丸的纵轴,故坐标平面 $O\eta\xi$ 与坐标平面 $O\xi_2\zeta_2$ 都与弹轴垂直,二者只相差一个转角 β ,如图 3.6 所示。

设由 $O\xi\eta_2\zeta_2$ 绕弹丸纵轴右旋至 $O\xi\eta\zeta$ 系时 β 为正,则得此二坐标系间的方向余弦表 3.5。

表 3.5　第二弹轴坐标系 (A_2) 与第一弹轴坐标系 (A) 间的方向余弦表

坐标系	ξ_2	η_2	ζ_2
ξ	1	0	0
η	0	$\cos\beta$	$\sin\beta$
ζ	0	$\sin\beta$	$\cos\beta$

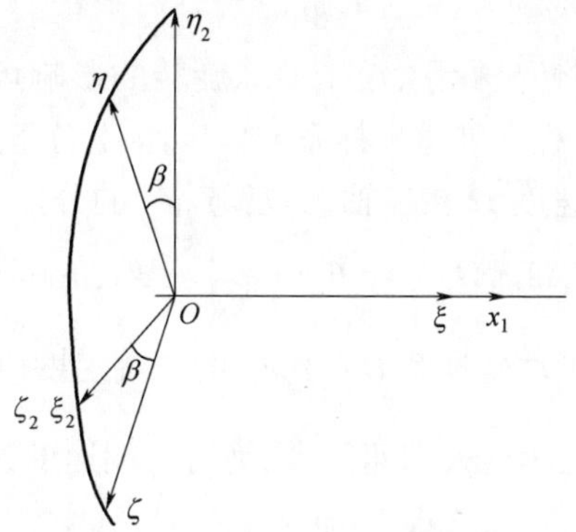

图 3.6　第二弹轴坐标系(A_2)与第一弹轴坐标系(A)间的关系

记此表相应的方向余弦矩阵为 $\boldsymbol{A}_{AA_2}$,则有

$$\boldsymbol{A}_{A_2A} = \boldsymbol{A}_{AA_2}^{-1} = \boldsymbol{A}_{AA_2}^{\mathrm{T}}$$

12. 各方位角之间的关系

在 $\theta_{\mathrm{a}},\phi_z,\phi_{\mathrm{a}},\phi_2,\delta_1,\delta_2,\gamma,\beta$ 这 8 个角度中,除了 γ 外,余下的 7 个角度不都是独立的,如当由 $\theta_{\mathrm{a}},\psi_2$ 和 ϕ_{a},ϕ_2 分别确定了弹道坐标系和弹轴坐标系相对于基准坐标系的位置后,则此二坐标系的相互位置也就确定,于是 β 以及 δ_1,δ_2 就不是可以任意变动的了,而是由 $\theta_a,\psi_2,\phi_{\mathrm{a}},\phi_2$ 来确定。当然也可以由 δ_1,δ_2 和 ϕ_{a},ϕ_2 确定 $\theta_{\mathrm{a}},\psi_2$,即应有三个几何关系式作为这些角度之间的约束。

用如下方式可求得这三个几何关系式,即由两种途径将弹轴坐标系中的量转换到速度坐标系中去。第一种途径是经由第二弹轴坐标系转换到速度坐标系中去,第二个途径是经由基准坐标系转换到速度坐标系中去,这两种转换的结果应相等,即应有 $\boldsymbol{A}_{VA_2}\boldsymbol{A}_{A_{2A}} = \boldsymbol{A}_{VN}\boldsymbol{A}_{NA}$,在此等式两边的 4×4 矩阵中选三个对应元素相等,选的原则是易算、易判断角度的正负号,得

$$\sin\delta_2 = \cos\psi_2\sin\varphi_2 - \sin\psi_2\cos\varphi_2\cos(\phi_{\mathrm{a}} - \theta_{\mathrm{a}}) \tag{3.16}$$

$$\sin\delta_1 = \cos\varphi_2\sin(\varphi_{\mathrm{a}} - \theta_{\mathrm{a}})/\cos\delta_2 \tag{3.17}$$

$$\sin\beta = \sin\psi_2\sin(\varphi_{\mathrm{a}} - \theta_a)/\cos\delta_2 \tag{3.18}$$

在弹道计算时直接用此三式。对于正常飞行的弹丸,弹轴与速度之间的夹角很小,弹道偏离射击面也很小,这时 $\delta_1,\delta_2,\phi_2,\psi_2,\phi_a-\theta_a$ 均为小量,并略去二阶小量,于是有

$$\beta \approx 0,\delta_1 \approx \varphi_a-\theta_a,\delta_2=\varphi_2-\psi_2 \tag{3.19}$$

3.2.2 弹丸运动方程的一般形式

弹丸的运动可分为质心运动和围绕质心的运动。质心运动规律由质心运动定理确定,围绕质心的转动则由动量矩定理来描述。为了使运动方程形式简单,将质心运动矢量方程向弹道坐标系分解,将围绕质心运动矢量方程向弹轴坐标系投影以得到标量形式的方程组。

1. 弹道坐标系上的弹丸质心运动方程

弹丸质心相对于惯性坐标系的运动服从质心运动定理,即

$$m\frac{\mathrm{d}\boldsymbol{v}}{\mathrm{d}t}=\boldsymbol{F} \tag{3.20}$$

这里设地面坐标系为惯性坐标系,至于地球旋转的影响可以用在方程的右边加上科氏惯性力来考虑。现将此方程向弹道坐标系 $OX_2Y_2Z_2$ 上分解,这时必须注意到弹道坐标系是一动坐标系,其转动角速度 $\boldsymbol{\Omega}$ 在三轴上 $OX_2Y_2Z_2$ 的分量为

$$(\Omega_{x_2},\Omega_{y_2},\Omega_{z_2})=(\dot{\theta}_a\sin\psi_2,-\dot{\psi}_2,\dot{\theta}_a\cos\psi_2) \tag{3.21}$$

如果用 $\frac{\partial \boldsymbol{v}}{\partial t}$ 表示速度 $\boldsymbol{v}$ 相对于动坐标系 $OX_2Y_2Z_2$ 的矢端速度(或相对导数),而 $\boldsymbol{\Omega}\times\boldsymbol{v}$ 是由于动坐标系以 $\boldsymbol{\Omega}$ 转动产生的牵连矢端速度,则绝对矢端速度为二者之和,即

$$\frac{\mathrm{d}\boldsymbol{v}}{\mathrm{d}t}=\frac{\partial\boldsymbol{v}}{\partial t}+\boldsymbol{\Omega}\times\boldsymbol{v} \tag{3.22}$$

以 $\boldsymbol{i}_2,\boldsymbol{j}_2,\boldsymbol{k}_2$ 表示弹道坐标系三轴上的单位矢量,故 $\boldsymbol{v}=v\boldsymbol{i}_2$,又设外力的矢量 $\boldsymbol{F}$ 在弹道坐标系三轴上的分量依次为 F_{X_2},F_{Y_2},F_{Z_2},则质心运动方程的标量方程如下:

$$m\frac{\mathrm{d}v}{\mathrm{d}t}=F_{X_2}\ mv\cos\psi_2,\frac{\mathrm{d}\theta_a}{\mathrm{d}t}=F_{Y_2},mv\frac{\mathrm{d}\psi_2}{\mathrm{d}t}=F_{Z_2} \tag{3.23}$$

此方程组描述了弹丸质心速度大小和方向变化与外作用力之间的关系,故称为质心运动动力学方程组。其中第一个方程描述速度大小的变化,当切向力 $F_{X_2}>0$ 时弹丸加速,当 $F_{X_2}<0$ 时弹丸减速;第二个方程描述速度方向在铅直面内的变化,当 $F_{Y_2}>0$ 时弹道向上弯曲,θ_a 角增大,当 $F_{Y_2}<0$ 时弹道向下弯曲,θ_a 减小;第三个方程描述速度偏离射击面的情况,当侧力 $F_{Z_2}>0$ 时弹道向右偏转,ψ_2 角增大,当 $F_{Z_2}<0$ 时弹道向左偏转,ψ_2 角减小。

速度矢量 $\boldsymbol{v}$ 沿地面坐标系三轴上的分量为式(3.10),由此即得质心位置坐标变化方程

$$\frac{\mathrm{d}x}{\mathrm{d}t}=v\cos\theta_a\cos\psi_2,\ \frac{\mathrm{d}y}{\mathrm{d}t}=v\sin\theta_a\cos\psi_2,\ \frac{\mathrm{d}z}{\mathrm{d}t}=v\sin\psi_2 \tag{3.24}$$

这一组方程称为弹丸质心运动的运动学方程。

2. 弹轴坐标系上弹丸绕质心转动的动量矩方程

弹丸绕质心的转动用动量矩定理描述

$$\frac{\mathrm{d}\boldsymbol{G}}{\mathrm{d}t}=\boldsymbol{M} \tag{3.25}$$

式中:$\boldsymbol{G}$ 为弹丸对质心的动量矩;$\boldsymbol{M}$ 是作用于弹丸的外力对质心的力矩。

现将此方程两端的矢量向弹轴坐标系分解,以得到在弹轴坐标系上的标量方程。由于弹轴坐标系 $O\xi\eta\zeta$ 也随弹一起转动,因而也是一个转动坐标系,其转动角速度为式(3.8),由图 3.4 可求出 ω_1 在弹轴坐标系三轴上的分量为

$$(\omega_{1\xi},\omega_{1\eta},\omega_{1\zeta})=(\dot{\varphi}_{\mathrm{a}}\sin\varphi_2,\ -\dot{\varphi}_2,\dot{\varphi}_{\mathrm{a}}\cos\varphi_2) \tag{3.26}$$

将动量矩方程(3.26)向动坐标系 $O\xi\eta\zeta$ 分解时应写成如下形式:

$$\frac{\mathrm{d}\boldsymbol{G}}{\mathrm{d}t}=\frac{\partial\boldsymbol{G}}{\partial t}+\boldsymbol{\omega}_1\times\boldsymbol{G}=\boldsymbol{M} \tag{3.27}$$

设弹轴坐标系上的单位矢量为 $\boldsymbol{i},\boldsymbol{j},\boldsymbol{k}$,动量矩 $\boldsymbol{G}$ 和外力矩 $\boldsymbol{M}$ 在弹轴系上的分量为

$$\boldsymbol{M}=M_\xi\boldsymbol{i}+M_\eta\boldsymbol{j}+M_\zeta\boldsymbol{k}\ ,\ \boldsymbol{G}=G_\xi\boldsymbol{i}+G_\eta\boldsymbol{j}+G_\zeta\boldsymbol{k} \tag{3.28}$$

将 $\boldsymbol{M}$ 和 $\boldsymbol{G}$ 的分量表达式代入式(3.27)中,得到以弹轴坐系三轴上分量表示的转动方程

$$\frac{\mathrm{d}G_\xi}{\mathrm{d}t}+\omega_{1\eta}G_\zeta-\omega_{1\zeta}G_\eta=M_\xi\ ,\ \frac{\mathrm{d}G_\eta}{\mathrm{d}t}+\omega_{1\zeta}G_\xi-\omega_{1\xi}G_\zeta=M_\eta\ ,\ \frac{\mathrm{d}G_\zeta}{\mathrm{d}t}+\omega_{1\xi}G_\eta-\omega_{1\eta}G_\xi=M_\zeta \tag{3.29}$$

3. 弹丸绕质心运动的动量矩计算

根据定义,对质心的总动量矩是弹丸上各质点相对质心运动的动量对质心之矩的总和。设任一小质点的质量为 m_i ,到质心的径矢为 $\boldsymbol{r}_i$,速度为 $\boldsymbol{v}_i$,则动量矩即为

$$\boldsymbol{G}=\sum_i\boldsymbol{r}_i\times(m_i\boldsymbol{v}_i) \tag{3.30}$$

将上式两端中的矢量都向弹轴坐标系分解,其中 $\boldsymbol{G}$、$\boldsymbol{r}_i$ 用弹轴坐标系里的分量表示即为

$$\boldsymbol{G}=\boldsymbol{G}_\xi\boldsymbol{i}+G_\eta\boldsymbol{j}+G_\zeta\boldsymbol{k}\ ,\ \boldsymbol{r}_i=\xi\boldsymbol{i}+\eta\boldsymbol{j}+\zeta\boldsymbol{k} \tag{3.31}$$

上式中省去了 ξ、η、ζ 的下标 i 。v_i 是质点 m_i 相对于质心的速度,它是由弹丸绕质心转动形成,故

$$\boldsymbol{v}_{\mathrm{i}}=\boldsymbol{\omega}\times\boldsymbol{r}_i \tag{3.32}$$

这里 ω 是弹丸绕质心转动的总角速度,它比弹轴坐标系的转动角速度 ω_1 多一个自转角速度 $\dot{\gamma}$,其三个分量为

$$(\omega_\xi,\omega_\eta,\omega_\zeta)=(\dot{\gamma}+\dot{\varphi}_{\mathrm{a}}\sin\varphi_2,\ -\dot{\varphi}_2,\dot{\varphi}_{\mathrm{a}}\cos\varphi_2)$$

而

$$(\omega_\xi,\omega_\eta,\omega_\zeta)=(\dot{\gamma}+\dot{\varphi}_{\mathrm{a}}\sin\varphi_2,\ -\dot{\varphi}_2,\dot{\varphi}_{\mathrm{a}}\cos\varphi_2) \tag{3.33}$$

将式(3.31)~式(3.33)的矢量形式代入动量矩矢量表达式(3.30)中,得

$$\begin{aligned}\boldsymbol{G}&=\sum_i m_i\boldsymbol{r}_i\times(\boldsymbol{\omega}\times\boldsymbol{r}_i)=\sum_i m_i(\boldsymbol{r}_i^2\boldsymbol{\omega}-(\boldsymbol{r}_i\times\boldsymbol{\omega})\boldsymbol{r}_i)\\&=\sum_{\mathrm{i}} m_i[(\xi^2+\eta^2+\zeta^2)\boldsymbol{\omega}-(\xi\omega_\xi+\eta\omega_\eta+\zeta\omega_\zeta)\boldsymbol{r}_i]\end{aligned}$$

由此式得

$$G_\xi = \omega_\xi \sum_i m_i(\xi^2 + \eta^2 + \zeta^2) - \sum_i m_i(\xi^2\omega_\xi + \xi\eta\omega_\eta + \xi\zeta\omega_\zeta) = J_\xi\omega_\xi - J_{\xi\eta}\omega_\eta - J_{\xi\zeta}\omega_\zeta \tag{3.34}$$

同理得

$$G_\eta = J_\eta\omega_\eta - J_{\eta\xi}\omega_\xi - J_{\eta\zeta}\omega_\zeta, G_\zeta = J_\zeta\omega_\zeta - J_{\zeta\xi}\omega_\xi - J_{\zeta\eta}\omega_\eta \tag{3.35}$$

式中

$$J_\xi = \sum_i m_i(\eta^2 + \zeta^2), J_\eta = \sum_i m_i(\xi^2 + \zeta^2), J_\zeta = \sum_i m_i(\xi^2 + \eta^2) \tag{3.36}$$

分别称为对 ξ、η、ζ 轴的转动惯量,而

$$J_{\xi\eta} = J_{\eta\xi} = \sum_i m_i\xi\eta, J_{\xi\zeta} = J_{\zeta\xi} = \sum_i m_i\zeta\xi, J_{\eta\zeta} = J_{\zeta\eta} = \sum_i m_i\zeta\eta \tag{3.37}$$

分别称为对 $\xi\eta$ 轴、$\xi\zeta$ 轴、$\eta\zeta$ 轴的惯性积。式(3.30)也可用转动惯量矩阵或惯性张量表示,即

$$\boldsymbol{G} = J_A\omega \tag{3.38}$$

而

$$\boldsymbol{G} = \begin{pmatrix} G_\xi \\ G_\eta \\ G_\zeta \end{pmatrix}, \boldsymbol{J}_A = \begin{pmatrix} J_\xi & -J_{\xi\eta} & -J_{\xi\zeta} \\ -J_{\eta\xi} & J_\eta & -J_{\eta\zeta} \\ -J_{\zeta\xi} & -J_{\zeta\eta} & J_\zeta \end{pmatrix}, \boldsymbol{\omega} = \begin{pmatrix} \omega_\xi \\ \omega_\eta \\ \omega_\zeta \end{pmatrix} \tag{3.39}$$

式中:$\boldsymbol{G}$,$\boldsymbol{\omega}$ 和 $\boldsymbol{J}_A$ 分别是对弹体坐标系的动量矩矩阵、角速度矩阵和转动惯量矩阵。

由以上推导可见,刚体对质心的动量矩矩阵等于刚体对某坐标系的转动惯量矩阵与对于该坐标系的总角速度矩阵之积。

对于轴对称弹丸,其质量也是轴对称分布的,故弹丸纵轴以及过质心垂直于纵轴的平面(也称为赤道面)上任一过质心的直径都是惯性主轴,故弹轴或弹体坐标系的三根轴永远是惯性主轴,而与弹丸自转的方位角 γ 无关,即永远有 $J_{\xi\eta} = J_{\eta\xi} = J_{\zeta\xi} = 0$,再记

$$J_\xi = C, \quad J_\eta = J_\zeta = A$$

并分别称为弹丸的极转动惯量和赤道转动惯量,得

$$\boldsymbol{J}_A = \begin{pmatrix} C & 0 & 0 \\ 0 & A & 0 \\ 0 & 0 & A \end{pmatrix} \tag{3.40}$$

实际上由于制造、运输等各种原因,弹丸并不总是准确对称的,经常是有某种程度的轻微不对称存在。弹丸的不对称包括质量分布不对称和几何外形不对称,前者将使质心偏离几何中心、使惯性主轴偏离几何对称轴,后者使空气动力对称轴偏离几何轴,它们对弹丸的运动产生干扰,增大了弹道散布,使射击密集度变坏。

4. 风的影响

如果射击方向与正北方(N)的夹角为 α_N,风的来向(也即风向)与正北方的夹角为 α_W,如图 3.7 所示。按定义风速 $\boldsymbol{w}$ 分解为纵风和横风的计算式为

$$w_x = -w\cos(\alpha_W - \alpha_N) \tag{3.41}$$

$$w_z = -w\sin(\alpha_W - \alpha_N) \tag{3.42}$$

弹丸在风场中运动所受空气动力和力矩的大小和方向取决于弹丸相对于空气的速度 $\boldsymbol{v}_r$ 的大小和方向,仍以 $\boldsymbol{v}$ 表示弹丸相对于地面的速度,则它相对于空气的速度为

$$\boldsymbol{v}_r = \boldsymbol{v} - \boldsymbol{w} \tag{3.43}$$

有风时,气动力和力矩表达式中要用相对速度 $\boldsymbol{v}_r$、相对攻角 $\boldsymbol{\delta}_r$,而且确定气动力和力

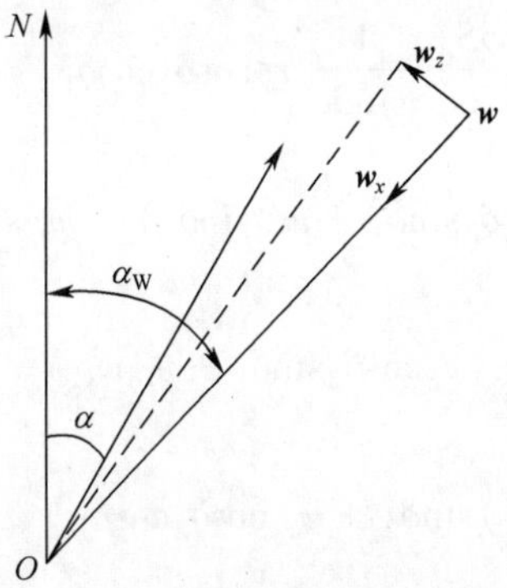

图 3.7　水平风分解为纵风和横风

矩矢量方向要用相对攻角平面，它是由弹轴和相对速度 $\boldsymbol{v}_r$ 组成的平面。

5. 科氏惯性力的影响

将地球自转角速度分量转到速度坐标系中，再由科氏惯性力定义 $\boldsymbol{F}_K = -2M\boldsymbol{\Omega}_E \times \boldsymbol{V}$，即得科氏惯性力在速度坐标系里分量的矩阵表达式：

$$\begin{pmatrix} F_{KX_2} \\ F_{KY_2} \\ F_{KZ_2} \end{pmatrix} = 2\Omega_E mv \begin{pmatrix} 0 \\ \sin\psi_2\cos\theta_a\cos\Lambda\cos\alpha_N + \sin\theta_a\sin\psi_2\sin\Lambda + \cos\psi_2\cos\Lambda\sin\alpha_N \\ \cos\theta_a\sin\Lambda - \sin\theta_a\cos\Lambda\cos\alpha_N \end{pmatrix} \tag{3.44}$$

6. 弹丸的 6 自由度刚体弹道方程

将作用在弹丸上的所有的力和力矩的表达式代入弹丸刚体运动一般方程中，略去动不平衡 $\beta_{D\eta}$，$\beta_{D\zeta}$ 与横向角速度 ω_η，ω_ζ 相乘积的项，就可以得到弹丸 6 自由度刚体运动方程的具体形式，这种方程常称为 6D 方程。

$$\begin{cases} \dfrac{\mathrm{d}v}{\mathrm{d}t} = \dfrac{1}{m}F_{x_2}, \dfrac{\mathrm{d}\theta_a}{\mathrm{d}t} = \dfrac{1}{mv\cos\psi_2}F_{y_2}, \dfrac{\mathrm{d}\psi_2}{\mathrm{d}t} = \dfrac{F_{z_2}}{mv} \\ \dfrac{\mathrm{d}\omega_\xi}{\mathrm{d}t} = \dfrac{1}{C}M_\xi \\ \dfrac{\mathrm{d}\omega_\eta}{\mathrm{d}t} = \dfrac{1}{A}M_\eta - \dfrac{C}{A}\omega_\xi\omega_\zeta + \omega_\eta^2\tan\varphi_2 + \dfrac{A-C}{A}(\beta_{D\eta}\ddot{\gamma} - \beta_{D\zeta}\dot{\gamma}^2) \\ \dfrac{\mathrm{d}\omega_\zeta}{\mathrm{d}t} = \dfrac{1}{A}M_\zeta + \dfrac{C}{A}\omega_\xi\omega_\eta - \omega_\eta\omega_\zeta\tan\varphi_2 + \dfrac{A-C}{A}(\beta_{D\zeta}\ddot{\gamma} + \beta_{D\eta}\dot{\gamma}^2) \\ \dfrac{\mathrm{d}\varphi_a}{\mathrm{d}t} = \dfrac{\omega_\zeta}{\cos\varphi_2}, \dfrac{\mathrm{d}\varphi_2}{\mathrm{d}t} = -\omega_\eta, \dfrac{\mathrm{d}\gamma}{\mathrm{d}t} = \omega_\xi - \omega_\zeta\tan\varphi_2 \\ \dfrac{\mathrm{d}x}{\mathrm{d}t} = v\cos\psi_2\cos\theta_a, \dfrac{\mathrm{d}y}{\mathrm{d}t} = v\cos\psi_2\sin\theta_a, \dfrac{\mathrm{d}z}{\mathrm{d}t} = v\sin\psi_2 \end{cases} \tag{3.45}$$

$$\sin\delta_2 = \cos\psi_2\sin\varphi_2 - \sin\psi_2\cos\varphi_2\cos(\varphi_a - \theta_a) \tag{3.46}$$

$$\sin\delta_1 = \cos\varphi_2\sin(\varphi_a - \theta_a)/\cos\delta_2 \tag{3.47}$$

$$\sin\beta = \sin\psi_2\sin(\varphi_a - \theta_a)/\cos\delta_2 \tag{3.48}$$

$$F_{x_2}=-\frac{\rho v_r}{2}Sc_x(v-w_{x_2})+\frac{\rho S}{2}c_y\frac{1}{\sin\delta_r}[v_r^2\cos\delta_2\cos\delta_1-v_{r\xi}(v-w_{x_2})]+$$
$$\frac{\rho v_r}{2}Sc_z\frac{1}{\sin\delta_r}(-w_{z_2}\cos\delta_2\sin\delta_1+w_{y_2}\sin\delta_2)-mg\sin\theta_a\cos\psi_2 \tag{3.49}$$

$$F_{y_2}=\frac{\rho v_r}{2}Sc_xw_{y_2}+\frac{\rho S}{2}c_y\frac{1}{\sin\delta_r}(v_r^2\cos\delta_2\sin\delta_1+v_{r\eta}w_{y_2})-\frac{\rho v_r^2}{2}Sc'_y\delta_N\cos\gamma_1+$$
$$\frac{\rho v_r}{2}Sc_z\frac{1}{\sin\delta_r}[(v-w_{x_2})\sin\delta_2+w_{z_2}\cos\delta_2\cos\delta_1] \tag{3.50}$$
$$-mg\cos\theta_a+2\Omega_Emv(\sin\psi_2\cos\theta_a\cos\Lambda\cos\alpha_N+\sin\theta_a\sin\psi_2\sin\Lambda$$
$$+\cos\psi_2\cos\Lambda\sin\alpha_N)$$

$$F_{z_2}=\frac{\rho v_r}{2}Sc_xw_{z_2}+\frac{\rho S}{2}c_y\frac{1}{\sin\delta_r}(v_r^2\sin\delta_2+v_{r\zeta}w_{z_2})-\frac{\rho v^2}{2}Sc'_y\delta_N\sin\gamma_1+$$
$$\frac{\rho v_r}{2}Sc_z\frac{1}{\sin\delta_r}(-w_{y_2}\cos\delta_2\cos\delta_1-(v-w_{x_2})\cos\delta_2\sin\delta_1)+ \tag{3.51}$$
$$mg\sin\theta_a\sin\psi_2+2\Omega_Emv(\sin\Lambda\cos\theta_a-\cos\Lambda\sin\theta_a\cos\alpha_N)$$

$$M_\xi=-\frac{\rho Sld}{2}m'_{xz}v_r\omega_\xi+\frac{\rho v_r^2}{2}Slm'_{x\omega}\delta_f \tag{3.52}$$

$$M_\eta=\frac{\rho Sl}{2}v_rm_z\frac{1}{\sin\delta_r}v_{r\zeta}-\frac{\rho Sld}{2}v_rm'_{zz}\omega_\eta-\frac{\rho Sld}{2}m'_y\frac{1}{\sin\delta_r}\omega_\xi v_{r\eta}-\frac{\rho v^2}{2}Slm'_z\delta_M\sin\gamma_2 \tag{3.53}$$

$$M_\zeta=-\frac{\rho Sl}{2}v_rm_z\frac{1}{\sin\delta_r}v_{r\eta}-\frac{\rho Sld}{2}v_rm'_{zz}\omega_\zeta-\frac{\rho Sld}{2}m'_y\frac{1}{\sin\delta_r}\omega_\xi v_{r\zeta}+\frac{\rho v^2}{2}Slm'_z\delta_M\cos\gamma_2 \tag{3.54}$$

而

$$v_r=\sqrt{(v-w_{x_2})^2+w_{y_2}^2+w_{z_2}^2},\delta_r=\arccos(v_{r\xi}/v_r) \tag{3.55}$$
$$v_{r\xi}=(v-w_{x_2})\cos\delta_2\cos\delta_1-w_{y_2}\cos\delta_2\cos\delta_1-w_{z_2}\sin\delta_2 \tag{3.56}$$
$$v_{r\eta}=v_{r\eta_2}\cos\beta+v_{r\zeta_2}\sin\beta,v_{r\zeta}=-v_{r\eta_2}\sin\beta+v_{r\zeta_2}\cos\beta \tag{3.57}$$
$$v_{r\eta_2}=-(v-w_{x_2})\sin\delta_1-w_{y_2}\cos\delta_1 \tag{3.58}$$
$$v_{r\zeta_2}=-(v-w_{x_2})\sin\delta_2\cos\delta_1+w_{y_2}\sin\delta_2\sin\delta_1-w_{z_2}\cos\delta_2 \tag{3.59}$$
$$w_{x_2}=w_x\cos\psi_2\cos\theta_a+w_z\sin\psi_2,w_{y_2}=-w_x\sin\theta_a \tag{3.60}$$
$$w_{z_2}=-w_x\sin\psi_2\cos\theta_a+w_z\cos\psi_2 \tag{3.61}$$
$$w_x=-w\cos(\alpha_W-\alpha_N),w_z=-w\sin(\alpha_W-\alpha_N) \tag{3.62}$$

式(3.45)~式(3.48)就是无控弹丸的6自由度刚体弹道方程,共15个方程,有15个变量:$v,\theta_a,\psi_2,\phi_a,\phi_2,\delta_2,\delta_1,\omega_\xi,\omega_\eta,\omega_\zeta,\gamma,x,y,z,\beta$。当已知弹丸结构参数、气动力参数、射击条件、气象条件、起始条件就可积分求得弹丸的运动规律和任一时刻的弹道诸元。其计算的准确度取决于各个参数的准确程度,根据所研究问题的不同,由此方程出发,经过不同的简化可得到其他形式的弹丸运动方程。无风时,只需令 $w=0$。当只仿真计算散布时,可去掉其中地球旋转的科氏惯性力。

第4章 有控弹丸飞行力学

4.1 控制飞行的一般知识

无控弹丸一经发射,其自由飞行轨迹和运动特性就不可改变,与目标无关,而有控弹丸却能在飞行途中根据自己相对于预先给定的静止目标或运动目标的位置或状态,连续地或局部地调整、改变飞行状态和飞行轨迹向目标逼近,因而使命中目标的精度大幅度提高。而实现这一功能的原因在于有控弹丸上装有制导系统或控制系统,能根据需要提供改变弹丸飞行状态的力和力矩。

4.1.1 改变弹丸飞行轨迹和飞行状态的力学原理

为了控制弹丸飞向目标,必须根据需要及时地改变速度方向和大小,这就要提供垂直于速度方向(法向)的力和沿速度方向(切向)的力,以形成法向加速度和切向加速度。

作用在弹丸上的力有重力 $\boldsymbol{G}=m\boldsymbol{g}$,空气动力 $\boldsymbol{R}$ 和推力 $\boldsymbol{F}_P$。对于无控弹丸它们都是不可控制力,但对于有控弹丸,除重力不可控外,推力 $\boldsymbol{F}_P$ 和空气动力 $\boldsymbol{R}$ 是可以控制的。将可控制力 $\boldsymbol{N}=\boldsymbol{F}_P+\boldsymbol{R}$ 投影到速度的切向和法向(见图4.1)得

$$N_t=F_{Pt}+R_t,N_n=F_{Pn}+R_n \tag{4.1}$$

当 $F_t=N_t+G_t=0$ 时,弹丸作等速飞行;当 $F_t=N_t+G_t\neq 0$ 时,作加速或减速飞行;当 $F_n=N_n+G_n=0$ 时,弹丸直线飞行;当 $F_n=N_n+G_n\neq 0$ 时,弹丸速度方向改变,作拐弯机动飞行。其中 G_t、G_n 为重力的切向和法向分力。

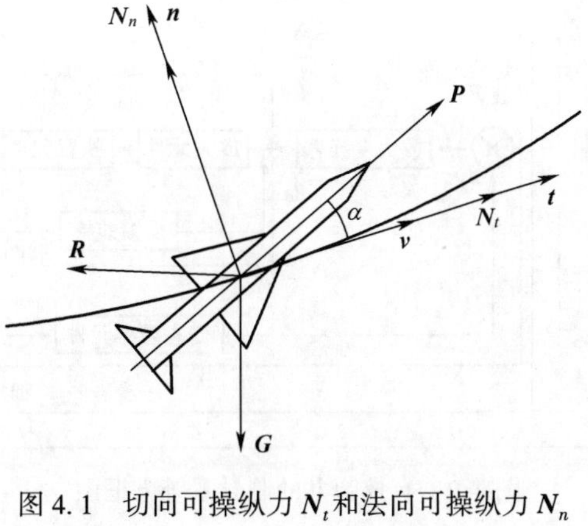

图4.1 切向可操纵力 $\boldsymbol{N}_t$ 和法向可操纵力 $\boldsymbol{N}_n$

在飞行中改变 N_t 的方法有两种:一种是改变推力 F_P 的大小,如液体燃料发动机可控制进入燃烧室的液体燃料,对固体燃料可采用附加发动机、纵向脉冲发动机;另一种是安装气动刹车,如用降落伞或阻流片以增大空气阻力或采用反向喷管。

在飞行中改变法向力 N_n 的方法也有两种:一种是改变推力沿法向的分力,当弹轴与速度有攻角 α 和侧滑角 β 时,就会产生法向分力 $F_P\alpha$ 和 $F_P\beta$;另外还有在质心附近沿弹径方向安装燃气喷管或脉冲发动机产生直接作用于质心的法向力;第二种是改变空气动力中的升力 $Y^\alpha \cdot \alpha$ 和侧向力 $Z^\beta \cdot \beta$,或者同时产生这两种法向力。

由此可见,产生法向力、改变速度方向的一个重要方法是形成必要的攻角 α 和侧滑角 β,而这需要弹丸绕质心转动改变弹轴方向(或称弹丸姿态)才行,一般是由空气舵(或燃气舵)的舵面转动产生空气动力或燃气动力形成对全弹质心的力矩(操纵力矩)来实现的。

此外,还有用移动弹内质量块产生相对质心控制力矩的方法,如俄罗斯的"白杨"导弹。

4.1.2 操纵力矩、操纵面、舵机、舵回路

在有控弹丸上装有相对于弹身可以转动的平面,称为舵面或操纵面,流经舵面的燃气或空气作用在舵面上的力对弹丸质心的力矩即形成操纵力矩,前者称为燃气舵,后者称为空气舵。此外,还有一种利用在发动机喷管出口处安装摇摆帽,改变燃气流喷出方向形成操纵力矩的方法。在大气中飞行的有翼式弹丸大多采用空气舵。舵面安装于弹尾部、弹翼在前称正常式气动布局;舵面安装在头部,弹翼在后称为鸭式布局;整个弹翼兼作舵用则为旋转弹翼式;尾翼与弹翼合为一体,舵面在弹翼后缘称为无尾式。

舵面由舵机转动,舵机在与控制信号 u 相应的控制量(电压、电流、磁场强度、数字信号)作用下转动。舵面和舵机是控制信号的执行机构,或弹丸的操纵机构。舵机是否偏转到位则由测量装置测量后反馈回与偏转位置(舵偏角)相应的量,再与所要求的舵偏角输入控制量比较,一直到输出量与输入量相等才停止转动。这一闭合回路称为舵回路,见图 4.2。

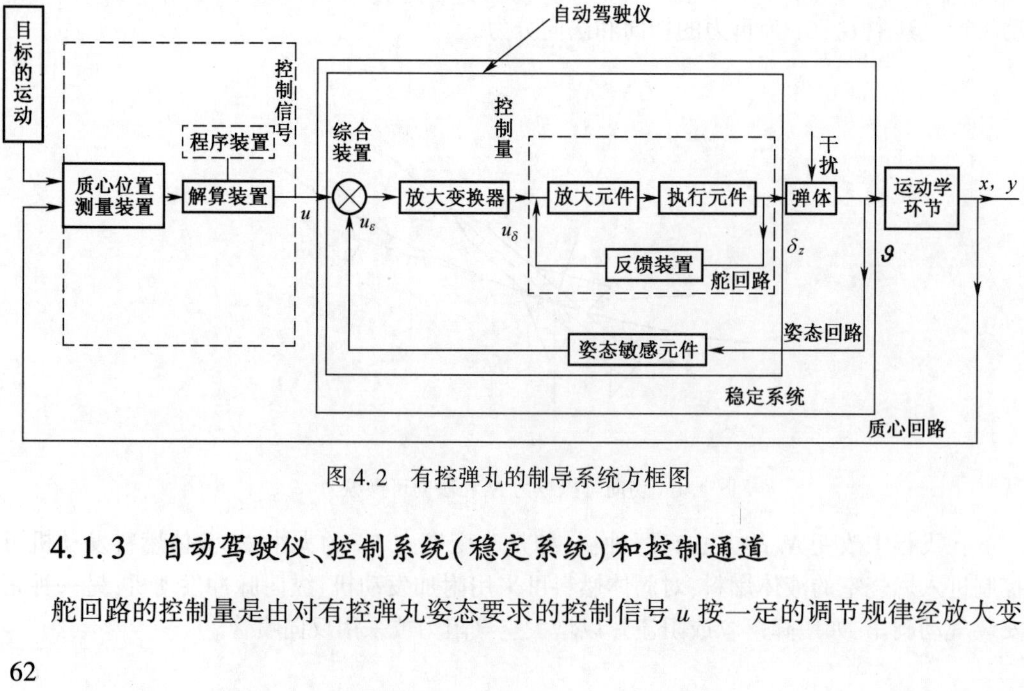

图 4.2 有控弹丸的制导系统方框图

4.1.3 自动驾驶仪、控制系统(稳定系统)和控制通道

舵回路的控制量是由对有控弹丸姿态要求的控制信号 u 按一定的调节规律经放大变

换器形成的，而舵面转动的结果是形成了操纵力矩，使弹丸绕质心转动改变姿态。有控弹丸姿态是否改变到位则由姿态敏感元件测量，并反馈回与输入信号 u 比较，直到输入信号与反馈信号之差为零，舵机无控制量输入，停止转动。在图 4.2 中这一回路即称为姿态回路（或稳定回路）。

由舵机、姿态测量装置、放大变换器组成的系统称为自动驾驶仪，而由自动驾驶仪与有控弹丸组成的系统就称为控制系统或姿态控制系统（Control，西方各国），或称为稳定系统（Стабијiизаяция，俄罗斯）。自动驾驶仪的作用是当有控制信号来时执行控制信号，改变弹丸飞行姿态，当无新的控制信号来时就保持原有飞行状态，并能抵抗各种干扰，保持飞行稳定。

稳定回路中的敏感元件用于敏感有控弹丸的姿态角或姿态角速率，如角度陀螺（三自由度陀螺）和角速率陀螺（二自由度陀螺），也可用平台惯导或捷联惯导中的姿态角和姿态角速率信号。

放大变换器用于放大（和变换）控制信号和由敏感元件输出的反馈信号，以形成舵回路输入控制量，从而执行控制命令并改善控制系统的动、静态特性，它可用通常的微分、积分、放大元件组成，通称为 PID 控制器。数字控制器则是一个计算机程序，控制信号通过 A/D 转换可进行数字运算，再经过 D/A 转换变成可执行的电信号。

有控弹丸的控制系统都是具有负反馈的闭合回路。如果有两副舵机，两个控制回路分别控制升降舵和方向舵的转动，以控制弹丸的俯仰和偏航运动，则称弹丸为双通道控制。再如果还有一副舵机操纵副翼控制弹丸的滚转（或倾斜）则称为三通道控制。对于小型弹丸，如反坦克导弹、肩射对空导弹、末制导炮弹或超远程滑翔炮弹，由于体积小，只装一个副舵机，既控制俯仰又控制偏航。此时，由导弹自旋形成所需方向上的周期平均控制力，称单通道控制。

4.1.4 质心运动控制回路，外回路和内回路

稳定回路只能控制有控弹丸的姿态，但控制的最终目的还是要有控弹丸的质心位置运动到目标位置，故必须还有质心运动回路。在图 4.2 中质心运动控制回路是最外面的一个回路，故也常称为外回路，而将姿态控制回路称为内回路。有控弹丸质心空间位置、质心速度是否控制到位由质心敏感元件测量，如常用线加速度传感器、惯性导航装置、GPS 或星光导航装置、高度表等测定。从弹体姿态运动到有控弹丸质心运动之间存在运动学关系，故进行回路分析时在二者之间要加一运动学环节才能形成有控弹丸质心运动回路。

4.1.5 导引系统和导引方法

控制系统所执行的控制信号是由导引系统产生的。导引系统的功能是测量弹丸与目标相对位置和实际飞行参数，计算弹丸沿所要求弹道飞行所需的控制信号并输入控制系统。导引系统与控制系统综合起来称为制导系统。从弹丸现在位置出发向目标飞行可以有各种各样路径，选何种路径去逼近目标呢？这里就有一个导引方法问题，也即弹丸按何种原则接近目标的问题。一个好的导引方法能使有控弹丸迅速、准确、不费力地接近目标，而导引方法选择不当容易造成飞行过载大、接近目标时间长、脱靶量大等缺点，甚至可

造成有控弹丸损坏。当然,技术上实现简单也是对导引方法的一个重要要求。

导引系统如安放在制导站(地面站、飞机、舰船)中,则称为遥控制导;如果全部放在弹上(如安装在导引头中),则称自寻的制导或自动瞄准。依据敏感目标物理特性的不同,导引头又分红外导引头、激光导引头、毫米波导引头、无线电导引头等。有些有控弹丸的控制还有人介入引导,如用三点法目视制导的反坦克导弹等,这时人在控制回路之中。

还有一种是自主式制导(如方案制导、惯性导航和卫星制导等),它是根据弹丸应完成的任务,预先设计好弹道,存放在导引系统的程序装置中,有控弹丸飞行时,程序机构按一定的信号刷新率(通常为5~20ms/次),取出设定参数并与实测的有控弹丸运动参数比较,求得二者的偏差,按照一定的制导律形成控制信号送给控制系统。

4.1.6 控制理论、制导方法、分析方法、传递函数

控制理论是有控弹丸控制系统工作的理论基础,分经典控制理论和现代控制理论。经典控制理论是以单输入、单输出的常参量系统作为主要研究对象,采用的是传递函数、结构图、频率特性、根轨迹等分析法,通常采用PID或改进的PID控制器。而现代控制理论,如状态空间法,则建立在新的数学方法和计算机基础上,在时域里研究系统状态变量的变化,它的研究对象可以是非线性、变系数的。现代制理论的发展十分迅速,出现了如最优控制、模糊控制、智能控制、鲁棒控制、分数阶 $PI^{\alpha}D^{\beta}$ 控制、满意控制、H_{∞} 控制、神经网络控制等都多种理论。在这些控制理论的基础上又出现了最优制导、自适应、变结构制导以及微分对策制导等方法。经典控制理论结构直观、物理意义明确、调整参数容易。现代控制理论可分析较复杂(如非线性时变系统)的系统并能获得高性能(如弹道平直、抗干扰能力强、需用过载沿弹道分布合理、作战空域大)的控制器。

目前,在有控弹丸中仍主要采用经典控制理论,现代控制理论也在逐步应用之中。

4.1.7 有控弹丸的飞行稳定性、操纵性和机动性

1. 稳定性

有控弹丸的运动稳定性还分控制系统不工作(舵面锁定在某一位置上)的稳定性和控制系统工作(舵面按控制要求转动)时的稳定性之分。前者实际上是指无控自由飞行时弹丸自身的稳定性,也称开环状态稳定性,后者是闭环自动控制飞行下弹丸的稳定性。两者之间有较大的区别,例如,无控情况下不稳定的弹丸在控制系统操纵下可以飞行稳定(即静不稳定设计),当然,也有因控制系统设计得不好,使无控情况下稳定的弹丸反而有控时不稳。一般而言,要求无控时弹丸具有良好的稳定品质,以减轻控制系统设计的难度,更有利于闭环飞行。

2. 操纵性

操纵性是指舵面偏转后,弹丸改变飞行状态的能力,以及反应的快慢程度。在研究弹丸操纵性时不考虑控制系统的工作过程,只是给定舵面某种偏转后观察弹丸的反应,以评定其操纵性。一般地,舵面作三种典型的偏转。

(1) 舵面阶跃偏转。在 $t=t_0$ 瞬时,舵面从某位置 δ_z(或 δ_x,δ_y)阶跃偏转一个角度并一直保持,即令 $\Delta\delta_z$(或 δ_x,δ_y) $=1(t)$,其目的是为了求得扰动运动的过渡函数(见图4.3)。在这种情况下有控弹丸的反应最为强烈,故在过渡过程中的超调也最大。

(2) 舵面简谐偏转。$\Delta\delta = \Delta\delta\sin\omega t$，这时弹丸的摆动运动响应有振幅放大(或缩小)、相位延迟的现象,如图 4.4 所示。这称为有控弹丸对操纵机构偏转的跟随性,或频率特性。

(3) 舵面脉冲偏转。某些单通道反坦克导弹丸和肩射式地空导弹,其摇摆帽或鸭舵按脉冲调宽方式工作,舵面一直处于不断换向的脉冲工作状态之下,其攻角响应曲线见图 4.5。

单个脉冲的工作方程为

$$\Delta\delta(t) = \begin{cases} A & (0 < t < t_0) \\ 0 & (t < 0, t > t_0) \end{cases}$$

此时研究的目的是获得这种情况下弹体运动的响应特性。

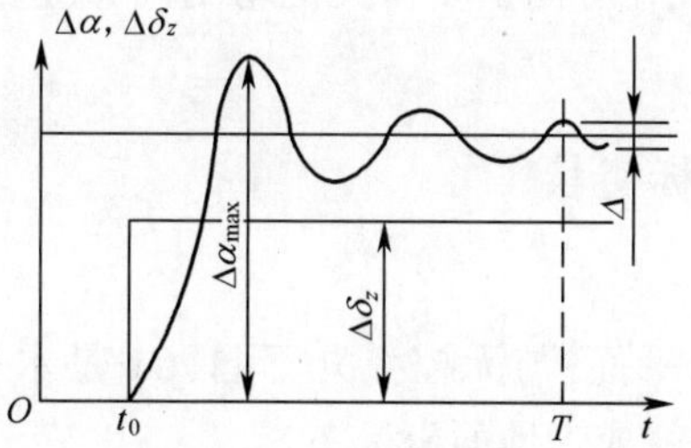

图 4.3　舵面阶跃偏转攻角变化的过渡过程

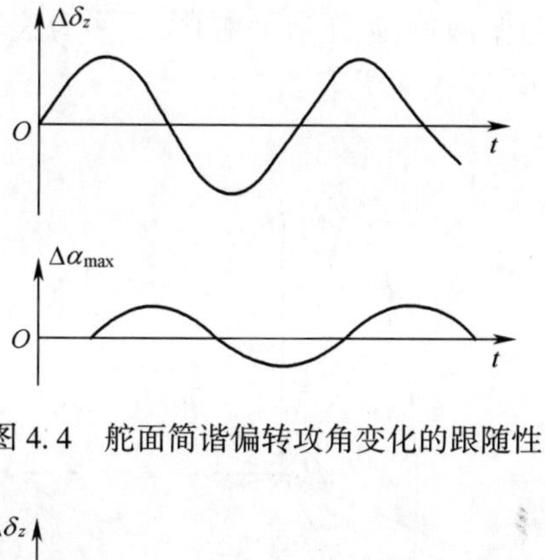

图 4.4　舵面简谐偏转攻角变化的跟随性

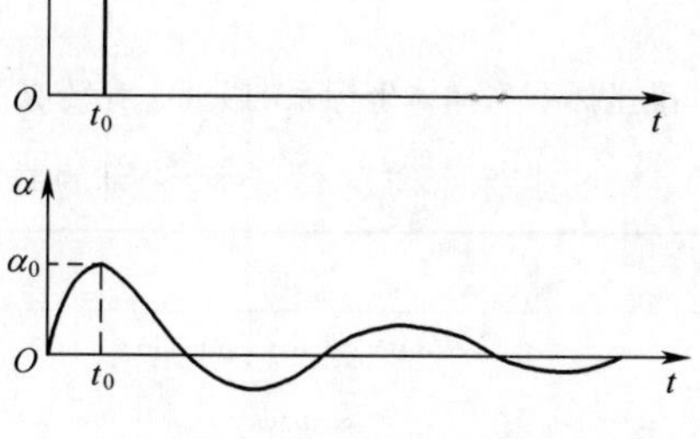

图 4.5　舵面脉冲偏转攻角变化的过渡过程

3. 机动性

机动性是指有控弹丸可迅速改变飞行速度大小和方向的能力。发动机推力和弹翼面升力是决定机动性大小的主要因素，良好的操纵性也可以在同样的推力及升力下提高机动性。

4.2 有控弹丸运动方程的建立

有控弹丸运动方程的建立与无控弹丸所使用的力学原理、方法和步骤相同，只是增加了控制力和控制力矩，但考虑到有控弹丸在气动布局上除了有轴对称形的，还有许多是面对称形的，并且控制系统元部件和控制通道大多数也是按位于气动对称面内和垂直于气动对称面布置，许多有控弹丸在方向上要作大机动飞行等，这使有控弹丸在方程建立的坐标系选取上有自己的特点。

4.2.1 坐标系与坐标变换

1. 基准坐标系 $Oxyz$

O 为弹丸质心，Oxz 为水平面，与无控弹丸不同，Ox 是水平基准方向，但不一定是射向。将此坐标系平移至地面就成为地面坐标系。

2. 弹体坐标系 $Ox_1y_1z_1$

Ox_1 仍为弹轴，但 Ox_1y_1 面规定与弹丸的气动对称面固连。$Ox_1y_1z_1$ 与基准坐标系 $Oxyz$ 的关系见图 4.6，ϑ 称为俯仰角，ψ 称为偏航角，γ 称为滚转角或倾斜角，统称为姿态角（图 4.6）。两坐标系间的转换关系见表 4.1。

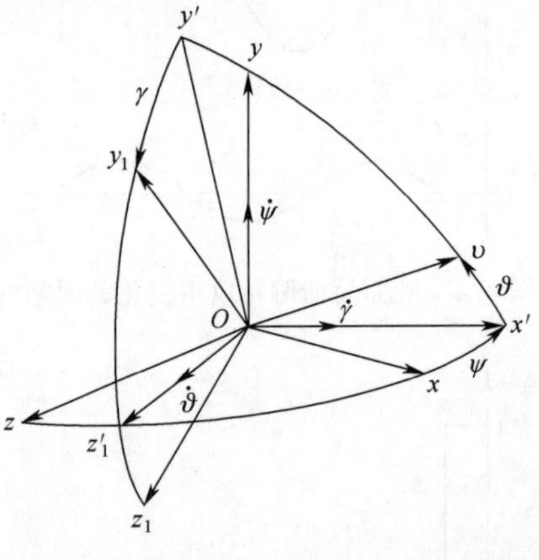

图 4.6 基准坐标系与弹体坐标系的关系（旋转次序 ψ-ϑ-γ）

表 4.1 基准坐标系与弹体坐标系间的转换关系

	x_1	y_1	z_1
x	$\cos\upsilon\cos\psi$	$-\sin\upsilon\cos\psi\cos\gamma+\sin\psi\sin\gamma$	$\sin\gamma\cos\psi\sin\gamma+\sin\psi\cos\gamma$
y	$\sin\upsilon$	$\cos\upsilon\cos\gamma$	$-\cos\upsilon\sin\gamma$
z	$-\cos\upsilon\sin\psi$	$\sin\upsilon\sin\psi\cos\gamma+\cos\psi\sin\gamma$	$-\sin\upsilon\sin\psi\sin\gamma+\cos\psi\cos\gamma$

3. 弹道坐标系 $Ox_2y_2z_2$

Ox_2 在质心速度方向，Oy_2 在铅直面内，Ox_2y_2 平面与基准坐标系铅直面的夹角 ψ_v 称为弹道偏角，Ox_2 与地面的夹角 θ 称弹道倾角，见图 4.7。两坐标系间的转换关系见表 4.2。

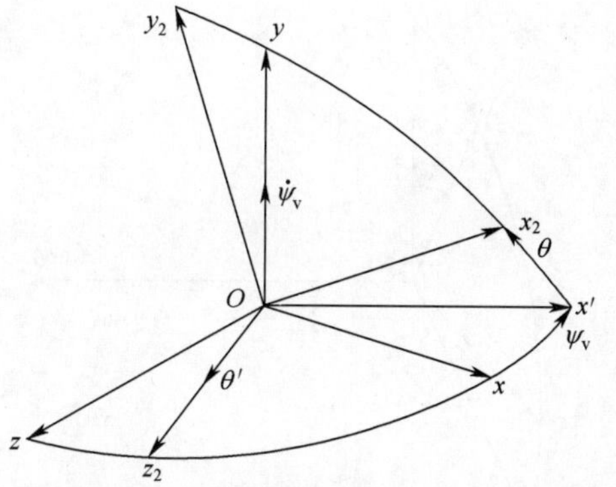

图 4.7 弹道坐标系与基准坐标系的关系(旋转顺序 $\psi_v \to \theta$)

表 4.2 弹道坐标系与地面坐标系间的转换关系

	x_2	y_2	z_2
x	$\cos\theta\cos\psi_v$	$-\sin\theta\cos\psi_v$	$\sin\psi_v$
y	$\sin\theta$	$\cos\theta$	0
z	$-\cos\theta\sin\psi_v$	$\sin\theta\sin\psi_v$	$\cos\psi_v$

4. 速度坐标系 $Ox_3y_3z_3$

Ox_3 为速度方向，Oy_3 轴始终在气动对称面内，见图 4.8。α 称为攻角，β 称为侧滑角。速度坐标系与弹体坐标系间转换关系见表 4.3。

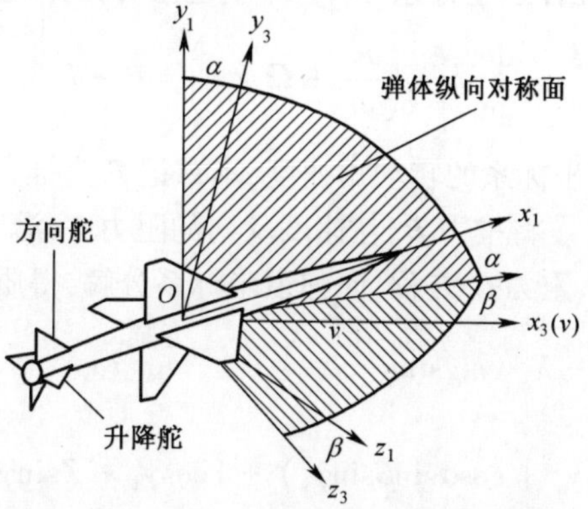

图 4.8 有控弹丸的坐标系和速度坐标系

表 4.3 速度坐标系与弹体坐标系间的转换关系

	x_3	y_3	z_3
x_1	$\cos\alpha\cos\beta$	$\sin\alpha$	$-\cos\alpha\sin\beta$
y_1	$-\sin\alpha\cos\beta$	$\cos\alpha$	$\sin\alpha\sin\beta$
z_1	$\sin\beta$	0	$\cos\beta$

5. 弹道坐标系与速度坐标系间的关系

因 Ox_2,Ox_3 均为速度方向,故坐标平面 Oy_3z_3 同在垂直于速度的平面内,仅相差一个角度 γ_v 称为速度倾角,如图 4.9 所示,两坐标系间的转换关系见表 4.4。

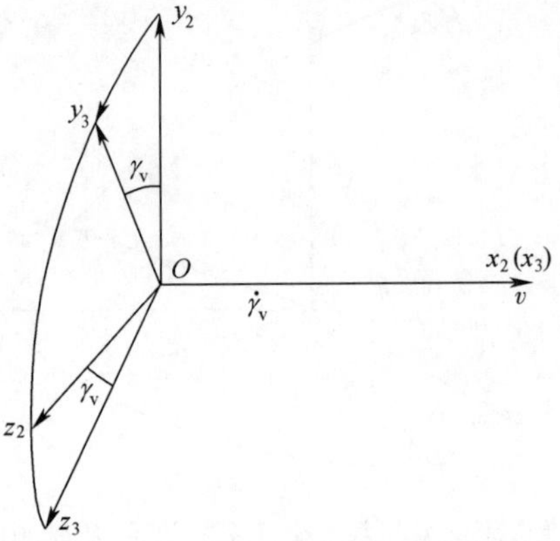

图 4.9　弹道坐标系与速度坐标系的关系

表 4.4　弹道坐标系与速度坐标系间的转换关系

	x_3	y_3	z_3
x_2		0	0
y_2		$\cos\gamma_V$	$-\sin\gamma_V$
z_2		$\sin\gamma_V$	$\cos\gamma_V$

4.2.2　有控弹丸的质心运动方程组

应用质心运动定理,在弹道坐标系 $Ox_2y_2z_2$ 上建立有控弹丸的质心矢量运动方程,得

$$m\frac{\mathrm{d}\boldsymbol{v}}{\mathrm{d}t}=m\left(\frac{\partial \boldsymbol{v}}{\partial t}+\boldsymbol{\Omega}\times\boldsymbol{v}\right)=\boldsymbol{P}+\boldsymbol{F} \tag{4.2}$$

式中:$\boldsymbol{\Omega}=\dot{\boldsymbol{\Psi}}_V+\dot{\boldsymbol{\theta}}$ 为弹道坐标系的转动角速度,本章记 $\boldsymbol{P}$ 为推力,$\boldsymbol{F}$ 为除推力以外其他的力(气动力、重力、控制力)。将推力 $\boldsymbol{P}$、与速度反向的阻力 $\boldsymbol{X}$、沿对称面内 Oy_1 轴的升力 $\boldsymbol{Y}$ 和垂直于对称面的侧力 $\boldsymbol{Z}$、重力 $\boldsymbol{G}$ 方程,向弹道坐标系分解,得质心运动动力学方程如下:

$$\begin{aligned}
&m\frac{\mathrm{d}v}{\mathrm{d}t}=P\cos\alpha\cos\beta-X-mg\sin\theta\\
&mv\frac{\mathrm{d}\theta}{\mathrm{d}t}=P(\sin\alpha\cos\gamma_v+\cos\alpha\sin\beta\sin\gamma_v)+Y\cos\gamma_v-Z\sin\gamma_v-mg\cos\theta\\
&-mv\cos\theta\frac{\mathrm{d}\psi_v}{\mathrm{d}t}=P(\sin\alpha\sin\gamma_v-\cos\alpha\sin\beta\cos\gamma_v)+Y\sin\gamma_v+Z\cos\gamma_v
\end{aligned} \tag{4.3}$$

第一个方程描述速度大小的变化,$\mathrm{d}v/\mathrm{d}t$ 为切向加速度;第二个方程描述速度方向在铅直面内的变化,$v\mathrm{d}\theta/\mathrm{d}t$ 是铅直面内的法向加速度;第三个方程描述速度方向在过速度的铅直面两侧方向变化,$-v\cos\theta\mathrm{d}\psi_v/\mathrm{d}t$ 为水平方向上的法向加速度,也与速度垂直,其中负号是因为 ψ_v 转动的正向与 Z 轴相反引起的。

将速度 v 向地面坐标系(或基准坐标系)$Oxyz$ 分解,得质心运动的运动学方程组:

$$\frac{\mathrm{d}x}{\mathrm{d}t}=v\cos\theta\cos\psi_{\mathrm{v}},\quad \frac{\mathrm{d}y}{\mathrm{d}t}=v\sin\theta,\quad \frac{\mathrm{d}z}{\mathrm{d}t}=-v\cos\theta\sin\psi_{\mathrm{v}} \tag{4.4}$$

4.2.3 有控弹丸绕质心转动的动力学方程组和运动学方程组

利用对质心的动量矩定理,建立有控弹丸绕质心的转动方程,并向弹体坐标系分解,得

$$\frac{\mathrm{d}\boldsymbol{K}}{\mathrm{d}t}=\frac{\partial\boldsymbol{K}}{\partial t}+\boldsymbol{\omega}\times\boldsymbol{K}=\boldsymbol{M},\quad \boldsymbol{\omega}=\omega_{x_1}\boldsymbol{i}_1+\omega_{y_1}\boldsymbol{j}_1+\omega_{z_1}\boldsymbol{k}_1=\dot{\boldsymbol{\vartheta}}+\dot{\boldsymbol{\psi}}_{\mathrm{v}}+\dot{\boldsymbol{\gamma}} \tag{4.5}$$

式中

$$\boldsymbol{K}=\boldsymbol{J}\cdot\boldsymbol{\omega}=\begin{bmatrix}J_{x_1}&0&0\\0&J_{y_1}&0\\0&0&J_{z_1}\end{bmatrix}\begin{bmatrix}\omega_{x_1}\\\omega_{y_1}\\\omega_{z_1}\end{bmatrix}=\begin{bmatrix}K_{x_1}\\K_{y_1}\\K_{z_1}\end{bmatrix} \tag{4.6}$$

在上述方程中,将弹体转动角速度 $\boldsymbol{\omega}$、动量矩 $\boldsymbol{K}$、外力矩 $\boldsymbol{M}$ 均向弹体坐标系三轴分解。J_{x_1},J_{y_1},J_{z_1} 为关于弹体坐标系三轴的转动惯量,忽略惯性积的影响。经运算后,得有控弹丸绕质心转动的动力学方程如下:

$$\begin{cases}J_{x_1}\dfrac{\mathrm{d}\omega_{x_1}}{\mathrm{d}t}+(J_{z_1}-J_{y_1})\omega_{z_1}\omega_{y_1}=M_{x_1}\\[2mm] J_{y_1}\dfrac{\mathrm{d}\omega_{y_1}}{\mathrm{d}t}+(J_{x_1}-J_{z_1})\omega_{x_1}\omega_{z_1}=M_{y_1}\\[2mm] J_{z_1}\dfrac{\mathrm{d}\omega_{y_1}}{\mathrm{d}t}+(J_{y_1}-J_{x_1})\omega_{y_1}\omega_{x_1}=M_{z_1}\end{cases} \tag{4.7}$$

再由 $\dot{\boldsymbol{\vartheta}},\dot{\boldsymbol{\psi}},\dot{\boldsymbol{\gamma}}$ 各自与坐标轴 Ox_1,Oy_1,Oz_1 的关系(见图 4.5),得绕质心转动的运动学方程

$$\begin{aligned}&\frac{\mathrm{d}\vartheta}{\mathrm{d}t}=\omega_{y_1}\sin\gamma+\omega_{z_1}\cos\gamma\\&\frac{\mathrm{d}\psi}{\mathrm{d}t}=\frac{1}{\cos\vartheta}(\omega_{y_1}\cos\gamma-\omega_{z_1}\sin\gamma)\\&\frac{\mathrm{d}\gamma}{\mathrm{d}t}=\omega_{x_1}-\tan\vartheta(\omega_{y_1}\cos\gamma-\omega_{z_1}\sin\gamma)\end{aligned} \tag{4.8}$$

4.2.4 有控弹丸的质量和转动惯量变化方程

有控弹丸由于发动机喷出燃气,其质量变化方程如下:

$$\frac{\mathrm{d}m}{\mathrm{d}t}=\dot{m}=-m_{\mathrm{c}}(t)\quad 或\quad m=m_0-\int_0^t m_{\mathrm{c}}(t) \tag{4.9}$$

式中:$m_{\mathrm{c}}(t)$ 为质量变化率,也即无控火箭弹中的 $|\dot{m}|$,与飞行时发动机工作状态有关;m_0 为弹丸出炮口时的质量。至于转动惯量,J_{x_1},J_{y_1},J_{z_1} 可近似认为在发动机工作阶段是线性变化的。

4.2.5 几何关系式

同无控弹丸方程组一样,以上常用坐标系中有 8 个角度($\vartheta,\psi,\gamma,\psi_v,\theta,\alpha,\beta,\gamma_v$),但只有 5 个是独立的,另外 3 个可用这 5 个独立的角坐标表示。采用从弹道坐标系出发(分别经地面坐标系和经速度坐标系)向弹体坐标系转换的两个最终 3×3 矩阵相等,从中选出三个对应元素相等的等式关系,称为几何关系式。例如,为便于确定 α,β,γ_v 的正负号,取如下三个正弦表达式为几何关系式:

$$\begin{cases}\sin\beta = \cos\theta[\cos\gamma\sin(\psi-\psi_v)+\sin\vartheta\sin\gamma\cos(\psi-\psi_v)]-\sin\theta\cos\vartheta\sin\gamma\\ \sin\alpha = \{\cos\theta[\sin\vartheta\cos\gamma\cos(\psi-\psi_v)-\sin\gamma\sin(\psi-\psi_v)]-\sin\theta\cos\vartheta\cos\gamma\}/\cos\beta\\ \sin\gamma_v = (\cos\alpha\sin\beta\sin\vartheta-\sin\alpha\sin\beta\cos\gamma\cos\vartheta+\cos\beta\sin\gamma\cos\vartheta)/\cos\theta\end{cases} \tag{4.10}$$

在一些特殊情况下,几何关系也可变得很简单。如有控弹丸作无侧滑($\beta=0$),无倾斜($\gamma=0$)飞行时,由式(4.10)第一式解出 $\psi=\psi_v$;由第二式解得 $\theta=\vartheta-\alpha$;当有控弹丸作无侧滑,无攻角($\alpha=0$)飞行时,由上第一、二方程联立解得 $\psi=\psi_v$,再由第三方程解得 $\gamma_v=\gamma$;再如有控弹丸在水平面($\theta=0$)作无倾斜($\gamma=0$)、小攻角($\alpha\approx0$)飞行时,由第一个方程可得 $\psi_v=\psi-\beta$。

方程组(4.3)、(4.4)、(4.7)~(4.10)共有 16 个方程,当舵面锁定时也只有 16 个未知数($V,\psi_v\theta,\vartheta,\psi,\gamma,\gamma_v,\omega_{x_1}\omega_{y_1}\omega_{z_1},\alpha,\beta,x,y,z,m$),故给定了这 16 个量的起始值就可求解弹丸运动规律和弹道。但这只是无控弹道,它与无控弹道方程本质相同仅表现形式略有差别。如在两坐标系变换中,无控弹丸总是先转高低再转方向,而有控弹丸是先转方向再转高低。这是因为无控弹丸发射时,其射向一开始就已由人为调转到目标方向了,关键是赋予射角,而有控弹丸的射击目标常是活动的,故常要求有控弹丸先自行调转方向指向目标。如果上述方程组中的某些力和力矩是可控的,弹丸运动即成为可控的,那又多出一些可变的量,以上方程组就不封闭,这时必须增加控制方程才能使其封闭,如弹丸做有控飞行,其弹道特性不仅与起始条件有关,还主要与控制过程有关。

4.2.6 控制方程

对于有控弹丸,可以通过操纵机构偏转舵面(如升降舵 δ_z,方向舵 δ_y,副翼或差动舵 δ_x)形成操纵力矩(俯仰、偏航、滚转操纵力矩 $M_z^{\delta_z}\delta_z,M_y^{\delta_y}\delta_y,M_x^{\delta_x}\delta_x$ 等),使弹体转动形成必要的攻角 α、倒滑角 β 和速度倾角 γ_v,由此产生必要的升力、侧力和推力法向分量,使质心速度方向改变,使有控弹丸按所希望的弹道飞行。此外还可通过发动机的调节阀 δ_p 调节推力大小改变速度大小。这时弹丸运动方程中又多出 4 个变量 $\delta_x,\delta_y,\delta_z\delta_p$,只有给出了它们随时间和运动状态变化的方程才能使方程组封闭。这种描述控制系统工作过程的方程就称为控制方程,加上控制方程后解出的弹道称为可控弹道。以下是控制方程的一般形式:

$$\begin{cases}\Delta\delta_z = \Delta\delta_z(v,\theta,\cdots,x,y,\omega_x,\omega_y,\cdots)\\ \Delta\delta_y = \Delta\delta_y(v,\theta,\cdots,x,y,\omega_x,\omega_y,\cdots)\\ \Delta\delta_x = \Delta\delta_x(v,\theta,\cdots,x,y,\omega_x,\omega_y,\cdots)\\ \Delta\delta_p = \Delta\delta_p(v,\theta,\cdots,x,y,\omega_x,\omega_y,\cdots)\end{cases} \tag{4.11}$$

操纵机构为使有控弹丸依一定导引方法规定的弹道飞行并保证它有良好的动态特性而偏转，设 $x_i^*(i=1,2,3,4)$ 为某瞬时由导引关系要求的运动参数值，如可以是弹道倾角 θ^*，弹道偏角 ψ_v^*，滚转角 γ^*，速度大小 v^*，而弹丸的实际运动参数是 θ,ψ_v,γ,v，则二者之间就形成误差

$$\varepsilon_1=\theta(t)-\theta^*(t),\varepsilon_2=\psi_v(t)-\psi_v^*(t),\varepsilon_3=\gamma_v(t)-\gamma_v^*(t),\varepsilon_4=v(t)-v^*(t) \tag{4.12}$$

控制系统即根据这种误差的大小转动舵面改变有控弹丸的姿态和质心运动，力图消除这些误差，故在最简单的情况下控制关系方程可写为

$$\delta_z=f_1(\varepsilon_1),\quad \varepsilon_y=f_2(\varepsilon_2),\quad \delta_x=f_3(\varepsilon_3),\quad \delta_p=f_4(\varepsilon_4) \tag{4.13}$$

不同类型的有控弹丸有不同形式的控制关系方程；同一类型的导有控弹丸也可采用不同形式的控制系统，其控制关系方程也不一样。控制方程需测的运动参量不同，则控制系统的元器件组成也不同。如在某制导炸弹中采用 PID(比例-积分-微分)控制方式时，其控制俯仰运动的升降 δ_z 采用了如下的控制关系方程：

$$\Delta\delta_z=K_\vartheta\Delta\vartheta+K_{\int\Delta\vartheta}\int\Delta\vartheta\mathrm{d}t+K_{\Delta\dot\vartheta}\Delta\dot\vartheta+K_{\Delta H}\Delta H+K_{\Delta X\dot H}\Delta\dot H+K_{\int\Delta H}\int\Delta H\mathrm{d}t \tag{4.14}$$

式中：$\Delta\delta_z$ 为所需的舵面偏转角改变量；$\Delta\vartheta=\vartheta-\vartheta^*$ 为实际俯仰角与所需俯仰角之差，右边第一项与误差信号 $\Delta\vartheta$ 成比例；K_ϑ 为比例系数，第二项与误差的积分成比例，比例系数为 $K_{\int\Delta\vartheta}$，第三项与误差变化率 $\Delta\dot\vartheta$ 成比例，比例系数为 $K_{\Delta\dot\vartheta}$，第四、五项分别与高度误差 $\Delta H=H-H^*$ 和高度误差变他率 $\Delta\dot H$ 成比例。这些比例系数可以是常数，也可以随飞行状态、大气环境以及制导系统的结构等变化。这时控制系统中就需要有测量俯仰角 ϑ 的 3 自由度陀螺和测量俯仰角速率 $\dot\vartheta$ 的 2 自由陀螺，测量高度的高度计或 GPS 接收机或惯导装置等。

制导系统的理想工作状态是随时随刻将产生的这种误差消除，即保证

$$\varepsilon_1=0,\quad \varepsilon_2=0,\quad \varepsilon_3=0,\quad \varepsilon_4=0 \tag{4.15}$$

这就是理想控制方程。只有在控制系统理想无延迟地工作，弹丸无转动惯性的条件下才能实现。实际上由于控制系统存在惯性和延迟(尤其是舵机)、弹丸有惯性，则完成控制信号的要求是需要时间的，因此控制系统是不可能瞬时消除误差的，它总是处在不断测量新产生的误差，不断逐步消除这些误差的工作状态中。

在有控弹丸弹道设计的初步阶段，为了避免涉及控制系统的组成和工作，使问题复杂化，一般假设控制系统已实现了理想控制，这样，有控弹丸的运动参量就能随时保持按导引关系或飞行方案要求的规律变化，而导引方程或飞行方案也就成了理想控制方程。

在有了控制力和力矩的同时又增加了控制方程，这就使得弹丸运动方程组又得以封闭，由它可解出有控飞行弹道。对于主要在铅直面或水平面飞行的有控弹丸，还可在以上方程组的基础上简化获得铅直面内的运动方程或水平面内的运动方程。

4.2.7 有控弹丸的运动方程组

由方程组(4.3)，(4.4)，(4.7)~(4.10)，(4.15)即构成了有控弹丸运动方程组，其

中的气动力和力矩表达式见第 2 章。

4.3 可操纵质点的运动方程

4.2 节给出的有控弹丸运动方程是完整而复杂的,求解也很复杂。为了较快地了解有控弹丸的可能弹道和飞行特性,将有控弹丸的运动分解成质心的运动和绕质心的转动,这与无控弹丸外弹道的思路是一样的。在只考虑质心运动时实际上是将弹丸作为一个可操纵质点来考虑的。由于需要忽略控制过程中弹丸绕质心的转动,需要作出如下假设:

(1) 控制系统准确、理想无延迟地工作,随时满足理想操纵关系式 $\varepsilon_i = 0(i = 1,2,3,4)$,即忽略了控制系统机械、电光元器件工作的过渡过程。

(2) 忽略弹体的转动惯性,也就是忽略了操纵机构偏转后弹体转动时的过渡过程,也即假定 $J_{x_1}=J_{y_1}=J_{z_1}=0$。

在这些假设下,绕心运动过渡过程是瞬间完成的,每一瞬间作用在弹上的合力矩为零,处于力矩平衡状态,称为“瞬时平衡”。如果只考虑这些力矩中最重要的成分:俯仰、偏航、滚转操纵力矩和恢复力矩,则可得

$$M_{z_1}^{\alpha}\cdot\alpha + M_{z_1}^{\alpha}\delta_z = 0,\quad M_{y_1}^{\beta}\cdot\alpha + M_{y_1}^{\delta_y}\cdot\delta_y = 0,\quad M_{x_0} + M_{x_1}^{\beta}\cdot\beta + M_{x_1}^{\delta}\delta_x = 0$$

由此可得此时的平衡攻角和平衡侧滑角为

$$\alpha_{\mathrm{B}} = -M_z^{\delta_z}\cdot\delta_z/M_z^{\alpha},\beta_{\mathrm{B}} - M_y^{\delta_y}\cdot\delta_y/M_y^{\beta},\delta_{x\mathrm{B}} = -M_{x_0}/M_{x_1}^{\delta_x} - M_{x_1}^{\beta}\cdot\beta_{\mathrm{B}}/M_{x_1}^{\delta_x}$$

于是,将 4.2 节中有控弹丸运动方程组中关于绕心运动的部分去掉,即得可操纵质点方程组

$$\begin{cases} m\dfrac{\mathrm{d}v}{\mathrm{d}t} = P\cos\alpha\cos\beta - X - mg\sin\theta \\ mv\dfrac{\mathrm{d}\theta}{\mathrm{d}t} = (P\sin\alpha + Y)\cos\gamma_{\mathrm{v}} - (-P\cos\alpha\sin\beta + Z)\sin\gamma_{\mathrm{v}} - mg\cos\theta \\ -mV\cos\theta\dfrac{\mathrm{d}\psi_{\mathrm{v}}}{\mathrm{d}t} = (P\sin\alpha + Y)\sin\gamma_{\mathrm{v}} + (-P\cos\alpha\sin\beta + Z)\cos\gamma_{\mathrm{v}} \\ \dfrac{\mathrm{d}x}{\mathrm{d}t} = v\cos\theta\cos\psi_{\mathrm{v}},\quad \dfrac{\mathrm{d}y}{\mathrm{d}t} = v\sin\theta,\quad \dfrac{\mathrm{d}z}{\mathrm{d}t} = v\cos\theta\sin\psi_{\mathrm{v}} \\ \dfrac{\mathrm{d}m}{\mathrm{d}t} = -m_{\mathrm{c}},\quad \alpha = -m_z^{\delta_z}\cdot\delta_z/m_z^{\alpha},\quad \beta = -m_y^{\delta_y}\cdot\delta_y/m_y^{\beta} \\ \varepsilon_1 = 0,\quad \varepsilon_2 = 0,\quad \varepsilon_3 = 0,\quad \varepsilon_4 = 0 \end{cases} \tag{4.16}$$

此方程组有 13 个未知量和 13 个方程,它描述了质心运动与作用在弹丸上力的关系,弹丸的弹体转动以力矩“瞬时时平衡”关系式代替。如果迎角 α 和侧滑角 β 不大于 20°,还可令 $\sin\alpha\approx\alpha,\cos\alpha\approx1,\sin\beta\approx\beta,\cos\beta\approx1$ 对方程(4.16)进一步简化。

在以上质心运动假设下,并且不考虑外界干扰,由方程(4.16)解出的弹道称为“理想弹道”,它是一种理论弹道。所谓“理论弹道”则是将弹丸视为某一力学模型(可操纵质点、刚体或弹性体),作为控制系统的一个环节(控制对象),将运动方程、控制方程以及其他附加方程(质量变化方程、几何关系式等)综合在一起,通过数值积分求得的弹道,其中所用到的弹丸结构、外形参数、大气参数、气动力、控制系统参数均取规定值,初始条件给

定(图 4.10)。

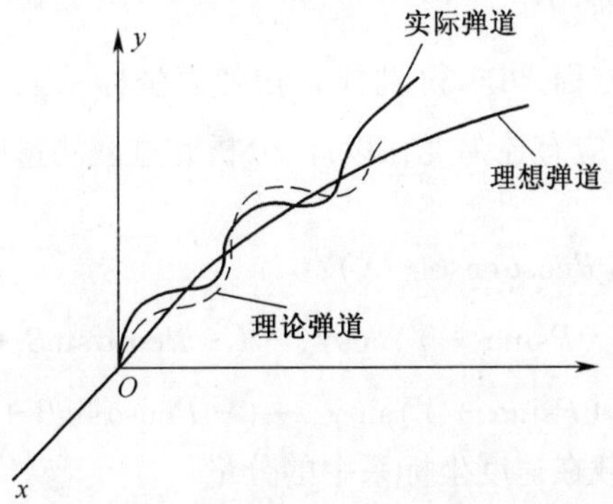

图 4.10　理想弹道、理论弹道、实际弹道

无干扰条件下弹丸的运动称为未扰动运动或基准运动,相应的弹道称为未扰动弹道或基准弹道,在各种干扰(如发射时的起始扰动、阵风、发动机开车或停车、级间分离、制导系统内偶然出现的短促信号、无线电起伏等瞬间性干扰以及推力偏心、外形不对称、舵面零位不准等经常性干扰)下的运动称为扰动运动,相应的弹道称为扰动弹道。理想弹道和理论弹道都可以做基准弹道,而实际弹道肯定是扰动弹道。实际弹道只能用各种测试仪器测得,如果有控弹丸的弹体和控制系统设计得好,则理想弹道和理论弹道与实际弹道是十分接近的。

4.4　过载与机动性

过载的直意是超过本身重量的载荷。对于要经历迅速加速、减速或拐弯运动(如冲击、碰撞、剧烈振动、发射、机动飞行等)的物体具有十分重要的意义。例如电梯静止时,电梯箱底给人的反作用力等于人的重量 $G=mg$,当电梯以加速度 a 启动上升时,在短暂的加速期箱底给人的作用力增加到 $G+ma$(这样,人才能也以加速度 a 开始上升),故人就承受了向上超过人体的载荷 ma。炮射弹丸在发射过程中要承受强大的轴向过载,甚至可达到几万 g(即几万倍重力),而有控弹丸更关心的是控制弹道机动拐弯时的法向过载。过大的过载可能引起承载物体的材料碎裂、机构失灵、结构破坏。但也可巧妙地利用过载作为一种环境力完成一些特殊的工作,例如利用发射过载使引信解脱保险,利用过载形成信号进行飞行控制等。在有控弹丸的结构设计、控制系统设计和飞行特性分析中,过载是十分重要的数据。

4.4.1　过载的定义

定义过载为除重力 $\boldsymbol{G}$ 以外其他力之和 $\boldsymbol{N}$(即可控制力或可操纵力)与重量 $\boldsymbol{G}$ 之比,记为 $\boldsymbol{n}$,即

$$\boldsymbol{n} = \boldsymbol{N}/\boldsymbol{G} \tag{4.17}$$

过载是向量,$\boldsymbol{n}$ 的方向与可控力 $\boldsymbol{N}$ 的方向一致,其大小表明可控制力是重力的几倍。

在导引弹道分析中,为了方便,也用有控弹丸所受全部外力(包括重力)之和与重力之比作为过载,记为 $\boldsymbol{n}' = (\boldsymbol{G} + \boldsymbol{N})/\boldsymbol{G}$。

4.4.2 过载矢量的分解

由有控弹丸质心运动方程,可求得过载 $\boldsymbol{n}$ 在弹道坐标系上的分量 n_{x_2},n_{y_2},n_{z_2} 以及在其他坐标系上的分量,以适应有控弹丸在设计、分析和过载测量中的不同需要。如由方程组(4.3)可得

$$\begin{cases}n_{x_2}=N_{x_2}/G=(P\cos\alpha\cos\beta-X)/G\\n_{y_2}=N_{y_2}/G=[(P\sin\alpha+Y)\cos\gamma_{\mathrm{v}}-(-P\cos\alpha\sin\beta+Z)\sin\gamma_{\mathrm{v}}]/G\\n_{z_2}=N_{z_2}/G=[(P\sin\alpha+Y)\sin\gamma_{\mathrm{v}}-(-P\cos\alpha\sin\beta+Z)\cos\gamma_{\mathrm{v}}]/G\end{cases}\tag{4.18}$$

令上式中 $\gamma_{\mathrm{v}}=0$,即得到过载在速度坐标系中的分量

$$n_{x_3}=(P\cos\alpha\cos\beta-X)/G,n_{y_3}=(P\sin\alpha+Y)/G,n_{z_3}=(-P\cos\alpha\sin\beta+Z)/G\tag{4.19}$$

将式(4.19)代入式(4.18)各式中,可得在弹道坐标系和速度坐标系上过载分量间的关系

$$n_{x_2}=n_{x_3},n_{y_2}=n_{y_3}\cos\gamma_{\mathrm{v}}-n_{z_3}\sin\gamma_{\mathrm{v}},n_{z_2}=n_{y_3}\sin\gamma_{\mathrm{v}}+n_{z_3}\cos\gamma_{\mathrm{v}}\tag{4.20}$$

$$n_{x_3}=n_{x_2},n_{y_3}=n_{y_2}\cos\gamma_{\mathrm{v}}+n_{z_3}\sin\gamma_{\mathrm{v}},n_{z_3}=-n_{y_2}\sin\gamma_{\mathrm{v}}+n_{z_2}\cos\gamma_{\mathrm{v}}\tag{4.21}$$

过载在速度方向上的投影 n_{x_2},n_{x_3} 称为切向过载,在垂直于速度方向上的投影 n_{y_2},n_{z_2} 和 n_{y_3},n_{z_3} 称为法向过载。此外,过载沿弹体纵轴的投影 n_{x_1} 称为轴向过载,在垂直于弹体纵轴方向上的投影分量 n_{y_1},n_{z_1} 称为横向过载。利用坐标转换关系表4.4(以矩阵 $\boldsymbol{A}(\alpha,\beta)$ 表示),得

$$\begin{bmatrix}n_{x_1}\\n_{y_1}\\n_{z_1}\end{bmatrix}=\boldsymbol{A}(\alpha,\beta)\begin{bmatrix}n_{x_3}\\n_{y_3}\\n_{z_3}\end{bmatrix}=\begin{bmatrix}n_{x_3}\cos\alpha\cos\beta+n_{y_3}\sin\alpha-n_{z_3}\cos\alpha\sin\beta\\-n_{x_3}\sin\alpha\cos\beta+n_{y_3}\cos\alpha+n_{z_3}\sin\alpha\sin\beta\\n_{x_3}\sin\beta+n_{z_3}\cos\beta\end{bmatrix}\tag{4.22}$$

4.4.3 过载与运动,过载与机动性的关系

物体的运动与其受力密切相关,因此也必与过载密切相关。由有控弹丸的质心运动方程组可得到质心运动加速度以过载表示的形式以及过载以运动加速度表示的形式:

$$\begin{cases}\dfrac{1}{g}\dfrac{\mathrm{d}v}{\mathrm{d}t}=n_{x_2}-\sin\theta\\\dfrac{v}{g}\dfrac{\mathrm{d}\theta}{\mathrm{d}t}=n_{y_2}-\cos\theta\\-\dfrac{v}{g}\cos\theta\dfrac{\mathrm{d}\psi_{\mathrm{v}}}{\mathrm{d}t}=n_{z_2}\\n_{x_2}=\dfrac{1}{g}\dfrac{\mathrm{d}v}{\mathrm{d}t}-\sin\theta\\n_{y_2}=\dfrac{v}{g}\dfrac{\mathrm{d}\theta}{\mathrm{d}t}+\cos\theta\\n_{z_2}=-\dfrac{v}{g}\cos\theta\dfrac{\mathrm{d}\psi_{\mathrm{v}}}{\mathrm{d}t}\end{cases}\tag{4.23}$$

由式(4.23)前三式可见，当 $n_{x_2}>\sin\theta$ 时有控弹丸加速飞行，$n_{x_2}<\sin\theta$ 时减速飞行。当 $n_{y_2}>\cos\theta$ 时 $\dot{\theta}>0$，在该瞬时弹道在铅直面上的投影向上弯，$n_{y_2}<\sin\theta$ 时 $\dot{\theta}<0$ 弹道投影向下弯，$n_{y_2}=0$ 时，在该处曲率为零，见图 4.11。

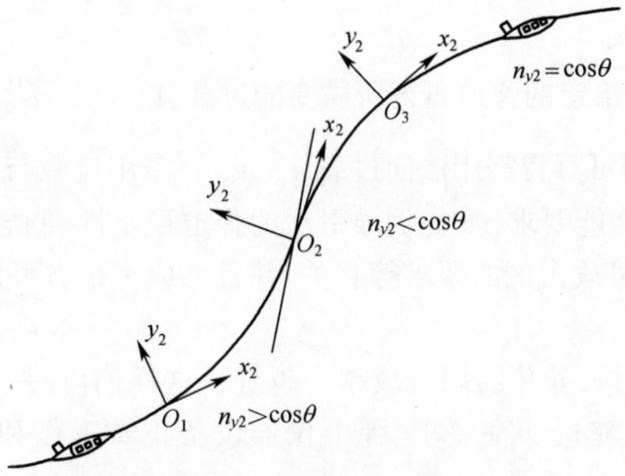

图 4.11　铅垂面内弹道形状与 n_{y_2} 的关系

当 $n_{z_2}>0$ 时，$\dot{\psi}_v<0$，在该瞬时弹道在水平面上的投影向右弯，$n_{z_2}<0$ 时，$\dot{\psi}_v>0$，弹道投影像左弯，如图 4.12 所示。

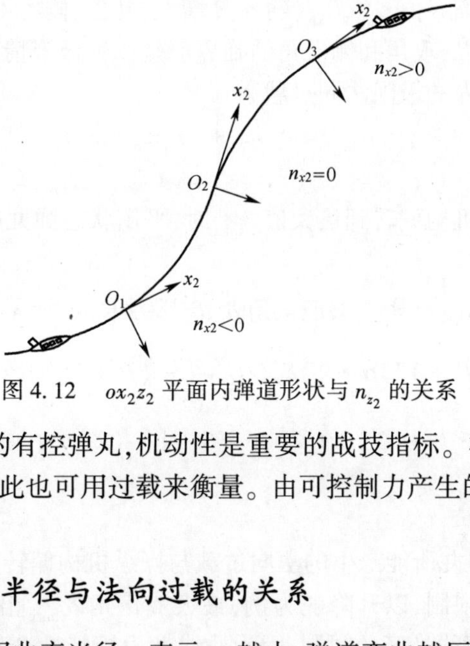

图 4.12　ox_2z_2 平面内弹道形状与 n_{z_2} 的关系

对于攻击活动目标的有控弹丸，机动性是重要的战技指标。机动性可用切向加速度和法向加速度来衡量，因此也可用过载来衡量。由可控制力产生的过载分量越大，机动能力越强。

4.4.4　弹道曲率半径与法向过载的关系

弹道的弯曲程度可用曲率半径 ρ 表示，ρ 越小，弹道弯曲越厉害。曲率半径是曲率 K 的倒数。若有控弹丸在铅直面内运动，利用方程组(4.23)的第五个等式，曲率半径为

$$\rho_{y_2}=\frac{1}{K}=\frac{1}{\mathrm{d}\theta/\mathrm{d}s}=\frac{\mathrm{d}s}{\mathrm{d}\theta}=\frac{\mathrm{d}s/\mathrm{d}t}{\mathrm{d}\theta/\mathrm{d}t}=\frac{v^2}{g(n_{y_2}-\cos\theta)} \tag{4.24}$$

如果有控弹丸在 Ox_2z_2 平面内飞行，则弹道的曲率半径为

$$\rho_{z_2}=-\mathrm{d}s/\mathrm{d}\psi_v=-v\left(\frac{\mathrm{d}\psi_v}{\mathrm{d}t}\right)=v^2\cos\theta/(gn_{z_2}) \tag{4.25}$$

由式(4.24)和式(4.25)可见法向过载 n_{y_2},n_{z_2}越大,曲率半径越小,弹道越弯曲,有控弹丸转弯速率越大;飞行速度 v 越大,曲率半径就越大,表明速度越大越难转弯。

4.4.5 需用过载、极限过载和可用过载

1. 需用过载

需用过载是弹丸沿给定的弹道飞行所需要的过载,以 n_r 表示。给定弹道上的拐弯速率 $\dot{\theta}$,$\dot{\psi}_v$,由式(4.23)即可算得需用法向过载 n_{y_2},n_{z_2}。需用过载与目标机动性大小,导引方法的选取,主要飞行性能要求(如比例导引法的弹道稳定性、制导炸弹的大弹道倾角转弯俯冲等)、作战空域、可攻击区的要求等有关,并且还应考虑各种随机干扰的影响,留一些过载裕量。

从设计和制造角度讲,希望需用过载越小越好。这样,有控弹丸所承受的载荷小,这对弹体结构、强度要求、舵机功率要求、弹上仪器设备正常工作和减少制导误差都是有利的。

2. 极限过载

极限过载是指攻角或侧滑角达到临界值 α_{kp},β_{kp}时所对应的过载,以 n_{kp}表示。当 α、β 较小时,弹丸平衡飞行时的升力、侧力、俯仰力矩、偏航力矩与 α、β 成线性关系;但当攻角或侧滑角超过了某一临界值 α_{kp},β_{kp},随 α、β 增大,升力、侧力不仅不增大,反而是减小,弹丸将会飞行失速。所以,攻角和侧滑角的临界值是一种极限情况,对应的法向过载称为极限过载,例如,铅直面内的极限法同过载为

$$n_{ykp} = n_y^{\alpha}\alpha_{kp} + (n_y)_{\alpha=0} \tag{4.26}$$

3. 可用过载

可用过载是指操纵机构偏转到最大值 δ_{max}时,平衡状态弹丸所能产生的法向过载,以 n_k 表示。

由力矩平衡时攻角 α,侧滑角 β,舵偏角 δ_z,δ_y 及法向可操纵力 N_{y_2},N_{z_2}间的关系,得

$$\begin{cases} n_{y_2} = N_{y_2}/G = [(P + Y^{\alpha})\alpha + Y^{\delta_z}\delta_z]/G = [-(P + Y^{\alpha})M_z^{\delta_z}/M_z^{\alpha} + Y^{\delta_z}]^{\delta_z}/G \\ n_{z_2} = N_{z_2}/G = [(-P + Z^{\beta})\beta + Z^{\delta_y}\delta_y]/G = [-(Z^{\beta} - P)M_y^{\delta_y}/M_y^{\beta} + Z^{\delta_y}]^{\delta_y}/G \end{cases} \tag{4.27}$$

由上式可见,有控弹丸所能产生的法向过载与操纵机构偏转角 δ_z,δ_y 成正比,而 δ_z,δ_y 的大小受到一些因素的限制,以升降舵为例,最大舵偏角 δ_{zmax} 相应的平衡攻角 α_{max} 要受临界攻角 α_{kp}和俯仰力矩线性区的限制,因为非线性力矩特性会使控制系统难于设计,飞行性能变坏。此外,还要避免由舵面最大偏转 δ_{zmax}决定的法向过载过大,使弹体结构遭受破坏等。

有控弹丸的可用过载 n_k 必须大于需用过载 n_r,才能保证按所需弹道飞行。有控弹丸最多只能以可用过载飞行,如果还不能按要求机动转弯,就会造成脱靶,如图 4.13 所示。故它们应满足如下关系:

$$n_{kp} > n_k > n_r \tag{4.28}$$

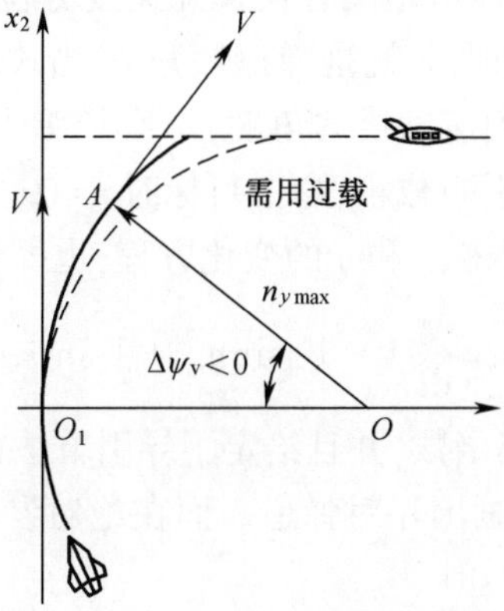

图 4.13　可用过载小于需用过载造成脱靶

4.5　导引弹道的运动学分析

对于遥控和自动导引有控弹丸,制导系统按照事先选好的有控弹丸与目标的相对运动关系形成控制信号,改变有控弹丸运动轨迹,把有控弹丸导向目标,这种关系就叫做导引关系或导引方法。导引方法的选择直接影响到需用过载的大小、控制系统的软硬件设计、导引误差的大小、结构强度设计、攻击区的限制和发射时机的选择等。

本章将有控弹丸和目标当作质点,假定它们的飞行速度已知,采用运动学方法分析各种经典导引方法的弹道特性,从而得出各种导引方法的优缺点和实用性,最后简单介绍导引方法的发展情况。

4.5.1　相对运动方程

自动导引相对运动关系如图 4.14 所示。

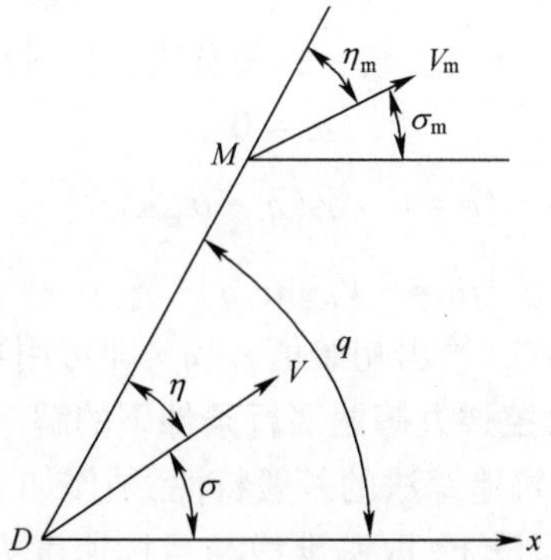

图 4.14　自动导引相对运动关系

目标 M 与有控弹丸 D 间的连线称为目标线、瞄准线或目标瞄准线。Dx 称为基准线,目标线与基准线间的夹角 q 称为目标线方位角,从基准线逆时针转向目标线为正。目标速度 V_m 方向与目标线之夹角 η_m 称为目标前置角,从目标速度逆时针转向目标线为正。类似地,可定义有控弹丸前置角 η。V_m 与基准线的夹角 σ_m,称为目标速度方位角,从基

准线逆时针转到 V_m 为正,类似地可定义有控弹丸速度方位角 σ。由图可见 $q=\sigma_m+\eta_m=\sigma+\eta=\sigma$。当攻击平面为铅直面时 σ 就是弹道倾角 θ,当攻击面为水平面时,σ 就是弹道偏角 ψ_v(即从基准线逆时针转到速度线的角度)。有控弹丸与目标间的相对距离记为 r,有控弹丸向目标接近过程中 r 不断减小,命中目标时 $r=0$。同时,在此过程中目标线方位角 q 也不断变化。由图 4.14 可得,r 和 q 的变化方程,也即相对运动方程组

$$\frac{dr}{dt}=V_m\cos\eta_m-V\cos\eta,\ r\frac{dq}{dt}=-V_m\sin\eta_m+V\sin\eta,\ q=\sigma_m+\eta_m=\sigma+\eta \tag{4.29}$$

如果 V,V_m,σ_m 为已知时间函数,并且给定了导引方法(如追踪法 $\eta=0$),可解得以目标为原点的极坐标 r,q,由此可画出相对弹道。而在绝对参考系中,有控弹丸的坐标则可按下式计算:

$$x=x_m-r\cos q,\quad y=y_m-r\sin q \tag{4.30}$$

图 4.15(a)和(b)分别为追踪法的相对弹道和绝对弹道。

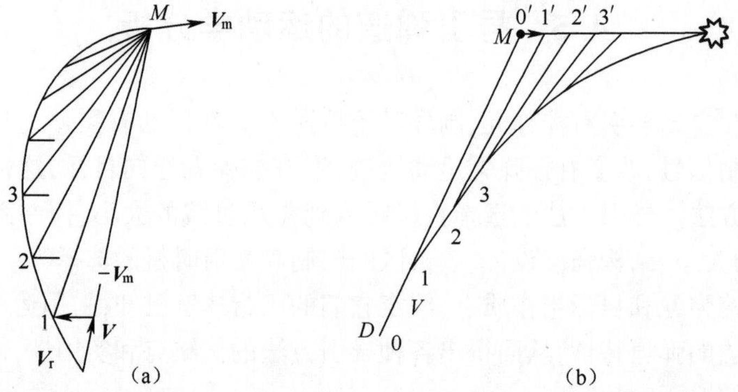

图 4.15　自动导引(以追踪法为例)中的相对弹道(a)和绝对弹道(b)

4.5.2　追踪法

追踪法是有控弹丸在攻击目标的过程中,其速度向量 $\boldsymbol{V}$ 始终指向目标,即速度向量与目标线始终重合的一种导引方法。其导引关系式和相对运动方程分别为

$$\eta=0 \tag{4.31}$$

$$\begin{cases}\dot r=V_m\cos(q-\sigma_m)-V\\ r\dot q=-V_m\sin(q-\sigma_m)\end{cases} \tag{4.32}$$

则方程(4.32)有 2 个未知数 r、q,给出初始值 r_0,q_0,即可用数值积分法进行求解。

1. 目标等速直线飞行,有控弹丸等速飞行条件下的解

为了得到解析解,以便了解追踪法的一般特性,须作如下假设:目标作等速直线运动,有控弹丸作等速运动。在此假设下,取基准线与目标速度方向平行,则有 $\sigma_m=0,q=\eta_m$,再将方程组(4.32)的第一、第二两方程相除,得

$$\frac{dr}{r}=\frac{V_m\cos q-V}{-V_m\sin q}dq=\frac{-\cos q+p}{\sin q}dq,\quad p=\frac{V}{V_m} \tag{4.33}$$

式中:$p=V/V_m$ 称为速度比,当 V,V_m 为常数时 p 也为常数。从有控弹丸开始追踪目标的起始位置 r_0,q_0 开始积分上述方程,利用半角公式 $\sin q=2\tan(q/2)\cdot\cos^2(q/2)$ 积分后得

$$r = C\frac{\tan^{p}(q/2)}{\sin q} = C\frac{(\sin q)^{p-1}}{(1+\cos q)^{p}}, C = r_0\frac{\sin q_0}{\tan^{p}(q_0/2)} = r_0\frac{(1+\cos q_0)^{p}}{(\sin q_0)^{p-1}} \quad (4.34)$$

式中：C 为积分常数，取决于速度比 p 和初始条件（r_0, q_0）。

由式(4.34)知，$p < 1$ 时，$q \to 0, r \to \infty$；$p = 1$ 时，$q \to 0, r \to C/2$；$p>1$ 时，$q \to 0, r \to 0$。

有控弹丸命中目标时 $r \to 0$，这只有在 $p>1$，并且 $q \to 0$ 时才有可能。所以有控弹丸命中目标的必要条件是：有控弹丸的速度 V 必须大于目标的速度 V_m，并且不管发射方向如何，有控弹丸总要绕到目标的尾部（$q \to 0$）去命中目标。图 4.16 为追踪法的相对弹道曲线族。

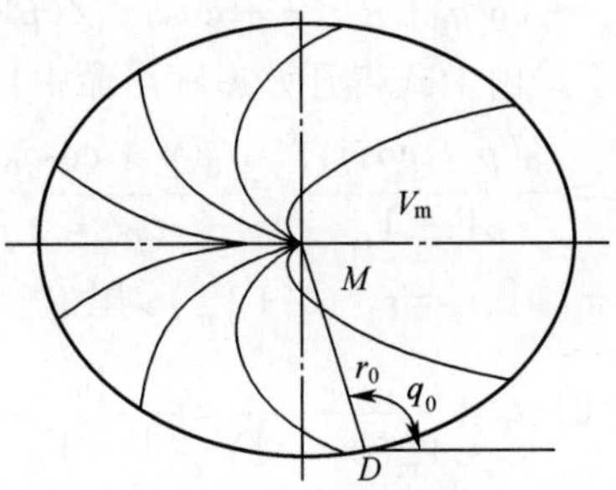

图 4.16　追踪曲线族

2. 直线弹道

直线弹道是法向加速度为零，因而需用过载最小（等于零）的弹道，此时 $\dot{q} \equiv 0$，由式(4.32)的第二个方程知，这只有 $q=0$ 和 $q=\pi$ 才有可能。$q=0$ 为有控弹丸尾追目标的情况，$q=\pi$ 为迎击的情况。但迎击直线弹道是不稳定的，只有尾追直线弹道是稳定的。例如，设在直线弹道飞行中受到干扰，q 产生了一个增量 Δq，对于迎击弹道和尾追弹道分别有

$$\begin{cases} \dot{q}_{迎} = \dfrac{-V_m}{r}\sin(\pi + \Delta q) = \dfrac{V_m}{V}\sin\Delta q \\ \dot{q}_{尾} = -\dfrac{V_m}{r}\sin(0 + \Delta q) = -\dfrac{V_m}{r}\sin\Delta q \end{cases} \quad (4.35)$$

显然，$\dot{q}_{迎}$ 与 Δq 同号，这样 $\Delta q>0$ 时，$\dot{q}_{迎}>0$；$\Delta q<0$ 时，$\dot{q}_{迎}<0$，q 还要继续减小，因而不可能保持直线弹道，见图 4.17(b)。但对于 $\dot{q}_{尾}$，则与 Δq 反号，$\Delta q>0$ 时 $\dot{q}_{尾}<0$，q 将向 $q=0$ 减小。回到直线弹道；$\Delta q<0$ 时，$\dot{q}_{尾}>0$，q 向直线弹道增大，也回到直线弹道，因此尾追直线弹道是稳定的，见图 4.17(a)。

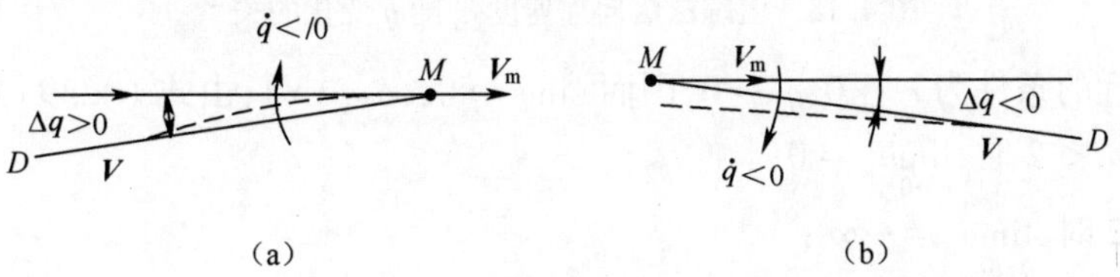

图 4.17　追踪法迎击和尾追目标时的直线弹道的稳定性

3. 命中目标所需飞行时间

将方程组(4.32)的第一个方程乘以 $\cos q$,减去第二个方程乘以 $\sin q$,得

$$\dot{r}\cos q - r\dot{q}\sin q = V_{\mathrm{m}} - V\cos q \tag{4.36}$$

再由方程(6.4)第一式求得 $\cos q = (\dot{r}+V)/V_{\mathrm{m}}$,将其代入方程(6.8)右边,得

$$(p + \cos q)\dot{r} - r\dot{q}\sin q = V_{\mathrm{m}} - pV$$

上式左边可写成全微分形式

$$\mathrm{d}[r(p + \cos q)] = (V_{\mathrm{m}} - pV)\mathrm{d}t$$

积分后得

$$t = [r_0(p + \cos q_0) - r(p + \cos q)]/(pV - V_{\mathrm{m}}) \tag{4.37}$$

命中目标时 $r\to 0, q\to 0$,于是由上式得开始追踪至命中目标所需飞行时间为

$$t_{\mathrm{k}} = \frac{r_0(p + \cos q_0)}{pV - V_{\mathrm{m}}} = \frac{r_0(p + \cos q_0)}{V_{\mathrm{m}}(p^2 - 1)} \tag{4.38}$$

由上式可知:迎击 $(q_0 = \pi)$ 时,$t_{\mathrm{k}} = r_0/(V + V_{\mathrm{m}})$;尾追 $(q_0 = 0)$ 时,$t_{\mathrm{k}} = r_0/(V - V_{\mathrm{m}})$;侧面攻击 $(q_0 = \pi/2$ 或 $3\pi/2)$ 时,$t_{\mathrm{k}} = \dfrac{r_0 p}{V_{\mathrm{m}}(p^2 - 1)} = \dfrac{r_0}{(V - V_{\mathrm{m}})}\left(\dfrac{p}{p+1}\right) = \dfrac{r_0}{(V + V_{\mathrm{m}})}\left(\dfrac{p}{p-1}\right)$

由此可见,在 r_0,V 和 V_{m} 相同的条件下,q_0 从 0 至 π 的范围内随 q_0 的增加,命中目标所需飞行时间缩短,迎击时最短,尾追最长。

4. 需用过载

弹道上各点的需用过载主要取决于弹道各点的法向加速度 $a_n = V\dot{\sigma}$。当 $\sigma_{\mathrm{m}} = 0$ 时,$\eta_{\mathrm{m}} = \sigma = q$ 和 $\dot{\sigma} = \dot{q}$。将式(6.4)代入 $a_n = V\dot{\sigma}$ 中,得

$$a_n = \frac{-VV_{\mathrm{m}}}{r}\sin q = -\frac{VV_{\mathrm{m}}}{C}\frac{(1 + \cos q)^p}{(\sin q)^{p-2}} \tag{4.39}$$

给定初始条件(r_0, q_0),利用式(4.39)就可求出在不同速度比时的法向加速度随 q 变化的关系,如图 4.18 所示。

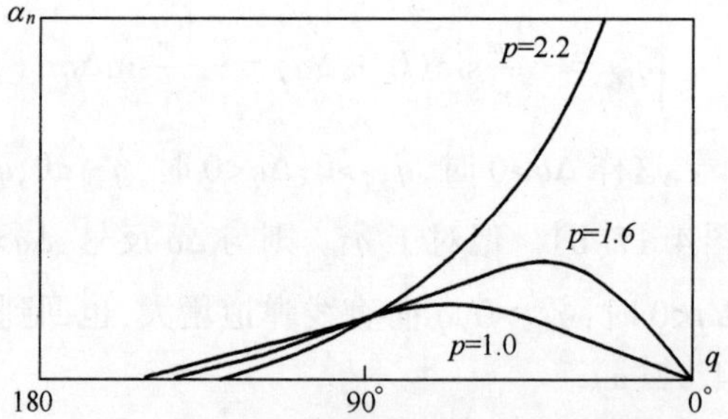

图 4.18 追踪法法向加速度 a_n 随 q 变化的关系

命中目标的条件为 $r \to 0, q \to 0$,因而 $\sin q \to 0, \cos q \to 1$,由式(4.39)知

当 $1 < p < 2$ 时,$\lim\limits_{q\to 0} a_n = 0$;

当 $p > 2$ 时,$\lim\limits_{q\to 0} a_n = -\infty$;

当 $p = 2$ 时,$\lim\limits_{q\to 0} a_n = -4VV_{\mathrm{m}}/C$。

可见,$p > 2$ 时,有控弹丸在接近目标的过程中需用过载无限增大,然而有控弹丸所

能提供的可用过载和所能承受的法向过载是有限的,故 $p > 2$ 情况下有控弹丸要么损坏,要么脱靶,不可能命中目标。在 $1 < p < 2$ 的情况下,因为 $a_n \to 0$ 时,$q \to 0$,表明无论初始发射方向如何,有控弹丸总要绕到目标的正后方去攻击,在接近目标时,逐渐与目标直线飞行轨迹相切,在命中点弹道曲率为零。

因此,追踪法导引的速度比受到严格限制,其范围为 $1 < p < 2$,即 $V_m < V \leqslant 2V_m$。

5. 等法向加速度圆和攻击禁区

在不同初始条件下,在相对弹道上法向加速度等于某一定值的点的连线称为等法向加速度曲线。按此定义,给定某一常值 a_n,由式(4.39)考虑到 r 值只取正值,得等法线加速度方程如下:

$$r = VV_m |\sin q| / a_n \tag{4.40}$$

这是极坐标系中圆的方程,圆半径为 $VVm/|2a_n|$,圆心在($VV_m/|2a_n|$, $\pm\pi/2$)处,给定不同的 $a_{n1}, a_{n2}, a_{a3}, \cdots$,就可得到一族半径不等的圆,$|a_n|$ 越大,圆半径越小,这族圆都通过目标,与目标速度向量相切,如图 4.19 所示。

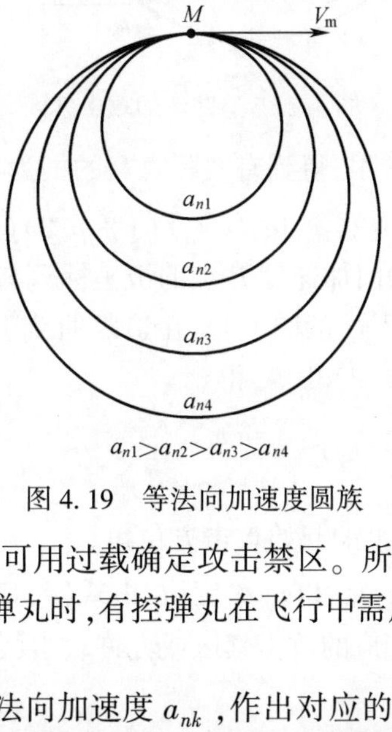

图 4.19 等法向加速度圆族

利用等法向加速度圆可由可用过载确定攻击禁区。所谓攻击禁区,是攻击平面内的某一区域,在该区域发射有控弹丸时,有控弹丸在飞行中需用过载将超过可用过载而不能命中目标。

由可用过载 n_{yk} 所对应的法向加速度 a_{nk},作出对应的等法向加速度圆,对于初始发射距离 r_0,设有三个发射位置 D_{01}, D_{02}, D_{03},分别对应三条追踪曲线Ⅰ,Ⅱ,Ⅲ。由图 4.20 可见,曲线Ⅰ不与 a_{nk} 决定的圆相交,因而其上任一点的法向加速度 $a_n < a_{nk}$;曲线Ⅱ与 a_{nk} 决定的圆在 E 点相切,曲线上任一点的法向加速度 $a_n \leqslant a_{nk}$,法向加速度先是不断增加,在 E 点达极大值 $a_n = a_{nk}$,然后有逐渐减小,命中目标时 a_n 趋向零。曲线Ⅲ穿过该圆,因而曲线上有一段的法向加速度 $a_n > a_{nk}$,在这个圆内需用过载超过可用过载,有控弹丸不能命中目标。因而,从 D_{02} 发出的弹道曲线Ⅱ将攻击平面分成两部分,见图 4.20。起始方位角 q_0 大于 q_{02} 的区域(图中画阴影线部分)就是由可用过载决定的攻击禁区。$q_0 < q_{02}$ 的区域为允许攻击区。

在每条追踪曲线上都有一个最大法向加速度点,或最大曲率点或最大需用过载点 E,可用求极值方法求得 E 点的极坐标。将式(4.39)对 q 求导并令导数等于零,得方程

$$\cos^2 q - (p/2 - 1)\cos q - p/2 = 0 \tag{4.41}$$

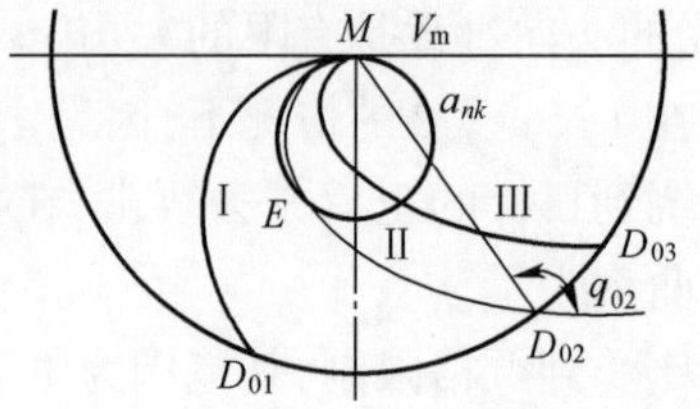

图 4.20　确定由可用过载决定的极限起始位置

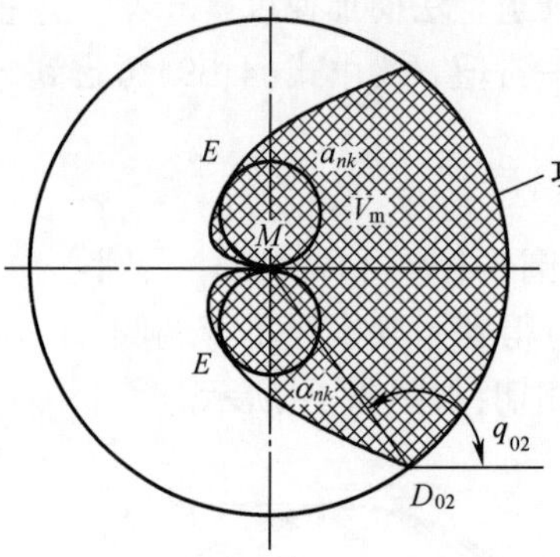

图 4.21　追踪法的攻击禁区

求关于 $\cos q$ 的二次方程的根，得到有实际意义的根为

$$\cos q^* = p/2, \quad \sin q^* = \sqrt{(1-p/2)(1+p/2)} \tag{4.42}$$

这表明追踪曲线上最大法向加速度 E 点的极坐标只与速度比 p 有关。

因 E 点既在等法向加速度 a_n 的圆上，又在追踪曲线上，它们的 q^* 和对应的 r^* 是相同的，于是由式(4.40)与式(4.34)相等，得

$$r^* = \frac{VV_m}{a_n}|\sin q^*| = C\frac{(\sin q^*)^{p-1}}{(1+\cos q^*)^p}, C = r_0\frac{(1+\cos q_0{}^*)p}{(\sin q_0{}^*)^{p-1}} \tag{4.43}$$

q_0^* 是在起始攻击距离 r_0 上的起始攻击方位角。

由式(4.43)可见，当 V, V_m, a_n 和 r_0 给定后，由式(4.42)算出 $\sin q^*$ 代入式(4.43)，求出 C 后再解出 q_0^*，就可决定相应的攻击禁区或允许攻击区。

6. 追踪法的优缺点

追踪法在技术实现上比较简单，如只要在导引头或弹上装一个“风标”装置，并将目标位标器安装在风标上，使其轴线与风标指向一致。因风标的指向始终沿有控弹丸速度矢量方向，只要目标的影像（各种波段的目标光点、光斑）偏离了位标器轴线，即表示有控弹丸的速度没有指向目标，制导系统即会根据影像偏离轴线的距离和方位形成控制指令，操纵有控弹丸飞行，以消除偏差，实现追踪法导引。追踪法的缺点是因为有控弹丸的绝对速度指向目标，使相对速度（$V_r = V - V_m$）总是落后于目标线，如图 4.22 所示。因而不管从哪个方向发射，有控弹丸总是要绕到目标后方去，使弹道十分弯曲，需用法向过载很大（特别是在命中点附近），要求有控弹丸有很高的可用过载。由于受到可用法向过载的限制，使有控弹丸不能实现全向攻击，并且其速度比也受到严格限制，必须 $1<p\leqslant 2$。因此，追踪法只适合攻击那些静止的或机动性不高的目标。目前有部分空地导弹和制导炸弹采用了此法。

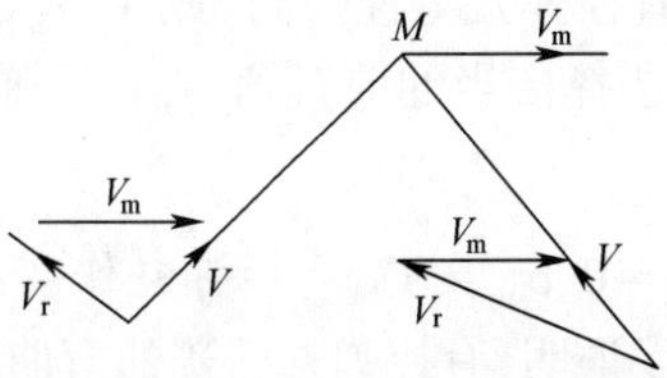

图 4.22　追踪法相对速度 V_r 落后于目标线

7. 广义追踪法

为了克服追踪法相对速度 V_r 落后于目标线的缺点，可让有控弹丸速度超前目标瞄准线一个角度 η，即赋予一个前置角 η，如图 4.23 所示，当 η 为常数时即称为广义追踪法，它比纯追踪法（$\eta=0$）的弹道性能要好得多。

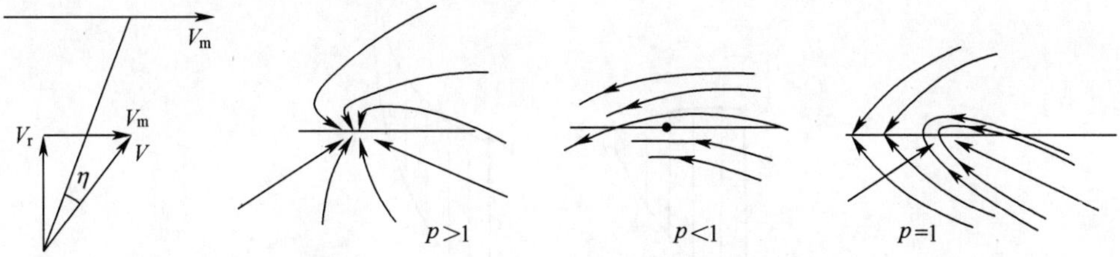

图 4.23　$0<b<1$ 时的广义追踪法（$b=v\sin\eta/v_m$）

4.5.3　平行接近法

平行接近法是：有控弹丸在攻击目标的过程中，目标线保持在空中平行移动，其导引关系满足

$$\dot{q}=0 \quad 或 \quad q=q_0=常数$$

相对运动方程（4.29）代入 $\dot{q}=0$，得

$$V\sin\eta=V_m\sin\eta_m, \eta=\arcsin(V_m\sin\eta_m/V) \tag{4.44}$$

上式表明，不管目标作何种机动，有控弹丸速度向量 $\boldsymbol{V}$ 和目标速度向量 $\boldsymbol{V}_m$ 在垂直目标线方向上的分量相等，因而有控弹丸的相对速度 $\boldsymbol{V}_r$ 正好在目标线上始终指向目标，使有控弹丸对目标的相对弹道始终沿目标线的直线弹道，如图 4.24 所示。

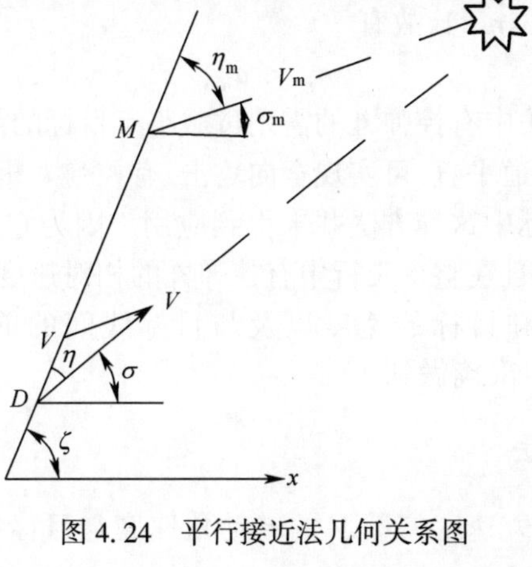

图 4.24　平行接近法几何关系图

如果目标等速直线运动，有控弹丸等速飞行，则 V, V_m, η_m 都是常数，η 也是常数，这时就与广义追踪法一样，只要选择恰当的前置角 η，有控弹丸便可沿直线攻击目标，绝对弹道也为直线。

如果目标作机动飞行（$\dot{V}_m \neq 0, \dot{\sigma}_m \neq 0$），有控弹丸作变速飞行（$\dot{V} \neq 0$），则有控弹丸和目标的轨迹都是弯曲的，但可以证明，有控弹丸轨迹的弯曲程度比目标轨迹的弯曲程度小（见图 4.25），也即有控弹丸的需用法向过载比目标的小，这对结构强度设计和控制系统设计都是有利的。为了证明这一点，下面计算沿弹道的法向加速度。将式（4.44）第一式对时间求导，得

$$\dot{V}\sin\eta + V\cos\eta \cdot \dot{\eta} = \dot{V}_m \sin\eta_m + V_m \cos\eta_m \dot{\eta}_m \tag{4.45}$$

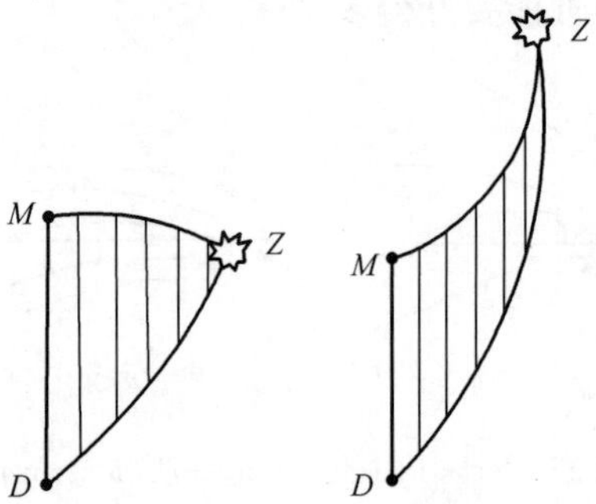

图 4.25　目标机动飞行时目标和有控弹丸的绝对弹道

由 $\dot{q} = \dot{\eta}_m + \dot{\sigma}_m = \dot{\eta} + \dot{\sigma} = 0$ 得 $\dot{\eta} = -\dot{\sigma}, \dot{\eta}_m = -\dot{\sigma}_m$。又因有控弹丸和目标的法向加速度分别为 $a_n = \dot{V}\sigma, a_{nm} = V_m \dot{\sigma}_m$，于是得

$$a_n = a_{nm}\frac{\cos\eta_m}{\cos\eta} - \dot{V}_m \frac{\sin\eta_m}{\cos\eta} + \dot{V}\frac{\sin\eta}{\cos\eta} \tag{4.46}$$

此式表明，法向加速度与 r 无关。目标和有控弹丸的机动（$\dot{V} \neq 0, \dot{V}_m \neq 0, \dot{\sigma}_m \neq 0$）直接影响法向过载。如果目标和有控弹丸都作机动飞行，并且速度比 p 为常数，则由式（4.44）求导可得

$$a_n = a_{nm}\cos\eta_m / \cos\eta \tag{4.47}$$

又根据方程（4.44）知，当 $V > V_m$ 或即 $p > 1$ 时，必有 $\sin\eta < \sin\eta_m$，或 $\eta < \eta_m$，因而式（4.47）的因子 $\cos\eta_m / \cos\eta < 1$，故有

$$a_n < a_{nm} \tag{4.48}$$

由此可见，平行接近法中有控弹丸的需用过载小于目标的需用过载。

尽管平行接近法有弹道平直、可实现全向攻击、有控弹丸机动的需用过载小于目标机动需用过载等优点，但实际中这种方法并未得到应用。因为它对制导系统提出了很高的要求，即不仅在初瞬时，而且在整个飞行中有控弹丸的相对速度 V_r 要对准目标，这就要求随时准确测得有控弹丸和目标的速度以及与目标线间的前置角，保证满足 $V\sin\eta = V_m\cos\eta_m$ 关系，这往往难以准确做到。

4.5.4　比例导引法

比例导引法是有控弹丸速度矢量 $\boldsymbol{V}$ 的转动角速度与目标线的转动角速度成正比的

一种导引方法,其导引关系式为

$$\dot{\sigma} = K\dot{q} \quad 或 \quad \varepsilon_1 = \mathrm{d}\sigma/\mathrm{d}t - K\mathrm{d}q/\mathrm{d}t = 0 \tag{4.49}$$

式中:K 为比例系数。因为 $q = \sigma + \eta$,故 $\dot{q} = \dot{\sigma} + \dot{\eta}$,因此有

$$\dot{\eta} = (1 - K)\dot{q} \tag{4.50}$$

当已知 V、V_m 和 σ_m 的变化规律和初始条件 r_0, q_0, σ_0(或 η_0),而相对运动方程仍为式(4.29),就可用数值积分法或图解法解算这组方程,但其解析解只在 $K=2$ 的特殊条件下才能得到(证明略)。

如果 $K=1$,则由式(4.50)得 $\dot{\eta}=0$ 或 $\eta=\eta_0$,这就是常值前置角导引法(或广义追踪法),$\eta=\eta_0=0$ 即是纯追踪法。

如果 $K=\infty$,则 $\dot{q}=0$,这就是平行接近法,故只有 $1<K<\infty$ 才是真正意义上的比例导引法,其弹道曲线和弹道性质也介于追踪法和平行接近法之间,如图 4.26 所示。

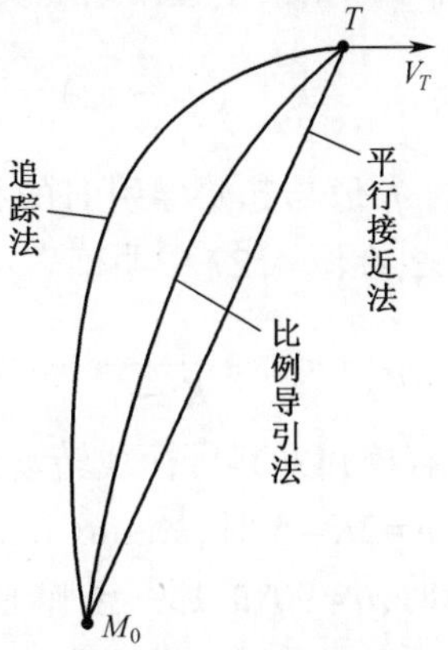

图 4.26　追踪法、比例导引法和平行接近法相对弹道比较

1. 直线弹道

实现直线弹道的条件为 $\dot{\sigma}=0$,因而 $\dot{q}=0$,$\dot{\eta}=0$,故 $\eta=\eta_0=$常数,并且由 $\dot{q}=0$ 得方程

$$V\sin\eta - V_m\sin\eta_m = 0 \tag{4.51}$$

也就是说,有控弹丸和目标的速度在垂直于目标线方向上的投影相等,因而有控弹丸的相对速度 V_r 沿目标线指向目标。这就要求有控弹丸的相对速度起始时就要指向目标,故开始导引瞬时前置角 η_0 须严格满足

$$\eta_0 = \arcsin(V_m\sin\eta_m/V)\big|_{t=t_0}, \quad \eta_{m0} = q_0 - \sigma_m \tag{4.52}$$

如果有控弹丸的发射装置可调转,则在任何目标线方位 q_0 只要调整前置角 η_0 满足式(4.52)就可获得直线弹道;但如果有控弹丸发射装置不可调整,前置角 η_0 固定(如只能直接瞄准,$\eta_0=0$),则由式(4.52)只能解出 $q_{01} = \sigma_m + \arcsin(V\sin\eta_0/V_m)$ 和 $q_{02} = \sigma_m + \pi - \arcsin(V\sin\eta_0/V_m)$ 两个值,即只有在这两个方位上才可获得直线弹道。

图 4.27 即为 $\sigma_m=0$,$\eta_0=0$,$p=2$,$K=5$ 时从不同方向发射有控弹丸相对弹道示意图。只有 $q_0=0$ 和 $q_0=180°$两个发射方向具有直线弹道,其他方位均不满足式(4.52),$\dot{q}=0$,$\dot{\sigma}=K\dot{q}\neq0$ 目标线在整个导引过程中不断转动,使相对弹道和绝对弹道均不是直线,但在整个导引过程中目标视线角 q 变化很小。

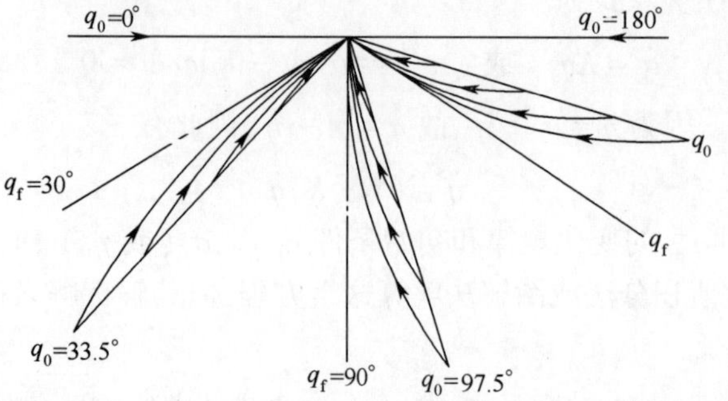

图 4.27　$K=S,p=2,\eta=0,\sigma_m=0$ 时从各个方向发射有控弹丸的相对弹道曲线

因为命中目标时 $r=0$，由相对运动方程代入 $\sigma_m=0$ 知应有

$$V\sin\eta_f - V_m\sin q_f = 0, \eta_f = \arcsin(V_m\sin q_f/V) \tag{4.53}$$

又由式(4.50)积分并代入 $\eta_0=0$(相当于直接瞄准发射)得

$$\eta_f = (1-K)(q_f - q_0) \quad 或 \quad (q_f - q_0) = \frac{-1}{K-1}\arcsin\left(\frac{\sin q_f}{p}\right) \tag{4.54}$$

由此式可以看出：命中点处的 q_f 值与起始导引时的相对距离 r_0 无关，只与起始引导方位 q_0、导引比 K 和速度比 p 有关，在图 4.27 中明确表示了这个特点。由于 $\sin q_f \leqslant 1$，故

$$\Delta q_m = |q_f - q_0| \leqslant \frac{1}{K-1}\arcsin\left(\frac{1}{p}\right) \tag{4.55}$$

Δq_m 即为从不同方向发射的有控弹丸其目标线转动的最大角度。显然，K 越大，p 越大，Δq_m 越小，如表 4.5 所示。当 $p=2K=5$ 时，$\arcsin(1/p)=30°$，$\Delta q_m=7.5°$，它对应于图 4.27 中 $q_0=97.5°$发射，命中目标时 $q_f=90°$的那一条弹道。

表 4.5　目标线最大转动角($\eta_0=0$)

Δq_{0max}　p / K	1.5	2	3	4
2	41.8	30	19.5	14.5
3	20.9	15	9.7	7.2
4	13.9	10	6.5	4.8
5	10.5	7.5	4.9	3.6

对于 $\eta\neq 0$ 的情况，将式(4.50)积分后代入比例导引关系式 $\sigma-\sigma_0=K(q-q_0)$ 中，得

$$|\sigma_f - \sigma_0| = |\eta_f - \eta_0| \cdot K/(K-1) \tag{4.56}$$

可见 K 值越大，$|K/(K-1)|$ 越接近于 1，有控弹丸速度方向转过的角度越接 $|\eta_f-\eta_0|$。当发射时实际 η_0 越接近由式(6.24)确定的 η_0(即相对速度 V_r 指向目标)时，$|\eta_f-\eta_0|$ 越小，则 $|\sigma_f-\sigma_0|$ 也越小，绝对弹道越平直。

2. 需用法向过载

因法向过载 $n=V\dot{\sigma}/g$，而按比例导引法 $\dot{\sigma}=K\dot{q}$，故要了解弹道上需用法向过载的变

化，只需研究 $\dot{q}$ 的变化即可。将相对运动方程(4.29)第二式两边对时间求导，得

$$\dot{r}\dot{q} + r\ddot{q} = \dot{V}\sin\eta + V\dot{\eta}\cos\eta - \dot{V}_m\sin\eta_m - V_m\dot{\eta}_m\cos\eta_m$$

代入比例导引法关系 $\dot{\eta} = (1-K)\dot{q}, \dot{\eta}_m = \dot{q} - \dot{\sigma}_m$ 及方程 $\dot{r} = V_m\cos\eta_m - V\cos\eta$，得

$$r\ddot{q} = -(KV\cos\eta + 2\dot{r})(\dot{q} - \dot{q}^*) \tag{4.57}$$

式中

$$\dot{q}^* = (\dot{V}\sin\eta - \dot{V}_m\sin\eta_m + V_m\dot{\sigma}_m\cos\eta_m)/(KV\cos\eta + 2\dot{r}) \tag{4.58}$$

(1) 如果目标作等速直线飞行 ($\dot{V}_m = 0, \dot{\sigma}_m = 0$)，有控弹丸等速飞行 ($\dot{V} = 0$)，则 $\dot{q}^* = 0$，而

$$\ddot{q} = -\frac{1}{r}(KV\cos\eta + 2\dot{r})\dot{q} \tag{4.59}$$

显然，如果 $(KV\cos\eta + 2\dot{r}) > 0$，则 $\ddot{q}$ 与 $\dot{q}$ 反号，当 $\dot{q}>0$ 时，$\ddot{q}<0$，于是 $\dot{q}$ 将减小；当 $\dot{q}<0$ 时，$\ddot{q}>0$，$\dot{q}$ 值将增大。总之 $|\dot{q}|$ 值将不断向零减小。这时弹道的需用法向过载将随 $|\dot{q}|$ 的减小而减小，弹道渐趋平直，这种情况称 $\dot{q}$ 是"收敛"的；如果 $(KV\cos\eta + 2\dot{r}) < 0$，则 $\ddot{q}$ 与 $\dot{q}$ 同号，$|\dot{q}|$ 随时间的不断增大，这种情况称 $\dot{q}$ 是"发散"的，弹道将越来越弯曲，在接近目标时要以无穷大速率转弯，实际上将导致脱靶。因此，要使有控弹丸平缓转弯，须使 $\dot{q}$ 收敛，收敛的条件为

$$K > \frac{2|\dot{r}|}{V\cos\eta} \tag{4.60}$$

(2) 如果目标作机动飞行，有控弹丸作变速飞行，则 $\dot{q}^*$ 是随时间变化的函数。当 $(KV\cos\eta + 2\dot{r}) \neq 0$ 时 $\dot{q}^*$ 是有限值，并且由式(4.57)可见，当 $(KV\cos\eta + 2\dot{r}) > 0$ 时，$\dot{q}$ 向 $\dot{q}^*$ 接近，反之，如 $(KV\cos\eta + 2\dot{r}) < 0$，则 $\dot{q}$ 有离开 $\dot{q}^*$ 的趋势，弹道也愈来愈弯曲，接近目标时需用法向过载变得很大(见图 4.28)。$\dot{q}$ 收敛的条件仍为式(4.60)。因此，满足式(4.60)的情况下，$\ddot{q}$ 是有限的。因在命中点 $r_f=0$，故式(4.57)左端为零，因而右端也应为零，这即要求在命中点处 $\dot{q}_f = \dot{q}^*$。命中目标时的需用法向过载为

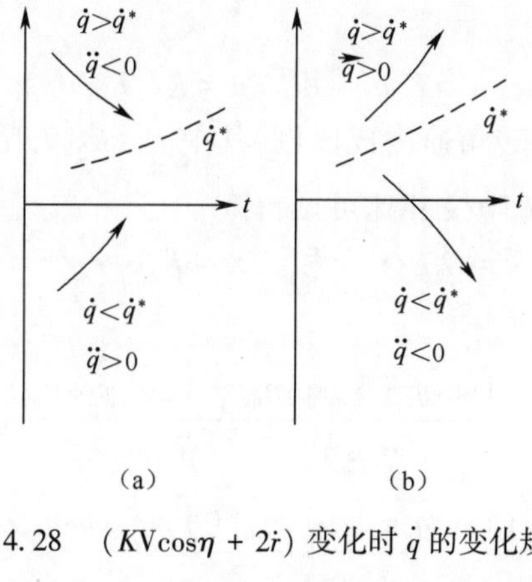

图 4.28 $(KV\cos\eta + 2\dot{r})$ 变化时 $\dot{q}$ 的变化规律

$$n_f = \frac{V_f \cdot \dot{\sigma}_f}{g} = \frac{KV_f\dot{q}_f}{g} = \frac{1}{g}\frac{\dot{V}\sin\eta - \dot{V}_m\sin\eta_m + V_m\dot{\sigma}_m\cos\eta_m}{\cos\eta - 2|\dot{r}|/(KV)}\Big|_{t=t_f} \tag{4.61}$$

由此式可见,有控弹丸命中目标的法向过载与命中点处有控弹丸速度 V 以及有控弹丸向目标接近的速度 $\dot{r}$ 有关系,V 越小,n_f 越大。因此,有控弹丸在主动段命中目标比被动段有利。此外,迎击时 $|\dot{r}| = |V + V_m|$ 大,n_f 大;追尾时 $|\dot{r}| = |V + V_m|$ 小,n_f 小。后半球攻击目标比前半球有利。

3. 比例系数 K 的选取

由于过载 $n_y = V\dot{\sigma} = KV\dot{q}$,因此,比例导引法的比例系数 K 对弹道特性和需用过载有很大影响,对 K 的一般要求是:

$|\dot{q}|$必须满足收敛条件, $K > 2|\dot{r}|/(V\cos\eta)$,即 K 要选得足够大,才能保证 $r\to0$,$\dot{q}\to0$。

因为迎击时 $|\dot{r}| = V + V_m$ 最大,故如要求能全向攻击,至少需要 $K>4$。

但 K 值也不能过大,过大的 K 值使 $\dot{q}$ 的微小变化引起速度方向很大的变化($\dot{\sigma}$ 很大),不利于制导系统稳定地工作。同时,过大的 K 会使$|\dot{q}|$数值不大时,也产生很大的需用法向过载 n_y,增加了对结构强度的要求,在超过可用法向过载时会造成脱靶。

4. 比例导引法的优缺点

比例导引法的优点是,在 K 值满足收敛条件下,$|\dot{q}|\to0$,弹道前段能充分发挥有控弹丸的机动能力(K 值越大,$|\dot{q}|$减小越快),弹道后段较为平直。在弹道上比例系数 K 可以调节,只要 K,η_0,q_0 及 p 等参数选择适当,可实现 $n_{需}<n_{可}$ 和全向攻击;另一个优点是对瞄准发射的初始条件要求不严;最后,在技术上是可以实现的,因为它只需测 $\dot{q}$ 即可。故这种方法在地空导弹、空空导弹、末制导炮弹和空地导弹中得到广泛应用。

5. 其他形式的比例导引法

上述比例导引法的缺点:命中目标时的需法向过载与命中点的有控弹丸速度及有控弹丸的攻击方向直接有关,不利于在被动段速度降低时接近目标,也不利于实现全向攻击。

为了克服这种比例导引法的缺点,又出现了如下的两种广义比例导引法,其导引关系为

$$n = K_1\dot{q} \quad 和 \quad n = K_2|\dot{r}|\dot{q} \tag{4.62}$$

即需用法向过载与目标线旋转角速度成比例,其中 K_1、K_2 为比例系数,与前述比例导引法 $\dot{\sigma} = K\dot{q}$ 以及 $n = V\dot{\sigma}/g = KV\dot{q}/g$ 相比可见,有

$$K = K_1g/V \quad 和 \quad K = K_2g|\dot{r}|/V \tag{4.63}$$

将其代入式(4.61),可得

$$n_f = \frac{1}{g}\frac{(\dot{V}\sin\eta - \dot{V}_m\sin\eta_m + V_m\dot{\sigma}_m\cos\eta_m)}{\cos\eta - 2|\dot{r}|/K_1g}\Big|_{t=t_f} \tag{4.64}$$

$$n_f = \frac{1}{g}\frac{(\dot{V}\sin\eta - \dot{V}_m\sin\eta_m + V_m\dot{\sigma}_m\cos\eta_m)}{\cos\eta - 2/K_2g}\Big|_{t=t_f} \tag{4.65}$$

由以上两式可见，按 $n=K_1\dot{q}$ 导引时，命中点的法向过载已与有控弹丸速度无直接关系，按 $n=K_2|\dot{r}|\dot{q}$ 导引时，命中点法向过载还进一步与攻击方向也无关，这有利于实现全向攻击。

但从以上两式看，命中点法向过载还与 $\dot{V}$、$\dot{V}_{\mathrm{m}}$、$\dot{\sigma}_{\mathrm{m}}$ 有关，因为目标机动的 $\dot{V}_{\mathrm{m}}$、$\dot{\sigma}_{\mathrm{m}}$ 无法预知，我们假设 $\dot{V}_{\mathrm{m}}=0$ 和 $\dot{\sigma}_{\mathrm{m}}=0$，那么 n_{f} 就只与有控弹丸的切向加速度有关，又设在铅直面内攻击目标，则还与重力有关。为了消除这两种影响，可令导引关系为如下形式：

$$n = A\dot{q} + y \tag{4.66}$$

铅直面内定义法向过载为 $n = V\dot{\sigma} + g\cos\sigma$。式中 y 为一待定修正项，它的作用是使命中点处，有控弹丸切向加速度和重力对法向需用过载的影响为零，经推导得 y 的具体形式为

$$y = -\frac{N}{2g}\dot{V}\tan(\sigma - q) + N\cos\sigma/2,\quad N = Ag\cos(\sigma - q)/|\dot{r}| \tag{4.67}$$

上式中第一项为有控弹丸切向加速度补偿，第二项为重力加速度补偿，N 称为有效导航比。

6. 比例导引法的技术实现

在自动瞄准制导中，导引系统的信号由弹上装的导引头产生，导引头方框图如图 4.29 所示。

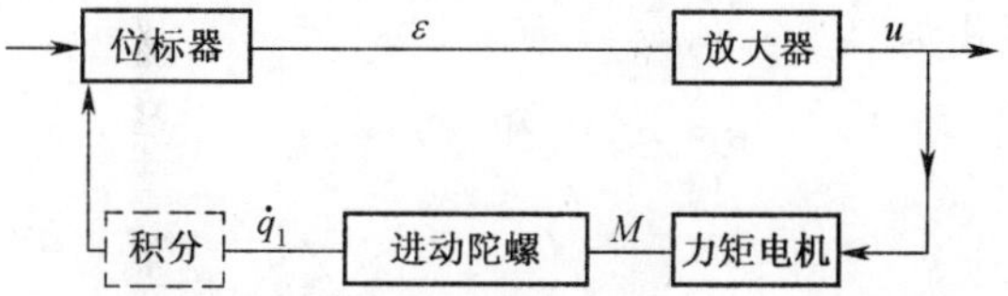

图 4.29　导引头方框图

图 4.29 中目标位标器是用来测量目标线角 q 与位标器光轴视线角 q_1 之间的差值 Δq，这个差值经放大器放大转换为电信号 u 送入力矩电机，力矩电机产生力矩 M 驱动二自由度陀螺进动，产生进动角速度 $\dot{q}$，位标器光轴随进动陀螺一起进动，产生光轴视线角 q_1。假设这些制导系统元件均为理想比例环节。忽略其惯性，则各环节输入输出间的关系为

$$u = K_\varepsilon \Delta q = K_\varepsilon(q - q_1),\ M = K_{\mathrm{M}}u,\ \dot{q}_1 = K_{\mathrm{H}}M \tag{4.68}$$

式中：K_ε、K_{M}、K_{H} 分别为放大器、力矩电机、进动陀螺的比例系数。将上式第一式对时间求导得

$$\dot{u} = K_\varepsilon(\dot{q} - K_{\mathrm{H}}M_{\mathrm{M}}u) \quad 或 \quad \dot{u} + K_\varepsilon K_{\mathrm{H}}M_{\mathrm{M}}u = K_\varepsilon\dot{q} \tag{4.69}$$

当 u 达到稳态值（即 $\dot{u}=0$）时，由上式得

$$u = \dot{q}/(K_{\mathrm{H}}M_{\mathrm{M}}) \tag{4.70}$$

上式表明，导引头的输出信号 u 与目标线的旋转角速度 $\dot{q}$ 成正比，u 驱动舵机偏转。

$$\delta_z = K_{\mathrm{p}}u \tag{4.71}$$

式中：K_{p} 为舵机比例系数。由舵面偏转产生操纵力矩 $M_z^{\delta_z}\delta_z$ 使有控弹丸转动形成攻角 α，

同时又产生稳定力矩 $M_z^\alpha \alpha$,此二力矩平衡时,得到一平衡攻角 α,并产生与之相应的法向力 $(P+Y^\alpha)\alpha$(α 以弧度计),使有控弹丸速度方向以 $\dot{\theta}=(P+Y^\alpha)\alpha/(mV)$ 机动(设有控弹丸在铅直面内运动),即有

$$\alpha=-M_z^{\delta_z}\cdot\delta_z/M_z^\alpha, V\dot{\theta}=(P+Y^\alpha)\alpha/m \tag{4.72}$$

代入前面各式,得

$$\dot{\theta}=K\dot{q},\quad K=-\frac{K_p}{K_H M_M}\cdot\frac{(P+Y^\alpha)}{mV}\cdot\frac{M_z^{\delta_z}}{M_z^\alpha} \tag{4.73}$$

显然,这就实现了比例导引。其中的比例系数 K 与有控弹丸控制系统元器件参数(如 K_p, K_H, K_M 等)、有控弹丸气动力参数(如 $Y^\alpha, M_z^\alpha, M_z^{\delta_z}$ 等)、有控弹丸飞行参数(如 V 等)、有控弹丸结构参数和推力(如 m, P 等)有关,在飞行中随着这些参数的变化比例系数也是变化的。

4.5.5 三点法

三点法属于遥控制导方法,地空导弹和反坦克导弹常采用此法。将目标 M、有控弹丸 D 和制导站 O 看作质点,并设它们在同一平面内运动。

1. 三点法导引关系式

三点法导引就是有控弹丸在攻击目标的过程中,始终位于目标和制导站的连线上,如图 4.30 所示。OM 称为目标线,由 OM, OD 与基准线 OX 的高低角(或方位角)$\varepsilon_m, \varepsilon$ 相等,得三点法导引关系式为

$$\varepsilon=\varepsilon_m \quad 和 \quad \dot{\varepsilon}=\dot{\varepsilon}_m \tag{4.74}$$

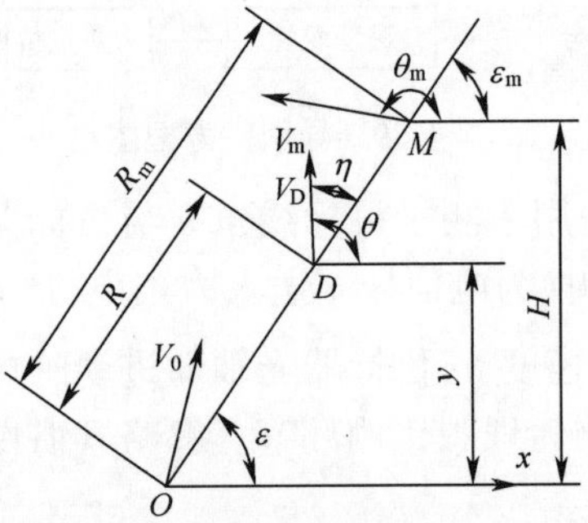

图 4.30 三点法导引

三点法在技术实施上较简单,对于地空导弹是用一束雷达波束既跟踪目标又制导,如图 4.31 所示。当导弹偏离波束中心线时,制导系统将发出无线电指令控制导弹向波束中心靠拢。例如,第一代反坦克导弹就是射手通过光学瞄准具目视跟踪目标和导弹,操纵手柄发出指令,通过导线传输给导弹,导弹按指令偏转舵面(按脉冲调宽方式偏转燃气摇摆帽),形成控制力使导弹回到目标线;对于第二代反坦克导弹,只需将测角仪十字线压向目标,即可保证命中目标,制导指令可用激光或毫米波传输。对于三点法波束制导的有控弹丸,有控弹丸偏离目标线误差不是由地面测角仪测量,而是由弹上的光电接收器从调制以后的波束信号中测出。

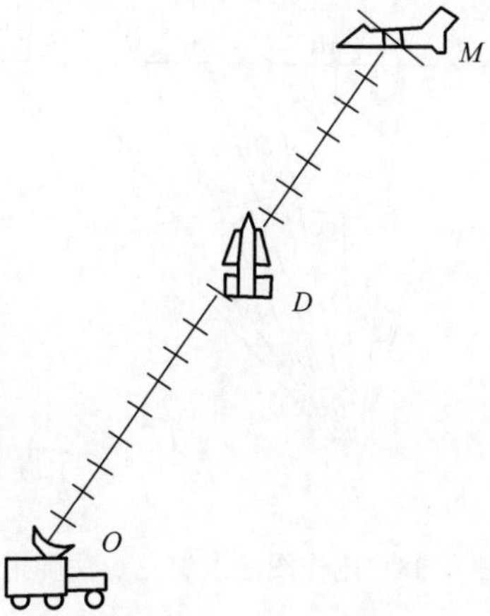

图 4.31 三点法波束制导

2. 三点法运动学方程

设制导站静止，则由图 4.32 可列出三点法的运动学方程组：

$$\dot{R} = V\cos\eta, R\dot{\varepsilon} = V\sin\eta, \eta = \theta - \varepsilon \tag{4.75}$$

$$\dot{R}_m = V_m\cos\eta_m, R_m\dot{\varepsilon}_m = V_m\sin\eta_m, \eta_m = \theta_m - \varepsilon_m \tag{4.76}$$

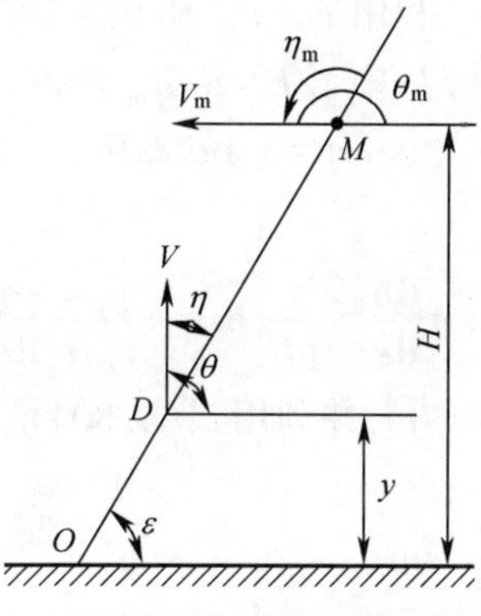

图 4.32 目标作水平直线运动时的三点法

如果已知目标运动参数 $V_m(t)$，$\theta_m(t)$ 以及有控弹丸的速度 $V(t)$ 就可在给定的起始条件下用 z 作图法求解弹道。在求解时都是先画出或算出目标运动轨迹，再求出有控弹丸弹道。图 4.33 即为用作图法求解三点法弹道的示例，其中 $D_1, D_2, \cdots$ 依次是以 $D_0, D_1, \cdots$ 为圆心，$[V(t_{i-1}) + V(t_i)]\Delta t/2$ 为半径作圆与目标线 OM_i 相交得到的。

3. 三点法弹道的解析解

为了求得解析解，便于分析三点法弹道特性，这里假设目标等速直线飞行，飞行方向与基准线方向相反，即 $\theta_m = 180°$，目标轨迹至制导站的距离（航路捷径）为 H，又设有控弹丸等速飞行，即可解得弹道方程 $y = f(\varepsilon)$。由图 4.32 可见

$$y = R\sin\varepsilon, \quad H = R_m\sin\varepsilon_m \text{ 及 } y/H = R/R_m \tag{4.77}$$

将式(4.75)的第一、第二式相除，得

$$\mathrm{d}R/\mathrm{d}\varepsilon = R\cos\eta/\sin\eta = y\cos\eta/(\sin\eta\sin\varepsilon) \tag{4.78}$$

再将式(4.77)中的第一式对 ε 求导，并将上式代入，得

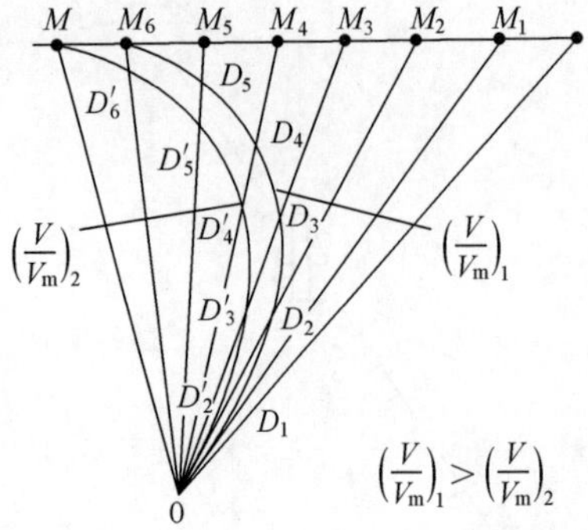

图 4.33　用作图法求解三点法弹道

$$\frac{\mathrm{d}y}{\mathrm{d}\varepsilon} = \frac{\mathrm{d}R}{\mathrm{d}\varepsilon}\sin\varepsilon + R\cos\varepsilon = \frac{y\cos\eta}{\sin\eta} + \frac{y\cos\varepsilon}{\sin\varepsilon} = \frac{y\sin(\varepsilon + \eta)}{\sin\varepsilon\sin\eta} \tag{4.79}$$

但欲从此方程直接解出弹道方程 $y=f(\varepsilon)$ 较为困难，为此可先求出 y 与弹道倾角 θ 的关系 $y=f_1(\theta)$，再利用几何关系 $\varepsilon=\theta-\eta$ 求出 ε 与 θ 的关系 $\varepsilon=f_2(\theta)$，这样，弹道即可用参数方程的形式表示：$y=f_1(\theta)$，$\varepsilon=f_2(\theta)$。先由几何关系知 $\theta=\varepsilon+\eta$，得

$$\mathrm{d}\theta/\mathrm{d}\varepsilon = 1 + \mathrm{d}\eta/\mathrm{d}\varepsilon \tag{4.80}$$

为消去上式中的 $\eta' = \mathrm{d}\eta/\mathrm{d}\varepsilon$，利用 $\dot{\varepsilon} = \dot{\varepsilon}_m$ 和 $\theta_m = 180°$条件，由式(4.75)第二式与式(4.76)的第二式相除，并将式(4.77)中 $y/H=R/R_m$ 代入，得

$$\sin\eta = y\sin\varepsilon/pH \tag{4.81}$$

将上式对 ε 求导得

$$\cos\eta\frac{\mathrm{d}\eta}{\mathrm{d}\varepsilon} = \frac{y}{pH}\cos\varepsilon + \frac{\sin\varepsilon}{pH}\frac{\mathrm{d}y}{\mathrm{d}\varepsilon} \tag{4.82}$$

利用式(4.79)消去上式中 $\mathrm{d}y/\mathrm{d}\varepsilon$，并利用式(4.80)消去 y/PH，可解出 $\mathrm{d}\eta/\mathrm{d}\varepsilon$，最后将 $\mathrm{d}\eta/\mathrm{d}\varepsilon$ 代入式(4.80)中，得

$$\frac{\mathrm{d}\theta}{\mathrm{d}\varepsilon} = 1 + \frac{\cos\varepsilon\sin\eta}{\sin\varepsilon\cos\eta} + \frac{\sin(\varepsilon + \eta)}{\sin\varepsilon\cos\eta} = \frac{2\sin(\varepsilon + \eta)}{\sin\varepsilon\cos\eta} \tag{4.83}$$

于是由式(4.79)和式(4.80)相除得

$$\mathrm{d}y/\mathrm{d}\theta = y\cot\eta/2 \tag{4.84}$$

为消去 $\cot\eta$，在式(4.81)右边代入 $\varepsilon=\theta-\eta$，按三角公式展开，再除以 $\sin\theta\sin\eta$，即可得

$$\cot\eta = \cot\theta + pH/(y\sin\theta) \tag{4.85}$$

于是得

$$\frac{\mathrm{d}y}{\mathrm{d}\theta} - \frac{\cot\theta}{2}y = \frac{PH}{2\sin\theta} \tag{4.86}$$

这是关于 y 的一阶线性微分方程，按此类方程解的一般公式，得

$$y = \mathrm{e}^{\int\frac{\cot\theta}{2}\mathrm{d}y}\left(c + \int\frac{pH}{2\sin\theta}\cdot\mathrm{e}^{-\int\frac{1}{2}\cot\theta\mathrm{d}\theta}\cdot\mathrm{d}\theta\right) \tag{4.87}$$

设有控弹丸开始受瞬时 $\theta=\theta_0$，$y=y_0$，将它们代入上式中积分后得

$$y=\sqrt{\sin\ \theta}\left(\frac{y_0}{\sqrt{\sin\ \theta_0}}+\frac{Hp}{2}\int_{\theta_0}^{\theta}\frac{\mathrm{d}\theta}{\sin^{3/2}\theta}\right)=\sqrt{\sin\ \theta}\left[\frac{y_0}{\sqrt{\sin\ \theta_0}}+\frac{Hp}{2}(F(\theta_0)-F(\theta))\right] \tag{4.88}$$

式中

$$F(\theta)=\int_{\theta}^{\pi/2}\frac{\mathrm{d}\theta}{\sin^{3/2}\theta} \tag{4.89}$$

称为椭圆函数,可根据 θ 由表 4.6 求得。

表 4.6 椭圆函数表 $F(\theta)$

θ^0	$F(\theta)$	θ	$F(\theta)$	θ	$F(\theta)$
6	5.4389	36	1.2420	66	0.4392
9	4.2085	39	1.1300	69	0.3804
12	3.5439	42	1.0302	72	0.3232
15	2.4165	45	0.9385	75	0.2675
18	2.4165	48	0.8538	78	0.2129
21	2.0701	51	0.7749	81	0.1590
24	1.8487	54	0.7008	84	0.1052
27	1.6632	57	0.6309	87	0.0523
30	1.5046	60	0.5644	90	0
33	1.3659	63	0.5007		

为求 ε 与 θ 的关系,将式(4.81)左边代入式 $\eta=\theta-\varepsilon$,按三角函数展开并同除以 $\sin\varepsilon\sin\theta$,整理后得

$$\cot\ \varepsilon=\cot\ \theta+\frac{y}{pH}\cdot\frac{1}{\sin\ \theta} \tag{4.90}$$

式(4.88)和式(4.90)即组成了三点法参数方程,参数是 θ。给定了初始条件 y_0,θ_0 及一系列的 θ 值,由式(4.87)解出 y 再代入式(4.90)中再解出 ε,就可画出绝对弹道。

4. 转弯速率

因为有控弹丸的法向过载 $n=V\dot{\theta}/g$ 与速度方向转弯速率 $\dot{\theta}$ 直接有关,故下面先讨论 $\dot{\theta}$ 的变化。

(1) 目标作机动飞行,有控弹丸作变速飞行的情况。

由式(4.75)第二式和式(4.76)第二式代入 $\dot{\varepsilon}=\dot{\varepsilon}_m$ 条件,得

$$VR_m\sin(\theta-\varepsilon)=V_mR\sin(\theta_m-\varepsilon_m) \tag{4.91}$$

将上式两边对 t 求导,得

$$\begin{aligned}&(\dot{\theta}-\dot{\varepsilon})VR_m\cos\ (\theta-\varepsilon)+\dot{V}R_m\sin\ (\theta-\varepsilon)+V\dot{R}_m\sin\ (\theta-\varepsilon)\\&=(\dot{\theta}_m-\dot{\varepsilon}_m)V_mR\cos\ (\theta_m-\varepsilon_m)+\dot{V}_mR\sin\ (\theta_m-\varepsilon_m)+V_m\dot{R}\sin\ (\theta_m-\varepsilon_m)\end{aligned} \tag{4.92}$$

再由式(4.81)和式(4.76)解出

$$\cos(\theta-\varepsilon)=\dot{R}/V,\cos(\theta_m-\varepsilon_m)=\dot{R}_m/V_m$$

$$\sin(\theta-\varepsilon)=R\dot{\varepsilon}/V,\sin(\theta_m-\varepsilon_m)=R_m\dot{\varepsilon}_m/V_m$$

将它们代入前一式中整理后得

$$\dot{\theta}=\left(2-\frac{2R\dot{R}_m}{R_m\dot{R}}-\frac{R\dot{v}}{\dot{R}V}\right)\dot{\varepsilon}_m+\frac{RR_m}{R_m\dot{R}}\dot{\theta}_m+\frac{\dot{v}_m}{V_m}\tan(\theta-\varepsilon_m) \tag{4.93}$$

命中目标时 $R=R_m$，将此时有控弹丸的转弯速率记为 $\dot{\theta}_f$，则有

$$\dot{\theta}_f=\left[\left(2-\frac{2\dot{R}_m}{\dot{R}}-\frac{R\dot{v}}{\dot{R}V}\right)\dot{\varepsilon}_m+\frac{\dot{R}_m}{\dot{R}}\dot{\theta}_m+\frac{\dot{v}_m}{V_m}\tan(\theta-\varepsilon_m)\right]_{t=t_f} \tag{4.94}$$

由此可见，按三点法导引时，弹道受目标机动（$\dot{v}_m,\dot{\theta}_m$）的影响很大，尤其在命中点附近将造成相当大的导引误差。

（2）目标作水平直线飞行，有控弹丸作等速飞行的情况。

这时 $\dot{V}_m=0,\dot{\theta}=0,V=0$，则由式(4.93)得

$$\dot{\theta}=(2-2R\dot{R}_m/(R_m\dot{R}))\dot{\varepsilon}_m \tag{4.95}$$

再由式(4.76)得 $R_m=H/\sin\varepsilon_m,\dot{\varepsilon}_m=V_m\sin\varepsilon_m/R_m=V_m\sin^2\varepsilon_m/H,\dot{R}_m=-V_m\cos\varepsilon_m,\dot{R}=V\cos\eta=V\sqrt{1-\sin^2\eta}=V\sqrt{1-(R\dot{\varepsilon}_m/V)^2}$，将它们代入式(4.95)中并引用 $\rho=R/pH$，得

$$\dot{\theta}=\frac{V}{PH}æ,\ æ=\sin^2\varepsilon_m\left[2+\frac{R\sin2\varepsilon_m}{\sqrt{p^2H^2-R^2\sin^4\varepsilon_m}}\right]=\sin^2\varepsilon_m\left[2+\frac{\rho\sin2\varepsilon_m}{\sqrt{1-\rho^2\sin^4\varepsilon_m}}\right] \tag{4.96}$$

命中目标时只需将命中点处高低角 ε_f 代入上式中，即可得命中点处的 $æ_f$ 和 $\dot{\theta}_f$。

在式(4.96)中 $\rho=R/pH$ 是 pH 为长度单位的无因次极径，如果也令 $\bar{y}=y/pH$ 为以 pH 为单位的高度，还可将式(4.88)和式(4.90)都改成以 $\bar{y},\bar{y}_0$ 为变量的无因次弹道方程。由它们在坐标平面内画出的弹道曲线 $f(\bar{y},\varepsilon)$ 即为无因次弹道曲线，如图 4.34 中的虚线所示。因目标航线与发射点 O 的距离为 H，故其无因次航路捷径为 $h=H/pH=1/p$。p 越大，h 越小。地牵有控弹丸 p 只略大于 1，故无因次航路接近 $h=1$ 直线，反坦克有控弹丸 $p>10$，故其无因次航路靠近发射点。式(4.96)表明，在 V,V_m,H 一定时，按三点法导引，有控弹丸的转弯速率 $\dot{\theta}$ 或弹道曲率 æ 完全取决于有控弹丸所在的极坐标位置(R,ε)或(P,ε)。

5. 等法向加速度曲线或等弹道曲率线

式(4.96)中的 $æ$ 是一个只与 ρ,ε 有关的函数，设弹道点上的曲率半径为 r_t，曲率为 $k=1/r_t$，而弹道转弯速率为 $\dot{\theta}=v/r_t=kv$，将它与该式中 $\dot{\theta}=æV/pH$ 相比较可见 $æ=(pH)\cdot k$，

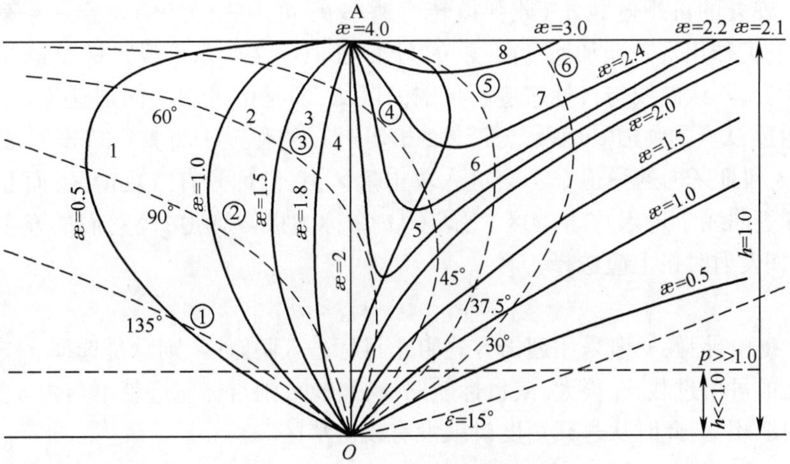

图 4.34　三点法无因次弹道和等曲率线

即 æ 与弹道曲率成比例。给定一个 æ 值就可在极坐标平面(ρ,ε)上画出一条等曲率线，如图 4.34 中实线所示。现设 p,H,V,V_{m} 都是常数，则与 æ 相应的弹道转弯速率 $\dot{\theta}$ = æV/pH 和法向加速度 $a_n = V\dot{\theta}$ 也是常数，故这些曲线也可称为等 $\dot{\theta}$ 线或等法向加速度曲线。下面对这些曲线作些分析。

(1) 在发射点处 $\rho=0,\varepsilon=\varepsilon_0$，则 æ$_0 = 2\sin^2\varepsilon_0$，故发射方向 ε_0 不同起始点处弹道曲率也不同。如果在目标正好越过导引站正前方(或正上方)，$\varepsilon_0 = 90°$ 时发射有控弹丸，则 æ = 2 是最大弹道曲率，此时目标视线转动角速度最大 $\dot{\varepsilon} = V_{\mathrm{m}}/H$ 。又因 $|\sin\varepsilon_0| \leqslant 1$，故 æ ≤ 2，所以 æ > 2 的曲线不会通过原点，æ 越大，等 æ 线离原点越远，如图中曲线 5,6,7,8 所示。这些曲线的最低点的连线称为主梯度线，如图中实线所示。

(2) 图中 $\varepsilon = 90°,\rho = 1$ 处为一个奇点，当以不同方式趋于此点时，曲率 æ 各不相同，例如当目标沿航路 $h=1$ 到达此处时，该处 æ(90°) = 4；而沿纵轴 OA($\varepsilon=90°$)趋于此线时 æ = 2。

(3) 设 $p \geqslant 1$，则航路 $h=1/p \leqslant 1$。首先指出，当以 $\varepsilon_0 = 37.5°$ 发射有控弹丸时，弹道最后与 $h=1$ 的航路直线相切于 $\varepsilon=90°$ 的 A 点，见图中弹道⑤；如果 $\varepsilon_0 > 37.5°$，则无因次弹道只能无限逼近于 $h=1$ 的直线，但不相交；如果 $\varepsilon_0 < 37.5°$，则弹道与 $h=1$ 的直线相交。

有控弹丸离开发射点后沿弹道曲率变化情况随初始瞄准角不同分为三种情况：

① $\varepsilon_0 < 37.5°$ 发射时全弹道在主梯度线右侧，有控弹丸离开发射点后弹道曲率越来越大。故三点法以 $\varepsilon_0 < 37.5°$ 发射迎击目标时命中点附近需用法向过载很大，这是它的一个缺点。

② $\varepsilon_0 > 90°$ 时有控弹丸追击目标，全弹道在主梯度线左边，弹道曲率越来越小，如果 p 只略大于 1(如地空导弹)，则需很长时间才能追上目标。

③ $37.5° < \varepsilon_0 < 90°$ 时弹道与主梯度线相交，弹道曲率先是越来越大，经过一个极大值后曲率又逐渐减小。

6. 攻击禁区

攻击禁区是指空间内这样一个区域，在此区域内有控弹丸的需用过载将超过可用过载，因而不能沿理想弹道飞行而导致脱靶。

由有控弹丸的可用过载 a_p，或弹道转弯速率 $\dot{\theta}_p$ 可用式(4.96)确定一系列对应的 ε 和 R 值，由它们作出等法向加速度曲线，如图 4.35 曲线 2 所示。设目标航迹与该曲线在 D、F 两点相交，则该曲线与目标航迹所包围的区域，即是由可用法向加速度 a_p 决定的攻击禁区。通过 D 点的弹道②以及与曲线 2 相切于 C 的弹道①将整个攻击平面分成三个区，图中Ⅰ区和Ⅲ区内的弹道都不会进入攻击禁区，它们称为有效攻击区，而Ⅱ中任一条弹道都将穿过曲线 2 进入攻击禁区。弹道①、②称为极限弹道，设它们的发射角为 ε_C，ε_D，则在掌握发射时机上应选择

$$\varepsilon_0 \geqslant \varepsilon_C \text{ 或 } \quad \varepsilon_0 < \varepsilon_D \tag{4.97}$$

但对于地空导弹，一般采用迎击方式阻止目标进入阴影区，则总是选择 $\varepsilon_0 \leqslant \varepsilon_D$。如果有控弹丸的可用过载 n_p 很大，或目标航路捷径较小，则目标航迹就不与由 a_p 决定的等法向加速曲线相交，此时从过载角度讲就没有攻击禁区。

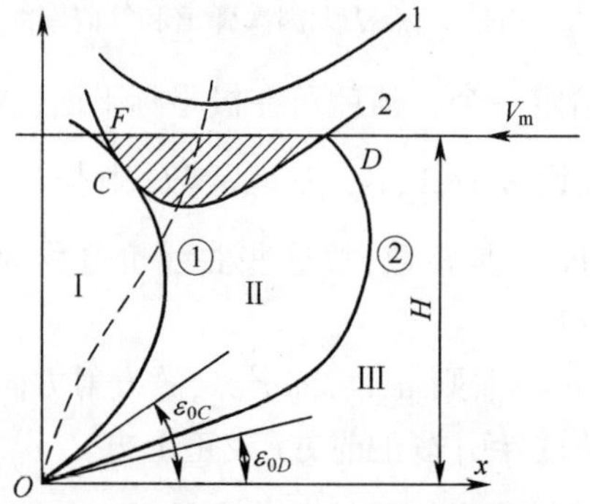

图 4.35　三点法的攻击禁区

7. 三点法的优缺点

三点法的优点是技术实施简单。如在雷达导引地空导弹时，只要波束中心对准目标，有控弹丸在波束中即可；在目视制导或激光制导反坦克导弹中，只需将光学瞄准具十字线压在目标影像上即可，不需测目标距离、速度大小和方向等。三点法的缺点：一是在迎击时，有控弹丸越接近目标弹道越弯曲，命中点的法向过载最大。这对于在大高度上因空气密度减小，可用法向过载减小的地空导弹十分不利，有可能造成需用过载大于可用过载而脱靶；二是由于有控弹丸和控制系统各环节有惯性，不可能瞬时执行完控制指令，而形成动态误差，理想弹道越弯曲，引起的动态误差就越大。

为了消除误差，需要在指令信号中加入补偿信号，对于地空导弹，需要测目标机动的坐标及一、二阶导数以获得 $\dot{\theta}_m$，$\dot{v}_m$，但由于来自目标的信号起伏以及接受机干扰等使目标坐标测量不准，致使一、二阶导数误差更大，因此补偿信号不易完成，往往形成弹丸偏离波束中心线十几米的动态误差。

4.5.6　前置量法和半前置量法

为克服三点法弹道比较弯曲的缺点，仿照广义追踪法和平行接近法的思路，提出了前置量法，即在整个飞行过程中，有控弹丸—制导站连线始终超前目标—制导站连线一个角度 $\Delta\varepsilon = \varepsilon - \varepsilon_m$，如图 4.36 所示。因在命中时 $\Delta R = 0$，$\Delta\varepsilon$ 也应为零，故 $\Delta\varepsilon$ 可取为

$$\Delta\varepsilon = F(\varepsilon,t)\Delta R \quad \Delta R = R - R_m \tag{4.98}$$

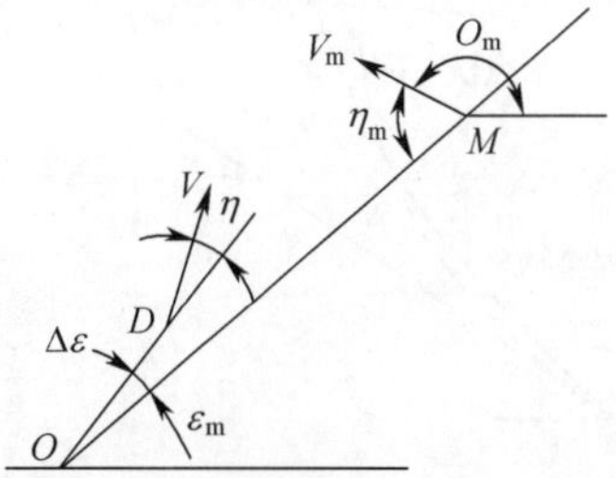

图 4.36 前置量法相对运动关系

为了确定 $F(\varepsilon,t)$ 的形式,再提出一个条件:为使弹道平直些,最好在接近目标时 $\dot{\varepsilon}\to 0$,因为这时 $\varepsilon = \varepsilon_m + \Delta\varepsilon = \varepsilon_m + F(\varepsilon,t)\Delta R$,于是有

$$\dot{\varepsilon} = \varepsilon_m + \dot{F}(\varepsilon,t)\Delta R + F(\varepsilon,t)\Delta\dot{R}$$

在 $\Delta R\to 0$ 时使 $\dot{\varepsilon}\to 0$,于是得 $F(\varepsilon,t) = -\dot{\varepsilon}_m/\Delta\dot{R}$。故得前置量法导引关系式

$$\varepsilon = \varepsilon_m - \dot{\varepsilon}_m \Delta R/\Delta\dot{R} \tag{4.99}$$

因为在命中时 $\dot{\varepsilon}\to 0$,故速度转弯速率 $\dot{\theta}$ 也较小,弹道比三点法弹道平直些,故也称此法为弹道矫直法。求出命中时($R = R_m$)的 $\dot{\theta}_f$ 表明,前置量法在命中点处的过载仍受目标机动($\dot{v}_m \neq 0,\dot{\theta}_m \neq 0$)影响,只是影响项与三点法的大小相等,符号相反,为此又提出了半前置量半前置量法介于三点法与前置量法之间,推导表明,只要取上面修正量的 1/2 即可消去目标机动的影响,于是半前置量导引法的导引关系为

$$\varepsilon = \varepsilon_m - \frac{1}{2}\dot{\varepsilon}_m \Delta R/\Delta\dot{R} \tag{4.100}$$

但这种方法要求不断地测 $R,R_m,\varepsilon,\varepsilon_m$ 及其导数 $\dot{R},\dot{R}_m,\dot{\varepsilon}_m$ 等参数,使技术实施难度加大,抗干扰能力降低。此外,由于初始发射时 ΔR 很大,接近目标时 $\Delta\dot{R}$ 很小,可能造成前置量太大。为此必须对 ΔR 和 $\Delta\dot{R}$ 加以限幅。设 $R_g,\Delta\dot{R}_{max} < 0$ 是两个常数,则一种经过限幅的半前置量法导引关系如下:

$$\varepsilon = \varepsilon_m - \frac{1}{2}\dot{\varepsilon}_m\left(1 - \frac{\Delta R}{R_g}\right)\Delta R/\Delta\dot{R},\Delta\dot{R}\begin{cases} = \Delta\dot{R}_{max} & 当|\Delta\dot{R}| \leqslant |\Delta\dot{R}_{max}| \\ = \Delta\dot{R} & 当|\Delta\dot{R}| > |\Delta\dot{R}_{max}| \end{cases} \tag{4.101}$$

在发射瞬时,$\Delta R = (\Delta R)_0$,取 $R_g = (\Delta R)_0$,则 $\varepsilon = \varepsilon_m$,成为三点法;在接近目标处,$\Delta R/R_g \ll 1$,$\varepsilon = \varepsilon_m - \dot{\varepsilon}_m \Delta R/(2\Delta\dot{R}_{max})$,又称为半前置量法,便于充分发挥两种方法的优点。

4.5.7 选择导引方法的一般原则

如上可见,每种导引方法都有它的优点、缺点及适用情况,选用导引方法的原则是:

(1) 弹道上的需用法向过载要小。这对于提高制导精度、缩短飞行时间、扩大作战空

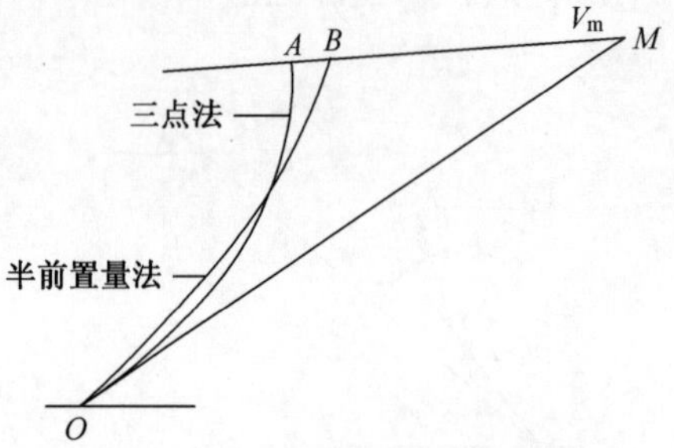

图 4.37　三点法与半前置量发弹道比较

域、减小弹体升力面积、减低强度要求、减轻弹重都是十分重要的。

(2) 技术实施简单。如遥控制导中三点法较易实现,自动导引中比例导引法比平行接近法技术实施简单。

(3) 抗干扰性好。能使有控弹丸在目标施放干扰时也能顺利地进行攻击,从这一点讲三点法就比半前置量法好。

(4) 抗目标机动的影响,并适合于在大作战空域攻击目标。

第5章　子母弹飞行力学特性

子母弹是在一个母弹内装备一定数量的相同或不同类型子弹的战斗部,并在预定的抛射点母弹开舱,将子弹从母弹内抛撒出来,形成一定散布面积与散布密度的作战效果的一类武器。从战术技术要求分析,散布大量的子弹,其威慑力和作用效能比同级单枚或小批量连续投弹要高出几倍。对各种炮弹、火箭弹、航弹和导弹,当其配有子母弹战斗部后,将能构成更有利的大面积压制火力和大纵深突击火力,以其弹药数量多,火力猛而有效地组集大人的坦克、装甲车和有生力量以及重要的军事目标。子母弹是由母弹和子弹组成一体的。母弹一般包括炮弹、航弹、火箭弹和导弹诸弹种,子弹包括刚性尾翼的子弹和柔性尾翼(飘带尾翼或降落伞)的子弹。

在子母弹研究的内容中,其中弹道研究是子母弹整个研究过程中关键性内容,研究内容不仅包括弹丸子母弹的运动规律,而且还包括研究弹丸子母弹的总体性能。子母弹弹道属于二次弹道,即母弹(含火箭弹、炮弹、航弹、导弹)弹道和其子弹(含伞弹系统)弹道,具体分为子母弹飞行过程的弹道和子母弹抛射弹道两部分内容。

5.1　子母弹弹道简介

5.1.1　子母弹的飞行过程弹道

子母弹主要用于对付集群目标。一枚母弹将装载少则几枚多则数百枚的子弹。子母弹飞行过程是由一种母弹(炮弹、航弹、火箭弹和导弹之一种)内装有许多子弹,当母弹达到预定的抛撒点时,经过母弹开舱、抛撒全部子弹,直至子弹群散布在预定散布的目标域,攻击敌方的集群目标。

在子母弹飞行过程中,子母弹弹道主要由一条母弹弹道和有母弹抛出许多子弹形成的集束弹道所组成,见图5.1。其中母弹弹道是熟知的炮弹、航弹、火箭弹和导弹的飞行弹道,从一枚母弹中抛出子弹,将形成许多互不相同的子弹弹道。例如在图5.1中,OP为一条母弹弹道,PC为其中一条子弹弹道。对于不同的子弹(如刚性尾翼的子弹、带降落伞或飘带尾翼的柔性尾翼的子弹),还将有不同特色的子弹弹道。又如伞弹的弹道将分为若干段来考虑;当伞弹被抛出时,即为伞弹的抛射段;随即伞绳逐渐拉出,便进入拉直段;伞绳拉直以后,便开始降落伞充气过程,即充气段;降落伞充满气以后,伞弹进入减速阶段并达到子弹的稳态探测段。无论何种子弹弹道,抛射点是母弹飞行弹道和子弹抛撒弹道的区别的一个重要特征点,也是各种子弹弹道的起点。

子母弹弹道还有另外一个重要特点,也就是在抛射点母弹开舱、抛撒过程中伴随产生动力学问题,它是复杂的瞬态过程。对于不同的开舱、抛射方式,将有相应的不同抛射动力学模型需要分别研究。

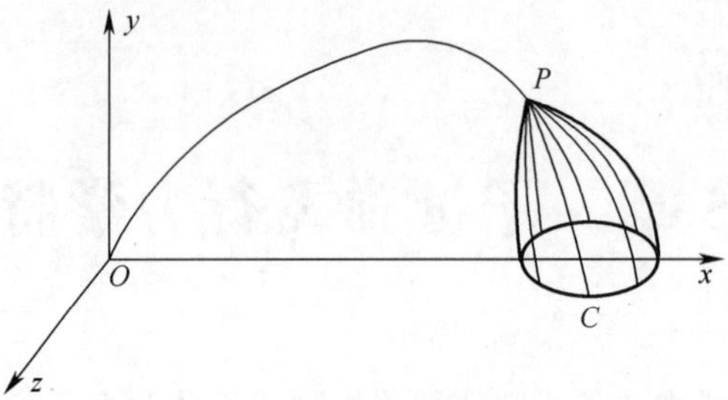

图 5.1　抛射弹道示意图

5.1.2　子母弹的抛撒弹道

前面指出抛射点为抛撒弹道的一个重要特征点，抛射弹道计算的关键，首先是要精确地确定求解弹道的初始条件，即抛射点的母弹弹道参数诸元和子弹弹道初始值。以下将对抛射弹道的求解思路和方法作一概略介绍。

1. 母弹在抛射点的弹道诸元确定方法

子弹落点的分布形状和大小将影响子母弹的毁伤效果，而抛射点的高度对子弹的散布范围影响很大。当给定抛射点的高度给定之后，可用迭代方法精确地计算出该点的母弹弹道诸元。

假设给定的抛射点高度为 y_{p}，则增量为

$$\Delta y = y_{\mathrm{p}} - y$$

由微分方程

$$\frac{\mathrm{d}y}{\mathrm{d}t} = v\sin\theta = \omega$$

可得到弹道方程组计算抛射点母弹弹道诸元的迭代公式

$$\Delta t = \frac{y_{\mathrm{p}} - y}{v\sin\theta} = \frac{y_{\mathrm{p}} - y}{\omega} \tag{5.1}$$

当抛射点在弹道升弧段时，高度 y 随时间 t 增加而增加，由式(5.1)知，当 $y<y_{\mathrm{p}}$ 时，Δt 为正，由下一个积分点向前积分，弹道高度 y 增大，积分点向上靠近抛射点；当 $y>y_{\mathrm{p}}$ 时，Δt 为负，由下一个积分点向后积分，弹道高度 y 减小，积分点向下靠近抛射点。如此反复几次，就可以精确地计算出升弧段抛射点的弹道诸元。当抛射点在弹道降弧段时，高度 y 随时间 t 增加而减小，在式(5.1)中的 θ、ω 均小于零。当 $y>y_{\mathrm{p}}$ 时，Δt 为正，由下一个积分点向前积分，弹道高度 y 减小，积分点向上靠近抛射点；当 $y<y_{\mathrm{p}}$ 时，Δt 为负，由下一个积分点向后积分，弹道高度 y 增加，积分点向下靠近抛射点。如此反复几次，就可以精确地计算出降弧段抛射点的弹道诸元。综上所述，抛射点的弹道升弧端或降弧段都可以采用式(5.1)进行迭代计算。

2. 子弹弹道初始诸元的确定方法

子弹弹道初始诸元是由抛射点的母弹弹道诸元以及子弹的抛射方向和速度决定的。可根据不同的战术需要，子弹的抛射点可能在母弹弹道的升弧段，也可能在降弧段，或在弹道顶点。

取直角坐标系 P—xyz，P 点位于抛射点，xpy 平面与射击铅垂面重合，xpz 平面为水平

面。设$\boldsymbol{v}_{\mathrm{m}}$为抛射点的母弹速度，$\boldsymbol{v}_{\mathrm{p}//}$为子弹相对母弹的轴向抛射速度，$\boldsymbol{v}_{\mathrm{p}\perp}$为子弹相对于母弹的径向抛射速度，它是由于母弹旋转或由抛射装置赋予子弹的。

在母弹弹道升弧段抛射时，速度矢量见图5.2，并将$\boldsymbol{v}_{\mathrm{m}}$、$\boldsymbol{v}_{\mathrm{p}//}$、和$\boldsymbol{v}_{\mathrm{p}\perp}$向坐标系P—xyz各轴投影得到的子弹初始速度分量：

$$\begin{cases} v_x = (\boldsymbol{v}_{\mathrm{m}} - \boldsymbol{v}_{\mathrm{p}//})\cos\theta - \boldsymbol{v}_{\mathrm{p}\perp}\sin\alpha\cos\theta \\ v_y = (\boldsymbol{v}_{\mathrm{m}} - \boldsymbol{v}_{\mathrm{p}//})\sin\theta + \boldsymbol{v}_{\mathrm{p}\perp}\sin\alpha\cos\theta \\ \qquad v_z = \boldsymbol{v}_{\mathrm{p}\perp}\cos\alpha \end{cases} \tag{5.2}$$

在母弹弹道降弧段抛射时，速度矢量如图5.3所示，同理可得到子弹的初始速度分量公式，其公式与升弧段的公式相同。

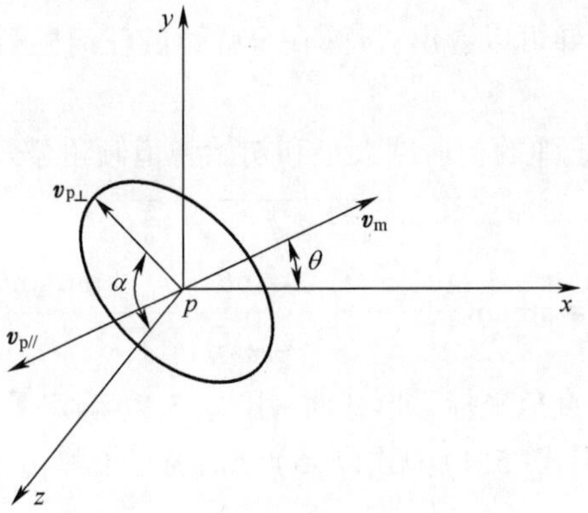

图5.2 升弧段抛射点的速度矢量

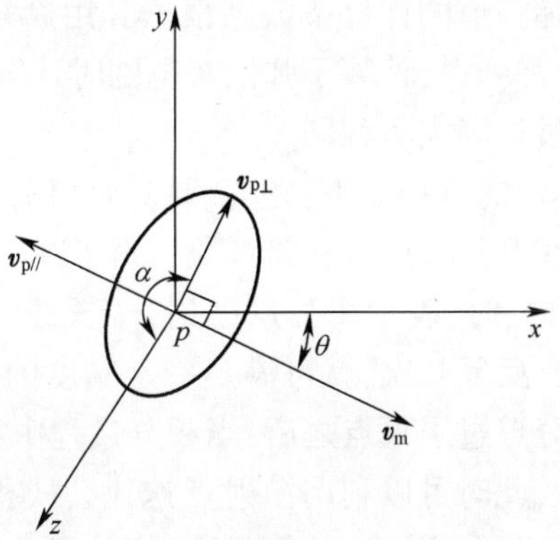

图5.3 降弧段抛射点的速度矢量

在母弹弹道顶点抛射时，速度矢量如图5.4所示，将$\boldsymbol{v}_{\mathrm{m}}$、$\boldsymbol{v}_{\mathrm{p}//}$和$\boldsymbol{v}_{\mathrm{p}\perp}$向坐标系$p$—$xyz$各轴投影得到的子弹初始速度分量：

$$\begin{cases} v_x = \boldsymbol{v}_{\mathrm{m}} - \boldsymbol{v}_{\mathrm{p}} \\ v_y = \boldsymbol{v}_{\mathrm{p}\perp}\sin\alpha \\ v_z = \boldsymbol{v}_{\mathrm{p}\perp}\cos\alpha \end{cases} \tag{5.3}$$

在弹道顶点，弹道倾角$\theta = 0$。对于式(5.2)，令$\theta = 0$，并注意到$\boldsymbol{v}_{\mathrm{p}\perp} \perp px\, \boldsymbol{v}_{\mathrm{p}\perp} \perp px$，也可以得到式(5.3)。

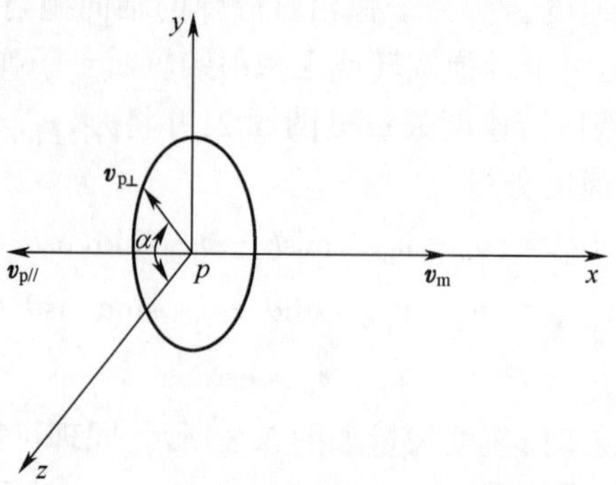

图 5.4　弹道顶点抛射时的速度矢量

从以上抛射条件的推导可以看出,母弹在全弹道的任何抛射子弹时,子弹的初速度都可以用式(5.2)确定。

由式(5.2)可以得到子弹的初速度大小和初始弹道倾角公式分别为

$$v = \sqrt{(v_m - v_{p//})^2 + v_{p\perp}^2} \tag{5.4}$$

$$\theta = \arcsin \frac{(v_m - v_{p//})\sin\theta + v_{p\perp}\sin\alpha\sin\theta}{\sqrt{(v_m - v_{p//})^2 + v_{p\perp}^2}} \tag{5.5}$$

当子弹弹道方程组为直角坐标系形式时,用式(5.2)确定子弹初速;当子弹弹道方程组为自然坐标系形式时,用式(5.4)和式(5.5)分别确定子弹初速的大小和方向。

3. 抛射弹道的计算

抛射弹道是一种复合弹道,即由母弹弹道和子弹弹道组成的。母弹弹道仅有一条,而子弹弹道却有多条,但是子弹弹道的计算条数则根据其用途来确定。如用近似方法计算子弹散布中心时计算一条子弹弹道,计算子弹散布范围时计算 3~4 条子弹弹道。每条弹道只是初始诸元不同,计算过程则完全相同。

计算一条完整的抛射弹道的过程如下:首先,计算母弹弹道,即从炮口到抛射点。根据不同战术需要,母弹可能在升弧段或者在将弧段抛射子弹。若抛射点在升弧段,母弹弹道积分过程中第一次出现 $y>y_p$ 时,表示积分点已到升弧段抛射点附近,此时利用抛射点迭代公式作为积分步长积分,反复几次,就可满足一定精度的要求的母弹弹道诸元;若抛射点在降弧段,母弹弹道积分点过了顶点之后;当积分过程中第一次出现 $y>y_p$,表示积分点已到了将弧段抛射点附近,此时可以利用抛射点迭代公式积分,反复迭代几次,就可得到降弧段抛射点的母弹弹道诸元。其次,计算子弹弹道,子弹弹道是从抛射点到落点。根据抛射点的母弹弹道诸元以及子弹的抛射方向和抛射速度大小,确定子弹弹道的初始诸元。如果计算另一条抛射弹道,母弹弹道不需要重复计算,只需计算子弹弹道。

5.2　子母弹抛撒分离方式

由于不同的子母弹战斗部具有不同的结构、性能等特点,其抛撒分离方式可能不同的,因而相应的抛射动力学模型必然存在差异。为了便于研究不同的子母弹开舱分离方式需要建立相应不同的动力学模型。本节主要从子母弹开舱方式和分离方式进行探讨。

5.2.1 母弹开舱方式及基本要求

对于不同的子母弹战斗部，即使是同一弹种的子母弹战斗部，其开舱部位和子弹分离方向都是有区别的，在选择开舱、抛射分离方式时，都得进行认真全面的分析、论证。以火箭子母弹为例，需要考虑不同的开舱、抛射分离方式：

(1) 当火箭子母弹弹径较小时，如 122mm 火箭子母弹可采用战斗部壳体头弧部开舱，子弹向前抛出。加上抛撒导向装置的作用，子弹则向前侧方抛出，可达到较好的抛撒效果。

(2) 当火箭子母弹弹径在 230mm 至 260mm 时，子弹装填数量增大，应采用战斗部壳体全长开舱，子弹向四周径向抛射。例如美国 MLRS 多管火箭系统子母战斗部采用中心药管形式，结构紧凑，对于子弹装填容积无大的影响，并且可以同时达到壳体全长开舱与子弹径向抛撒的目的。

(3) 当火箭弹径进一步增加，子弹数量更大时，为了均匀撒布，必要时还可采用二级抛撒的形式。如意大利的 Firos-70 火箭子母弹战斗部，火箭弹径为 315mm，内装直径为 122mm 的子弹筒 12 发，而每个子弹筒内又装有小子弹 77 枚。在引信作用下，切割索先将壳体沿全长切开，燃气再将带有小子弹的子弹筒沿径向抛出去，然后子弹再由子弹筒中被抛出。

对于母弹开舱方式，目前采用的主要有如下几种：

(1) 剪切螺纹或连接销开舱。

这种开舱方式在火炮特种弹丸上用得较多，如照明弹、宣传弹、燃烧弹、子母弹等。一般作用过程是时间点火引信将抛射药点燃，再在火药气体的压力下，推动推板和子弹将头螺或底螺的螺纹剪断，使弹头头部或底部打开。

(2) 雷管起爆，壳体穿晶断裂开舱。

这种开舱方式用于一些火箭子母弹与火炮箭形榴霰弹丸上。其作用过程是：时间引信作用后，引爆 4 个径向放置的雷管，在雷管冲击波的作用下，使脆性金属材料制成的头螺壳体产生穿晶断裂，使战斗部弧全部裂开。

(3) 爆炸螺栓开舱。

这是一种在连接螺栓中装有火工品的开舱装置，是以螺栓中的火药力作为释放力，靠空气动力作为分离的开舱机构。它常被用在航弹弹舱段间的分离。现在已经成功用于大型导弹战斗部的开舱和履带式火箭扫雷系统战斗部的开舱上。

(4) 组合切割索开舱。

这种方法在火箭弹、导弹及航空子母弹上都得到了广泛的应用。一般采用聚能效应的切割导爆索，根据开裂要求固定在战斗部壳体内壁上。而引爆索的周围装有隔爆的衬板，以保护战斗部的其他零件不被损坏。切割导爆索一经起爆，即可按切割导爆索在壳体内的布线图形，将战斗部壳体切开。

(5) 径向应力波开舱。

这种方式是靠中心药管爆燃后，冲击波向外传播，既使子弹向四周推开，又使战斗部壳体在径向应力波的作用下开舱。为了开舱可靠性，部位规则，一般在战斗部壳体上加上若干纵向的断裂槽。这种开舱方式成功使用在美国 MLRS 火箭子母弹战斗部上和一些金属箔条干扰弹的开舱上。这种开舱的特点是开舱与抛射为同一机构,整体结构简单紧凑。

但是无论何种方式,均需满足以下基本要求:

(1) 要保证开舱的高度可靠性。

火箭子母弹弹径大,装子弹多,每发火箭弹的成本较高。因此,要求开舱必须可靠,不允许出现由于开舱故障而导致战斗部失效。为此要求:配用隐形作用可靠,穿火系列及开舱机构性能可靠。在选定结构与材料上,尽量选用那些技术成熟、性能稳定、长期通过实践考验的方案。

(2) 开舱与抛射动作协调。

开舱动作不能影响子弹的正常抛射,即开舱与抛射之间要动作协调,相辅相成。

(3) 不影响子弹的正常作用。

开舱过程中不能影响子弹的正常作用。特别是子弹飘带完整,子弹飞行稳定。子弹引信能可靠解脱保险和保持正常的发火率。

此外,还要求具有良好的高低温性能和长期储存性。

5.2.2 子弹分离方式与基本要求

在抛射步骤上可分为一次抛射和两次(或多次)抛射。由于两次抛射机构复杂,而且有效容积不能重复使用,携带子弹数量少等原因,因而在一次抛射可满足使用要求时,一般不采用两次抛射。目前常用的抛射分离方法主要有以下几种:

(1) 母弹高速旋转下的分离抛撒。

这种抛撒方式,对于一切旋转的母弹,不论转速的高低,均能起到使子弹飞散的作用,特别是对于火炮子母弹丸转速达每分钟数千转以至上万转时,则起到主要的以至全部的抛射作用。

(2) 机械式分离抛射。

这种抛射分离方式是子弹被抛出过程中,通过导向杆或拨簧等机构的作用,赋予子弹沿战斗部径向分离的分力。导向杆机构已经成功使用在122mm火箭子母弹上。

(3) 燃气侧向活塞抛撒。

这种方式主要用于子弹直径大,母弹中只能装一串子弹的情况,如美国的MLRS火箭末端敏感子母战斗部所使用的抛射机构。前后相接的一对末敏子弹,在左侧活塞的推动下,垂直弹轴沿相反方向平抛出(相互成180°)。每一对子弹的抛射方向又有变化。对整个战斗部而言,子弹向四周各方向均有抛出。

(4) 燃气囊抛射。

使用这种抛撒结构的典型产品是英国BL755航空子母炸弹。共携带小炸弹147枚,分装在7个隔舱中。小炸弹外缘用钢带束住,小炸弹内侧配有气囊。当燃气囊充气时,子弹顶紧钢带,使其从薄弱点断裂,解除约束。在燃气囊弹力的作用下,147枚小炸弹以63个不同方向、两种不同的名义速度抛出,以保证子弹散布均匀。

(5) 子弹气动力抛撒。

通过改变子弹的气动力参数,使子弹之间空气阻力有差异以达到使子弹飞散的目的。这种方式已在国外的一些产品中使用。如在国外的炮射子母弹上,就有意装入两种不同长度飘带的子弹;在航空杀伤子母弹中,采用铝瓦稳定的改制手榴弹作为小杀伤炸弹,抛撒后靠铝瓦稳定方位的随机性,从而使子弹达到均匀散布的目的。

(6) 中心药管式抛射。

使用成功的典型结构是美国 MLRS 火箭子母弹战斗部,每发火箭携带子弹 644 枚。一般子弹排列不多于两圈。如圆柱部外圈 14 枚子弹,内圈 7 枚子弹。子弹串之间用聚碳酸酯塑料固定并隔离。战斗部中心部位有时间引信的作用,引起中心药柱爆燃后,冲击波既使壳体沿全长开裂,又将子弹向四周抛出。

(7) 微机控制程序抛射。

应用于大型导弹子母弹上。有单片机控制开舱与抛射分离的全过程,子弹按既定程序分期分批以不同的速度抛出,以得到预期的抛射效果。

对于以上各分离方式,均需满足如下的基本要求:

(1) 满足合理的散布范围。

根据毁伤目标的要求和战斗部携带子弹的总数量,从战术使用上提出合理的子弹散布范围,以保证子弹抛出后能覆盖一定大小的面积。但在试验时还应注意到,实际子弹抛射范围的大小,还与开舱的高度有关。

(2) 达到合理的散布密度。

在子弹散布范围内,子弹应尽可能地均匀分布。至少不能出现明显的子弹堆积现象。均匀分布有利于提高对集群目标的命中概率。

(3) 子弹相互间易于分离。

在抛射过程中,要求子弹能相互顺利分开。不允许出现重叠现象。如果子弹分离不开飘带张不起来。子弹引信就解脱不了保险,将导致子弹的失效。

(4) 子弹作用性能不受影响

抛射过程中,子弹不得有明显变形,更不能出现殉爆现象,力求避免子弹间的相互碰撞。此外,还要求子弹引信解脱保险可靠,发火率正常,子弹起爆完全性好。

5.3 子母弹弹道模型

按照子母弹母弹各自不同的用途需要、运动受力状态和飞行特性等,就会出现相应的炮弹、航弹、火箭弹及导弹的外弹道模型。为了便于研究子母弹系统的外弹道特性,本节主要对经典的炮弹外弹道模型为例进行论述。

5.3.1 子母弹母弹运动模型

这里的母弹仅指炮弹,在实际应用中,往往根据具体来选择合适的母弹运动微分方程,比如只需进行弹道计算机基本弹道特性分析,一般采用 4D 或 3D(4 自由度或 3 自由度)的质点运动微分方程组即可;如果还需要进行飞行稳定性和散布特性的计算分析,则需采用 6D 或 5D 的刚体运动微分方程组。

由于 3D 质点弹道模型忽略了作为刚体考虑的因素(如攻角引起的诱导阻力、攻角与旋转联合作用产生的马格努斯力和力矩,以及升力等),因而降低了弹道计算的准确性。而 4D 修正质点弹道模型则考虑了这些因素的影响,并在计算与这些力有关的攻角和转速时可以单独进行,从而消除了方程组中各方程间的耦合关系而使计算简化,其积分步长可与后者相同,一般可取 0.5s,因而可保证计算速度比 5D、6D 方程快许多;同时考虑了 5D 或 6D 方程模型所要考虑的主要影响因素,使其计算误差比 3D 方程要小得多。显然,4D 修正质点弹道模型能快速、准确地计算弹道,其应用自然就非常广泛。

考虑地形、地球旋转等条件的 4D 修正质点弹道模型为

$$\begin{cases}\dfrac{\mathrm{d}v_x}{\mathrm{d}t}=-b_x v_\mathrm{r}(v_x-W_x)-b_y v_\mathrm{r}^2(\delta_{\mathrm{r}1}\sin\theta_\mathrm{r}+\delta_{\mathrm{r}2}\cos\theta_\mathrm{r}\sin\psi_\mathrm{r})+\\ \qquad b_z\dot{\gamma}[v_y\delta_{\mathrm{r}2}\cos\psi_\mathrm{r}-(v_z-W_z)(\delta_{\mathrm{r}1}\cos\theta_\mathrm{r}-\delta_{\mathrm{r}2}\sin\theta\sin\psi_\mathrm{r})]-\\ \qquad \dfrac{v_x v_y}{R}\left(1+\dfrac{y}{R}\right)^{-1}-2\Omega(v_z\sin\Lambda+v_y\cos\Lambda\sin\alpha)\\ \dfrac{\mathrm{d}v_y}{\mathrm{d}t}=-b_x v_\mathrm{r} v_y+b_y v_\mathrm{r}^2(\delta_{\mathrm{r}1}\cos\theta_\mathrm{r}+\delta_{\mathrm{r}2}\sin\theta_\mathrm{r}\sin\psi_\mathrm{r})+\\ \qquad b_z\dot{\gamma}[(v_z-W_z)(\delta_{\mathrm{r}1}\sin\theta_\mathrm{r}+\delta_{\mathrm{r}2}\cos\theta\sin\psi_\mathrm{r})-(v_x-\\ \qquad W_x)\delta_{\mathrm{r}2}\cos\psi_\mathrm{r}]-g_0\left(1+\dfrac{y}{R}\right)^{-2}+\dfrac{v_x^2}{R}1+\dfrac{y}{R}\Bigg)^{-1}+\\ \qquad 2\Omega(v_z\cos\Lambda\cos\alpha+v_\mathrm{r}\cos\Lambda\sin\alpha)\\ \dfrac{\mathrm{d}v_z}{\mathrm{d}t}=-b_x v_\mathrm{r}(v_z-W_z)+b_y v_\mathrm{r}^2\delta_{\mathrm{r}2}\cos\psi_\mathrm{r}\\ \qquad b_z\dot{\gamma}[(v_x-W_x)(\delta_{\mathrm{r}1}\cos\theta_\mathrm{r}-\delta_{\mathrm{r}2}\cos\theta_\mathrm{r}\sin\psi_\mathrm{r})+\\ \qquad v_y(\delta_{\mathrm{r}1}\sin\theta_\mathrm{r}+\delta_{\mathrm{r}2}\cos\theta_\mathrm{r}\sin\psi_\mathrm{r})]-\\ \qquad 2\Omega(v_y\cos\Lambda\cos\alpha+v_x\sin\Lambda)\\ \dfrac{\mathrm{d}\dot{\gamma}}{\mathrm{d}t}=v_\mathrm{r}(k_{x\mathrm{w}}v_\mathrm{r}\varepsilon_\mathrm{w}-k_{xz}\dot{\gamma})\\ \dfrac{\mathrm{d}x}{\mathrm{d}t}=v_x\\ \dfrac{\mathrm{d}y}{\mathrm{d}t}=v_y\\ \dfrac{\mathrm{d}z}{\mathrm{d}t}=v_z\end{cases}\tag{5.6}$$

式中

$$b_x=\frac{\rho S}{2m}[C_x+C_{x\delta^2}(\delta_D^2+\delta_P^2)]\tag{5.7}$$

$$\begin{cases}\delta_D=\delta_{Dm}\sin(\alpha\sqrt{\sigma}t)\\ \delta_{Dm}=\delta_{Dm0}\exp\left[-\displaystyle\int_0^t\left(\dfrac{k_{zz}+b_y-k_{xz}}{2}\right)\right]v\mathrm{d}t\\ \delta_{Dm0}=\dot{\delta}_D/(\alpha\sqrt{\sigma})\end{cases}\tag{5.8}$$

$$\begin{cases}\delta_{D1} = \delta_D \cos(\nu_0 + \alpha\sqrt{\sigma}t) \\ \delta_{D2} = \delta_D \sin(\nu_0 + \alpha\sqrt{\sigma}t)\end{cases} \tag{5.9}$$

$$\alpha = C\dot{\gamma}/2A \tag{5.10}$$

$$\sigma = 1 - k_z/\alpha^2 \tag{5.11}$$

$$\begin{cases}\delta_{P2} = -\dfrac{2\alpha\left[\dfrac{2g\sin\theta}{v^2}(k_y - b_y) - \left(k_z + 2\alpha\dfrac{\dot{\gamma}}{v}b_z\right)\right]}{4\alpha^2(k_y - b_y)^2 + \left(k_z + 2\alpha\dfrac{\dot{\gamma}}{v}b_z\right)^2}\left(\dfrac{g\cos\theta}{v^2}\right) \\ \delta_{P1} = -\dfrac{\dfrac{2g\sin\theta}{v^2}\left(k_z + 2\alpha\dfrac{\dot{\gamma}}{v}b_z\right) + 4\alpha^2(k_y - b_y)}{4\alpha^2(k_y - b_y)^2 + \left(k_z + 2\alpha\dfrac{\dot{\gamma}}{v}b_z\right)^2}\left(\dfrac{g\cos\theta}{v^2}\right) \\ \delta_P = (\delta_{P1}^2 + \delta_{P2}^2)^{1/2} \\ \delta_1 = \delta_{D1} + \delta_{P1} \\ \delta_2 = \delta_{D2} + \delta_{P1} \\ \delta_{r1} = \delta_1 - W_x\sin\theta/v \\ \delta_{r2} = \delta_2 - W_x/v_r\end{cases} \tag{5.12}$$

其中,$C_{x\delta^2}$为诱导阻力系数;δ_0 为起始扰动时的攻角;δ_p 为动力平衡角;α 为进动角速度;V_0 为初始进动角;α 为陀螺稳定系数;其余符号及有关表达式与 3D 质点弹道阐述的相同。

导转力矩系数导数 $k_{xw} = \rho slm_{xw}'/2C$,极阻尼力矩系数导数 $k_{xw} = \rho sldm_{xz}'/2C$,$\varepsilon_w$ 为尾翼斜置角;C 为极转动惯量。

5.3.2 子母弹子弹运动模型

子弹在抛射过程中,由于受到各种扰动因素的影响,一般初始攻角都比较大,此时如用 3D 运动方程描述子弹的运动就不精确了。因此,为了准确地描述子弹的大攻角运动,必须采用大攻角 6 自由度非线性方程,可计算子弹的飞行稳定性和子弹的地面分布,计算抛射参数的变化对子弹地面分布的影响,研究子弹的抛射规律及散布特性等。如果只关心子弹的空中位置参量的变化,则可以选用 3D 质点弹道模型。3D 质点弹道模型和 6D 刚体弹道模型在第 3 章、第 4 章中已详述,在此不再赘述。

5.4 子母弹的弹道特性

子母弹的弹道属于二次弹道,即母弹弹道和子弹(含伞弹系统)弹道。由于研究子弹弹道必须由母弹弹道计算提供子弹到计算所需的诸元初值,因此这实际上需要解决子母弹全弹道计算问题。为了计算主动弹道,需要知道炮口诸元值;为了计算子弹弹道,需要知道抛射点诸元值。因此,对母弹在发射器内的运动和子弹抛射过程的研究,即发射动力学和抛射动力学也属于母弹外弹道特性的研究范畴。

对于母弹外弹道特性的研究,包括如下一些内容:

(1) 母弹的散布特性研究。母弹的散布特性及母弹的密集度,是子母弹的一个重要的技术指标,与子母弹的射击效力密切相关。设计性能的优良的子母弹,其母弹必须具有适当较高的密集度指标。

(2) 母弹和子弹飞行稳定性研究。子母弹飞行稳定性研究的重要性是不言而喻的。只有母弹飞行的稳定性,才能把子弹达到预定的目标上空,并使母弹具有较高的密集度。只有子弹飞行稳定性,才能使保证子弹在地面的分布合理,使子弹具有较高的杀伤威力。

(3) 子弹抛射诸元对子弹的地面分布的影响。通过对这方面内容的研究,给出了子弹合理的抛射高度和抛射速度等值。

5.4.1 子母弹全弹道计算

1. 子母弹弹道模型及其应用

子母弹全弹道计算主要包括母弹弹道计算和子弹弹道计算,其中包括有母弹弹道计算提供的子母弹抛射点的诸元和作为子母弹抛射过程动力学模型的初始条件进行计算;抛射过程结束时的参数,将作为子弹飞行动力学模型的初始条件二次计算。

2. 子弹群落点分布的计算方法

子弹群落点分布的形状和大小,直接影响毁伤目标的效果。在总体设计时,为了确定子弹的抛射速度,在子母弹使用中,也需要知道在各种发射条件和抛射条件下子弹落点分布规律。由此可见,无论在母弹研制中或使用前,均需知道子弹群的落点的分布范围,以便进行有关的计算工作。

若从理论上得到子弹群的落点位置,就需计算子母弹弹道。任一条子母弹都是由母弹弹道和子弹弹道组成的。由于在子弹抛出之前,子弹随母弹一起飞行,每一枚子弹具有相同的母弹弹道,故计算每个子弹落点时,母弹弹道无需重复计算,只要在计算子弹弹道前计算一次就可以了,而且母弹弹道只需计算到抛射点就够了。当母弹弹道算完之后,将抛射点的母弹弹道诸元储存起来,首先分别用子弹的抛射条件和抛射点的母弹弹道主演确定子弹弹道的初始条件,然后计算子弹弹道的落点诸元,经过数据处理计算结果,便可用图标形式输出来。

倘若子弹是分批抛完的,第二批子弹弹道的计算方法与第一批子弹弹道的计算方法相同,但母弹弹道的计算方法却有些差异。在计算第二批子弹弹道之前,利用第一批抛射点的母弹弹道诸元作为弹道初始条件,将母弹弹道从第一批抛射点计算到第二个抛射点。由于第一批抛撒出之后,母弹的结构参数和气动力参数都有变化,在计算第二弹道时,要采用母弹的新参数。按第二批子弹弹道的计算方法,则可将分批抛出的子弹弹道计算出来。

5.4.2 子弹的运动规律和运动特性

1. 抛射点速度的计算

设抛射点母弹的速度为 v_m,由于母弹旋转引起子弹的切向速度为 $v_{oт}$,子弹沿锥面向

前的抛射速度为 v_s，锥体的半顶角为 α。当 $\alpha = 0$ 时，就是前抛情况；当 $\alpha = 90°$ 时，就是侧抛情况；当 $\alpha = 180°$ 时，就是后抛情况。在抛射时，子弹所处的位置不同，这三种速度的合成结果不同。在抛射点母弹速度 v_m 在地面坐标系各轴轴的投影为

$$\boldsymbol{v}_{m} = \begin{Bmatrix} v_{mx} \\ v_{my} \\ v_{mz} \end{Bmatrix} \tag{5.13}$$

该值通过对母弹弹道计算给出。

在计算子弹的地面分布时，为了方便起见，在此只为计算具有代表性的上、下、左、右4枚典型子弹的弹道，给出了这4枚子弹的抛射速度的合成结果，见图5.5。

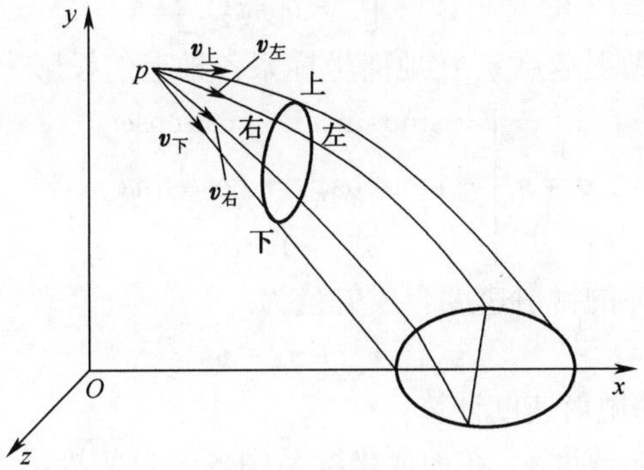

图5.5 子弹地面分布范围示意图

(1)最上一枚子弹的抛射速度计算：

母弹旋转引起的切向速度 $\boldsymbol{v}_{o\tau}$ 在地面坐标系中各轴上的投影为

$$\boldsymbol{v}_{o\tau} = v_{o\tau}\begin{bmatrix} -\sin\varphi_2\cos\varphi_a \\ -\sin\varphi_2\sin\varphi_a \\ \cos\varphi_2 \end{bmatrix} \tag{5.14}$$

子弹沿锥面向前的抛射速度 $\boldsymbol{v}_s$ 在地面坐标系各轴上的投影为

$$\boldsymbol{v}_{s} = v_{s}\begin{bmatrix} -\sin\alpha\sin\varphi_a + \cos\alpha\cos\varphi_a \\ \sin\alpha\cos\varphi_a + \cos\alpha\sin\varphi_a \\ 0 \end{bmatrix} \tag{5.15}$$

这样最上面一枚子弹的抛射速度合成矢量为

$$\boldsymbol{v}_{\Sigma u} = \boldsymbol{v}_{o\tau} + \boldsymbol{v}_{m} + \boldsymbol{v}_{s} \tag{5.16}$$

(2)最右一枚子弹的抛射速度计算：

母弹旋转引起的切向速度 $\boldsymbol{v}_{o\tau}$ 在地面坐标系中各轴上的投影为

$$\boldsymbol{v}_{o\tau} = v_{o\tau}\begin{bmatrix} \sin\varphi_a \\ -\cos\varphi_a \\ 0 \end{bmatrix} \tag{5.17}$$

子弹沿锥面向前的抛射速度 $\boldsymbol{v}_s$ 在地面坐标系各轴上的投影为

$$\boldsymbol{v}_{s} = \boldsymbol{v}_{s}\begin{bmatrix} -\sin\alpha\sin\varphi_2\cos\varphi_a + \cos\alpha\cos\varphi_2\cos\varphi_a \\ -\sin\alpha\sin\varphi_2\sin\varphi_a + \cos\alpha\cos\varphi_2\sin\varphi_a \\ \sin\alpha\cos\varphi_2 + \cos\alpha\sin\varphi_2 \end{bmatrix} \tag{5.18}$$

这样最右面一枚子弹的抛射速度合成矢量为

$$\boldsymbol{v}_{\Sigma r} = \boldsymbol{v}_{o\tau} + \boldsymbol{v}_{m} + \boldsymbol{v}_{s} \tag{5.19}$$

(3)最下面一枚子弹的抛射速度计算:

母弹旋转引起的切向速度 $\boldsymbol{v}_{o\tau}$ 在地面坐标系中各轴上的投影为

$$\boldsymbol{v}_{o\tau} = \boldsymbol{v}_{o\tau}\begin{bmatrix} \sin\varphi_2\cos\varphi_a \\ \sin\varphi_2\cos\varphi_a \\ -\cos\varphi_2 \end{bmatrix} \tag{5.20}$$

子弹沿锥面向前的抛射速度 $\boldsymbol{v}_s$ 在地面坐标系各轴上的投影为

$$\boldsymbol{v}_{s} = \boldsymbol{v}_{s}\begin{bmatrix} -\sin\alpha\sin\varphi_a + \cos\alpha\cos\varphi_a \\ -\sin\alpha\cos\varphi_a + \cos\alpha\sin\varphi_a \\ 0 \end{bmatrix} \tag{5.21}$$

这样最右面一枚子弹的抛射速度合成矢量为

$$\boldsymbol{v}_{\Sigma d} = \boldsymbol{v}_{o\tau} + \boldsymbol{v}_{m} + \boldsymbol{v}_{s} \tag{5.22}$$

(4)最左一枚子弹的抛射速度计算:

母弹旋转引起的切向速度 $\boldsymbol{v}_{o\tau}$ 在地面坐标系中各轴上的投影为

$$\boldsymbol{v}_{o\tau} = \boldsymbol{v}_{o\tau}\begin{bmatrix} -\sin\varphi_a \\ \cos\varphi_a \\ 0 \end{bmatrix} \tag{5.23}$$

子弹沿锥面向前的抛射速度 $\boldsymbol{v}_s$ 在地面坐标系各轴上的投影为

$$\boldsymbol{v}_{s} = \boldsymbol{v}_{s}\begin{bmatrix} \sin\alpha\sin\varphi_2\cos\varphi_a + \cos\alpha\cos\varphi_2\cos\varphi_a \\ \sin\alpha\sin\varphi_2\sin\varphi_a + \cos\alpha\cos\varphi_2\sin\varphi_a \\ -\sin\alpha\cos\varphi_2 + \cos\alpha\sin\varphi_2 \end{bmatrix} \tag{5.24}$$

这样最右面一枚子弹的抛射速度合成矢量为

$$\boldsymbol{v}_{\Sigma l} = \boldsymbol{v}_{o\tau} + \boldsymbol{v}_{m} + \boldsymbol{v}_{s} \tag{5.25}$$

以上所需的切向速度$\boldsymbol{v}_{o\tau}$、抛射点母弹速度$\boldsymbol{v}_m$之间的值将由母弹弹道计算给出,子弹抛射速度可由抛射动力学模型计算求得。

2. 子弹非线性飞行稳定性

子弹的运动稳定性主要取决于子弹的动态稳定性。判别子弹运动稳定性的方法有两点:一是应用 6 自由度运动微分方程,直接计算出攻角 δ 随飞行时间 t 或弹道弧长 s 的变化规律,即攻角曲线 $\delta(t)$ 或 $\delta(s)$ 进行判别;若 δ 随时间 t 或 s 的增加而衰减或 δ 被限定为所求的范围之内,则说明是动态稳定的,否则就是动态不稳定的;二是应用动态稳定性判据,以 4 自由度的数学模型计算出速度 v 和转速 $\dot{\gamma}$ 的变化,并计算出陀螺稳定因子 S_g和动态稳定因子 S_d,然后应用判据

$$\frac{1}{S_g} < 1 - S_d^2 \tag{5.26}$$

进行检查,若在全弹道上不满足该不等式,则说明是动态稳定的,否则就是动态不稳定的。

需要指出,子弹的线性角运动和非线性角运动是有显著差别的,比如线性角运动稳定与否同初始条件无关,而非线性角运动稳定与否则同初始条件密切相关;线性角运动只存在攻角幅值为零的极限运动,为非线性角运动,不但存在攻角幅值为零的极限运动,而且还存在攻角幅值不为零的极限运动。

3. 子弹落点分布的影响因素

影响子弹落点散布的因素很多。在诸多的影响因素中,有的因素对所有的子弹都产生影响,有的仅对个别子弹产生影响。据此将这些因素分为两大类。第一类影响因素为对所有的子弹都产生影响的因素,主要包括:地球并非球体以及地球自转因素;大气密度、温度及风的影响;母弹解爆点速度、解爆高度、旋转角速度及弹道倾角。第二类影响因素只对单个子弹产生作用,如子弹的质量偏差、气动力偏差等。

上述各因素中,第二类影响属于偶然性偏差,对多子弹系统进行研究时,其影响可以忽略,地球自转角速度、地球扁率、空气密度以及温度因素,对子弹运动的影响非常小,也可忽略。

第 6 章　末敏弹飞行力学

6.1　末敏弹概述

末敏弹（Terminal-Sensitive Projectile，TSP）是末端敏感弹药的简称，又称“敏感器引爆弹药”。末敏弹是一种把先进的敏感器技术和爆炸成形弹丸（Explosively Formed Projectile，EFP）技术应用到子母弹领域中的新型灵巧弹药，它利用常规火炮射击精度高的优点，把母弹发射到目标区上空，抛出末敏子弹，经过减速减旋、稳态扫描后，在弹道末端自动搜索、探测、识别、定位目标，并使 EFP 战斗部朝向目标方向爆炸，主要用于攻击集群坦克的顶装甲。为了使敏感器能对目标区进行扫描发现目标，末敏弹必须有稳态扫描装置，使末敏子弹在一边下落时一边绕铅直轴旋转，形成对地面的螺旋线扫描如图 6.1 所示。

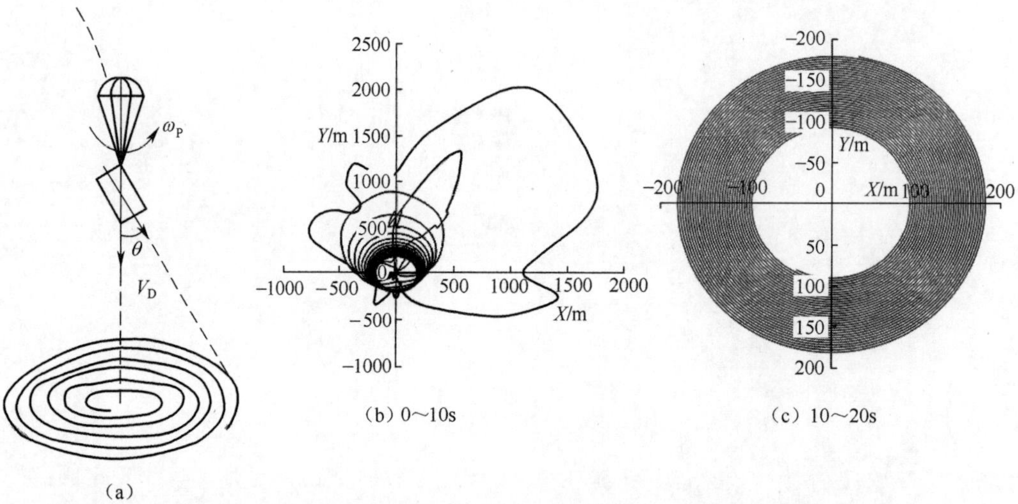

图 6.1　末敏弹扫描及在不同时段下的地面扫描螺旋线示意图

末敏弹稳态扫描运动的主要参数是转速、落速及扫描角。扫描转速 ω_P 是指子弹纵轴绕铅直轴旋转的角速度。落速 V_D 是子弹质心下落的速度。扫描角 θ 是指子弹纵轴（敏感器轴沿此方向）与铅直线的夹角，如图 6.1 所示。转速、落速和扫描角必须匹配好，才能使地面扫描螺线的间距小于目标宽度的 1/2，以保证在目标区内对静止目标至少能扫描到两次。末敏弹的稳态扫描装置应保证这几个扫描参数稳定，否则会影响探测器对目标探测和识别的准确度以及 EFP 对目标的射击精度。

末敏弹的稳态扫描可由两种方法形成，一种是采用旋转降落伞，另一种是不用降落伞而用子弹自身的气动外形和质量分布不对称形成旋转扫描。本章将对有伞末敏弹及无伞末敏弹的受力特点、弹道模型及稳态扫描运动特性进行分别讨论。

6.2 有伞末敏弹飞行动力学

在进行末敏弹飞行弹道研究过程中,通常将全弹道分为四段:第一段为母弹飞行弹道,第二段为减速减旋段飞行弹道,第三段为稳态扫描段飞行弹道,第四段为 EFP 飞行弹道,如图 6.2 所示。

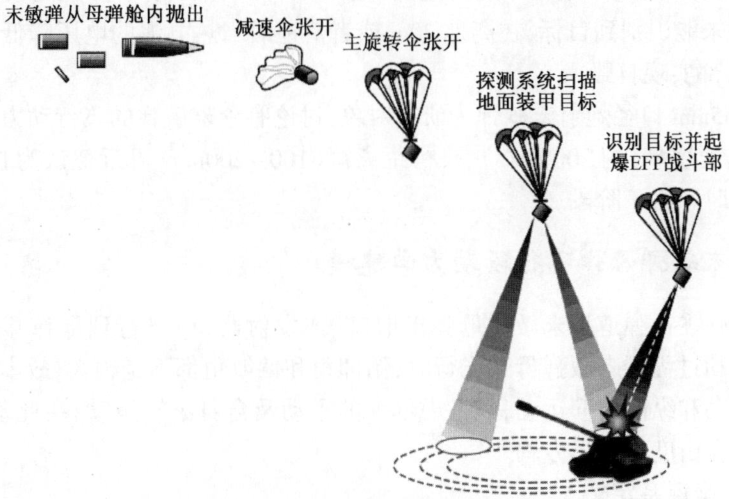

图 6.2 典型末敏弹的全弹道作用过程

1. 末敏弹母弹飞行(含开舱抛射)阶段

当母弹被发射后,按照预定的外弹道运动规律飞行至目标区上空后,时间引信在预定时刻点被激活,引燃抛射药,当火药气体压力升高至一定值时,弹底螺纹被剪断,弹底、后子弹、前子弹、拱形推板等被依次抛出,与此同时,热电池延期激活装置的延期药被点燃。

2. 末敏子弹减速减旋段

在高速旋转产生的惯性离心力作用下,弹底的柔性减速装置张开,以达到快速减速并与前后子弹分离的目的,当分离距离达到给定值时,减速伞的锁紧装置在开伞绳的拉力作用下被拉开,弹底在自由状态下远离后子弹。同时,后子弹减速伞张开、充气并迅速减速,当前后子弹的分离距离达到一定值时,开伞绳拉开前子弹减速伞的锁紧装置,随即减速伞张开并充气,前后子弹很快实现分离。

3. 末敏子弹稳态扫描段

末敏子弹上的热电池在延期药点燃后被激活,弹载电子舱上电复位,并开始计时,为了使前后子弹分离距离达到预定要求,前后子弹的减速伞要在不同的时刻下被抛掉。对于前子弹,当计时达到 5s 时,点燃爆炸螺栓,减速伞分离的同时拉出旋转伞的开伞绳。而对于后子弹,则要求计时达到约 6s 后,发出分离减速伞并拉出旋转伞开伞绳的指令,此时前后子弹的速度约为 50m/s,转速约为 10r/s。当前后子弹的减速伞与子弹分离后,红外敏感器弹弹出并锁定,安全起爆装置的第二道保险解除;旋转伞的伞袋被拉开,主旋转降落伞张开,同时产生的惯性力使得子弹前端的毫米波天线罩脱落,伞弹连接装置的摩擦盘解锁。

摩擦盘解锁后,子弹的弹轴与铅垂轴成一定角度,通过摩擦盘的导旋作用,旋转降落伞带动弹体实现同步旋转,与此同时,子弹的敏感器视场在地面以螺旋线形式由外向内对地面装甲目标进行稳态扫描,当子弹距离地面高度达到预定值时,复合探测器开始对目标进行探测识别,在此过程中,子弹的稳定下落速度约为 10~15m/s,转速约稳定于 3~5r/s。

4. EFP 战斗部起爆攻击阶段

当末敏子弹探测并识别到装甲目标后,根据其距离地面的高度、转速以及目标的检测识别算法等,计算最佳瞄准点,并适时起爆 EFP 战斗部,爆炸成型弹丸的攻击速度约为 2000m/s,如果未能识别到目标,在离地 20m 或者落地后当热电池的电压降低至给定值时起爆 EFP 战斗部实现自毁。

本章以 155mm 口径炮射末敏弹为研究对象,讨论有伞末敏弹的飞行动力学建模。由于 EFP 的攻击速度高(约 2000m/s)、飞行距离短(100~200m),可近似认为直线飞行,因此在弹道建模时忽略该阶段。

6.2.1 末敏弹母弹飞行段动力学建模

末敏弹母弹飞行弹道指末敏弹母弹出炮口(或发射器口)飞行到母弹开舱抛出末敏子弹这一段运动过程。末敏弹母弹飞行时,俯仰角和偏航角都不是很大,故本书忽略母弹的横向偏航运动和纵向俯仰运动,只考虑母弹的平动及自身滚转运动,在此基础上,建立末敏弹母弹 4 自由度动力学方程。

6.2.1.1 坐标系定义

1. 基准坐标系 $O'XYZ$

基准坐标系 $O'XYZ$:以炮口中心为原点 O', $O'X$ 轴为射击面与炮口水平面的交线,顺时针为正; $O'Y$ 轴在射击面内铅垂向上; $O'Z$ 轴垂直于射击面,按右手法则确定。该坐标系用于确定母弹质心坐标。

2. 平动坐标系 $OXYZ$

将基准坐标系的原点移至母弹质心上,母弹在运动中,各坐标轴方向不变,用于确定弹轴和速度的方位。

3. 弹轴坐标系 $OX_1Y_1Z_1$

取母弹质心为坐标原点, OX_1 轴沿弹轴向前为正; OY_1 轴垂直于弹轴向上为正; OZ_1 轴由右手法则确定,用于表示弹轴在空间的方位。

6.2.1.2 受力分析

(1)重力 $\boldsymbol{G}$ 在平动坐标系中投影的表达式为

$$\boldsymbol{G} = \begin{bmatrix} 0 \\ -mg \\ 0 \end{bmatrix} \tag{6.1}$$

式中: g 为重力加速度, $\mathrm{m/s^2}$; m 为母弹的质量,kg。

(2) 空气阻力 $\boldsymbol{R}_x$。 空气阻力 $\boldsymbol{R}_x$ 沿相对速度的相反方向,在平动坐标系中投影的表达式为

$$\boldsymbol{R}_x = -mb_x V_r \begin{bmatrix} V_x - W_x \\ V_y \\ V_z - W_z \end{bmatrix} \tag{6.2}$$

式中：$b_x = \dfrac{\rho S C_x}{2m}$；$V_r = \sqrt{(V_x - W_x)^2 + V_y{}^2 + (V_z - W_z)^2}$ 为相对速度。

其中：ρ 为空气密度，kg/m^3；S 为弹体的最大横截面积，m^2；C_x 为弹体阻力系数；V_r 为相对速度，m/s；W_x、W_z 为横风和纵风速度，m/s；V_y、V_y、V_z 为母弹的飞行速度分量，m/s。

(3) 极阻尼力矩 $\boldsymbol{M}_{xz}$。极阻尼力矩是阻碍母弹自转的力矩，与角速度 $\dot{\gamma}$ 反向。在弹轴坐标系中的表达式为

$$\boldsymbol{M}_{xz} = Ck_{xz} V_r \dot{\gamma} \begin{bmatrix} -1 \\ 0 \\ 0 \end{bmatrix} \tag{6.3}$$

式中：$k_{xz} = \dfrac{\rho S l d m'_{xz}}{2C}$。$m'_{xz}$ 为极阻尼力矩系数倒数；l 为弹体长度，m；C 为极转动惯量，kg·m^2。

6.2.1.3 运动方程的建立

根据动量定理 $m\dfrac{\mathrm{d}\boldsymbol{v}}{\mathrm{d}t} = \sum \boldsymbol{F}$ 及动量矩定律 $\dfrac{\mathrm{d}\boldsymbol{H}}{\mathrm{d}t} = \sum \boldsymbol{M}$，将式(6.1)~式(6.3)代入力和力矩，加入速度与位移，转角与转速的关系，通过整理，得到母弹运动方程为

$$\begin{cases} \dfrac{\mathrm{d}V_x}{\mathrm{d}t} = -b_x V_r (V_x - W_x) \\ \dfrac{\mathrm{d}V_y}{\mathrm{d}t} = -b_x V_r V_y - g \\ \dfrac{\mathrm{d}V_z}{\mathrm{d}t} = -b_x V_r (V_z - W_z) \\ \dfrac{\mathrm{d}\dot{\gamma}}{\mathrm{d}t} = -k_{xz} V_r \dot{\gamma} \\ \dfrac{\mathrm{d}x}{\mathrm{d}t} = V_x \\ \dfrac{\mathrm{d}y}{\mathrm{d}t} = V_y \\ \dfrac{\mathrm{d}z}{\mathrm{d}t} = V_z \end{cases} \tag{6.4}$$

式中：$b_x = \dfrac{\rho S C_x}{2m}$；$V_r = \sqrt{(V_x - W_x)^2 + V_y{}^2 + (V_z - W_z)^2}$ 为相对速度 ρ 为空气密度，S 为弹体的最大横截面积，C_x 为弹体阻力系数)；W_x 和 W_z 为横风和纵风速度；V_y、V_y 和 V_z 为母弹的飞行速度分量；$\dot{\gamma}$ 为角速度。

6.2.2 末敏子弹减速减旋段动力学建模

末敏子弹从母弹抛出后的运动可分为两个阶段:从抛撒点至稳态扫描的旋转伞打开之前为减速减旋段,主旋转伞张开到末敏子弹落地前的运动均为稳态扫描段。由于子弹通过抛射药的作用被抛出,所以抛出后的末敏子弹下落速度及旋转速度都很高。为了保证主旋转伞张开条件,必须在减速减旋段展开弹体上的减速伞,张开减旋翼,达到降速减旋的目的,直到速度降到允许主旋转伞张开的强度,转速降到伞绳不会缠绕,方可打开主旋转伞进入稳态扫描,减速减旋段的运行时间根据抛射高度可以从几秒到几十秒不等。

由于减速伞采用的是对称性的平面圆形伞,伞的外形及质量(指伞的附加质量)虽然会有所改变,但其变化量很小。在低速运动时,弹体尾流对伞的阻力系数影响很小,即使在高速运动中,当伞衣直径大于弹体最大尺寸3倍以上时,尾流中伞衣阻力系数仍与自由气流中伞衣阻力系数非常接近。因此,在建立减速减旋运动的动力学模型中,可忽略伞在运动过程中的柔性变化,将降落伞刚化成一个对称体处理,伞与子弹体之间的连接简化为一个柱铰,建立伞弹系统的二刚体模型(图6.3)。

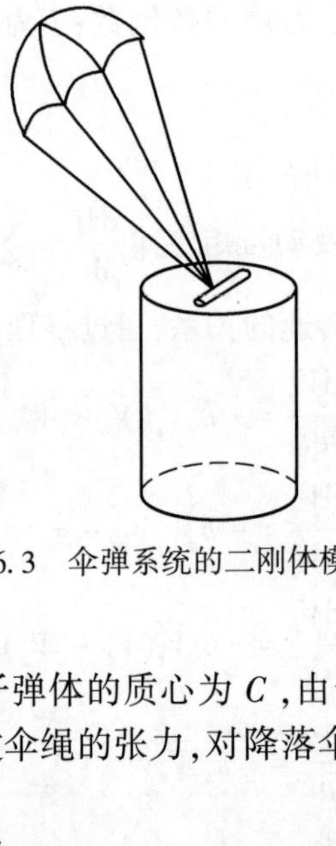

图6.3 伞弹系统的二刚体模型

6.2.2.1 坐标系

设降落伞的质心为 O ,末敏子弹体的质心为 C ,由于伞绳与子弹体底部上通过柱铰进行连接,当子弹体转动时会通过伞绳的张力,对降落伞产生一个扭转力矩,使降落伞随子弹体一起运动。

1. 地面惯性坐标系 $O_0X_0Y_0Z_0$

O_0 为末敏子弹抛撒时刻子弹质心在地面投影点, O_0X_0 轴水平沿射击方向, O_0Y_0 轴在铅垂面内垂直于 OX_0 轴且向上为正, OZ_0 轴由右手法则确定。三轴的单位矢量记为 $\boldsymbol{i}$、$\boldsymbol{j}$、$\boldsymbol{k}$ 。该坐标系主要用于确定降落伞刚体和弹体刚体的质心坐标,并作为固连系的方向基准。

2. 降落伞固连坐标系 $OXYZ$

O 为降落伞的质心, OY 轴沿降落伞的对称轴向上, OZ 与 OY 垂直且平行于伞弹连接销钉, OX 由右手法则确定。$OXYZ$ 各轴的单位矢量为 $\boldsymbol{i}_o$、$\boldsymbol{j}_o$、$\boldsymbol{k}_o$ 。

3. 降落伞平动坐标系 $OX_0Y_0Z_0$

O 为降落伞的质心,其三个坐标轴分别平行于固定坐标系 $O_0X_0Y_0Z_0$ 的三个坐标轴,且指向一致。

4. 末敏子弹体固连坐标系 *CXYZ*

C 为子弹体的质心，CY 轴沿子弹体的对称轴向上，CZ 与 CY 垂直且平行于伞弹连接销钉，CX 由右手法则确定。$CXYZ$ 各轴的单位矢量为 $\boldsymbol{i}_c$、$\boldsymbol{j}_c$、$\boldsymbol{k}_c$。

5. 末敏子弹体平动坐标系 $CX_0Y_0Z_0$

C 为子弹体的质心，其三个坐标轴分别平行于固定坐标系 $O_0X_0Y_0Z_0$ 的三个坐标轴，且指向一致。

设子弹体固连坐标系 $CXYZ$ 与平动坐标系 $CX_0Y_0Z_0$ 的关系转换矩阵 $\boldsymbol{A}$ 为

$$\boldsymbol{A} = \begin{bmatrix} A_{11} & A_{12} & A_{13} \\ A_{21} & A_{22} & A_{23} \\ A_{31} & A_{32} & A_{33} \end{bmatrix}$$

假设子弹体固连坐标系 $CXYZ$ 开始时与平动坐标系 $CX_0Y_0Z_0$ 重合，则 $CXYZ$ 坐标系的位置可以由如下三次顺序转动得到：先将子弹体绕 CY_0 轴转动 ψ 角，再绕处于新位置的 CZ_0 轴转动 θ 角，最后绕处于新位置的 CY_0 轴转动 φ 角，于是得到转换矩阵 $\boldsymbol{A}$ 的表达式为

$$\boldsymbol{A} = \begin{bmatrix} \cos\varphi\cos\theta\cos\psi - \sin\varphi\sin\psi & \cos\varphi\sin\theta & -\cos\varphi\cos\theta\sin\psi - \sin\varphi\cos\psi \\ -\sin\theta\cos\psi & \cos\theta & \sin\theta\sin\psi \\ \sin\varphi\cos\theta\cos\psi - \cos\varphi\sin\psi & \sin\varphi\sin\theta & -\sin\varphi\cos\theta\sin\psi + \cos\varphi\cos\psi \end{bmatrix} \tag{6.5}$$

设降落伞固连坐标系 $OXYZ$ 和子弹体固连坐标系 $CXYZ$ 的关系转换矩阵为 $\boldsymbol{B}$。

令降落伞体相对末敏子弹体的角速度为 $\dot{\alpha}$，则 CY 轴与 OY 轴的夹角为 α，于是可以得到 $CXYZ$ 到固连坐标系 $OXYZ$ 的转换矩阵 $\boldsymbol{B}$。

$$\boldsymbol{B} = \begin{bmatrix} \cos\alpha & \sin\alpha & 0 \\ -\sin\alpha & \cos\alpha & 0 \\ 0 & 0 & 1 \end{bmatrix} \tag{6.6}$$

6.2.2.2 运动学分析

1. 质心矢径关系

设 D 点为伞弹的连接点，a 为悬挂点至降落伞质心的距离，b 为悬挂点至末敏子弹质心的距离，在地面坐标系中，伞刚体的矢径为 $\boldsymbol{r}_o$，子弹体质心的矢径为 $\boldsymbol{r}_c$，如图 6.4 所示，则有：

$$\boldsymbol{r}_o = \boldsymbol{r}_c + \overline{CD} + \overline{DO} \tag{6.7}$$

2. 角速度关系

$$\boldsymbol{\omega}_o = \boldsymbol{\omega}_c + \dot{\alpha}\boldsymbol{k}_1 \tag{6.8}$$

降落伞固连坐标系 $OXYZ$ 绕平动坐标系 $OX_0Y_0Z_0$ 的角速度在坐标系 $OXYZ$ 上的投影为

$$\boldsymbol{\omega}_o = [\omega_{ox} \quad \omega_{oy} \quad \omega_{oz}]^{\mathrm{T}} \tag{6.9}$$

末敏子弹体固连坐标系 $CXYZ$ 绕平动坐标系 $CX_0Y_0Z_0$ 的角速度在坐标系 $CXYZ$ 上的投影为

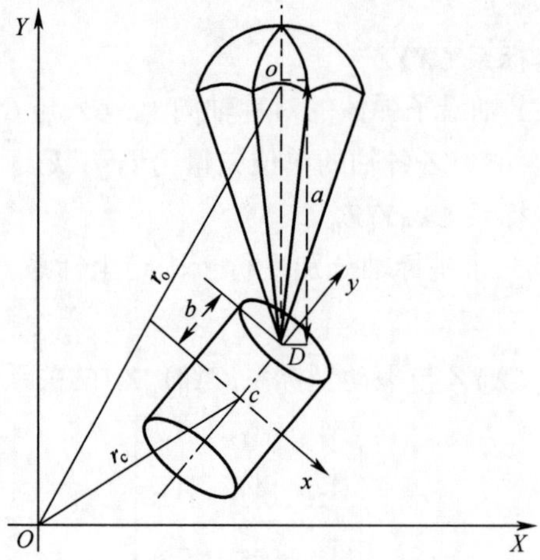

图 6.4 伞弹连接关系示意图

$$\boldsymbol{\omega}_c = \begin{bmatrix} \omega_{cx} & \omega_{cy} & \omega_{cz} \end{bmatrix}^{\mathrm{T}} \tag{6.10}$$

根据刚体绕相交轴转动的合成法则,有

$$\boldsymbol{\omega}_c = \dot{\boldsymbol{\psi}} + \dot{\boldsymbol{\theta}} + \dot{\boldsymbol{\varphi}}$$

将该式在 $CXYZ$ 上投影,得

$$\begin{bmatrix} \omega_{cx} \\ \omega_{cy} \\ \omega_{cz} \end{bmatrix} = \begin{bmatrix} \dot{\psi}\sin\theta\cos\varphi - \dot{\theta}\sin\varphi \\ \dot{\psi}\cos\theta + \dot{\varphi} \\ \dot{\psi}\sin\theta\sin\varphi + \dot{\theta}\cos\varphi \end{bmatrix} \tag{6.11}$$

则有

$$\begin{aligned} \dot{\psi} &= (\omega_{cx}\cos\varphi + \omega_{cz}\sin\varphi)/\sin\theta \\ \dot{\theta} &= -\omega_{cx}\sin\varphi + \omega_{cz}\cos\varphi \\ \dot{\varphi} &= \omega_{cy} - (\omega_{cx}\cos\varphi + \omega_{cz}\sin\varphi)\cot\theta \end{aligned} \tag{6.12}$$

由式(6.8)可知在 $CXYZ$ 坐标系下:

$$\boldsymbol{\omega}_o = \boldsymbol{\omega}_c + \dot{\alpha}\boldsymbol{k}_1 = \begin{bmatrix} \omega_{cx} \\ \omega_{cy} \\ \omega_{cz} + \dot{\alpha} \end{bmatrix} \tag{6.13}$$

在 $OXYZ$ 坐标系下:

$$\boldsymbol{\omega}_o = \begin{bmatrix} \omega_{cx}\cos\alpha + \omega_{cy}\sin\alpha \\ -\omega_{cx}\sin\alpha + \omega_{cy}\cos\alpha \\ \omega_{cz} + \dot{\alpha} \end{bmatrix} \tag{6.14}$$

3. 角加速度关系

末敏子弹体在固连坐标系 $CXYZ$ 的角加速度为

$$\dot{\boldsymbol{\omega}}_c = \begin{bmatrix} \dot{\omega}_{cx} \\ \dot{\omega}_y \\ \dot{\omega}_z \end{bmatrix} \tag{6.15}$$

降落伞在固连坐标系 $CXYZ$ 的角加速度为

$$\dot{\boldsymbol{\omega}}_o = \dot{\boldsymbol{\omega}}_c + \ddot{\boldsymbol{\alpha}}\boldsymbol{k}_1 = \begin{bmatrix} \dot{\omega}_{cx} \\ \dot{\omega}_{cy} \\ \dot{\omega}_{cz} + \ddot{\alpha} \end{bmatrix} \tag{6.16}$$

降落伞在固连坐标系 $OXYZ$ 的角加速度为

$$\dot{\boldsymbol{\omega}}_o = \boldsymbol{B}\begin{bmatrix} \dot{\omega}_{cx} \\ \dot{\omega}_{cy} \\ \dot{\omega}_{cz} + \ddot{\alpha} \end{bmatrix} = \begin{bmatrix} \dot{\omega}_{cx}\cos\alpha + \dot{\omega}_{cy}\sin\alpha \\ -\dot{\omega}_{cx}\sin\alpha + \dot{\omega}_{cy}\cos\alpha \\ \dot{\omega}_{cz} + \ddot{\alpha} \end{bmatrix} \tag{6.17}$$

4. 速度关系

设 $\boldsymbol{V}_c$ 在 $CX_0Y_0Z_0$ 的速度为

$$\boldsymbol{V}_c = [v_{cx} \quad v_{cy} \quad v_{cz}]^{\mathrm{T}}$$

对式(6.7)两端求导得

$$\boldsymbol{V}_o = \boldsymbol{V}_c + \frac{\mathrm{d}\,\overline{CD}}{\mathrm{d}t} + \frac{\mathrm{d}\,\overline{DO}}{\mathrm{d}t} + \boldsymbol{\omega}_c \times \overline{CD} + \boldsymbol{\omega}_o \times \overline{DO} \tag{6.18}$$

在 $CXYZ$ 系中

$$\boldsymbol{\omega}_c \times \overline{CD} = \begin{bmatrix} -\omega_{cz}b \\ 0 \\ \omega_{cx}b \end{bmatrix} \tag{6.19}$$

变换到 $CX_0Y_0Z_0$ 系下

$$\begin{bmatrix} V_{ccdx} \\ V_{ccdy} \\ V_{ccdz} \end{bmatrix} = b\begin{bmatrix} -A_{11}\omega_{cz} + A_{31}\omega_{cx} \\ -A_{12}\omega_{cz} + A_{32}\omega_{cx} \\ -A_{13}\omega_{cz} + A_{33}\omega_{cx} \end{bmatrix} \tag{6.20}$$

在 $OXYZ$ 系中,由式(6.14)得

$$\boldsymbol{\omega}_o \times \overline{DO} = \begin{bmatrix} (\omega_{cz} + \dot{\alpha})a \\ 0 \\ -(\omega_{cx}\cos\alpha + \omega_{cy}\sin\alpha)a \end{bmatrix} \tag{6.21}$$

变换到 $OX_0Y_0Z_0$ 系下

$$\begin{bmatrix} V_{odox} \\ V_{odoy} \\ V_{odoz} \end{bmatrix} = \boldsymbol{A}^{-1}\boldsymbol{B}^{-1}\begin{bmatrix} (\omega_{cz} + \dot{\alpha})a \\ 0 \\ -(\omega_{cx}\cos\alpha + \omega_{cy}\sin\alpha)a \end{bmatrix}$$

$$
= \begin{bmatrix} (A_{11}\cos\alpha + A_{21}\sin\alpha)(\omega_{cz} + \dot{\alpha})a - (\omega_{cx}\cos\alpha + \omega_{cy}\sin\alpha)aA_{31} \\ (A_{12}\cos\alpha + A_{22}\sin\alpha)(\omega_{cz} + \dot{\alpha})a - (\omega_{cx}\cos\alpha + \omega_{cy}\sin\alpha)aA_{32} \\ (A_{13}\cos\alpha + A_{23}\sin\alpha)(\omega_{cz} + \dot{\alpha})a - (\omega_{cx}\cos\alpha + \omega_{cy}\sin\alpha)aA_{33} \end{bmatrix} \tag{6.22}
$$

在 $O_0X_0Y_0Z_0$ 系中

$$
\boldsymbol{V}_o = \begin{bmatrix} V_{ox} \\ V_{oy} \\ V_{oz} \end{bmatrix} = \begin{bmatrix} V_{cx} + V_{ccdx} + V_{odox} \\ V_{cy} + V_{ccdy} + V_{odoy} \\ V_{cz} + V_{ccdz} + V_{odoz} \end{bmatrix} = \begin{bmatrix} V_{cx} - A_{11}\omega_{cz}b + A_{31}\omega_{cx}b \\ V_{cy} - A_{12}\omega_{cz}b + A_{32}\omega_{cx}b \\ V_{cz} - A_{13}\omega_{cz}b + A_{33}\omega_{cx}b \end{bmatrix.
$$

$$
\begin{matrix} + (A_{11}\cos\alpha + A_{21}\sin\alpha)(\omega_{cz} + \dot{\alpha})a - (\omega_{cx}\cos\alpha + \omega_{cy}\sin\alpha)aA_{31} \\ + (A_{12}\cos\alpha + A_{22}\sin\alpha)(\omega_{cz} + \dot{\alpha})a - (\omega_{cx}\cos\alpha + \omega_{cy}\sin\alpha)aA_{32} \\ + (A_{13}\cos\alpha + A_{23}\sin\alpha)(\omega_{cz} + \dot{\alpha})a - (\omega_{cx}\cos\alpha + \omega_{cy}\sin\alpha)aA_{33} \end{matrix} \Bigg] \tag{6.23}
$$

5. 加速度关系

对式(6.18)两端求导得到:

$$
\dot{\boldsymbol{V}}_o = \dot{\boldsymbol{V}}_c + \dot{\boldsymbol{\omega}}_c \times \overline{CD} + \boldsymbol{\omega}_c \times (\boldsymbol{\omega}_c \times \overline{CD}) + \dot{\boldsymbol{\omega}}_o \times \overline{DO} + \boldsymbol{\omega}_o \times (\boldsymbol{\omega}_o \times \overline{DO}) \tag{6.24}
$$

在 $CXYZ$ 系中

$$
\dot{\boldsymbol{\omega}}_c \times \overline{CD} = \begin{vmatrix} i_c & j_c & k_c \\ \dot{\omega}_{cx} & \dot{\omega}_{cy} & \dot{\omega}_{cz} \\ 0 & b & 0 \end{vmatrix} = \begin{bmatrix} -\dot{\omega}_{cz}b \\ 0 \\ \dot{\omega}_{cx}b \end{bmatrix}
$$

$$
\boldsymbol{\omega}_c \times (\boldsymbol{\omega}_c \times \overline{CD}) = \begin{vmatrix} i_c & j_c & k_c \\ \omega_{cx} & \omega_{cy} & \omega_{cz} \\ -\omega_{cz}b & 0 & \omega_{cx}b \end{vmatrix} = b\begin{bmatrix} \omega_{cx}\omega_{cy} \\ -\omega_{cx}^2 - \omega_{cz}^2 \\ \omega_{cy}\omega_{cz} \end{bmatrix}
$$

变换到 $CX_0Y_0Z_0$ 系下

$$
\dot{\boldsymbol{\omega}}_c \times \overline{CD} + \boldsymbol{\omega}_c \times (\boldsymbol{\omega}_c \times \overline{CD}) = \begin{bmatrix} V_{ccdcx} \\ V_{ccdcy} \\ V_{ccdcz} \end{bmatrix} = b\boldsymbol{A}^{-1}\begin{bmatrix} -\dot{\omega}_{cz} + \omega_{cx}\omega_{cy} \\ -\omega_{cx}^2 - \omega_{cz}^2 \\ \dot{\omega}_{cx} + \omega_{cy}\omega_{cz} \end{bmatrix}
$$

$$
= b\begin{bmatrix} A_{11}(-\dot{\omega}_{cz} + \omega_{cx}\omega_{cy}) + A_{21}(-\omega_{cx}^2 - \omega_{cz}^2) + A_{31}(\dot{\omega}_{cx} + \omega_{cy}\omega_{cz}) \\ A_{12}(-\dot{\omega}_{cz} + \omega_{cx}\omega_{cy}) + A_{22}(-\omega_{cx}^2 - \omega_{cz}^2) + A_{32}(\dot{\omega}_{cx} + \omega_{cy}\omega_{cz}) \\ A_{13}(-\dot{\omega}_{cz} + \omega_{cx}\omega_{cy}) + A_{23}(-\omega_{cx}^2 - \omega_{cz}^2) + A_{33}(\dot{\omega}_{cx} + \omega_{cy}\omega_{cz}) \end{bmatrix} \tag{6.25}
$$

在 $OXYZ$ 系中,由式(6.23)得

$$
\dot{\boldsymbol{\omega}}_o \times \overline{DO} = \begin{bmatrix} a(\dot{\omega}_z + \ddot{\alpha}) \\ 0 \\ -a(\dot{\omega}_{cx}\cos\alpha + \dot{\omega}_{cy}\sin\alpha) \end{bmatrix}
$$

由式(6.14)、式(6.21)得

$$\boldsymbol{\omega}_o \times (\boldsymbol{\omega}_o \times \overline{DO}) = \begin{bmatrix} (\omega_{cx}\sin\alpha - \omega_{cy}\cos\alpha)(\omega_{cx}\cos\alpha + \omega_{cy}\sin\alpha)a \\ (\omega_{cz} + \dot{\alpha})^2 a + (\omega_{cx}\cos\alpha + \omega_{cy}\sin\alpha)^2 a \\ (\omega_{cz} + \dot{\alpha})(\omega_{cx}\sin\alpha - \omega_{cy}\cos\alpha)a \end{bmatrix}$$

变换到 $OX_0Y_0Z_0$ 系下

$$\dot{\boldsymbol{\omega}}_o \times \overline{DO} + \boldsymbol{\omega}_o \times (\boldsymbol{\omega}_o \times \overline{DO}) = \begin{bmatrix} V_{odoox} \\ V_{odooy} \\ V_{odooz} \end{bmatrix}$$

$$= a\boldsymbol{A}^{-1}\boldsymbol{B}^{-1}\begin{bmatrix} (\omega_{cx}\sin\alpha - \omega_{cy}\cos\alpha)(\omega_{cx}\cos\alpha + \omega_{cy}\sin\alpha) + (\dot{\omega}_z + \ddot{\alpha}) \\ (\omega_{cz} + \dot{\alpha})^2 + (\omega_{cx}\cos\alpha + \omega_{cy}\sin\alpha)^2 \\ (\omega_{cz} + \dot{\alpha})(\omega_{cx}\sin\alpha - \omega_{cy}\cos\alpha) - (\dot{\omega}_{cx}\cos\alpha + \dot{\omega}_{cy}\sin\alpha) \end{bmatrix} \tag{6.26}$$

在 $O_0X_0Y_0Z_0$ 系中

$$\dot{\boldsymbol{V}}_o = \begin{bmatrix} \dot{v}_{ox} \\ \dot{v}_{oy} \\ \dot{v}_{oz} \end{bmatrix} = \begin{bmatrix} \dot{v}_{cx} + V_{ccdcx} + V_{odoox} \\ \dot{v}_{cy} + V_{ccdcy} + V_{odooy} \\ \dot{v}_{cz} + V_{ccdcz} + V_{odooz} \end{bmatrix} \tag{6.27}$$

将式(6.25)、式(6.26)代入到式(6.27)得到：

$$\begin{cases} \dot{v}_{ox} = \dot{v}_{cx} + A_{11}(-\dot{\omega}_{cz} + \omega_{cx}\omega_{cy})b + A_{21}(-\omega_{cx}^2 - \omega_{cz}^2)b + A_{31}(\dot{\omega}_{cx} + \omega_{cy}\omega_{cz})b \\ \quad + a(A_{11}\cos\alpha + A_{21}\sin\alpha)[(\omega_{cx}\sin\alpha - \omega_{cy}\cos\alpha)(\omega_{cx}\cos\alpha + \omega_{cy}\sin\alpha) + (\dot{\omega}_z + \ddot{\alpha})] \\ \quad + a(-A_{11}\sin\alpha + A_{21}\cos\alpha)[(\omega_{cz} + \dot{\alpha})^2 + (\omega_{cx}\cos\alpha + \omega_{cy}\sin\alpha)^2] \\ \quad + aA_{31}[(\omega_{cz} + \dot{\alpha})(\omega_{cx}\sin\alpha - \omega_{cy}\cos\alpha) - (\dot{\omega}_{cx}\cos\alpha + \dot{\omega}_{cy}\sin\alpha)] \\ \dot{v}_{oy} = \dot{v}_{cy} + A_{12}(-\dot{\omega}_{cz} + \omega_{cx}\omega_{cy})b + A_{22}(-\omega_{cx}^2 - \omega_{cz}^2)b + A_{32}(\dot{\omega}_{cx} + \omega_{cy}\omega_{cz})b \\ \quad + a(A_{12}\cos\alpha + A_{22}\sin\alpha)[(\omega_{cx}\sin\alpha - \omega_{cy}\cos\alpha)(\omega_{cx}\cos\alpha + \omega_{cy}\sin\alpha)] \\ \quad + (\dot{\omega}_z + \ddot{\alpha}) + a(-A_{12}\sin\alpha + A_{22}\cos\alpha)[(\omega_{cz} + \dot{\alpha})^2 + (\omega_{cx}\cos\alpha + \omega_{cy}\sin\alpha)^2] \\ \quad + aA_{32}[(\omega_{cz} + \dot{\alpha})(\omega_{cx}\sin\alpha - \omega_{cy}\cos\alpha) - (\dot{\omega}_{cx}\cos\alpha + \dot{\omega}_{cy}\sin\alpha)] \\ \dot{v}_{oz} = \dot{v}_{cz} + A_{13}(-\dot{\omega}_{cz} + \omega_{cx}\omega_{cy})b + A_{23}(-\omega_{cx}^2 - \omega_{cz}^2)b + A_{33}(\dot{\omega}_{cx} + \omega_{cy}\omega_{cz})b \\ \quad + a(A_{13}\cos\alpha + A_{23}\sin\alpha)[(\omega_{cx}\sin\alpha - \omega_{cy}\cos\alpha)(\omega_{cx}\cos\alpha + \omega_{cy}\sin\alpha) + (\dot{\omega}_z + \ddot{\alpha})] \\ \quad + a(-A_{13}\sin\alpha + A_{23}\cos\alpha)[(\omega_{cz} + \dot{\alpha})^2 + (\omega_{cx}\cos\alpha + \omega_{cy}\sin\alpha)^2] \\ \quad + aA_{33}[(\omega_{cz} + \dot{\alpha})(\omega_{cx}\sin\alpha - \omega_{cy}\cos\alpha) - (\dot{\omega}_{cx}\cos\alpha + \dot{\omega}_{cy}\sin\alpha)] \end{cases} \tag{6.28}$$

6.2.2.3 受力分析

1. 末敏子弹受力分析

末敏子弹所受力主要包括气动阻力、重力及伞弹连接点 D 对子弹体的约束反力，所受到的主要力矩包括极阻尼力矩、连接处伞对子弹体的约束力矩以及连接点约束反力 N_D 对子弹体质心的力矩。将所有的力都投影到平动坐标系 $CX_0Y_0Z_0$，将力矩投影到固连坐标系 $CXYZ$ 。

（1）重力 G_{zc} 在平动坐标系中投影的表达式为

$$\boldsymbol{G}_c = \begin{bmatrix} 0 \\ -m_c g \\ 0 \end{bmatrix} \tag{6.29}$$

（2）空气阻力 $\boldsymbol{R}_{zc}$ 是空气动力沿末敏子弹弹体的质心速度方向的分量，方向与弹体质心速度方向相反。

$$R_{zc} = \frac{1}{2}\rho V_{cr}{}^2 C_{xc} S_c \tag{6.30}$$

其中，相对速度 $\boldsymbol{V}_{cr}$ 在平动坐标系 $CX_0Y_0Z_0$ 中的投影为

$$\boldsymbol{V}_{cr} = \begin{bmatrix} V_{crx} \\ V_{cry} \\ V_{crz} \end{bmatrix} = \begin{bmatrix} V_x - W_x \\ V_y \\ V_z - W_z \end{bmatrix}$$

于是可以得到空气阻力 R_{zc} 在平动坐标系 $CX_0Y_0Z_0$ 中投影的表达式为

$$\boldsymbol{R}_{zc} = \begin{bmatrix} R_{zcx} \\ R_{zcy} \\ R_{zcz} \end{bmatrix} = -\frac{1}{2}\rho V_{cr} C_{xc} S_c \begin{bmatrix} V_{cx} - W_x \\ V_y \\ V_z - W_z \end{bmatrix} \tag{6.31}$$

（3）伞弹连接点的约束反力 $\boldsymbol{N}_D$：

$$\boldsymbol{N}_D = \begin{bmatrix} N_{Dx} \\ N_{Dy} \\ N_{Dz} \end{bmatrix} \tag{6.32}$$

（4）极阻尼力矩 M_{xzc}。伞盘极阻尼力矩是阻尼伞自转的力矩，方向沿伞盘的轴线向上，大小为 $\frac{1}{2}\rho V_c S_c l_c d_c m'_{xzc} \omega_{cy}$，其中 m'_{xzo} 为伞盘极阻尼力矩系数导数，它在伞盘固连系 $CXYZ$ 上的投影为

$$\boldsymbol{M}_{xzc} = \begin{bmatrix} M_{xzcx} \\ M_{xzcy} \\ M_{xzcz} \end{bmatrix} = \frac{1}{2}\rho V_c S_c l_c d_c m'_{xzc} \begin{bmatrix} 0 \\ \omega_{cy} \\ 0 \end{bmatrix} \tag{6.33}$$

（5）连接处伞对子弹体的约束力矩 $\boldsymbol{M}_{cD}$：

$$\boldsymbol{M}_{cD} = \begin{bmatrix} M_{cDx} \\ M_{cDy} \\ M_{cDz} \end{bmatrix} \tag{6.34}$$

（6）约束反力 N_D 对子弹体质心的力矩 M_{cND}：

$$\boldsymbol{M}_{cND} = \begin{bmatrix} M_{cNDx} \\ M_{cNDy} \\ M_{cNDz} \end{bmatrix} = CD \times (\boldsymbol{A}\boldsymbol{N}_D) = \begin{bmatrix} (A_{31}N_{Dx} + A_{32}N_{Dy} + A_{33}N_{Dz})\,b \\ 0 \\ -(A_{11}N_{Dx} + A_{12}N_{Dy} + A_{13}N_{Dz})\,b \end{bmatrix} \tag{6.35}$$

2. 降落伞受力分析

降落伞受到的力包括重力、气动阻力、升力、连接点弹对伞的约束反力，力矩包括极阻尼力矩、赤道阻尼力矩、静力矩、连接点弹对伞的约束反力矩以及约束反力对伞产生的力矩。将所有的力都投影到平动坐标系 $OX_0Y_0Z_0$，将力矩投影到固连坐标系 $OXYZ$ 。

（1）降落伞的重力 $\boldsymbol{G}_o$ 在平动坐标系中投影的表达式为

$$\boldsymbol{G}_o = \begin{bmatrix} 0 \\ -m_c g \\ 0 \end{bmatrix} \tag{6.36}$$

（2）空气动阻力 $\boldsymbol{R}_{zo}$ 是空气动力沿伞相对速度方向的分量，方向与伞相对速度方向相反，其大小为 $\frac{1}{2}\rho V_o{}^2 C_{xo} S_o$ ，其中 C_{xo} 为伞的阻力系数，S_o 为伞的特征面积，则

$$\boldsymbol{R}_{zo} = \begin{bmatrix} R_{zox} \\ R_{zoy} \\ R_{zoz} \end{bmatrix} = \frac{1}{2}\rho V_o C_{xo} S_o \begin{bmatrix} V_{oxo} \\ V_{oyo} \\ V_{ozo} \end{bmatrix} \tag{6.37}$$

（3）升力 $\boldsymbol{R}_{yo}$ 是空气动力沿垂直于伞质心速度分量，方向为在阻力面内且垂直于速度，升力的大小为 $\frac{1}{2}\rho V_o^2 C'_{yo} S_o \delta_o$ ，其中 C'_{yo} 是伞的升力系数导数，δ_o 为伞的攻角，即 OY 轴负向与速度 V_o 间的夹角。设速度方向的单位矢量为 $[I_{vox}, I_{voy}, I_{voz}]^{\mathrm{T}}$ ，则

$$\boldsymbol{R}_{yo} = \begin{bmatrix} R_{yox} \\ R_{yoy} \\ R_{yoz} \end{bmatrix} = \frac{1}{2}\rho V_o^2 C'_{yo} S_o \delta_o \begin{bmatrix} I_{vox} \\ I_{voy} \\ I_{voz} \end{bmatrix} \tag{6.38}$$

（4）连接点子弹体对伞的约束反力 $-\boldsymbol{N}_D$：

$$-\boldsymbol{N}_D = \begin{bmatrix} -N_{Dx} \\ -N_{Dy} \\ -N_{Dz} \end{bmatrix} \tag{6.39}$$

（5）伞极阻尼力矩 $\boldsymbol{M}_{xzo}$。伞极阻尼力矩是阻尼伞自转的力矩，方向与导转力矩相反，大小为 $\frac{1}{2}\rho V_o S_o l_o d_o m'_{xzo} \omega_{oy}$ ，其中 m'_{xzo} 为伞极阻尼力矩系数导数，它在伞固连系 $OXYZ$ 上的投影为

$$\boldsymbol{M}_{xzo} = \begin{bmatrix} M_{xzox} \\ M_{xzoy} \\ M_{xzoz} \end{bmatrix} = \frac{1}{2}\rho V_o S_o l_o d_o m'_{xzo} \begin{bmatrix} 0 \\ \omega_{oy} \\ 0 \end{bmatrix} \tag{6.40}$$

（6）伞赤道阻尼力矩 $\boldsymbol{M}_{zzo}$。伞赤道阻尼力矩是阻尼伞轴摆动的力矩，方向与摆动方向相反，大小为 $\frac{1}{2}\rho V_o S_o l_o d_o m'_{zzo} \boldsymbol{\omega}_{oxoy}$ ，其中 $\boldsymbol{\omega}_{oxoy} = \omega_{ox}\boldsymbol{i}_o + \omega_{oz}\boldsymbol{k}_o$ 是伞轴的摆动角速度，m'_{zzo} 是伞赤道阻尼力矩系数导数，伞赤道阻尼力矩在固连系 $OXYZ$ 上的投影为

$$\boldsymbol{M}_{zzo} = \begin{bmatrix} M_{zzox} \\ M_{zzoy} \\ M_{zzoz} \end{bmatrix} = \frac{1}{2}\rho V_o S_o l_o d_o m'_{zzo} \begin{bmatrix} \omega_{ox} \\ 0 \\ \omega_{oz} \end{bmatrix} \tag{6.41}$$

(7) 伞静力矩 $\boldsymbol{M}_{zo}$。伞静力矩是由于降落伞的压心和质心不重合而产生的,其大小为 $\frac{1}{2}\rho V_o^2 S_o l_o m'_{zo}\delta_o$,其中 m'_{zo} 为伞静力矩系数导数,方向矢量为 $\frac{(-\boldsymbol{j}_o)\times\boldsymbol{I}_{vo}}{|(-\boldsymbol{j}_o)\times\boldsymbol{I}_{vo}|}$,$I_{vo}$ 为在 $OXYZ$ 坐标下的速度方向矢量,则有

$$\boldsymbol{M}_{zo}=\begin{bmatrix}M_{zox}\\M_{zoy}\\M_{zoz}\end{bmatrix}=\frac{1}{2}\rho V_o^2 S_o l_o m'_{zo}\delta_o\begin{bmatrix}I_{mzox}\\I_{mzoy}\\I_{mzoz}\end{bmatrix} \tag{6.42}$$

式中

$$\begin{bmatrix}I_{mzox}\\I_{mzoy}\\I_{mzoz}\end{bmatrix}=\frac{(-\boldsymbol{j}_o)\times\boldsymbol{I}_{vo}}{|(-\boldsymbol{j}_o)\times\boldsymbol{I}_{vo}|}$$

(8) 连接处子弹体对伞的约束反力矩 $-\boldsymbol{M}_{oD}$。转换在 $OXYZ$ 下

$$-\boldsymbol{M}_{oD}=\begin{bmatrix}-M_{oDx}\\-M_{oDy}\\-M_{oDz}\end{bmatrix}=\begin{bmatrix}-M_{cDx}\cos\alpha-M_{cDy}\sin\alpha\\M_{cDx}\sin\alpha-M_{cDy}\cos\alpha\\-M_{cDz}\end{bmatrix} \tag{6.43}$$

(9) 连接点约束反力 $-\boldsymbol{N}_D$ 对伞质心的力矩 $\boldsymbol{M}_{oND}$:

$$\boldsymbol{M}_{oND}=\begin{bmatrix}M_{oNDx}\\M_{oNDy}\\M_{oNDz}\end{bmatrix}=\overline{DO}\times[(\boldsymbol{BA})(-\boldsymbol{N}_D)]$$

$$=\begin{bmatrix}-(A_{31}N_{Dx}+A_{32}N_{Dy}+A_{33}N_{Dz})a\\0\\(A_{11}N_{Dx}+A_{12}N_{Dy}+A_{13}N_{Dz})a\cos\alpha\\+(A_{21}N_{Dx}+A_{22}N_{Dy}+A_{23}N_{Dz})a\sin\alpha\end{bmatrix} \tag{6.44}$$

6.2.2.4 运动微分方程组

1. 末敏子弹运动方程

1) 子弹体质心运动微分方程的建立

由牛顿第二定律 $m_c\ddot{\boldsymbol{r}}_c=\boldsymbol{G}_c+\boldsymbol{R}_c+\boldsymbol{N}_c$,并考虑到式(6.29)~式(6.31),得

$$\begin{cases}m_c\dot{v}_{cx}=R_{zcx}+N_{Dx}\\m_c\dot{v}_{cy}=R_{zcy}+N_{Dy}-m_cg\\m_c\dot{v}_{cz}=R_{zcz}+N_{Dz}\end{cases} \tag{6.45}$$

再考虑运动学方程组

$$\begin{cases}\dot{x}_c=V_{cx}\\\dot{y}_c=V_{cy}\\\dot{z}_c=V_{cx}\end{cases} \tag{6.46}$$

则上两式一起构成了完整的子弹刚体质心运动微分方程组。

2）子弹体绕质心运动微分方程的建立

由动量矩定理 $\dfrac{\mathrm{d}\boldsymbol{K}_c}{\mathrm{d}t} = \boldsymbol{M}_c + \boldsymbol{M}_{cND} + \boldsymbol{M}_{cD}$，并利用绝对导数与相对导数的关系得

$$\frac{\mathrm{d}\boldsymbol{K}_c}{\mathrm{d}t} = \frac{\mathrm{d}\widetilde{\boldsymbol{K}}_c}{\mathrm{d}t} + \boldsymbol{\omega}_c \times \boldsymbol{K}_c = \begin{bmatrix} J_{cx}\dot{\omega}_{cx} + (J_{cz} - J_{cy})\,\omega_{cy}\omega_{cz} \\ J_{cy}\dot{\omega}_{cy} \\ J_{cz}\dot{\omega}_{cx} + (J_{cy} - J_{cx})\,\omega_{cx}\omega_{cy} \end{bmatrix} \tag{6.47}$$

式中：$\boldsymbol{K}_c$ 为子弹相对质心的动量矩，子弹是关于弹轴对称的刚体，所以有

$$\boldsymbol{K}_c = \begin{bmatrix} J_{cx}\omega_{cx} \\ J_{cy}\omega_{cy} \\ J_{cz}\omega_{cz} \end{bmatrix} \tag{6.48}$$

将式(6.48)、式(6.33)、式(6.34)和式(6.35)代入动量矩定理得

$$\begin{cases} J_{cx}\dot{\omega}_{cx} = M_{xzcx} + M_{cDx} + M_{cNDx} + (J_{cy} - J_{cz})\,\omega_{cy}\omega_{cz} \\ J_{cy}\dot{\omega}_{cx} = M_{xzcy} + M_{cDy} + M_{cNDy} \\ J_{cz}\dot{\omega}_{cx} = M_{xzcz} + M_{cDz} + M_{cNDz} + (J_{cx} - J_{cy})\,\omega_{cx}\omega_{cy} \end{cases} \tag{6.49}$$

式(6.11)、式(6.49)两式组成了完整的子弹体绕心运动微分方程组。

2. 降落伞运动方程

1）降落伞质心运动微分方程的建立

由牛顿第二定律 $m_o\ddot{\boldsymbol{r}}_o = \boldsymbol{G}_o + \boldsymbol{R}_o + \boldsymbol{N}_o$，并考虑到式(6.36)~式(6.39)得

$$\begin{cases} m_o\dot{V}_{ox} = R_{zox} + R_{yox} - N_{Dx} \\ m_o\dot{V}_{oy} = R_{zoy} + R_{yoy} - N_{Dy} - m_o g \\ m_o\dot{V}_{oz} = R_{zoz} + R_{yoz} - N_{Dz} \end{cases} \tag{6.50}$$

再考虑运动学方程组

$$\begin{cases} \dot{x}_o = V_{ox} \\ \dot{y}_o = V_{oy} \\ \dot{z}_o = V_{oz} \end{cases} \tag{6.51}$$

则上两式一起构成了完整的降落伞刚体质心运动微分方程组。

2）降落伞绕质心运动微分方程的建立

由动量矩定理 $\dfrac{\mathrm{d}\boldsymbol{K}_o}{\mathrm{d}t} = \boldsymbol{M}_o + \boldsymbol{M}_{oND} + \boldsymbol{M}_{oD}$，并利用绝对导数与相对导数的关系得

$$\frac{\mathrm{d}\boldsymbol{K}_o}{\mathrm{d}t} = \frac{\mathrm{d}\widetilde{\boldsymbol{K}}_o}{\mathrm{d}t} + \boldsymbol{\omega}_o \times \boldsymbol{K}_o = \begin{bmatrix} J_{ox}\dot{\omega}_{ox} + (J_{oz} - J_{oy})\omega_{oy}\omega_{oz} \\ J_{oy}\dot{\omega}_{oy} \\ J_{oz}\dot{\omega}_{ox} + (J_{oy} - J_{ox})\omega_{ox}\omega_{oy} \end{bmatrix} \tag{6.52}$$

式中：$\boldsymbol{K}_o$ 为降落伞相对质心的动量矩，降落伞是关于伞轴对称的刚体，J_{ox}，所以有

$$\boldsymbol{K}_o = \begin{bmatrix} J_{ox}\omega_{ox} \\ J_{oy}\omega_{oy} \\ J_{oz}\omega_{oz} \end{bmatrix} \tag{6.53}$$

将式(6.40)~式(6.44)代入动量矩定理，得

$$\begin{cases} J_{ox}\dot{\omega}_{ox} = M_{xzox} + M_{zzox} + M_{zox} - M_{oDx} + M_{oNDx} - (J_{oz} - J_{oy})\omega_{oy}\omega_{oz} \\ J_{oy}\dot{\omega}_{oy} = M_{xzoy} + M_{zzoy} + M_{zoy} - M_{oDy} + M_{oNDy} \\ J_{oz}\dot{\omega}_{oz} = M_{xzoz} + M_{zzoz} + M_{zoz} - M_{oDz} + M_{oNDz} - (J_{oy} - J_{ox})\omega_{ox}\omega_{oy} \end{cases} \tag{6.54}$$

由式(6.14)、式(6.54)组成了完整的伞绕质心运动微分方程组。

3. 系统微分方程组

由式(6.36)、式(6.44)代入式(6.54)得到

$$\begin{aligned} J_{oz}(\dot{\omega}_{cz} + \ddot{\alpha}) = {} & M_{xzoz} + M_{zzoz} + M_{zoz} - (J_{oy} - J_{ox})\omega_{ox}\omega_{oy} + (A_{11}N_{Dx} \\ & + A_{12}N_{Dy} + A_{13}N_{Dz})a\cos\alpha + (A_{21}N_{Dx} + A_{22}N_{Dy} + A_{23}N_{Dz})a\sin\alpha \end{aligned} \tag{6.55}$$

$$\begin{aligned} M_{oDx} = {} & M_{xzox} + M_{zzox} + M_{zox} - (J_{oz} - J_{oy})\omega_{oy}\omega_{oz} - J_{ox}\dot{\omega}_{ox} \\ & - (A_{31}N_{Dx} + A_{32}N_{Dy} + A_{33}N_{Dz})a \end{aligned} \tag{6.56}$$

$$M_{oDy} = M_{xzoy} + M_{zzoy} + M_{zoy} - J_{oy}\dot{\omega}_{oy} \tag{6.57}$$

考虑到伞弹坐标之间的转换关系，则有

$$\begin{aligned} M_{cDx} = {} & [M_{xzox} + M_{zzox} + M_{zox} - (J_{oz} - J_{oy})\omega_{oy}\omega_{oz} - J_{ox}\dot{\omega}_{ox} - A_{31}N_{Dx}a \\ & - A_{32}N_{Dy}a - A_{33}N_{Dz}a]\cos\alpha - (M_{xzoy} + M_{zzoy} + M_{zoy} - J_{oy}\dot{\omega}_{oy})\sin\alpha \end{aligned} \tag{6.58}$$

$$\begin{aligned} M_{cDy} = {} & [M_{xzox} + M_{zzox} + M_{zox} - (J_{oz} - J_{oy})\omega_{oy}\omega_{oz} - J_{ox}\dot{\omega}_{ox} - A_{31}N_{Dx}a \\ & - A_{32}N_{Dy}a - A_{33}N_{Dz}a]\sin\alpha + (M_{xzoy} + M_{zzoy} + M_{zoy} - J_{oy}\dot{\omega}_{oy})\cos\alpha \end{aligned} \tag{6.59}$$

将式(6.35)、式(6.58)、式(6.59)代入式(6.49)得

$$\begin{cases} J_{cx}\dot{\omega}_{cx} = M_{xzcx} + (J_{cy} - J_{cz})\omega_{cy}\omega_{cz} + (A_{31}N_{Dx} + A_{32}N_{Dy} + A_{33}N_{Dz})b \\ + [M_{xzox} + M_{zzox} + M_{zox} - (J_{oz} - J_{oy})\omega_{oy}\omega_{oz} - J_{ox}\dot{\omega}_{ox} - A_{31}N_{Dx}a \\ - A_{32}N_{Dy}a - A_{33}N_{Dz}a]\cos\alpha - (M_{xzoy} + M_{zzoy} + M_{zoy} - J_{oy}\dot{\omega}_{oy})\sin\alpha \\ J_{cy}\dot{\omega}_{cx} = M_{xzcy} + [M_{xzox} + M_{zzox} + M_{zox} - (J_{oz} - J_{oy})\omega_{oy}\omega_{oz} - J_{ox}\dot{\omega}_{ox} \\ - A_{31}N_{Dx}a - A_{32}N_{Dy}a - A_{33}N_{Dz}a]\sin\alpha + (M_{xzoy} + M_{zzoy} + M_{zoy} \\ - J_{oy}\dot{\omega}_{oy})\cos\alpha \\ J_{cz}\dot{\omega}_{cx} == M_{xzcz} + (J_{cz} - J_{cy})\omega_{cx}\omega_{cy} - (A_{11}N_{Dx} + A_{12}N_{Dy} + A_{13}N_{Dz})b \end{cases} \tag{6.60}$$

将式(6.45)、式(6.50)联立得到

$$
\begin{cases}
m_c\dot{V}_{cx} + m_o\dot{V}_{ox} = R_{zox} + R_{yox} + R_{zcx} \\
m_c\dot{V}_{cy} + m_o\dot{V}_{oy} = R_{zoy} + R_{yoy} + R_{zcy} - m_c g - m_o g \\
m_c\dot{V}_{cy} + m_o\dot{V}_{oz} = R_{zoz} + R_{yoz} + R_{zcz}
\end{cases}
\tag{6.61}
$$

将式(6.28)代入式(6.61)三个方程,得

$$
\begin{cases}
(m_c + m_o)\dot{V}_{cx} + m_o\{A_{11}(-\dot{\omega}_{cz} + \omega_{cx}\omega_{cy})b + A_{21}(-\omega_{cx}^2 - \omega_{cz}^2)b + A_{31}(\dot{\omega}_{cx} + \omega_{cy}\omega_{cz})b \\
+ a(A_{11}\cos\alpha + A_{21}\sin\alpha)[(\omega_{cx}\sin\alpha - \omega_{cy}\cos\alpha)(\omega_{cx}\cos\alpha + \omega_{cy}\sin\alpha) + (\dot{\omega}_z + \ddot{\alpha})] \\
+ a(-A_{11}\sin\alpha + A_{21}\cos\alpha)[(\omega_{cz} + \dot{\alpha})^2 + (\omega_{cx}\cos\alpha + \omega_{cy}\sin\alpha)^2] + aA_{31} \\
\cdot[(\omega_{cz} + \dot{\alpha})(\omega_{cx}\sin\alpha - \omega_{cy}\cos\alpha) - (\dot{\omega}_{cx}\cos\alpha + \dot{\omega}_{cy}\sin\alpha)]\} = R_{zox} + R_{yox} + R_{zcx} \\
(m_c + m_o)\dot{V}_{cy} + m_o\{A_{12}(-\dot{\omega}_{cz} + \omega_{cx}\omega_{cy})b + A_{22}(-\omega_{cx}^2 - \omega_{cz}^2)b + A_{32}(\dot{\omega}_{cx} + \omega_{cy}\omega_{cz})b \\
+ a(A_{12}\cos\alpha + A_{22}\sin\alpha)[(\omega_{cx}\sin\alpha - \omega_{cy}\cos\alpha)(\omega_{cx}\cos\alpha + \omega_{cy}\sin\alpha) + (\dot{\omega}_z + \ddot{\alpha})] \\
+ a(-A_{12}\sin\alpha + A_{22}\cos\alpha)[(\omega_{cz} + \dot{\alpha})^2 + (\omega_{cx}\cos\alpha + \omega_{cy}\sin\alpha)^2] + aA_{32}[(\omega_{cz} + \dot{\alpha}) \\
\cdot(\omega_{cx}\sin\alpha - \omega_{cy}\cos\alpha) - (\dot{\omega}_{cx}\cos\alpha + \dot{\omega}_{cy}\sin\alpha)]\} = R_{zoy} + R_{yoy} + R_{zcy} - m_c g - m_o g \\
(m_c + m_o)\dot{V}_{cy} + \{A_{13}(-\dot{\omega}_{cz} + \omega_{cx}\omega_{cy})b + A_{23}(-\omega_{cx}^2 - \omega_{cz}^2)b + A_{33}(\dot{\omega}_{cx} + \omega_{cy}\omega_{cz})b \\
+ a(A_{13}\cos\alpha + A_{23}\sin\alpha)[(\omega_{cx}\sin\alpha - \omega_{cy}\cos\alpha)(\omega_{cx}\cos\alpha + \omega_{cy}\sin\alpha) + (\dot{\omega}_z + \ddot{\alpha})] \\
+ a(-A_{13}\sin\alpha + A_{23}\cos\alpha)[(\omega_{cz} + \dot{\alpha})^2 + (\omega_{cx}\cos\alpha + \omega_{cy}\sin\alpha)^2] + aA_{33}[(\omega_{cz} + \dot{\alpha}) \\
\cdot(\omega_{cx}\sin\alpha - \omega_{cy}\cos\alpha) - (\dot{\omega}_{cx}\cos\alpha + \dot{\omega}_{cy}\sin\alpha)]\} = R_{zoz} + R_{yoz} + R_{zcz}
\end{cases}
\tag{6.62}
$$

将式(6.62)、式(6.60)、式(6.55)、式(6.11)共10个方程顺序联立,并将式(6.45)代入消去伞弹之间的约束反力,即得到伞弹二体运动的标准方程组:

$$
\begin{cases}
(m_c + m_o)\dot{V}_{cx} + m_o\{A_{11}(-\dot{\omega}_{cz} + \omega_{cx}\omega_{cy})b + A_{21}(-\omega_{cx}^2 - \omega_{cz}^2)b + A_{31}(\dot{\omega}_{cx} + \omega_{cy}\omega_{cz})b \\
+ a(A_{11}\cos\alpha + A_{21}\sin\alpha)[(\omega_{cx}\sin\alpha - \omega_{cy}\cos\alpha)(\omega_{cx}\cos\alpha + \omega_{cy}\sin\alpha) + (\dot{\omega}_z + \ddot{\alpha})] \\
+ a(-A_{11}\sin\alpha + A_{21}\cos\alpha)[(\omega_{cz} + \dot{\alpha})^2 + (\omega_{cx}\cos\alpha + \omega_{cy}\sin\alpha)^2] + aA_{31} \\
\cdot[(\omega_{cz} + \dot{\alpha})(\omega_{cx}\sin\alpha - \omega_{cy}\cos\alpha) - (\dot{\omega}_{cx}\cos\alpha + \dot{\omega}_{cy}\sin\alpha)]\} = R_{zox} + R_{yox} + R_{zcx} \\
(m_c + m_o)\dot{V}_{cy} + m_o\{A_{12}(-\dot{\omega}_{cz} + \omega_{cx}\omega_{cy})b + A_{22}(-\omega_{cx}^2 - \omega_{cz}^2)b + A_{32}(\dot{\omega}_{cx} + \omega_{cy}\omega_{cz})b \\
+ a(A_{12}\cos\alpha + A_{22}\sin\alpha)[(\omega_{cx}\sin\alpha - \omega_{cy}\cos\alpha)(\omega_{cx}\cos\alpha + \omega_{cy}\sin\alpha) + (\dot{\omega}_z + \ddot{\alpha})] \\
+ a(-A_{12}\sin\alpha + A_{22}\cos\alpha)[(\omega_{cz} + \dot{\alpha})^2 + (\omega_{cx}\cos\alpha + \omega_{cy}\sin\alpha)^2] + aA_{32}[(\omega_{cz} + \dot{\alpha}) \\
\cdot(\omega_{cx}\sin\alpha - \omega_{cy}\cos\alpha) - (\dot{\omega}_{cx}\cos\alpha + \dot{\omega}_{cy}\sin\alpha)]\} = R_{zoy} + R_{yoy} + R_{zcy} - m_c g - m_o g \\
(m_c + m_o)\dot{V}_{cy} + \{A_{13}(-\dot{\omega}_{cz} + \omega_{cx}\omega_{cy})b + A_{23}(-\omega_{cx}^2 - \omega_{cz}^2)b + A_{33}(\dot{\omega}_{cx} + \omega_{cy}\omega_{cz})b \\
+ a(A_{13}\cos\alpha + A_{23}\sin\alpha)[(\omega_{cx}\sin\alpha - \omega_{cy}\cos\alpha)(\omega_{cx}\cos\alpha + \omega_{cy}\sin\alpha) + (\dot{\omega}_z + \ddot{\alpha})]
\end{cases}
$$

$$
\begin{cases}
+a(-A_{13}\sin\alpha+A_{23}\cos\alpha)[(\omega_{cz}+\dot{\alpha})^2+(\omega_{cx}\cos\alpha+\omega_{cy}\sin\alpha)^2]+aA_{33}[(\omega_{cz}+\dot{\alpha}) \\
\cdot(\omega_{cx}\sin\alpha-\omega_{cy}\cos\alpha)-(\dot{\omega}_{cx}\cos\alpha+\dot{\omega}_{cy}\sin\alpha)]\}=R_{zoz}+R_{yoz}+R_{zcz} \\
M_{xzcx}+(J_{cy}-J_{cz})\omega_{cy}\omega_{cz}+[M_{xzox}+M_{zzox}+M_{zox}-(J_{oz}-J_{oy})\omega_{oy}\omega_{oz}-J_{ox}\dot{\omega}_{ox}]\cos\alpha \\
-(M_{xzoy}+M_{zzoy}+M_{zoy}-J_{oy}\dot{\omega}_{oy})\sin\alpha+(b-a\cos\alpha)A_{31}(m_c\dot{V}_{cx}-R_{zcx}) \\
+(b-a\cos\alpha)A_{32}(m_c\dot{V}_{cy}-R_{zcy}+m_cg)+(b-a\cos\alpha)A_{33}(m_c\dot{V}_{cz}-R_{zcz})=J_{cx}\dot{\omega}_{cx} \\
M_{xzcy}+[M_{xzox}+M_{zzox}+M_{zox}-(J_{oz}-J_{oy})\omega_{oy}\omega_{oz}-J_{ox}\dot{\omega}_{ox}]\sin\alpha+(M_{xzoy}+M_{zzoy} \\
+M_{zoy}-J_{oy}\dot{\omega}_{oy})\cos\alpha-A_{31}a(m_c\dot{V}_{cx}-R_{zcx})-A_{32}a(m_c\dot{V}_{cy}-R_{zcy}+m_cg)-A_{33}a \\
\cdot(m_c\dot{V}_{cz}-R_{zcz})=J_{cy}\dot{\omega}_{cx} \\
M_{xzcz}+(J_{cz}-J_{cy})\omega_{cx}\omega_{cy}-A_{11}b(m_c\dot{V}_{cx}-R_{zcx})-A_{12}b(m_c\dot{V}_{cy}-R_{zcy}+m_cg) \\
-A_{13}b(m_c\dot{V}_{cz}-R_{zcz})=J_{cz}\dot{\omega}_{cx} \\
M_{xzoz}+M_{zzoz}+M_{zoz}-(J_{oy}-J_{ox})\omega_{ox}\omega_{oy}+(A_{11}\cos\alpha+A_{21}\sin\alpha)a(m_c\dot{V}_{cx}-R_{zcx}) \\
+(A_{12}\cos\alpha+A_{22}\sin\alpha)a(m_c\dot{V}_{cy}-R_{zcy}+m_cg)+(A_{13}\cos\alpha+A_{23}\sin\alpha)a \\
\cdot(m_c\dot{V}_{cz}-R_{zcz})=J_{oz}(\dot{\omega}_{cz}+\ddot{\alpha}) \\
\omega_{cx}=\dot{\psi}\sin\theta\cos\varphi-\dot{\theta}\sin\varphi \\
\omega_{cy}=\dot{\psi}\cos\theta+\dot{\varphi} \\
\omega_{cz}=\dot{\psi}\sin\theta\sin\varphi+\dot{\theta}\cos\varphi
\end{cases}
\tag{6.63}
$$

在式(6.63)中共有10个变量，即 V_{cx}、V_{cy}、V_{cz}、ω_{cx}、ω_{cy}、ω_{cz}、α、ψ、θ、φ，解此方程组即可得子弹的运动规律。

6.2.3 末敏子弹稳态扫描阶段动力学建模

关于末敏弹系统稳态扫描阶段弹道模型的建立有多种方法，本节重点介绍刚柔耦合动力学建模方法。在建立力学模型过程中，将降落伞考虑成一个轴对称的柔体，将伞盘和末敏子弹体考虑成两个轴对称的刚体。伞盘由上下两个盘组成，两盘通过伞盘中心的一个柱铰连接，上下盘之间可以有相对的转动，以保证不会造成伞绳缠绕的问题。

伞与上伞盘之间作柱铰连接，柱铰在上伞盘的上表面中心并与伞盘平面平行。子弹体与下伞盘之间也以柱铰连接，柱铰在下伞盘下表面的中心并与伞盘面平行。由于质量、阻尼力矩等因素的影响，初期由于转速的差别，伞盘与子弹体之间存在相对转动，而经过一定时间后，由于摩擦力作用没有了相对运动，此时伞、伞盘和子弹体一起匀速下降和绕铅垂线的匀速转动，系统进入稳态扫描。

因为系统本身运动的复杂性，完全模拟系统并考虑所有因素是难以做到的，因此引入下列假设：

(1) 地球的重力加速度为常数，忽略地球的哥氏加速度和曲率的影响；

(2) 在稳态扫描中假设伞盘与子弹体之间没有相对转动;

(3) 降落伞的阻力系数保持不变;

(4) 计算时伞绳的长度按稳态扫描时绳子伸长后的实际长度计算,不考虑伞绳的伸缩和伞绳弯曲,伞质心到伞盘悬挂点的距离作为定长考虑;

(5) 降落伞的附加质量和附加惯性矩暂不考虑;

(6) 弹及伞盘对伞的气流无影响;

(7) 将上下盘当一个盘处理而忽略两盘子之间的相对运动。

6.2.3.1 坐标系

为便于分析系统的运动,必须建立相应的惯性坐标系、固连坐标系等,然后找出它们之间的转换关系以便共同求解。

1. 固定坐标系 $O_0X_0Y_0Z_0$

O_0 为该段运动起始点的地面投影点, O_0Y_0 轴沿铅垂方向且向上为正, O_0X_0 轴水平沿射向, O_0Z_0 由右手法则确定。

2. 伞盘平动坐标系 $CX_0Y_0Z_0$

C 为伞盘的质心,其三个坐标轴分别平行于固定坐标系 $O_0X_0Y_0Z_0$ 的三个坐标轴。

3. 弹体平动坐标系 $PX_0Y_0Z_0$

P 为弹体的质心,其三个坐标轴分别平行于固定坐标系 $O_0X_0Y_0Z_0$ 的三个坐标轴。

4. 降落伞平动坐标系 $OX_0Y_0Z_0$

O 为降落伞的质心,其三个坐标轴分别平行于固定坐标系 $O_0X_0Y_0Z_0$ 的三个坐标轴。

5. 伞盘固连坐标系 $CXYZ$

C 为伞盘的质心, CY 轴沿伞盘的对称轴向上, CZ 轴过伞盘质心且与伞盘和伞之间的连接柱轴平行, CX 轴由右手法则确定。

6. 降落伞固连坐标系 $OXYZ$

O 为降落伞的质心, OY 轴沿降落伞的对称轴向上, OZ 轴过伞质心且与伞盘和伞之间的连接柱轴平行, CX 轴由右手法则确定。

7. 子弹体固连坐标系 $PXYZ$

P 为子弹体的质心, PY 轴沿子弹体的对称轴向上, PZ 轴过子弹体质心且垂直于 PY 轴和 CY 轴所在的平面, CX 由右手法则确定。

8. 伞盘与降落伞之间的牵连坐标系 $OX'Y'Z'$

O 为降落伞的质心,其三个坐标轴分别平行于固连坐标系 $CXYZ$ 的三个坐标轴。

9. 伞盘与子弹体之间的牵连坐标系 $PX'Y'Z'$

P 为子弹体的质心,其三个坐标轴分别平行于固连坐标系 $CXYZ$ 的三个坐标轴。

10. 伞盘固连坐标系 $CXYZ$ 与平动坐标系 $CX_0Y_0Z_0$ 的转换矩阵

$$\boldsymbol{A}=\begin{bmatrix}A_{11} & A_{12} & A_{13}\\ A_{21} & A_{22} & A_{23}\\ A_{31} & A_{32} & A_{33}\end{bmatrix}$$

假设伞盘固连坐标系 $CXYZ$ 开始时与平动坐标系 $CX_0Y_0Z_0$ 重合,则转换矩阵 $\boldsymbol{A}$ 可以由如下三次顺序转动得到:先将伞盘绕 CY_0 轴转动 ψ 角,再绕处于新位置的 CZ_0 轴转动 θ

角,最后绕处于新位置的 CY_0 轴转动 φ 角,于是得到平动坐标系 $CX_0Y_0Z_0$ 到固连坐标系 $CXYZ$ 的转换矩阵 A。

$$\boldsymbol{A}=\begin{bmatrix}\cos\phi\cos\theta\cos\psi-\sin\phi\sin\psi & -\cos\phi\sin\theta & \cos\phi\cos\theta\sin\psi+\sin\phi\cos\psi\\ \sin\theta\cos\psi & \cos\theta & \sin\theta\sin\psi\\ -\sin\phi\cos\theta\cos\psi+\cos\phi\sin\psi & \sin\phi\sin\theta & -\sin\phi\cos\theta\sin\psi+\cos\phi\cos\psi\end{bmatrix}\tag{6.64}$$

11. 降落伞固连坐标系 $OXYZ$ 和牵连坐标系 $OX'Y'Z'$ 的关系

令降落伞相对伞盘的角速度为 $\dot{\alpha}$,则 OY' 轴与 OY 轴的夹角为 α,于是可以得到牵连坐标系 $OX'Y'Z'$ 到固连坐标系 $OXYZ$ 的转换矩阵 $\boldsymbol{B}$。

$$\boldsymbol{B}=\begin{bmatrix}\cos\alpha & \sin\alpha & 0\\ -\sin\alpha & \cos\alpha & 0\\ 0 & 0 & 1\end{bmatrix}\tag{6.65}$$

12. 子弹体固连坐标系 $PXYZ$ 和牵连坐标系 $PX'Y'Z'$ 的关系

令子弹体的 PY 对称轴相对伞盘的 PY' 对称轴的角速度为 $\dot{\beta}$,即 PY' 与 PY 轴的夹角为 β,于是可以得到牵连坐标系 $PX'Y'Z'$ 到固连坐标系 $PXYZ$ 的转换矩阵 $\boldsymbol{D}$。

$$\boldsymbol{D}=\begin{bmatrix}\cos\beta & \sin\beta & 0\\ -\sin\beta & \cos\beta & 0\\ 0 & 0 & 1\end{bmatrix}\tag{6.66}$$

6.2.3.2 运动学参数

在建立动力学方程之前,首先是选择位形坐标(位形变量),为了便于计算,选取混合坐标来研究伞-伞盘-子弹体系统的刚柔耦合动力学问题。

假设固定坐标系 $O_0X_0Y_0Z_0$ 各轴的单位矢量为 $\boldsymbol{i},\boldsymbol{j},\boldsymbol{k}$,伞盘固连坐标系 $CXYZ$ 各轴的单位矢量为 $\boldsymbol{i}_c,\boldsymbol{j}_c,\boldsymbol{k}_c$,降落伞固连坐标系 $OXYZ$ 各轴的单位矢量为 $\boldsymbol{i}_o,\boldsymbol{j}_o,\boldsymbol{k}_o$,末敏子弹体固连坐标系 $PXYZ$ 各轴的单位矢量为 $\boldsymbol{i}_p\boldsymbol{j}_p,\boldsymbol{k}_p$。

设伞盘、降落伞与末敏子弹体三者的角速度分别为 $\boldsymbol{\omega}_c$、$\boldsymbol{\omega}_o$、$\boldsymbol{\omega}_p$。

降落伞在坐标系 $OXYZ$ 上的投影为

$$\boldsymbol{\omega}_o=[\omega_{ox}\quad \omega_{oy}\quad \omega_{oz}]^{\mathrm{T}}$$

末敏子弹体在坐标系 $PXYZ$ 上的投影为

$$\boldsymbol{\omega}_p=[\omega_{px}\quad \omega_{py}\quad \omega_{pz}]^{\mathrm{T}}$$

伞盘在坐标系 $CXYZ$ 上的投影为

$$\boldsymbol{\omega}_c=[\omega_x\quad \omega_y\quad \omega_z]^{\mathrm{T}}$$

根据刚体绕相交轴转动的合成法则,有:

$$\boldsymbol{\omega}_c=\dot{\boldsymbol{\psi}}+\dot{\boldsymbol{\theta}}+\dot{\varphi}\tag{6.67}$$

将式(6.67)在 $CXYZ$ 上投影得

$$\begin{bmatrix}\omega_x\\ \omega_y\\ \omega_z\end{bmatrix}=\begin{bmatrix}\dot{\psi}\sin\theta\cos\varphi-\dot{\theta}\sin\varphi\\ \dot{\psi}\cos\theta+\dot{\varphi}\\ \dot{\psi}\sin\theta\sin\varphi+\dot{\theta}\cos\varphi\end{bmatrix}\tag{6.68}$$

则有

$$\begin{cases}\dot{\psi} = (\omega_x \cos\varphi + \omega_z \sin\varphi)/\sin\theta \\ \dot{\theta} = -\omega_x \sin\varphi + \omega_z \cos\varphi \\ \dot{\varphi} = \omega_y - (\omega_x \cos\varphi + \omega_z \sin\varphi) ctg\theta \end{cases} \tag{6.69}$$

根据角速度合成定理：

$$\boldsymbol{\omega}_o = \boldsymbol{\omega}_c + \dot{\alpha} k_c$$

$$\boldsymbol{\omega}_p = \boldsymbol{\omega}_c + \dot{\beta} k_c$$

在 $OXYZ$ 坐标系下

$$\boldsymbol{\omega}_o = \begin{bmatrix} \omega_x \cos\alpha + \omega_y \sin\alpha \\ -\omega_x \sin\alpha + \omega_y \cos\alpha \\ \omega_z + \dot{\alpha} \end{bmatrix} \tag{6.70}$$

在 $PXYZ$ 坐标系下

$$\boldsymbol{\omega}_p = \begin{bmatrix} \omega_x \cos\beta + \omega_y \sin\beta \\ -\omega_x \sin\beta + \omega_y \cos\beta \\ \omega_z + \dot{\beta} \end{bmatrix} \tag{6.71}$$

在伞盘的固连坐标系 $CXYZ$ 中，首先计算伞盘质心到子弹体质心距离。

设 a 为伞盘质心到子弹体悬挂点的距离，b 为悬挂点到子弹体质心的距离，如图 6.5 所示，则

$$\overrightarrow{CP} = \begin{bmatrix} -b\sin(\beta - \beta_0) \\ -a - b\cos(\beta - \beta_0) \\ 0 \end{bmatrix} \tag{6.72}$$

式中：$\beta_0 = \arcsin\dfrac{e}{b}$，$e$ 为悬挂点到子弹体对称轴距离。

伞盘质心距离到降落伞的质心距离为 c，如图 6.5 所示，则

$$\overrightarrow{CO} = \begin{bmatrix} c\sin\alpha \\ c\cos\alpha \\ 0 \end{bmatrix} \tag{6.73}$$

设 C 点的速度、加速度分别为 $\boldsymbol{v}_c$，$\boldsymbol{a}_c$，在 $O_0X_0Y_0Z_0$ 中

$$\boldsymbol{v}_c = [v_{cx0} \quad v_{cy0} \quad v_{cz0}]^{\mathrm{T}}$$

在 $CXYZ$ 中

$$\boldsymbol{v}_c = [v_{cx} \quad v_{cy} \quad v_{cz}]^{\mathrm{T}} \tag{6.74}$$

$$\boldsymbol{a}_c = \dot{\boldsymbol{v}}_c = \frac{\tilde{\mathrm{d}} v_c}{\mathrm{d}t} + \omega_c \times v_c = \begin{bmatrix} \dot{v}_{cx} - \omega_z v_{cy} + \omega_y v_{cz} \\ \dot{v}_{cy} + \omega_z v_{cx} - \omega_x v_{cz} \\ \dot{v}_{cz} - \omega_y v_{cx} + \omega_x v_{cy} \end{bmatrix} \tag{6.75}$$

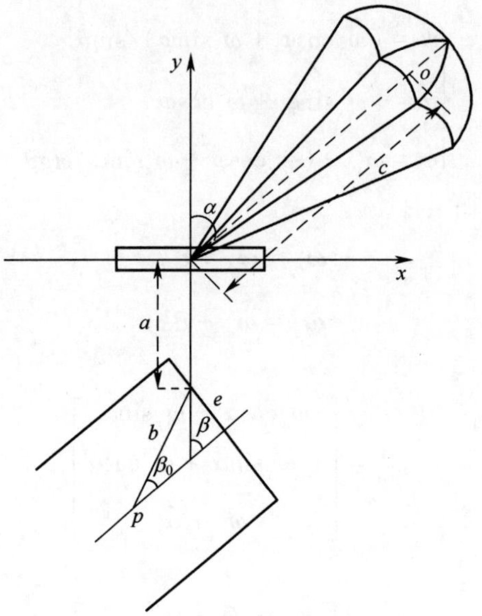

图 6.5 $\overrightarrow{CP}$、$\overrightarrow{CO}$ 的位置描述示意图

$$
\boldsymbol{v}_p=\boldsymbol{v}_e+\boldsymbol{v}_{pr}=(\boldsymbol{v}_c+\boldsymbol{\omega}_c\times\overrightarrow{CP})+\dot{\overrightarrow{CP}}
=\begin{bmatrix}
v_{cx}+\omega_z(a+b\cos(\beta-\beta_0))-b\cos(\beta-\beta_0)\dot{\beta}\\
v_{cy}-\omega_z b\sin(\beta-\beta_0)+b\sin(\beta-\beta_0)\dot{\beta}\\
v_{cz}+\omega_y b\sin(\beta-\beta_0)-\omega_x(a+b\cos(\beta-\beta_0))
\end{bmatrix}
\tag{6.76}
$$

$$
\boldsymbol{a}_p=\dot{\boldsymbol{v}}_p=\frac{\widetilde{\mathrm{d}}\,\boldsymbol{v}_p}{\mathrm{d}t}+\boldsymbol{\omega}_c\times\boldsymbol{v}_p
$$

$$
=\begin{bmatrix}
\dot{v}_{cx}+\dot{\omega}_z(a+b\cos(\beta-\beta_0))-\omega_z b\sin(\beta-\beta_0)\dot{\beta}+b\sin(\beta-\beta_0)\dot{\beta}^2\\
\dot{v}_{cy}-\dot{\omega}_z b\sin(\beta-\beta_0)-\omega_z b\cos(\beta-\beta_0)\dot{\beta}+b\cos(\beta-\beta_0)\dot{\beta}^2\\
\dot{v}_{cz}+\dot{\omega}_y b\sin(\beta-\beta_0)+\omega_y b\cos(\beta-\beta_0)\dot{\beta}-\dot{\omega}_x(a+b\cos(\beta-\beta_0))
\end{bmatrix}
$$

$$
+\begin{bmatrix}
-b\cos(\beta-\beta_0)\ddot{\beta}-\omega_z(v_{cy}-\omega_z b\sin(\beta-\beta_0)+b\sin(\beta-\beta_0)\dot{\beta})\\
b\sin(\beta-\beta_0)\ddot{\beta}+\omega_z(v_{cx}+\omega_z(a+b\cos(\beta-\beta_0))-b\cos(\beta-\beta_0)\dot{\beta})\\
\omega_x b\sin(\beta-\beta_0)\dot{\beta}-\omega_y(v_{cx}+\omega_z(a+b\cos(\beta-\beta_0))-b\cos(\beta-\beta_0)\dot{\beta})
\end{bmatrix}
$$

$$+\begin{bmatrix} \omega_y(v_{cz}+\omega_y b\sin(\beta-\beta_0)-\omega_x(a+b\cos(\beta-\beta_0))) \\ -\omega_x(v_{cz}+\omega_y b\sin(\beta-\beta_0)-\omega_x(a+b\cos(\beta-\beta_0))) \\ \omega_x(v_{cy}-\omega_z b\sin(\beta-\beta_0)+b\sin(\beta-\beta_0)\dot{\beta} \end{bmatrix} \tag{6.77}$$

由于将降落伞看作柔体，伞体上各微元的速度与质心速度不同，因此必须讨论微元随时间的变化情况。假设 dm 为降落伞上的一个微元质量，$\boldsymbol{\rho}$ 是 $\boldsymbol{dm}$ 在连体坐标系 $OXYZ$ 内的变形前位置向量，$\boldsymbol{u}$ 是该微元体的弹性位移，如图 6.6 所示，则有

$$\boldsymbol{r}_{om}=\boldsymbol{r}_c+\overrightarrow{CO}+\boldsymbol{\rho}+\boldsymbol{u} \tag{6.78}$$

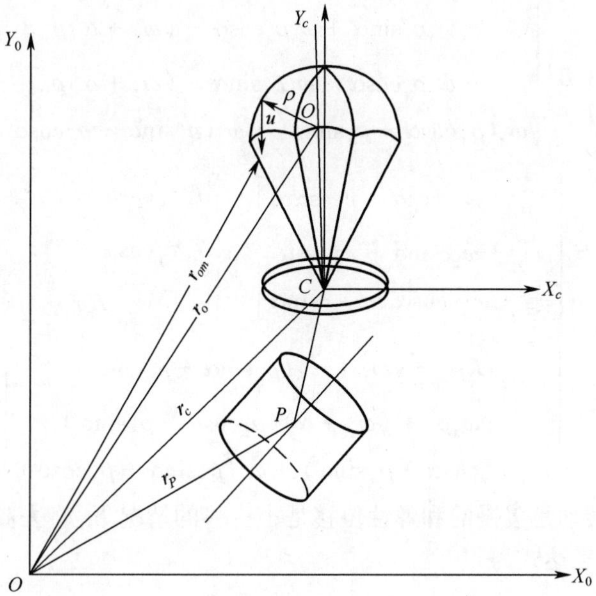

图 6.6　伞弹系统的混合坐标运动学描述

微元质量的速度表达式：

$$\boldsymbol{v}_{om}=\dot{\boldsymbol{r}}_c+\boldsymbol{\omega}_c\times\overrightarrow{CO}+\frac{\tilde{\mathrm{d}}\,\overrightarrow{CO}}{\mathrm{d}t}+\boldsymbol{\omega}_o\times\boldsymbol{\rho}+\frac{\mathrm{d}\boldsymbol{\rho}}{\mathrm{d}t}+\frac{\mathrm{d}\boldsymbol{u}}{\mathrm{d}t}+\boldsymbol{\omega}_o\times\boldsymbol{u} \tag{6.79}$$

假设转动是缓慢的和弹性位移是小位移，可以略去 $\boldsymbol{\omega}_o\times\boldsymbol{u}$ 项，此后的加速度推导中也忽略非线性项的影响。因为 $\boldsymbol{\rho}$ 是微元质量 $\boldsymbol{dm}$ 在连体坐标系 $OXYZ$ 内变形前距离其质心的位置向量，与时间无关，所以 $\frac{\mathrm{d}\boldsymbol{\rho}}{\mathrm{d}t}=0$。

对于弹性位移 u 则用模态展开法表达，即

$$\boldsymbol{u}=\sum\boldsymbol{T}_k\tau_k=\boldsymbol{T}\boldsymbol{\tau} \tag{6.80}$$

式中：$\boldsymbol{T}_k$ 是物体的第 k 阶固有模态向量；τ_k 是对应的模态坐标。

从而有

$$\dot{\boldsymbol{u}}=\boldsymbol{T}\dot{\boldsymbol{\tau}} \tag{6.81}$$

则微元速度可表示为

$$\boldsymbol{v}_{om}=\dot{r}_c+\boldsymbol{\omega}_c\times\overrightarrow{CO}+\dot{\overrightarrow{CO}}+\boldsymbol{\omega}_o\times\boldsymbol{\rho}+\dot{\boldsymbol{u}} \tag{6.82}$$

在上式中,由于采用的是混合坐标系,第一项为伞盘质心的在 $CX_0Y_0Z_0$ 坐标下的速度,第二、三项是在 $CXYZ$ 坐标系表示的,第四项是在 $OXYZ$ 坐标系表示的,最后一项虽然是用模态坐标表示,但为了便于计算,将所有项都转换成到 $CXYZ$ 坐标系下,则有

$$\begin{aligned}\boldsymbol{v}_{om}&=\begin{bmatrix}v_{cx}\\v_{cy}\\v_{cz}\end{bmatrix}+\begin{bmatrix}-\omega_z c\cos\alpha\\\omega_z c\sin\alpha\\\omega_x c\cos\alpha-\omega_y c\sin\alpha\end{bmatrix}+\begin{bmatrix}c\cos\alpha\dot{\alpha}\\-c\sin\alpha\dot{\alpha}\\0\end{bmatrix}+\boldsymbol{B}^{\mathrm{T}}\begin{bmatrix}T_x\dot{\tau}_x\\T_y\dot{\tau}_y\\T_z\dot{\tau}_z\end{bmatrix}\\&\quad+\boldsymbol{B}^{\mathrm{T}}\begin{bmatrix}-\omega_x\rho_z\sin\alpha+\omega_y\rho_z\cos\alpha-(\omega_z+\dot{\alpha})\rho_y\\-\omega_x\rho_z\cos\alpha-\omega_y\rho_z\sin\alpha+(\omega_z+\dot{\alpha})\rho_x\\\omega_x(\rho_y\cos\alpha+\rho_x\sin\alpha)+\omega_y(\rho_y\sin\alpha-\rho_x\cos\alpha)\end{bmatrix}\\&=\begin{bmatrix}v_{cx}-\omega_z c\cos\alpha+c\cos\alpha\dot{\alpha}\\v_{cy}+\omega_z c\sin\alpha-c\sin\alpha\dot{\alpha}\\v_{cz}+\omega_x c\cos\alpha-\omega_y c\sin\alpha\end{bmatrix}+\begin{bmatrix}T_x\dot{\tau}_x\cos\alpha-T_y\dot{\tau}_y\sin\alpha\\T_y\dot{\tau}_y\cos\alpha+T_x\dot{\tau}_x\sin\alpha\\T_z\dot{\tau}_z\end{bmatrix}\\&\quad+\begin{bmatrix}\omega_y\rho_z-(\omega_z+\dot{\alpha})(\rho_x\sin\alpha+\rho_y\cos\alpha)\\-\omega_x\rho_z+(\omega_z+\dot{\alpha})(\rho_x\cos\alpha-\rho_y\sin\alpha)\\\omega_x(\rho_y\cos\alpha+\rho_x\sin\alpha)+\omega_y(\rho_y\sin\alpha-\rho_x\cos\alpha)\end{bmatrix}\end{aligned} \tag{6.83}$$

同样,在假设转动是缓慢的和弹性位移是小位移的情况下,略去高阶小量的影响,则微元质量的加速度表达式为

$$\begin{aligned}\boldsymbol{a}_{om}&=\ddot{r}_c+2\boldsymbol{\omega}_c\times\dot{\overrightarrow{CO}}+\dot{\boldsymbol{\omega}}_c\times\overrightarrow{CO}+\boldsymbol{\omega}_c\times(\boldsymbol{\omega}_c\times\overrightarrow{CO})+\ddot{\overrightarrow{CO}}+\dot{\boldsymbol{\omega}}_o\times\boldsymbol{\rho}+\\&\quad\boldsymbol{\omega}_o\times(\boldsymbol{\omega}_o\times\boldsymbol{\rho})+\ddot{\boldsymbol{u}}\end{aligned} \tag{6.84}$$

将其统一表示在 $CXYZ$ 坐标系,并经整理后有

$$\begin{aligned}\boldsymbol{a}_{om}=&[\dot{v}_{cx}-\omega_z v_{cy}+\omega_y v_{cz}+2\omega_z c\dot{\alpha}\sin\alpha-\dot{\omega}_z c\cos\alpha-\omega_z^2 c\sin\alpha-\omega_y^2 c\sin\alpha\\&+\omega_x\omega_y c\cos\alpha-c\sin\alpha\dot{\alpha}^2+c\cos\alpha\ddot{\alpha}+\cos\alpha T_x\ddot{\tau}_x-\sin\alpha T_y\ddot{\tau}_y-(\dot{\omega}_z+\ddot{\alpha})(\rho_x\sin\alpha\\&+\rho_y\cos\alpha)+\rho_z(\dot{\omega}_y-\omega_x\dot{\alpha})-(\omega_z+\dot{\alpha})^2(\rho_x\cos\alpha-\rho_y\sin\alpha)+\rho_z(\omega_z+\dot{\alpha})\omega_x\\&-\rho_x(\omega_y^2\cos\alpha-\omega_x\omega_y\sin\alpha)(+\rho_y(\omega_y^2\sin\alpha+\omega_x\omega_y\cos\alpha)]i_c+[\dot{v}_{cy}+\omega_z v_{cx}\\&-\omega_x v_{cz}+2\omega_z c\dot{\alpha}\cos\alpha+\dot{\omega}_z c\sin\alpha-\omega_z^2 c\cos\alpha+\omega_x\omega_y c\sin\alpha-\omega_x^2 c\cos\alpha-c\cos\alpha\dot{\alpha}^2\\&-c\sin\alpha\ddot{\alpha}+\sin\alpha T_x\ddot{\tau}_x+\cos\alpha T_y\ddot{\tau}_y+(\dot{\omega}_z+\ddot{\alpha})(\rho_x\cos\alpha-\rho_y\sin\alpha)+\rho_z(\dot{\omega}_x+\omega_y\dot{\alpha})\\&+(\omega_z+\dot{\alpha})^2(\rho_x\sin\alpha+\rho_y\cos\alpha)+\rho_z(\omega_z+\dot{\alpha})\omega_y-\rho_x(\omega_x^2\sin\alpha+\omega_x\omega_y\cos\alpha)\\&-\rho_y(\omega_x^2\cos\alpha+\omega_x\omega_y\sin\alpha)]j_c+[\dot{v}_{cz}-\omega_y v_{cz}+\omega_x v_{cy}-2\omega_y c\dot{\alpha}\cos\alpha-2\omega_x c\dot{\alpha}\sin\alpha\\&-\dot{\omega}_y c\sin\alpha+\dot{\omega}_x c\cos\alpha+\omega_y\omega_z c\cos\alpha+\omega_x\omega_z c\sin\alpha+T_z\ddot{\tau}_z+(\dot{\omega}_x\rho_x+\omega_y\dot{\alpha}\rho_x-\omega_x\dot{\alpha}\rho_y\\&+\dot{\omega}_y\rho_y)\sin\alpha+(\omega_x\dot{\alpha}\rho_x-\dot{\omega}_y\rho_x+\dot{\omega}_x\rho_y+\omega_y\dot{\alpha}\rho_y)\cos\alpha+(\omega_x\cos\alpha+\omega_y\sin\alpha)\end{aligned}$$

$$(\omega_z + \dot{\alpha})\rho_x - (\omega_x \sin\alpha - \omega_y \cos\alpha)(\omega_z + \dot{\alpha})\rho_y - (\omega_x^2 + \omega_y^2)\rho_z]k_c \tag{6.85}$$

6.2.3.3 受力分析

1. 伞盘受力分析

(1) 伞盘重力 $\boldsymbol{G}_c$ 在平动坐标系中投影的表达式为

$$\boldsymbol{G}_c = \begin{bmatrix} G_{cx} \\ G_{cy} \\ G_{cz} \end{bmatrix} = \begin{bmatrix} 0 \\ -m_c g \\ 0 \end{bmatrix} \tag{6.86}$$

$\boldsymbol{G}_c$ 在 $CXYZ$ 上的投影为

$$\boldsymbol{G}_c = \boldsymbol{A} \begin{bmatrix} G_{cx} \\ G_{cy} \\ G_{cz} \end{bmatrix} = -m_c g \begin{bmatrix} \cos\varphi\sin\theta \\ \cos\theta \\ \sin\varphi\sin\theta \end{bmatrix} \tag{6.87}$$

(2) 空气动阻力 $\boldsymbol{R}_{zc}$ 是空气动力沿伞盘的相对速度方向的分量,方向与伞盘相对速度方向相反,其大小为 $\frac{1}{2}\rho v_c^2 C_{xc} S_c$,其中 C_{xc} 为伞盘的阻力系数, S_c 为伞盘面积,则

$$\boldsymbol{R}_{zc} = \begin{bmatrix} R_{cx} \\ R_{cy} \\ R_{cz} \end{bmatrix} = \frac{1}{2}\rho v_c C_{xc} S_c \begin{bmatrix} v_{cx} \\ v_{cy} \\ v_{cz} \end{bmatrix} \tag{6.88}$$

(3) 极阻尼力矩矩 $\boldsymbol{M}_{xzc}$

伞盘极阻尼力矩是阻尼伞自转的力矩,方向沿伞盘的轴线向上,大小为 $\frac{1}{2}\rho v_c S_c l_c d_c m'_{xzc} \omega_{cy}$,其中, m'_{xzo} 为伞盘极阻尼力矩系数导数,它在伞盘固连系 $CXYZ$ 上的投影为

$$\boldsymbol{M}_{xzc} = \begin{bmatrix} M_{cx} \\ M_{cy} \\ M_{cz} \end{bmatrix} = \frac{1}{2}\rho v_c S_c l_c d_c m'_{xzc} \begin{bmatrix} 0 \\ \omega_{cy} \\ 0 \end{bmatrix} \tag{6.89}$$

2. 末敏子弹受力分析

(1) 重力 $\boldsymbol{G}_p$,在平动坐标系中投影的表达式为

$$\boldsymbol{G}_p = \begin{bmatrix} 0 \\ -m_p g \\ 0 \end{bmatrix} \tag{6.90}$$

$\boldsymbol{G}_p$ 在 $CXYZ$ 上投影为

$$\boldsymbol{G}_p = \boldsymbol{A} \begin{bmatrix} G_{px} \\ G_{py} \\ G_{pz} \end{bmatrix} = -m_p g \begin{bmatrix} \cos\varphi\sin\theta \\ \cos\theta \\ \sin\varphi\sin\theta \end{bmatrix} \tag{6.91}$$

(2) 空气动阻力 $\boldsymbol{R}_{zp}$ 是空气动力沿子弹体的相对速度方向的分量,方向与子弹体相对速度方向相反,其大小为 $\frac{1}{2}\rho v_p^2 C_{xp} S_p$,其中 C_{xp} 为子弹体的阻力系数, S_p 为子弹体的阻

力面积,则

$$\boldsymbol{R}_{zp} = \begin{bmatrix} R_{px} \\ R_{py} \\ R_{pz} \end{bmatrix} = \frac{1}{2}\rho v_p C_{xp} S_p \begin{bmatrix} v_{px} \\ v_{py} \\ v_{pz} \end{bmatrix} \tag{6.92}$$

$\boldsymbol{R}_{zp}$ 在 $CXYZ$ 上的投影分别为

$$\boldsymbol{R}_{zp} = \begin{bmatrix} R_{zpx} \\ R_{zpy} \\ R_{zpz} \end{bmatrix} = \boldsymbol{D}^{\mathrm{T}} \begin{bmatrix} R_{px} \\ R_{py} \\ R_{pz} \end{bmatrix} \tag{6.93}$$

(3) 子弹体极阻尼力矩 $\boldsymbol{M}_{xzp}$。 子弹体极阻尼力矩是阻尼子弹体自转的力矩,方向沿弹轴向上反,大小为 $\frac{1}{2}\rho v_p S_p l_p d_p m'_{xzp}\omega_{py}$,其中 m'_{xzp} 为子弹体极阻尼力矩系数导数,它在子弹体固连系 $PXYZ$ 上的投影为

$$\boldsymbol{M}_{xzp} = \begin{bmatrix} M_{xzpx} \\ M_{xzpy} \\ M_{xzpz} \end{bmatrix} = \frac{1}{2}\rho v_p S_p l_p d_p m'_{xzo} \begin{bmatrix} 0 \\ \omega_{py} \\ 0 \end{bmatrix} \tag{6.94}$$

(4) 子弹体赤道阻尼力矩 $\boldsymbol{M}_{zzp}$

子弹体赤道阻尼力矩是阻尼子弹体摆动的力矩,方向与摆动方向相反,大小为 $\frac{1}{2}\rho v_p S_p l_p d_p m'_{zzp}\omega_{pxpy}$,其中 $\omega_{pxpy} = \omega_{px} i_p + \omega_{pz} k_p$ 是子弹体的摆动角速度, m'_{zzp} 是子弹体赤道阻尼力矩系数导数,子弹体赤道阻尼力矩在固连系 $PXYZ$ 上的投影为

$$\boldsymbol{M}_{zzp} = \begin{bmatrix} M_{zzpx} \\ M_{zzpy} \\ M_{zzpz} \end{bmatrix} = \frac{1}{2}\rho v_p S_p l_p d_p m'_{zzp} \begin{bmatrix} \omega_{px} \\ 0 \\ \omega_{pz} \end{bmatrix} \tag{6.95}$$

作用在子弹体上的空气动力矩为

$$\boldsymbol{M}_p = \begin{bmatrix} M_{ox} \\ M_{oy} \\ M_{oz} \end{bmatrix} = \begin{bmatrix} M_{xzpx} + M_{zzpx} \\ M_{xzpy} + M_{zzpy} \\ M_{xzpz} + M_{zzpz} \end{bmatrix} \tag{6.96}$$

在 $CXYZ$ 坐标下的投影为

$$\boldsymbol{M}_o = \begin{bmatrix} M_{zox} \\ M_{z\ oy} \\ M_{zoz} \end{bmatrix} = \boldsymbol{D}^{\mathrm{T}} \begin{bmatrix} M_{ox} \\ M_{oy} \\ M_{oz} \end{bmatrix} \tag{6.97}$$

3. 降落伞受力情况

降落伞受到的力包括气动阻力、升力、重力、旋转力矩、极阻尼力矩、赤道阻尼力矩等,在此计算气动阻力、重力、旋转力矩。

(1) 降落伞的重力 $\boldsymbol{G}_o$ 在平动坐标系中投影的表达式为

$$\boldsymbol{G}_o = \begin{bmatrix} 0 \\ -m_c g \\ 0 \end{bmatrix} \tag{6.98}$$

$\boldsymbol{G}_o$ 在 $CXYZ$ 上投影为

$$\boldsymbol{G}_o = \boldsymbol{A}\begin{bmatrix} G_{ox} \\ G_{oy} \\ G_{oz} \end{bmatrix} = -m_o g\begin{bmatrix} \cos\varphi\sin\theta \\ \cos\theta \\ \sin\varphi\sin\theta \end{bmatrix} \tag{6.99}$$

(2) 空气动阻力 $\boldsymbol{R}_{zo}$ 是空气动力沿伞的相对速度方向的分量,方向与伞相对速度方向相反,其大小为 $\frac{1}{2}\rho v_o^2 C_{xo} S_o$,其中 C_{xo} 为伞的阻力系数, S_o 为伞的特征面积,则

$$\boldsymbol{R}_{zo} = \begin{bmatrix} R_{zox} \\ R_{zoy} \\ R_{zoz} \end{bmatrix} = \frac{1}{2}\rho v_o C_{xo} S_o \begin{bmatrix} v_{oxo} \\ v_{oyo} \\ v_{ozo} \end{bmatrix} \tag{6.100}$$

(3) 升力 $\boldsymbol{R}_{yo}$ 是空气动力沿垂直于伞质心速度的分量,方向为在阻力面内且垂直于速度方向,升力的大小为 $\frac{1}{2}\rho v_o^2 C'_{yo} S_o \delta_o$,其中 C'_{yo} 是伞的升力系数导数, δ_o 为伞的攻角,即 OY 轴负向与速度 $\boldsymbol{V}_o$ 间的夹角。设速度方向的单位矢量为 $[I_{vox}, I_{voy}, I_{voz}]^{\mathrm{T}}$, 则

$$\boldsymbol{R}_{yo} = \begin{bmatrix} R_{yox} \\ R_{yoy} \\ R_{yoz} \end{bmatrix} = \frac{1}{2}\rho v_o^2 C'_{yo} S_o \delta_o \begin{bmatrix} I_{vox} \\ I_{voy} \\ I_{voz} \end{bmatrix} \tag{6.101}$$

由上述讨论得,作用在降落伞上的合力为

$$\boldsymbol{R}_o = \begin{bmatrix} R_{ox} \\ R_{oy} \\ R_{oz} \end{bmatrix} = R_{zo} + R_{yo} = \begin{bmatrix} R_{zox} + R_{yox} \\ R_{zoy} + R_{yoy} \\ R_{zoz} + R_{yoz} \end{bmatrix} \tag{6.102}$$

在 $CXYZ$ 上的投影为

$$\boldsymbol{R}_o = \begin{bmatrix} R_{cox} \\ R_{coy} \\ R_{coz} \end{bmatrix} = \boldsymbol{B}^{\mathrm{T}} \begin{bmatrix} R_{ox} \\ R_{oy} \\ R_{oz} \end{bmatrix} \tag{6.103}$$

(4) 伞导转力矩 $\boldsymbol{M}_{xwo}$。伞导转力矩是因伞衣开孔而产生的使伞旋转的力矩,方向沿伞轴线向上,大小为 $\frac{1}{2}\rho v_o^2 S_o l_o m_{xwo}$,其中 l_o 为伞衣的特征长度, m_{xwo} 为导转力矩系数,它在伞固连系 $OXYZ$ 上的投影为

$$\boldsymbol{M}_{xwo} = \begin{bmatrix} M_{xwox} \\ M_{xwoy} \\ M_{xwoz} \end{bmatrix} = \frac{1}{2}\rho v_o^2 S_o l_o m_{xwo} \begin{bmatrix} 0 \\ 1 \\ 0 \end{bmatrix} \tag{6.104}$$

(5)伞极阻尼力矩 $\boldsymbol{M}_{xzo}$。伞极阻尼力矩是阻尼伞自转的力矩,方向与导转力矩相反,

大小为 $\frac{1}{2}\rho v_o S_o l_o d_o m'_{xzo}\boldsymbol{\omega}_{oy}$，其中 m'_{xzo} 为伞极阻尼力矩系数导数，它在伞固连系 $OXYZ$ 上的投影为

$$\boldsymbol{M}_{xzo}=\begin{bmatrix}M_{xzox}\\M_{xzoy}\\M_{xzoz}\end{bmatrix}=\frac{1}{2}\rho v_o S_o l_o d_o m'_{xzo}\begin{bmatrix}0\\\omega_{oy}\\0\end{bmatrix}\tag{6.105}$$

(6)伞赤道阻尼力矩 $\boldsymbol{M}_{zzo}$。伞赤道阻尼力矩是阻尼伞轴摆动的力矩，方向与摆动方向相反，大小为 $\frac{1}{2}\rho v_o S_o l_o d_o m'_{zzo}\boldsymbol{\omega}_{oxoy}$，其中 $\boldsymbol{\omega}_{oxoy}=\boldsymbol{\omega}_{ox}\boldsymbol{i}_o+\boldsymbol{\omega}_{oz}\boldsymbol{k}_o$ 是伞轴的摆动角速度，m'_{zzo} 是伞赤道阻尼力矩系数导数，伞赤道阻尼力矩在固连系 $OXYZ$ 上的投影为

$$\boldsymbol{M}_{zzo}=\begin{bmatrix}M_{zzox}\\M_{zzoy}\\M_{zzoz}\end{bmatrix}=\frac{1}{2}\rho v_o S_o l_o d_o m'_{zzo}\begin{bmatrix}\omega_{ox}\\0\\\omega_{oz}\end{bmatrix}\tag{6.106}$$

(7) 伞静力矩 $\boldsymbol{M}_{zo}$。伞静力矩是由于降落伞的压心和质心不重合而产生的，其大小为 $\frac{1}{2}\rho v_o^2 S_o l_o m'_{zo}\delta_o$，其中 m'_{zo} 为伞静力矩系数导数，方向矢量为 $\frac{(-\boldsymbol{j}_o)\times\boldsymbol{I}_{vo}}{|(-\boldsymbol{j}_o)\times\boldsymbol{I}_{vo}|}$，$\boldsymbol{I}_{vo}$ 为在 $OXYZ$ 坐标下的速度方向矢量，则有

$$\boldsymbol{M}_{zo}=\begin{bmatrix}M_{zox}\\M_{zoy}\\M_{zoz}\end{bmatrix}=\frac{1}{2}\rho v_o^2 S_o l_o m'_{zo}\delta_o\begin{bmatrix}I_{mzox}\\I_{mzoy}\\I_{mzoz}\end{bmatrix}\tag{6.107}$$

式中

$$\begin{bmatrix}I_{mzox}\\I_{mzoy}\\I_{mzoz}\end{bmatrix}=\frac{(-\boldsymbol{j}_o)\times\boldsymbol{I}_{vo}}{|(-\boldsymbol{j}_o)\times\boldsymbol{I}_{vo}|}$$

由上述讨论得，作用在降落伞上的总空气动力矩为

$$\boldsymbol{M}_o=\begin{bmatrix}M_{ox}\\M_{oy}\\M_{oz}\end{bmatrix}=\begin{bmatrix}M_{xwox}+M_{xzox}+M_{zzox}+M_{zox}\\M_{xwoy}+M_{xzoy}+M_{zzoy}+M_{zoy}\\M_{xwoz}+M_{xzoz}+M_{zzoz}+M_{zoz}\end{bmatrix}\tag{6.108}$$

在 $CXYZ$ 坐标下的投影为

$$\boldsymbol{M}_o=\begin{bmatrix}M_{zox}\\Mz_{oy}\\M_{zoz}\end{bmatrix}=\boldsymbol{B}^{\mathrm{T}}\begin{bmatrix}M_{ox}\\M_{oy}\\M_{oz}\end{bmatrix}\tag{6.109}$$

6.2.3.4 多柔体运动微分方程组的建立

采用凯恩(Kane)方法建立多柔体运动微分方程。因为凯恩方法综合了牛顿定律和拉格朗日方程二者在建立动力学时的优点，它能自动消除约束反力而给出与自由度数相等的运动微分方程式，它不但适用于完整系统，而且也适用于非完整系统。在凯恩方法中采用广义坐标及偏速度描述系统的运动。在变量的选择上有较大的余地，如果变量选择

的合适，可使最后得到的运动微分方程式非常简洁。采用凯恩方法还有一优点，最后所得的结果是一阶微分方程组，容易化为标准形式，便于编程上机计算。尤其对最后所得的方程组是非线性的，这一优点更显得突出。

1. 选取广义坐标

伞盘的中心 C 在固定坐标系 $O_0X_0Y_0Z_0$ 中的坐标为 (x_0,y_0,z_0)，其固连坐标系 $CXYZ$ 到平动坐标系 $CX_0Y_0Z_0$ 的三个欧拉角为 ψ，θ，φ，末敏子弹体相对伞盘的转角 β，降落伞体相对伞盘的转角为 α，降落伞的弹性位移 u 的三个模态坐标为 τ_x，τ_y，τ_z，选择 x_0，y_0，z_0，ψ，θ，φ，β，α，τ_x，τ_y，τ_z 为广义坐标，则末敏子弹系统的位置可以由以上 11 个广义坐标表示出来。选取对应于广义坐标的时间导数作为偏速度，则有

$$\boldsymbol{W}=[W_1,W_2,W_3,\cdots,W_{10},W_{11}]^{\mathrm{T}} \tag{6.110}$$

其中，$W_1=\dot{x}_0=v_x$，$W_2=\dot{y}_0=v_y$，$W_3=\dot{z}_0=v_z$，$W_4=\omega_x$，$W_5=\omega_y$，$W_6=\omega_z$，$W_7=\dot{\beta}$，$W_8=\dot{\alpha}$，$W_9=\dot{\tau}_x$，$W_{10}=\dot{\tau}_y$，$W_{11}=\dot{\tau}_z$。

将速度、角速度、角加速度用偏速度表示可得

$$\boldsymbol{v}_c=[W_1\quad W_2\quad W_3]^{\mathrm{T}} \tag{6.111}$$

$$\boldsymbol{v}_p=\begin{bmatrix} W_1+W_6(a+b\cos(\beta-\beta_0))-W_7b\cos(\beta-\beta_0) \\ W_2-W_6b\sin(\beta-\beta_0)+W_7b\sin(\beta-\beta_0) \\ W_3+W_5b\sin(\beta-\beta_0)-W_4(a+b\cos(\beta-\beta_0)) \end{bmatrix} \tag{6.112}$$

$$\boldsymbol{v}_{om}=\begin{bmatrix} W_1-W_6c\cos\alpha+W_8c\cos\alpha+W_9\cos\alpha T_x-W_{10}\sin\alpha T_y \\ W_2+W_6c\sin\alpha-W_8c\sin\alpha+W_{10}\cos\alpha T_y+W_9\sin\alpha T_x \\ W_3+W_4c\cos\alpha-W_5c\sin\alpha+W_{11}T_z \end{bmatrix} + \begin{bmatrix} W_5\rho_z-(W_6+W_8)(\rho_x\sin\alpha+\rho_y\cos\alpha) \\ -W_4\rho_z+(W_6+W_8)(\rho_x\cos\alpha-\rho_y\sin\alpha) \\ W_4(\rho_y\cos\alpha+\rho_x\sin\alpha)+W_5(\rho_y\sin\alpha-\rho_x\cos\alpha) \end{bmatrix} \tag{6.113}$$

$$\boldsymbol{\omega}_c=[W_4\quad W_5\quad W_6]^{\mathrm{T}} \tag{6.114}$$

$$\boldsymbol{\omega}_p=\begin{bmatrix} W_4\cos\beta+W_5\sin\beta \\ -W_4\sin\beta+W_5\cos\beta \\ W_6+W_7 \end{bmatrix} \tag{6.115}$$

$$\boldsymbol{\omega}_o=\begin{bmatrix} W_4\cos\alpha+W_5\sin\alpha \\ -W_4\sin\alpha+W_5\cos\alpha \\ W_6+W_8 \end{bmatrix} \tag{6.116}$$

在 $CXYZ$ 坐标下投影为

$$\boldsymbol{a}_c=\begin{bmatrix} \dot{W}_1+W_3W_5-W_2W_6 \\ \dot{W}_2+W_1W_6-W_3W_4 \\ \dot{W}_3+W_2W_4-W_1W_5 \end{bmatrix} \tag{6.117}$$

$$\boldsymbol{a}_p = \{\dot{W}_1 - W_2W_6 + W_3W_5 + \dot{W}_6[a + b\cos(\beta - \beta_0)] + (W_7^2 + W_6^2 + W_5^2 - 2W_6W_7) \cdot b\sin(\beta - \beta_0) - \dot{W}_7 b\cos(\beta - \beta_0) - W_4W_5[a + b\cos(\beta - \beta_0)]\}i_c + \{\dot{W}_2 + W_1W_6 - W_3W_4 + (\dot{W}_7 - \dot{W}_6 - W_4W_5)b\sin(\beta - \beta_0) + (W_7^2 - 2W_6W_7)b\cos(\beta - \beta_0)(W_4^2 + W_6^2 \cdot) \cdot [a + b\cos(\beta - \beta_0)]\}j_c + \{\dot{W}_3 - W_1W_5 + W_2W_4 + (\dot{W}_5 + 2W_4W_7 - W_4W_6) b\sin(\beta - \beta_0) + 2W_5W_7 b\cos(\beta - \beta_0) - (\dot{W}_4 + W_5W_6)[a + b\cos(\beta - \beta_0)]\}k_c \tag{6.118}$$

$$\boldsymbol{a}_{om} = \{\dot{W}_1 - W_2W_6 + W_3W_5 + (2W_6W_8 - W_6^2 - W_5^2 - W_8^2)c\sin\alpha + (\dot{W}_8 - \dot{W}_6 + W_4W_5)c\cos\alpha + \dot{W}_9\cos\alpha T_x - \dot{W}_{10}\sin\alpha T_y - [(\dot{W}_6 + \dot{W}_8)\sin\alpha + (W_6 + W_8)^2\cos\alpha + (W_5^2\cos\alpha - W_4W_5\sin\alpha)]\rho_x - [(\dot{W}_6 + \dot{W}_8)\cos\alpha - (W_6 + W_8)^2\sin\alpha - (W_5^2\sin\alpha + W_4W_5\cos\alpha)] \rho_y + ((\dot{W}_5 + W_4W_6)\rho_z\}i_c + \{\dot{W}_2 + W_1W_6 - W_3W_4 + (\dot{W}_6 + W_4W_5 - \dot{W}_8)c\sin\alpha + (2W_6W_8 - W_6^2 - W_4^2 - W_8^2)c\cos\alpha + \dot{W}_9\sin\alpha T_x + \dot{W}_{10}\cos\alpha T_y + [(\dot{W}_6 + \dot{W}_8)\cos\alpha + (W_6 + W_8)^2\sin\alpha - (W_4^2\sin\alpha + W_4W_5\cos\alpha)]\rho_x + [(W_6 + W_8)^2\cos\alpha - (\dot{W}_6 + \dot{W}_8)\sin\alpha - (W_4^2\cos\alpha + W_4W_5\sin\alpha)]\rho_y + (\dot{W}_4 + W_5W_6 + 2W_5W_8)\rho_z\}j_c + \{\dot{W}_3 - W_3W_5 + W_2W_4 + (W_4W_6 - 2W_4W_8 - \dot{W}_5)c\sin\alpha + (\dot{W}_4 - 2W_5W_8 + W_5W_6)c\cos\alpha + \dot{W}_{11}T_z + (\dot{W}_4 + 2W_5W_8 + W_5W_6)\rho_x\sin\alpha + (2W_4W_8 - \dot{W}_5 + W_4W_6)\rho_x\cos\alpha - (2W_4W_8 - \dot{W}_5 + W_4W_6)\rho_y \cdot \sin\alpha + (\dot{W}_4 + 2W_5W_8 + W_5W_6)\rho_y\cos\alpha - (W_4^2 + W_5^2)\rho_z\}k_c \tag{6.119}$$

$$\boldsymbol{\varepsilon}_c = \begin{bmatrix} \dot{W}_4 & \dot{W}_5 & \dot{W}_6 \end{bmatrix}^{\mathrm{T}} \tag{6.120}$$

$$\boldsymbol{\varepsilon}_p = \begin{bmatrix} \dot{W}_4\cos\beta - W_4W_7\sin\beta + \dot{W}_5\sin\beta + W_5W_7\cos\beta \\ -\dot{W}_4\sin\beta - W_4W_7\cos\beta + \dot{W}_5\cos\beta - W_5W_7\sin\beta \\ \dot{W}_6 + \dot{W}_7 \end{bmatrix} \tag{6.121}$$

$$\boldsymbol{\varepsilon}_o = \begin{bmatrix} \dot{W}_4\cos\alpha - W_4W_8\sin\alpha + \dot{W}_5\sin\alpha + W_5W_8\cos\alpha \\ -\dot{W}_4\sin\alpha - W_4W_8\cos\alpha + \dot{W}_5\cos\alpha - W_5W_8\sin\alpha \\ \dot{W}_6 + \dot{W}_8 \end{bmatrix} \tag{6.122}$$

引入偏速度 W_k 即 Gibbs 提出的准速度后，令 $\delta v = \sum_{k=1}^{N} G_k W_k$ ，可得

$$\boldsymbol{G}_{c1} = \begin{bmatrix} 1 \\ 0 \\ 0 \end{bmatrix}, \boldsymbol{G}_{c2} = \begin{bmatrix} 0 \\ 1 \\ 0 \end{bmatrix}, \boldsymbol{G}_{c3} = \begin{bmatrix} 0 \\ 0 \\ 1 \end{bmatrix}, \boldsymbol{G}_{ck} = 0, k > 3 \tag{6.123}$$

$$\boldsymbol{G}_{p1} = \begin{bmatrix}1\\0\\0\end{bmatrix}, \boldsymbol{G}_{p2} = \begin{bmatrix}0\\1\\0\end{bmatrix}, \boldsymbol{G}_{p3} = \begin{bmatrix}0\\0\\1\end{bmatrix}, \boldsymbol{G}_{p4} = \begin{bmatrix}0\\0\\-a-b\cos(\beta-\beta_0)\end{bmatrix},$$

$$\boldsymbol{G}_{p5} = \begin{bmatrix}0\\0\\b\sin(\beta-\beta_0)\end{bmatrix}, \boldsymbol{G}_{p6} = \begin{bmatrix}a+b\cos(\beta-\beta_0)\\-b\sin(\beta-\beta_0)\\0\end{bmatrix},$$

$$\boldsymbol{G}_{p7} = \begin{bmatrix}-b\cos(\beta-\beta_0)\\b\sin(\beta-\beta_0)\\0\end{bmatrix}, \boldsymbol{G}_{pk} = 0, k > 7 \tag{6.124}$$

$$\boldsymbol{G}_{o1} = \begin{bmatrix}1\\0\\0\end{bmatrix}, \boldsymbol{G}_{o2} = \begin{bmatrix}0\\1\\0\end{bmatrix}, \boldsymbol{G}_{o3} = \begin{bmatrix}0\\0\\1\end{bmatrix}, \boldsymbol{G}_{o4} = \begin{bmatrix}0\\-\rho_z\\\rho_y\cos\alpha+\rho_x\sin\alpha+c\cos\alpha\end{bmatrix},$$

$$\boldsymbol{G}_{o5} = \begin{bmatrix}\rho_z\\0\\(\rho_y-c)\sin\alpha-\rho_x\cos\alpha\end{bmatrix}, \boldsymbol{G}_{o6} = \begin{bmatrix}-\rho_x\sin\alpha-(\rho_y+c)\cos\alpha\\(c-\rho_y)\sin\alpha+\rho_x\cos\alpha\\0\end{bmatrix},$$

$$\boldsymbol{G}_{o7} = \begin{bmatrix}0\\0\\0\end{bmatrix}, \boldsymbol{G}_{o8} = \begin{bmatrix}-\rho_x\sin\alpha+(c-\rho_y)\cos\alpha\\-(\rho_y+c)\sin\alpha+\rho_x\cos\alpha\\0\end{bmatrix}, G_{o9} = \begin{bmatrix}T_x\cos\alpha\\T_x\sin\alpha\\0\end{bmatrix},$$

$$\boldsymbol{G}_{o10} = \begin{bmatrix}-T_y\sin\alpha\\T_y\cos\alpha\\0\end{bmatrix}, \boldsymbol{G}_{o11} = \begin{bmatrix}0\\0\\T_z\end{bmatrix} \tag{6.125}$$

同理,可引入偏角速度 W_k,令 $\delta\omega = \sum_{k=1}^{N}\boldsymbol{H}_k^{\mathrm{T}}W_k$,可得

$$\boldsymbol{H}_{c4} = \begin{bmatrix}1\\0\\0\end{bmatrix}, \boldsymbol{H}_{c5} = \begin{bmatrix}0\\1\\0\end{bmatrix}, \boldsymbol{H}_{c6} = \begin{bmatrix}0\\0\\1\end{bmatrix},$$

$$\boldsymbol{H}_{ck} = 0, k < 4 \text{或} k > 6 \tag{6.126}$$

$$\boldsymbol{H}_{p4} = \begin{bmatrix}1\\0\\0\end{bmatrix}, \boldsymbol{H}_{p5} = \begin{bmatrix}0\\1\\0\end{bmatrix}, \boldsymbol{H}_{p6} = \begin{bmatrix}0\\0\\1\end{bmatrix}, \boldsymbol{H}_{p7} = \begin{bmatrix}0\\0\\1\end{bmatrix},$$

$$\boldsymbol{H}_{pk} = 0, k < 4 \text{或} k > 7 \tag{6.127}$$

$$\boldsymbol{H}_{o4} = \begin{bmatrix}1\\0\\0\end{bmatrix}, \boldsymbol{H}_{o5} = \begin{bmatrix}0\\1\\0\end{bmatrix}, H_{o6} = \begin{bmatrix}0\\0\\1\end{bmatrix}, \boldsymbol{H}_{o7} = \begin{bmatrix}0\\0\\0\end{bmatrix}, \boldsymbol{H}_{o8} = \begin{bmatrix}0\\0\\1\end{bmatrix},$$

$$\boldsymbol{H}_{ok} = 0, k < 4 \text{或} k > 8 \tag{6.128}$$

2. 求广义主动力

根据前面的受力分析,可知系统所受主动力分为伞盘所受合力 $\boldsymbol{R}_c$ 和合力矩 $\boldsymbol{M}_c$ 、降落伞所受合力 $\boldsymbol{R}_o$ 和合力矩 $\boldsymbol{M}_o$ 、末敏子弹体所受合力 $\boldsymbol{R}_b$ 和合力矩 $\boldsymbol{M}_b$ 。

由广义主动力公式可得

$$\boldsymbol{F}_r = \sum_{i=1}^{3} (R_i \cdot G_{ir} + T_i \cdot H_{ir}) \qquad r = 1,2,3,\cdots,11$$

$$\boldsymbol{F}_r = \boldsymbol{R}_c \cdot G_{cr} + \boldsymbol{R}_p \cdot G_{pr} + \int \boldsymbol{R}_o \cdot G_{or} \mathrm{d}m + \boldsymbol{M}_c \cdot \boldsymbol{H}_{cr} + \boldsymbol{M}_p \cdot \boldsymbol{H}_{pr} + \int M_o \cdot H_{or} \mathrm{d}m \qquad (6.129)$$

则有

$$\begin{aligned}
\boldsymbol{F}_1 &= \boldsymbol{R}_c \cdot \boldsymbol{G}_{c1} + \boldsymbol{R}_p \cdot \boldsymbol{G}_{p1} + \int \boldsymbol{R}_o \cdot \boldsymbol{G}_{o1} \mathrm{d}m \\
&= R_{cx} + R_{px}\cos\beta - R_{py}\sin\beta + R_{ox}\cos\alpha - R_{oy}\sin\alpha - (m_c + m_p + m_o) g\cos\varphi\sin\theta
\end{aligned}$$

$$\begin{aligned}
\boldsymbol{F}_2 &= \boldsymbol{R}_c \cdot \boldsymbol{G}_{c2} + \boldsymbol{R}_p \cdot \boldsymbol{G}_{p2} + \int \boldsymbol{R}_p \cdot \boldsymbol{G}_{o2} \mathrm{d}m \\
&= R_{cy} + R_{px}\sin\beta + R_{py}\cos\beta + R_{ox}\sin\alpha + R_{oy}\cos\alpha - (m_c + m_p + m_o) g\cos\theta
\end{aligned}$$

$$\begin{aligned}
\boldsymbol{F}_3 &= \boldsymbol{R}_c \cdot \boldsymbol{G}_{c3} + \boldsymbol{R}_p \cdot \boldsymbol{G}_{p3} + \int \boldsymbol{R}_p \cdot \boldsymbol{G}_{o3} \mathrm{d}m \\
&= R_{cz} + R_{pz} + R_{oz} - (m_c + m_p + m_o) g\sin\varphi\sin\theta
\end{aligned}$$

$$\begin{aligned}
\boldsymbol{F}_4 &= \boldsymbol{R}_c \cdot \boldsymbol{G}_{c4} + \boldsymbol{R}_p \cdot \boldsymbol{G}_{p4} + \int \boldsymbol{R}_o \cdot \boldsymbol{G}_{o4} \mathrm{d}m + \boldsymbol{M}_c \cdot \boldsymbol{H}_{c4} + \boldsymbol{M}_p \cdot \boldsymbol{H}_{p4} + \int \boldsymbol{M}_o \cdot \boldsymbol{H}_{o4} \mathrm{d}m \\
&= -(a + b\cos(\beta - \beta_0))(R_{pz} - m_p g\sin\varphi\sin\theta) - S_z(R_{ox}\sin\alpha/m_o + R_{oy}\cos\alpha/m_o \\
&\quad - g\cos\theta) + (S_y\cos\alpha + S_x\sin\alpha + m_o c\cos\alpha)(R_{oz}/m_o - g\sin\varphi\sin\theta) \\
&\quad + M_{cx} + M_{px}\cos\beta - M_{py}\sin\beta + M_{ox}\cos\alpha - M_{oy}\sin\alpha
\end{aligned}$$

$$\begin{aligned}
\boldsymbol{F}_5 &= \boldsymbol{R}_c \cdot \boldsymbol{G}_{c5} + \boldsymbol{R}_p \cdot \boldsymbol{G}_{p5} + \int \boldsymbol{R}_o \cdot \boldsymbol{G}_{o5} \mathrm{d}m + \boldsymbol{M}_c \cdot \boldsymbol{H}_{c5} + \boldsymbol{M}_p \cdot \boldsymbol{H}_{p5} + \int \boldsymbol{M}_o \cdot \boldsymbol{H}_{o5} \mathrm{d}m \\
&= b\sin(\beta - \beta_0)(R_{pz} - m_p g\sin\varphi\sin\theta) + S_z(R_{ox}\cos\alpha/m_o - R_{oy}\sin\alpha/m_o \\
&\quad - g\cos\varphi\sin\theta) + (S_y\sin\alpha - S_x\cos\alpha - m_o c\sin\alpha)(R_{oz}/m_o - g\sin\varphi\sin\theta) \\
&\quad + M_{cy} + M_{px}\sin\beta + M_{py}\cos\beta + M_{ox}\sin\alpha + M_{oy}\cos\alpha
\end{aligned}$$

$$\begin{aligned}
\boldsymbol{F}_6 &= \boldsymbol{R}_c \cdot \boldsymbol{G}_{c6} + \boldsymbol{R}_p \cdot \boldsymbol{G}_{p6} + \int \boldsymbol{R}_o \cdot \boldsymbol{G}_{o6} \mathrm{d}m + \boldsymbol{M}_c \cdot \boldsymbol{H}_{c6} + \boldsymbol{M}_p \cdot \boldsymbol{H}_{p6} + \int \boldsymbol{M}_o \cdot \boldsymbol{H}_{o6} \mathrm{d}m \\
&= [a + b\cos(\beta - \beta_0)](R_{px}\cos\beta - R_{py}\sin\beta - m_p g\cos\varphi\sin\theta) - b\sin(\beta - \beta_0) \\
&\quad \cdot (R_{px}\sin\beta + R_{py}\cos\beta - m_p g\cos\theta) - (S_x\sin\alpha + m_o c\cos\alpha + S_y\cos\beta) \\
&\quad \cdot (R_{ox}\cos\alpha/m_o - R_{oy}\sin\alpha/m_o - g\cos\varphi\sin\theta) + (m_o c\sin\alpha - S_y\sin\alpha + S_x\cos\alpha) \\
&\quad \cdot (R_{ox}\sin\alpha/m_o + R_{oy}\cos\alpha/m_o - g\cos\theta) + M_{cz} + M_{pz} + M_{oz}
\end{aligned}$$

$$\begin{aligned}
\boldsymbol{F}_7 &= \boldsymbol{R}_c \cdot \boldsymbol{G}_{c7} + \boldsymbol{R}_p \cdot \boldsymbol{G}_{p7} + \int \boldsymbol{R}_o \cdot \boldsymbol{G}_{o7} \mathrm{d}m + \boldsymbol{M}_c \cdot \boldsymbol{H}_{c7} + \boldsymbol{M}_p \cdot \boldsymbol{H}_{p7} + \int \boldsymbol{M}_o \cdot \boldsymbol{H}_{o7} \mathrm{d}m \\
&= -b\cos(\beta - \beta_0)(R_{px}\cos\beta - R_{py}\sin\beta - m_p g\cos\varphi\sin\theta) + b\sin(\beta - \beta_0) \\
&\quad \cdot (R_{px}\sin\beta + R_{py}\cos\beta - m_p g\cos\theta) + M_{pz}
\end{aligned}$$

$$\boldsymbol{F}_8 = \boldsymbol{R}_c \cdot \boldsymbol{G}_{c9} + \boldsymbol{R}_p \cdot \boldsymbol{G}_{p9} + \int \boldsymbol{R}_o \cdot \boldsymbol{G}_{o9} \mathrm{d}m + \boldsymbol{M}_c \cdot \boldsymbol{H}_{c9} + \boldsymbol{M}_p \cdot \boldsymbol{H}_{p9} + \int \boldsymbol{M}_o \cdot \boldsymbol{H}_{o8} \mathrm{d}m$$

$$= (m_o c\cos\alpha - S_y\cos\alpha - S_x\sin\alpha)(R_{ox}\cos\alpha/m_o - R_{oy}\sin\alpha/m_o - g\cos\varphi\sin\theta)$$
$$+ (S_x\cos\alpha - m_o c\sin\alpha - S_y\sin\alpha)(R_{ox}\sin\alpha/m_o + R_{oy}\cos\alpha/m_o - g\cos\theta) + M_{oz}$$

$$\boldsymbol{F}_9 = \int \boldsymbol{R}_o \cdot \boldsymbol{G}_{o10}\mathrm{d}m$$
$$= P_x\cos\alpha(R_{ox}\cos\alpha/m_o - R_{oy}\sin\alpha/m_o - g\cos\varphi\sin\theta)$$
$$+ P_x\sin\alpha(R_{ox}\sin\alpha/m_o + R_{oy}\cos\alpha/m_o - g\cos\theta)$$

$$\boldsymbol{F}_{10} = \int \boldsymbol{R}_o \cdot \boldsymbol{G}_{o11}\mathrm{d}m$$
$$= - P_y\sin\alpha(R_{ox}\cos\alpha/m_o - R_{oy}\sin\alpha/m_o - g\cos\varphi\sin\theta)$$
$$+ P_y\cos\alpha(R_{ox}\sin\alpha/m_o + R_{oy}\cos\alpha/m_o - g\cos\theta)$$

$$\boldsymbol{F}_{11} = \int \boldsymbol{R}_o \cdot \boldsymbol{G}_{o12}\mathrm{d}m = P_z(R_{oz}/m_o - g\sin\varphi\sin\theta) \tag{6.130}$$

式中：$\boldsymbol{S} = \int \boldsymbol{\rho}\mathrm{d}m$ 为降落伞无弹性变形时相对连接点的静矩；$\boldsymbol{P} = \int \boldsymbol{T}\mathrm{d}m$ 为降落伞弹性位移的模态动量系数。

3. 求广义惯性力

1）计算伞盘、子弹体惯性力

$$\boldsymbol{R}_c^* = - m_c\boldsymbol{a}_c = - m_c \begin{bmatrix} \dot{W}_1 + W_3W_5 - W_2W_6 \\ \dot{W}_2 + W_1W_6 - W_3W_4 \\ \dot{W}_3 + W_2W_4 - W_1W_5 \end{bmatrix}_1 \tag{6.131}$$

$$\begin{aligned}
\boldsymbol{R}_p^* &= - m_p\boldsymbol{a}_p \\
&= - m_p\{\dot{W}_1 - W_2W_6 + W_3W_5 + (\dot{W}_6 - W_4W_5)[a + b\cos(\beta - \beta_0)] \\
&\quad - \dot{W}_7 b\cos(\beta - \beta_0) + (W_5^2 + W_6^2 + W_7^2 - 2W_6W_7)b\sin(\beta - \beta_0)\}i_c \\
&\quad - m_p\{\dot{W}_2 + W_1W_6 - W_3W_4 + (W_4^2 + W_6^2)[a + b\cos(\beta - \beta_0)] \\
&\quad + (W_7^2 - 2W_6W_7)b\cos(\beta - \beta_0) + (\dot{W}_7 - \dot{W}_6 - W_4W_5)b\sin(\beta - \beta_0)\}j_c \\
&\quad - m_p\{\dot{W}_3 - W_1W_5 + W_2W_4 + 2W_5W_7b\cos(\beta - \beta_0) - (\dot{W}_4 + W_5W_6)[a \\
&\quad + b\cos(\beta - \beta_0)] + (\dot{W}_5 + 2W_4W_7 - W_4W_6)b\sin(\beta - \beta_0)\}k_c
\end{aligned} \tag{6.132}$$

2）计算伞盘、子弹体和降落伞惯性力对质心主矩

考虑子弹体和伞盘都为轴对称体，则有

$$\boldsymbol{T}_c^* = - \boldsymbol{J}_c \cdot \boldsymbol{\varepsilon}_c - \boldsymbol{\omega}_c \times (\boldsymbol{J}_c \cdot \boldsymbol{\omega}_c) = - \begin{bmatrix} J_{cx}\dot{W}_4 + (J_{cz} - J_{cy})W_5W_6 \\ J_{cy}\dot{W}_5 \\ J_{cz}\dot{W}_6 + (J_{cy} - J_{cx})W_4W_5 \end{bmatrix} \tag{6.133}$$

$$\boldsymbol{T}_p^* = - \boldsymbol{J}_p \cdot \boldsymbol{\varepsilon}_p - \boldsymbol{\omega}_p \times (\boldsymbol{J}_p \cdot \boldsymbol{\omega}_p)$$

$$= -\{J_{px}[(\dot{W}_4 + W_5W_7)\cos\beta + (\dot{W}_5 - W_4W_7)\sin\beta] + (J_{pz} - J_{py})$$
$$\cdot[(W_5W_6 + W_5W_7)\cos\beta - (W_4W_6 + W_4W_7)\sin\beta]\}i_p - J_{py}$$
$$[(\dot{W}_5 - W_4W_7)\cos\beta - (\dot{W}_4 + W_5W_7)\sin\beta]j_p - [J_{pz}(\dot{W}_6 + \dot{W}_7)$$
$$+ (J_{py} - J_{px})(W_4\cos\beta + W_5\sin\beta)(-W_4\sin\beta + W_5\cos\beta)]k_p \tag{6.134}$$

$$\boldsymbol{T}_o^* = -\boldsymbol{J}_o \cdot \boldsymbol{\varepsilon}_o - \boldsymbol{\omega}_o \times (\boldsymbol{J}_o \cdot \boldsymbol{\omega}_o)$$
$$= -\{J_{ox}[(\dot{W}_4 + W_5W_8)\cos\alpha + (\dot{W}_5 - W_4W_8)\sin\alpha] + (J_{oz} - J_{oy})$$
$$\cdot[(W_5W_6 + W_5W_8)\cdot\cos\alpha - (W_4W_6 + W_4W_8)\sin\alpha]\}i_o - J_{oy}[(\dot{W}_5$$
$$- W_4W_8)\cos\alpha - (\dot{W}_4 + W_5W_8)\sin\alpha]j_o - [J_{oz}(\dot{W}_6 + \dot{W}_8)$$
$$+ (J_{oy} - J_{ox})(W_4\cos\alpha + W_5\sin\alpha)(-W_4\sin\alpha + W_5\cos\alpha)]k_o \tag{6.135}$$

$\boldsymbol{T}_p^*$ 和 $\boldsymbol{T}_o^*$ 在 $CXYZ$ 坐标下投影为

$$\boldsymbol{T}_p^* = -\{J_{px}[(\dot{W}_4 + W_5W_7)\cos^2\beta + (\dot{W}_5 - W_4W_7)\sin\beta\cos\beta] + (J_{pz} - J_{py})$$
$$[(W_5W_6 + W_5W_7)\cos^2\beta - (W_4W_6 + W_4W_7)\sin\beta\cos\beta] - J_{py}[(\dot{W}_5 - W_4W_7)$$
$$\cdot\sin\beta\cos\beta - (\dot{W}_4 + W_5W_7)\cdot\sin^2\beta]\}i_p - \{J_{px}[(\dot{W}_4 + W_5W_7)\sin\beta\cos\beta$$
$$+ (\dot{W}_5 - W_4W_7)\sin^2\beta] + (J_{pz} - J_{py})[(W_5W_6 + W_5W_7)\sin\beta\cos\beta - (W_4W_6$$
$$+ W_4W_7)\sin^2\beta] + J_{py}[(\dot{W}_5 - W_4W_7)\cos^2\beta - (\dot{W}_4 + W_5W_7)\sin\beta\cos\beta]\}j_p$$
$$-\{J_{pz}(\dot{W}_6 + \dot{W}_7) + (J_{py} - J_{px})(W_4\cos\beta + W_5\sin\beta)(-W_4\sin\beta + W_5\cos\beta)\}k_p \tag{6.136}$$

$$\boldsymbol{T}_o^* = -\{J_{ox}[(\dot{W}_4 + W_5W_8)\cos^2\alpha + (+\dot{W}_5 - W_4W_8)\sin\alpha\cos\alpha] + (J_{oz} - J_{oy})$$
$$[(W_5W_6 + W_5W_8)\cos^2\alpha - (W_4W_6 + W_4W_8)\sin\alpha\cos\alpha] - J_{oy}[(\dot{W}_5 - W_4W_8)$$
$$\cdot\cos^2\alpha - (\dot{W}_4 + W_5W_8)\sin\alpha\cos\alpha]\}i_c - \{J_{ox}[(\dot{W}_4 + W_5W_8)\sin\alpha\cos\alpha + (\dot{W}_5 - W_4W_8)$$
$$\sin^2\alpha] + (J_{oz} - J_{oy})[(W_5W_6 + W_5W_8)\sin\alpha\cos\alpha - (W_4W_6 + W_4W_8)\sin^2\alpha] +$$
$$J_{oy}[(\dot{W}_5 - W_4W_8)\sin\alpha\cos\alpha - (\dot{W}_4 + W_5W_8)\sin^2\alpha]j_c$$
$$-[J_{oz}(\dot{W}_6 + \dot{W}_8) + (J_{oy} - J_{ox})(W_4\cos\alpha + W_5\sin\alpha)(-W_4\sin\alpha + W_5\cos\alpha)]k_c \tag{6.137}$$

由广义惯性力公式

$$\boldsymbol{F}_r^* = \sum_{i=1}^{3}(R_i^* \cdot G_{ir} + T_i^* \cdot H_{ir}), r = 1,2,3,\cdots,11 \tag{6.138}$$

可得

$$\boldsymbol{F}_r^* = \boldsymbol{R}_c^* \cdot \boldsymbol{G}_{cr} + \boldsymbol{R}_p^* \cdot \boldsymbol{G}_{pr} + \int \boldsymbol{a}_{om} \cdot \boldsymbol{G}_{or}\mathrm{d}m + \boldsymbol{T}_c^* \cdot \boldsymbol{H}_{cr} + \boldsymbol{T}_p^* \cdot \boldsymbol{H}_{pr} + \boldsymbol{T}_o^* \cdot \boldsymbol{H}_{or}$$
$$r = 1,2,3,\cdots,11 \tag{6.139}$$

$$\boldsymbol{F}_1^* = R_c^* \cdot G_{c1} + R_p^* \cdot G_{p1} + \int a_{om} \cdot G_{o1}\mathrm{d}m + T_c \cdot H_{c1} + T_p \cdot H_{p1} + T_o \cdot H_{o1} = -m_c(\dot{W}_1 - W_2W_6$$

$+ W_3W_5) - m_p\{\dot{W}_1 - W_2W_6 + W_3W_5 + (\dot{W}_6 - W_4W_5)[a + b\cos(\beta - \beta_0)] - \dot{W}_7 b\cos(\beta - \beta_0) + (W_5^2 + W_6^2 + W_7^2 - 2W_6W_7)b\sin(\beta - \beta_0)\} - m_o[\dot{W}_1 - W_2W_6 + W_3W_5 + (2W_6W_8 - W_6^2 - W_5^2 - W_8^2)c\sin\alpha + (W_4W_5 - \dot{W}_6 + \dot{W}_8)c\cos\alpha] - \dot{W}_9 P_{ox}\cos\alpha + \dot{W}_{10}P_{oy}\sin\alpha + [(\dot{W}_6 + \dot{W}_8)\sin\alpha + (W_6 + W_8)^2\cos\alpha + (W_5^2\cos\alpha - W_4W_5\sin\alpha)]S_{ox} + [(\dot{W}_6 + \dot{W}_8)\cos\alpha - (W_6 + W_8)^2\sin\alpha - (W_5^2\sin\alpha + W_4W_5\cos\alpha)]S_{oy} - (\dot{W}_5 + W_4W_6)S_{oz}$

$$\boldsymbol{F}_2^* = R_c^* \cdot G_{c2} + R_p^* \cdot G_{p2} + \int a_{om} \cdot G_{o2}\mathrm{d}m + T_c \cdot H_{c2} + T_p \cdot H_{p2} + T_o \cdot H_{o2} = -m_c(\dot{W}_2 + W_1W_6 - W_3W_4) - m_p\{\dot{W}_2 + W_1W_6 - W_3W_4 + (W_4^2 + W_6^2)[a + b\cos(\beta - \beta_0)] + (W_7^2 - 2W_6W_7)b\cos(\beta - \beta_0) + (\dot{W}_7 - \dot{W}_6 - W_4W_5)b\sin(\beta - \beta_0)\} - m_o[\dot{W}_2 + W_1W_6 - W_3W_4 + (\dot{W}_6 + W_4W_5 - \dot{W}_8)c\sin\alpha + (2W_6W_8 - W_4^2 - W_6^2 - W_8^2)c\cos\alpha] - \dot{W}_9 P_{ox}\sin\alpha - \dot{W}_{10}P_{oy}\cos\alpha - [(\dot{W}_6 + \dot{W}_8)\cos\alpha + (W_6 + W_8)^2\sin\alpha - (W_4^2\sin\alpha + W_4W_5\cos\alpha)]S_{ox} + [(\dot{W}_6 + \dot{W}_8)\sin\alpha - (W_6 + W_8)^2\cos\alpha + (W_4^2\cos\alpha + W_4W_5\sin\alpha)]S_{oy} - (\dot{W}_4 + 2W_5W_8 + W_5W_6)S_{oz}$$

$$\boldsymbol{F}_3^* = R_c^* \cdot G_{c3} + R_p^* \cdot G_{p3} + \int a_{om} \cdot G_{o3}\mathrm{d}m + T_c \cdot H_{c3} + T_p \cdot H_{p3} + T_o \cdot H_{o3} = -m_c(\dot{W}_3 + W_2W_4 - W_1W_5) - m_p\{\dot{W}_3 - W_1W_5 + W_2W_4 + 2W_5W_7 b\cos(\beta - \beta_0) - (\dot{W}_4 + W_5W_6)[a + b\cos(\beta - \beta_0)] + (\dot{W}_5 + 2W_4W_7 - W_4W_6)b\sin(\beta - \beta_0)\} - m_o[\dot{W}_3 - W_3W_5 + W_2W_4 + (W_4W_6 - 2W_4W_8 - \dot{W}_5)c\sin\alpha + (\dot{W}_4 - 2W_5W_8 + W_5W_6) \cdot c\cos\alpha] - \dot{W}_{11}P_{oz} + (W_4^2 + W_5^2)S_{oz} - [(\dot{W}_4 + 2W_5W_8 + W_5W_6)\sin\alpha + (2W_4W_8 - \dot{W}_5 + W_4W_6)\cos\alpha]S_{ox} - [(\dot{W}_4 + 2W_5W_8 + W_5W_6)\cos\alpha - (\dot{W}_5 - 2W_4W_8 - W_4W_6)\sin\alpha]S_{oy}$$

$$\boldsymbol{F}_4^* = R_c^* \cdot G_{c4} + R_p^* \cdot G_{p4} + \int a_{om} \cdot G_{o4}\mathrm{d}m + T_c \cdot H_{c4} + T_p \cdot H_{p4} + T_o \cdot H_{o4} = m_p[a + b\cos(\beta - \beta_0)]\{\dot{W}_3 - W_1W_5 + W_2W_4 + 2W_5W_7 b\cos(\beta - \beta_0) - (\dot{W}_4 + W_5W_6) \cdot [a + b\cos(\beta - \beta_0)] + (\dot{W}_5 + 2W_4W_7 - W_4W_6)b\sin(\beta - \beta_0)\} + [\dot{W}_2 + W_1W_6 - W_3W_4 + (\dot{W}_6 + W_4W_5 - \dot{W}_8)c\sin\alpha + (2W_6W_8 - W_4^2 - W_6^2 - W_8^2)c\cos\alpha]S_{oz} + \dot{W}_9 H_{ozx}\sin\alpha + \dot{W}_{10}H_{ozy}\cos\alpha + [(\dot{W}_6 + \dot{W}_8)\cos\alpha + (W_6 + W_8)^2\sin\alpha - (W_4^2\sin\alpha + W_4W_5\cos\alpha)]J_{oxz} - [(\dot{W}_6 + \dot{W}_8)\sin\alpha - (W_6 + W_8)^2\cos\alpha + (W_4^2\cos\alpha + W_4W_5\sin\alpha)]J_{oyz} + (\dot{W}_4 + 2W_5W_8 + W_5W_6)J_{oz} - [\dot{W}_3 - W_3W_5 + W_2W_4 + (W_4W_6 -$$

$2W_4W_8 - \dot{W}_5) \cdot c\sin\alpha + (\dot{W}_4 - 2W_5W_8 + W_5W_6)c\cos\alpha](m_oc\cos\alpha + S_{ox}\sin\alpha +$
$S_{oy}\cos\alpha) - \dot{W}_{11} \cdot (P_{oz}c\cos\alpha + H_{oxz}\sin\alpha + H_{oyz}\cos\alpha) + (W_4^2 + W_5^2)(c\cos\alpha S_{oz} +$
$\sin\alpha J_{oxz} + \cos\alpha J_{oyz}) - [(\dot{W}_4 + 2W_5W_8 + W_5W_6)\sin\alpha + (2W_4W_8 - \dot{W}_5 +$
$W_4W_6)\cos\alpha](c\cos\alpha S_{ox} + \sin\alpha J_{ox} + \cos\alpha J_{oxy}) - [(\dot{W}_4 + 2W_5W_8 + W_5W_6)\cos\alpha +$
$(\dot{W}_5 - 2W_4W_8 - W_4W_6)\sin\alpha](c\cos\alpha S_{oy} + \sin\alpha J_{oxy} + \cos\alpha J_{oy}) - J_{cx}\dot{W}_4 - (J_{cz} -$
$J_{cy})W_5W_6 - J_{px}[(\dot{W}_4 + W_5W_7)\cos^2\beta + (\dot{W}_5 - W_4W_7)\sin\beta\cos\beta] - (J_{pz} -$
$J_{py})[(W_5W_6 + W_5W_7)\cos^2\beta - (W_4W_6 + W_4W_7)\sin\beta\cos\beta] + J_{py}[(\dot{W}_5 -$
$W_4W_7)\sin\beta\cos\beta - (\dot{W}_4 + W_5W_7)\sin^2\beta] - J_{ox}[(\dot{W}_4 + W_5W_8)\cos^2\alpha + (\dot{W}_5 -$
$W_4W_8)\sin\alpha\cos\alpha] - (J_{oz} - J_{oy})[(W_5W_6 + W_5W_8)\cos^2\alpha - (W_4W_6 + W_4W_8) \cdot$
$\sin\alpha\cos\alpha] + J_{oy}[(\dot{W}_5 - W_4W_8)\cos^2\alpha - (\dot{W}_4 + W_5W_8)\sin\alpha\cos\alpha]$

$\boldsymbol{F}_5^* = R_c^* \cdot G_{c5} + R_p^* \cdot G_{p5} + \int a_{om} \cdot G_{o5}\mathrm{d}m + T_c \cdot H_{c5} + T_p \cdot H_{p5} + T_o \cdot H_{o5} = -m_pb\sin(\beta$
$-\beta_0)\{\dot{W}_3 - W_1W_5 + W_2W_4 + 2W_5W_7b\cos(\beta - \beta_0) - (\dot{W}_4 + W_5W_6) \cdot [a + b\cos(\beta$
$-\beta_0)] + (\dot{W}_5 + 2W_4W_7 - W_4W_6)b\sin(\beta - \beta_0)\} - [\dot{W}_1 - W_2W_6 + W_3W_5 +$
$(2W_6W_8 - W_6^2 - W_5^2 - W_8^2)c\sin\alpha + (W_4W_5 - \dot{W}_6 + \dot{W}_8)c\cos\alpha]S_{oz} - \dot{W}_9H_{ozx}\cos\alpha +$
$\dot{W}_{10}H_{ozy}\sin\alpha + [(\dot{W}_6 + \dot{W}_8)\sin\alpha + (W_6 + W_8)^2\cos\alpha + (W_5^2\cos\alpha - W_4W_5\sin\alpha)] \cdot$
$J_{oxz} + [(\dot{W}_6 + \dot{W}_8)\cos\alpha - (W_6 + W_8)^2\sin\alpha - (W_5^2\sin\alpha + W_4W_5\cos\alpha)]J_{ozy} -$
$[(\dot{W}_5 + W_4W_6)]J_{oz} + [\dot{W}_3 - W_3W_5 + W_2W_4 + (W_4W_6 - 2W_4W_8 - \dot{W}_5)c\sin\alpha +$
$(\dot{W}_4 - 2W_5W_8 + W_5W_6)c\cos\alpha](m_oc\sin\alpha - S_{oy}\sin\alpha + S_{ox}\cos\alpha) + \dot{W}_{11}(P_{oz}c\sin\alpha -$
$H_{oyz}\sin\alpha + H_{oxz}\cos\alpha) - (W_4^2 + W_5^2)(S_{oz}c\sin\alpha - J_{oyz}\sin\alpha + J_{oxz}\cos\alpha) + [(\dot{W}_4 +$
$2W_5W_8 + W_5W_6)\sin\alpha + (2W_4W_8 - \dot{W}_5 + W_4W_6)\cos\alpha(S_{ox}c\sin\alpha - J_{oxy}\sin\alpha +$
$J_{ox}\cos\alpha) + [(\dot{W}_4 + 2W_5W_8 + W_5W_6)\cos\alpha + (\dot{W}_5 - 2W_4W_8 -$
$W_4W_6)\sin\alpha](S_{oy}c\sin\alpha - J_{oy}\sin\alpha + J_{oxy}\cos\alpha) - J_{cy}\dot{W}_5 - (J_{cx} - J_{cz})W_4W_6 -$
$J_{px}[(\dot{W}_4 + W_5W_7)\sin\beta\cos\beta + (\dot{W}_5 - W_4W_7)\sin^2\beta] - (J_{pz} - J_{py})[(W_5W_6 +$
$W_5W_7)\sin\beta\cos\beta - (W_4W_6 + W_4W_7) \cdot \sin^2\beta] - J_{py}[(\dot{W}_5 - W_4W_7)\cos^2\beta - (\dot{W}_4 +$
$W_5W_7)\sin\beta\cos\beta] - J_{ox}[(\dot{W}_4 + W_5W_8) \cdot \sin\alpha\cos\alpha + (\dot{W}_5 - W_4W_8)\sin^2\alpha] - (J_{oz}$
$- J_{oy})[(W_5W_6 + W_5W_8)\sin\alpha\cos\alpha - (W_4W_6 + W_4W_8)\sin^2\alpha] - J_{oy}[(\dot{W}_5 -$
$W_4W_8)\sin\alpha\cos\alpha - (\dot{W}_4 + W_5W_8)\sin^2\alpha]$

$\boldsymbol{F}_6^* = R_c^* \cdot G_{c6} + R_p^* \cdot G_{p6} + \int a_{om} \cdot G_{o6}\mathrm{d}m + T_c \cdot H_{c6} + T_p \cdot H_{p6} + T_o \cdot H_{o6} = -m_p[a +$

$$b\cos(\beta-\beta_0)]\{\dot{W}_1-W_2W_6+W_3W_5+(\dot{W}_6-W_4W_5)[a+b\cos(\beta-\beta_0)]-\dot{W}_7b\cdot\cos(\beta-\beta_0)+(W_5^2+W_6^2+W_7^2-2W_6W_7)b\sin(\beta-\beta_0)\}+m_pb\sin(\beta-\beta_0)\{\dot{W}_2+W_1W_6-W_3W_4+(W_4^2+W_6^2)[a+b\cos(\beta-\beta_0)]+(W_7^2-2W_6W_7)b\cos(\beta-\beta_0)+(\dot{W}_7-\dot{W}_6-W_4W_5)b\sin(\beta-\beta_0)\}+[\dot{W}_1-W_2W_6+W_3W_5+(2W_6W_8-W_6^2-W_5^2-W_8^2)c\sin\alpha+(W_4W_5-\dot{W}_6+\dot{W}_8)c\cos\alpha](m_oc\cos\alpha+S_{ox}\sin\alpha+S_{oy}\cos\alpha)+\dot{W}_9(P_{ox}c\cos^2\alpha+H_{oyx}\cos^2\alpha+H_{oxx}\sin\alpha\cos\alpha)-\dot{W}_{10}(P_{oy}c\cos\alpha\sin\alpha+H_{oxy}\sin^2\alpha+H_{oyy}\cos\alpha\sin\alpha)-[(\dot{W}_6+\dot{W}_8)\cdot\sin\alpha+(W_6+W_8)^2\cos\alpha+(W_5^2\cos\alpha-W_4W_5\sin\alpha)](S_{ox}c\cos\alpha+J_{ox}\sin\alpha+J_{oyx}\cos\alpha)-[(\dot{W}_6+\dot{W}_8)\cos\alpha-(W_6+W_8)^2\sin\alpha-(W_5^2\sin\alpha+W_4W_5\cos\alpha)](S_{oy}c\cos\alpha+J_{oxy}\sin\alpha+J_{oy}\cos\alpha)+(\dot{W}_5+W_4W_6)(S_{oz}c\cos\alpha+J_{oxz}\sin\alpha+J_{oyz}\cos\alpha)-[[\dot{W}_2+W_1W_6-W_3W_4+(W_6+W_4W_5-\dot{W}_8)c\sin\alpha+(2W_6W_8-W_4^2-W_6^2-W_8^2)c\cos\alpha](m_oc\sin\alpha+S_{ox}\cos\alpha-S_{oy}\sin\alpha)-\dot{W}_9(P_{ox}c\sin^2\alpha+H_{oxx}\sin\alpha\cos\alpha-H_{oyx}\sin^2\alpha)-\dot{W}_{10}\cos\alpha(P_{oy}c\sin\alpha+H_{oxy}\cos\alpha-H_{oyy}\sin\alpha)-[(\dot{W}_6+\dot{W}_8)\cos\alpha-(W_4^2\sin\alpha+W_4W_5\cos\alpha)+(W_6+W_8)^2\sin\alpha](S_{ox}c\sin\alpha+J_{ox}\cos\alpha-J_{oxy}\sin\alpha)+[(\dot{W}_6+\dot{W}_8)\sin\alpha-(W_6+W_8)^2\cos\alpha+(W_4^2\cos\alpha+W_4W_5\sin\alpha)](S_{oy}c\sin\alpha+J_{oxy}\cos\alpha-J_{oy}\sin\alpha)-(\dot{W}_4+2W_5W_8+W_5W_6)(S_{oz}c\sin\alpha+J_{oxz}\cos\alpha-J_{oyz}\sin\alpha)-J_{cz}\dot{W}_6-(J_{cy}-J_{cx})W_4W_5-J_{pz}(\dot{W}_6+\dot{W}_7)-(J_{py}-J_{px})(W_4\cos\beta+W_5\sin\beta)(-W_4\sin\beta+W_5\cos\beta)-J_{oz}(\dot{W}_6+\dot{W}_8)-(J_{oy}-J_{ox})\cdot(W_4\cos\alpha+W_5\sin\alpha)(-W_4\sin\alpha+W_5\cos\alpha)$$

$$\boldsymbol{F}_7^*=R_c^*\cdot G_{c7}+R_p^*\cdot G_{p7}+\int a_{om}\cdot G_{o7}\mathrm{d}m+T_c\cdot H_{c7}+T_p\cdot H_{p7}+T_o\cdot H_{o7}=m_pb\cos(\beta-\beta_0)\{\dot{W}_1-W_2W_6+W_3W_5+(\dot{W}_6-W_4W_5)[a+b\cos(\beta-\beta_0)]-\cos(\beta-\beta_0)\cdot\dot{W}_7b+(W_5^2+W_6^2+W_7^2-2W_6W_7)b\sin(\beta-\beta_0)\}-m_pb\sin(\beta-\beta_0)\{\dot{W}_2+W_1W_6-W_3W_4+(W_4^2+W_6^2)[a+b\cos(\beta-\beta_0)]+(W_7^2-2W_6W_7)b\cos(\beta-\beta_0)+(\dot{W}_7-\dot{W}_6-W_4W_5)\cdot b\sin(\beta-\beta_0)\}-J_{pz}(\dot{W}_6+\dot{W}_7)-(J_{py}-J_{px})(W_4\cos\beta+W_5\sin\beta)(-W_4\sin\beta+W_5\cos\beta)$$

$$\boldsymbol{F}_8^*=R_c^*\cdot G_{c8}+R_p^*\cdot G_{p8}+\int a_{om}\cdot G_{o8}\mathrm{d}m+T_c\cdot H_{c8}+T_p\cdot H_{p8}+T_o\cdot H_{o8}=-[\dot{W}_1-W_2W_6+W_3W_5+(2W_6W_8-W_6^2-W_5^2-W_8^2)c\sin\alpha+(W_4W_5-\dot{W}_6+\dot{W}_8)c\cos\alpha](m_oc\cos\alpha-S_{ox}\sin\alpha-S_{oy}\cos\alpha)-\dot{W}_9(P_{ox}c\cos^2\alpha-H_{oxx}\sin\alpha\cos\alpha-H_{oyx}\cos^2\alpha)+$$

$\dot{W}_{10}(P_{oy}c\cos\alpha\sin\alpha - H_{oxy}\ \sin^2\alpha - H_{oyy}\cos\alpha\sin\alpha) + [(\dot{W}_6 + \dot{W}_8)\sin\alpha + (W_6 + W_8)^2 \cdot \cos\alpha + (W_5^2\cos\alpha - W_4W_5\sin\alpha)](S_{ox}c\cos\alpha - J_{ox}\sin\alpha - J_{oyx}\cos\alpha) + [(\dot{W}_6 + \dot{W}_8)\cos\alpha - (W_6 + W_8)^2\sin\alpha - (W_5^2\sin\alpha + W_4W_5\cos\alpha)](S_{oy}c\cos\alpha - J_{oxy}\sin\alpha - J_{oy}\cos\alpha) - (\dot{W}_5 + W_4W_6)(S_{oz}c\cos\alpha - J_{oxz}\sin\alpha - J_{oyz}\cos\alpha) - [\dot{W}_2 + W_1W_6 - W_3W_4 + (\dot{W}_6 + W_4W_5 - \dot{W}_8) \cdot c\sin\alpha + (2W_6W_8 - W_4^2 - W_6^2 - W_8^2)c\cos\alpha](-m_oc\sin\alpha + S_{ox}\cos\alpha - S_{oy}\sin\alpha) - \dot{W}_9 \cdot (-P_{ox}c\ \sin^2\alpha + H_{oxx}\sin\alpha\cos\alpha - H_{oyx}\ \sin^2\alpha) - \dot{W}_{10}\cos\alpha(-P_{oy}c\sin\alpha + H_{oxy}\cos\alpha - H_{oyy}\sin\alpha) - [(\dot{W}_6 + \dot{W}_8)\cos\alpha + (W_6 + W_8)^2\sin\alpha - (W_4^2\sin\alpha + W_4W_5\cos\alpha)](-S_{ox} \cdot c\sin\alpha + J_{ox}\cos\alpha - J_{oxy}\sin\alpha) + [(\dot{W}_6 + \dot{W}_8)\sin\alpha - (W_6 + W_8)^2\cos\alpha + (W_4^2\cos\alpha + W_4W_5\sin\alpha)](-S_{oy}c\sin\alpha + J_{oxy}\cos\alpha - J_{oy}\sin\alpha) - (\dot{W}_4 + 2W_5W_8 + W_5W_6)(-S_{oz}c\sin\alpha + J_{oxz}\cos\alpha - J_{oyz}\sin\alpha) - J_{oz}(\dot{W}_6 + \dot{W}_8) - (J_{oy} - J_{ox})(W_4\cos\alpha + W_5\sin\alpha)(-W_4\sin\alpha + W_5\cos\alpha)$

$$\boldsymbol{F}_9^* = R_c^* \cdot G_{c9} + R_p^* \cdot G_{p9} + \int a_{om} \cdot G_{o9}\mathrm{d}m + T_c \cdot H_{c9} + T_p \cdot H_{p9} + T_o \cdot H_{o9} = -[\dot{W}_1 - W_2W_6 + W_3W_5 + (2W_6W_8 - W_6^2 - W_5^2 - W_8^2)c\sin\alpha + (W_4W_5 - \dot{W}_6 + \dot{W}_8)c\cos\alpha]P_{ox}\cos\alpha - \dot{W}_9\cos^2\alpha + [(\dot{W}_6 + \dot{W}_8)\sin\alpha + (W_6 + W_8)^2\cos\alpha + (W_5^2\cos\alpha - W_4W_5 \cdot \sin\alpha)]H_{oxx}\cos\alpha + [(\dot{W}_6 + \dot{W}_8)\cos\alpha - (W_6 + W_8)^2\sin\alpha - (W_5^2\sin\alpha + W_4W_5\cos\alpha)] \cdot H_{oyx}\cos\alpha - (\dot{W}_5 + W_4W_6)H_{ozx}\cos\alpha - [\dot{W}_2 + W_1W_6 - W_3W_4 + (\dot{W}_6 + W_4W_5 - \dot{W}_8)c\sin\alpha + (2W_6W_8 - W_4^2 - W_6^2 - W_8^2)c\cos\alpha] \cdot P_{ox}\sin\alpha - \dot{W}_9\sin^2\alpha - [(\dot{W}_6 + \dot{W}_8)\cos\alpha + (W_6 + W_8)^2 \cdot \sin\alpha - (W_4^2\sin\alpha + W_4W_5\cos\alpha)]H_{oxx}\sin\alpha + [(\dot{W}_6 + \dot{W}_8)\sin\alpha - (W_6 + W_8)^2\cos\alpha + (W_4^2\cos\alpha + W_4W_5\sin\alpha)]H_{oyx}\sin\alpha - (\dot{W}_4 + 2W_5W_8 + W_5W_6)H_{ozx}\sin\alpha$$

$$\boldsymbol{F}_{10}^* = R_c^* \cdot G_{c10} + R_p^* \cdot G_{p10} + \int a_{om} \cdot G_{o10}\mathrm{d}m + T_c \cdot H_{c10} + T_p \cdot H_{p10} + T_o \cdot H_{o10} = [\dot{W}_1 - W_2W_6 + W_3W_5 + (2W_6W_8 - W_6^2 - W_5^2 - W_8^2)c\sin\alpha + (W_4W_5 - \dot{W}_6 + \dot{W}_8)c\cos\alpha]P_{oy}\sin\alpha - \dot{W}_{10}\sin^2\alpha - [(\dot{W}_6 + \dot{W}_8)\sin\alpha + (W_6 + W_8)^2\cos\alpha + (W_5^2\cos\alpha - W_4W_5\sin\alpha)] \cdot H_{oxy}\sin\alpha + [(\dot{W}_6 + \dot{W}_8)\cos\alpha - (W_6 + W_8)^2\sin\alpha - (W_5^2\sin\alpha + W_4W_5\cos\alpha)]H_{oyy}\sin\alpha - (\dot{W}_5 + W_4W_6)H_{ozy}\sin\alpha - [\dot{W}_2 + W_1W_6 - W_3W_4 + (\dot{W}_6 + W_4W_5 - \dot{W}_8)c\sin\alpha + (2W_6W_8 - W_4^2 - W_6^2 - W_8^2)c\cos\alpha]P_{oy}\cos\alpha - \dot{W}_{10}\cos^2\alpha - [(\dot{W}_6 + \dot{W}_8)\cos\alpha + (W_6 + W_8)^2\sin\alpha - (W_4^2\sin\alpha + W_4W_5\cos\alpha)]H_{oxy}\cos\alpha$$

$$+[(\dot{W}_6+\dot{W}_8)\sin\alpha-(W_6+W_8)^2\cos\alpha+(W_4^2\cos\alpha+W_4W_5\sin\alpha)]H_{oyy}\cos\alpha-(\dot{W}_4+2W_5W_8+W_5W_6)H_{ozy}\cos\alpha$$

$$\begin{aligned}\boldsymbol{F}_{11}^{*}&=R_c^{*}\cdot G_{c11}+R_p^{*}\cdot G_{p11}+\int a_{om}\cdot G_{o11}\mathrm{d}m+T_c\cdot H_{c11}+T_p\cdot H_{p11}+T_o\cdot H_{o11}\\&=-[\dot{W}_3-W_3W_5+W_2W_4+(W_4W_6-2W_4W_8-\dot{W}_5)c\sin\alpha+(\dot{W}_4-2W_5W_8+W_5W_6)c\cos\alpha]P_{oz}-\dot{W}_{11}+(W_4^2+W_5^2)H_{ozz}-[(\dot{W}_4+2W_5W_8+W_5W_6)\sin\alpha+(2W_4W_8-\dot{W}_5+W_4W_6)\cos\alpha]H_{oxz}-[(\dot{W}_4+2W_5W_8+W_5W_6)\cos\alpha+(\dot{W}_5-2W_4W_8-W_4W_6)\sin\alpha]H_{oyz}\end{aligned}\tag{6.140}$$

式中

$S_{ox}=\int\rho_x\mathrm{d}m$，$S_{oy}=\int\rho_y\mathrm{d}m$，$S_{oz}=\int\rho_z\mathrm{d}m$ 为伞对伞体中心的静矩；

$$\begin{cases}H_{oxz}=\int\rho_xT_z\mathrm{d}m,H_{oyz}=\int\rho_yT_z\mathrm{d}m,H_{ozz}=\int\rho_zT_z\mathrm{d}m\\H_{oxy}=\int\rho_xT_y\mathrm{d}m,H_{oyy}=\int\rho_yT_y\mathrm{d}m,H_{ozz}=\int\rho_zT_z\mathrm{d}m\\H_{oxx}=\int\rho_xT_x\mathrm{d}m,H_{oyx}=\int\rho_yT_x\mathrm{d}m,H_{ozx}=\int\rho_zT_x\mathrm{d}m\end{cases}$$ 为模态角动量系数；

$P_{ox}=\int T_x\mathrm{d}m$，$P_{oy}=\int T_y\mathrm{d}m$，$P_{oz}=\int T_z\mathrm{d}m$ 为模态动量系数；

$$\begin{cases}J_{ox}=\int\rho_x\rho_x\mathrm{d}m,J_{oxy}=\int\rho_x\rho_y\mathrm{d}m,J_{oxz}=\int\rho_x\rho_z\mathrm{d}m\\J_{oy}=\int\rho_y\rho_y\mathrm{d}m,J_{oyz}=\int\rho_y\rho_z\mathrm{d}m,J_{oz}=\int\rho_z\rho_z\mathrm{d}m\end{cases}$$ 为物体的惯矩张量。

4. 求广义内力

$$\boldsymbol{F}_k^{**}=-\omega_k^2\boldsymbol{\tau}_k\tag{6.141}$$

式中：ω_k^2 为第 k 个偏速度方向固有频率的平方。

因为降落伞体是柔性体，故其模态坐标的时间导数的变分 $\delta\dot{\tau}$ 也应取为 $\boldsymbol{W}^{\mathrm{T}}=(W_1,W_2,\cdots,W_{11})$ 中的一部分。$\boldsymbol{F}_1^{**}\sim\boldsymbol{F}_8^{**}$ 是反映系统刚体位移和转动的自由度，故没有弹性力。

$\boldsymbol{F}_k^{**}=0$，当 $k=1,2,\cdots,8$ 时，与模态坐标偏速度 W_9,W_{10},W_{11} 对应的广义内力为

$$\begin{cases}\boldsymbol{F}_9^{**}=-\omega_9^2\boldsymbol{\tau}_x\\\boldsymbol{F}_{10}^{**}=-\omega_{10}^2\boldsymbol{\tau}_y\\\boldsymbol{F}_{11}^{**}=-\omega_{11}^2\boldsymbol{\tau}_z\end{cases}\tag{6.142}$$

5. 动力学方程

根据 Kane 方法建立多柔体系统动力学方程，有

$$\boldsymbol{F}_k+\boldsymbol{F}_k^{*}+\boldsymbol{F}_k^{**}=0,\ k=1,2,\cdots,11\tag{6.143}$$

除了 $W_1,W_2,W_3,\cdots,W_{10},W_{11}$ 11 个变量外，还有 ψ,θ,φ 3 个变量，因此需要补充下面 3 个方程才能使方程组封闭。

$$\begin{cases}\dot{\psi} = (\omega_x \cos\varphi + \omega_z \sin\varphi)/\sin\theta \\ \dot{\theta} = -\omega_x \sin\varphi + \omega_z \cos\varphi \\ \dot{\varphi} = \omega_y - (\omega_x \cos\varphi + \omega_z \sin\varphi) ctg\theta \end{cases} \tag{6.144}$$

为了得到末敏子弹系统的运动姿态,还需要补充:

$$\begin{cases}\dot{x} = W_1 \\ \dot{y} = W_2 \\ \dot{z} = W_3 \\ \dot{\beta} = W_7 \\ \dot{\alpha} = W_8 \\ \dot{\tau}_x = W_9 \\ \dot{\tau}_y = W_{10} \\ \dot{\tau}_z = W_{11} \end{cases} \tag{6.145}$$

联合以上方程,就可以得到以 W_1, W_2, W_3, W_4, W_5, $W_6, W_7, W_8, W_9, W_{10}, W_{11}$, $x, y, z, \psi, \theta, \varphi, \alpha, \beta, \tau_x, \tau_y, \tau_z$ 为变量的一阶微分方程组,将其化为标准形式,即可进行编程计算,得到末敏子弹的运动姿态。

6.2.4 有伞末敏子弹的气动特性

降落伞的充气过程是工作过程中最重要的阶段,同时物理过程也最复杂,其中涉及流固耦合、瞬间大变形结构动力学等问题。风洞试验是研究降落伞充气过程的主要手段,但投入资金大、周期长、可测数据少等问题制约着研究的进程。而数值仿真由于其经济性和灵活性已成为研究该问题的一种重要手段。目前,模拟三维降落伞充气过程的数值方法主要有任意拉格朗日-欧拉(Arbitrary Lagrangian-Eulerian, ALE)方法、浸入边界法和波前跟踪法等。其中,最具代表性的是 ALE 方法。

末敏弹在减速减旋段和稳态扫描段均采用降落伞作为气动力减速器,其中涡环旋转伞还具有导旋功能。在 6.2.2 节和 6.2.3 两节中介绍了末敏子弹的弹道建模过程,其中需要获得降落伞的气动参数作为输入条件。本节以末敏弹常用的涡环旋转伞为例,采用 ALE 方法介绍有伞末敏弹的充气过程和充满后气动特性的仿真方法。

6.2.4.1 计算流体动力学模型

不可压缩流体的控制方程为

$$\begin{cases}\dfrac{\partial\rho}{\partial t} = -\rho \dfrac{\partial v_i}{\partial x_i} - w_i \dfrac{\partial\rho}{\partial x_i} \\ \upsilon \dfrac{\partial v_i}{\partial t} = \boldsymbol{\sigma}_{ij,j} + \rho b_i - \rho w_i \dfrac{\partial v_i}{\partial x_j} \\ \rho \dfrac{\partial E}{\partial t} = \boldsymbol{\sigma}_{ij} v_{i,j} + \rho b_i v_i - \rho w_j \dfrac{\partial E}{\partial x_j} \end{cases} \tag{6.146}$$

式中：ρ 为流场密度；v_i 为物质速度；$\boldsymbol{\sigma}_{ij} = -p\delta_{ij} + \boldsymbol{\mu}(v_{i,j} + v_{j,i})$ 为应力张量；b_i 为单位体积力；E 为能量；x_i 为欧拉坐标；w_i 为相对速度；t 为时间。

拉格朗日和欧拉坐标间的控制方程为

$$\frac{\partial f(X_i,t)}{\partial t} = \frac{\partial f(x_i,t)}{\partial t} + w_i \frac{\partial f(x_i,t)}{\partial x_i} \tag{6.147}$$

式中：X_i 为拉格朗日坐标。

结构控制域方程为

$$\rho^s \frac{\mathrm{d}^2 u_i}{\mathrm{d}t^2} = \sigma_{ij,j} + \rho^s b_i \tag{6.148}$$

式中：u_i 为结构域中节点位移；ρ^s 为结构密度。

对上述控制方程进行全耦合计算，采用中心差分法按时间递增进行求解，中心差分法采用显式时间法，提供二阶时间精度。对于流场和结构的每个节点，速度和位移按下列等式更新。

$$u^{n+1/2} = u^{n-1/2} + \Delta t \cdot \boldsymbol{M}^{-1} \cdot (\boldsymbol{F}_{\mathrm{ext}} + \boldsymbol{F}_{\mathrm{int}}) \tag{6.149}$$
$$x^{n+1} = x^{n-1} + \Delta t u^{n+1/2}$$

式中：$\boldsymbol{F}^n_{\mathrm{int}}$ 为内力矢量，$\boldsymbol{F}^n_{\mathrm{ext}}$ 为外力矢量，它们与体力和边界条件相关联；$\boldsymbol{M}$ 为质量对角矩阵。

对于透气性结构与流场的耦合，结构单元上下表面压力梯度和法向界面力增量分别为

$$\frac{\mathrm{d}p}{\mathrm{d}z_n} = a(\varepsilon,\mu)v_n + b(\varepsilon,\rho)v_n^2 \tag{6.150}$$

$$F_n = \frac{\mathrm{d}p}{\mathrm{d}z_n} \cdot h \times S$$

式中：z_n 为结构单元平面法向坐标；v_n 为通过结构单元的法向速度；a 为黏性系数，与透气性 ε 和 μ 有关；b 为惯性系数，与 ε 和 ρ 有关；h 为结构厚度；S 为结构单元表面积。

$\boldsymbol{F}_n$ 作为外部力 $\boldsymbol{F}_{\mathrm{ext}}$ 的一部分，引起结构速度和位移的变化。

6.2.4.2 涡环旋转伞充气过程动力学仿真

来流速度 12m/s 时的涡环旋转伞充气过程如图 6.7 所示。开始阶段，气流主要作用于伞衣外缘，伞衣幅相互间发生轻微的靠拢，伞投影直径减小，如图 6.8 所示。同时由于伞衣幅与气流作用表面具有一定的倾斜度，所以伞立即发生转动，如图 6.9 所示。随后，伞衣幅开始充气展开，伞投影直径急剧增大；伞衣幅从收拢状开始展开的一小段时间内，与其连接的伞绳没有拉直，使得伞衣幅没有形成较明显的倾斜度，故伞转速有所下降。约 $t=0.20\mathrm{s}$ 时，各伞绳基本拉直，伞投影直径继续增加，伴随着伞转速快速提升。当 $t\approx1.24\mathrm{s}$ 时，伞投影直径达到 1.46m 且不再明显变化，说明涡环旋转伞充气完成。充满的伞衣幅形成凸面，与水平面间具有较大的倾斜度，在来流的作用下形成沿伞轴方向中心对称的力矩，使涡环旋转伞加速旋转。约 $t=2.10\mathrm{s}$ 时，伞转速达到 3.30r/s 且不再明显变化，达到稳定状态。仰视下落的涡环旋转伞系统，其逆时针旋转。

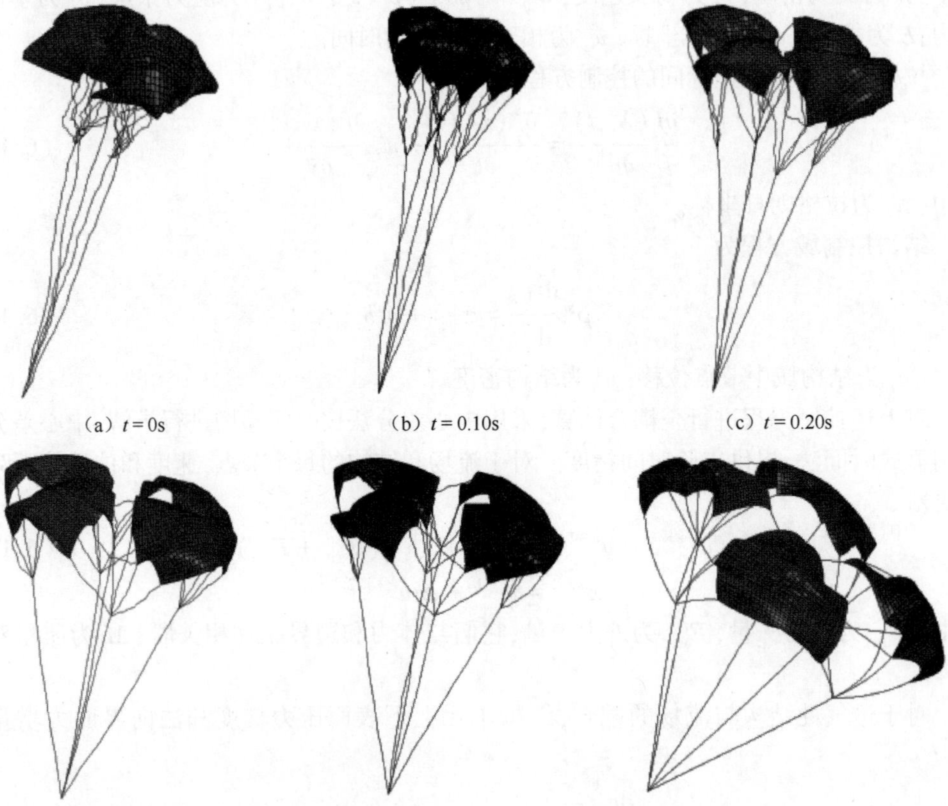

（a）$t=0$s　（b）$t=0.10$s　（c）$t=0.20$s

（d）$t=0.30$s　（e）$t=0.50$s　（f）$t=1.00$s

图 6.7　来流速度 12m/s 时涡环旋转伞充气过程

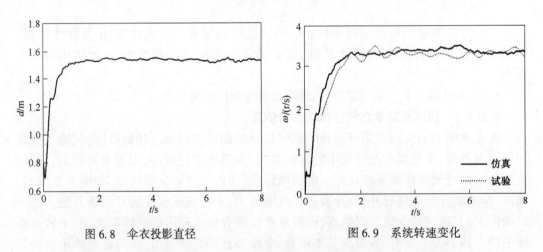

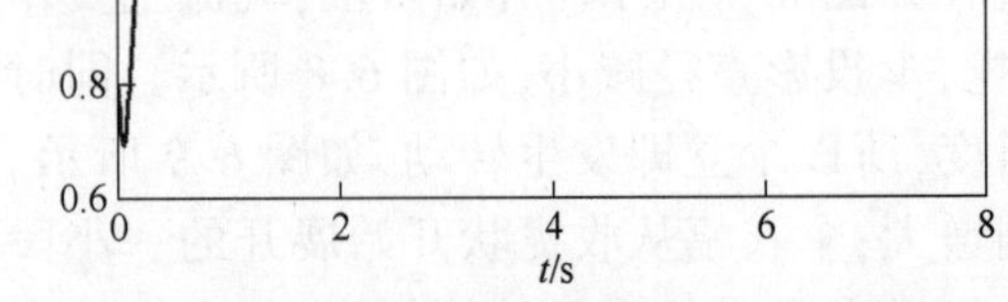

图 6.8　伞衣投影直径

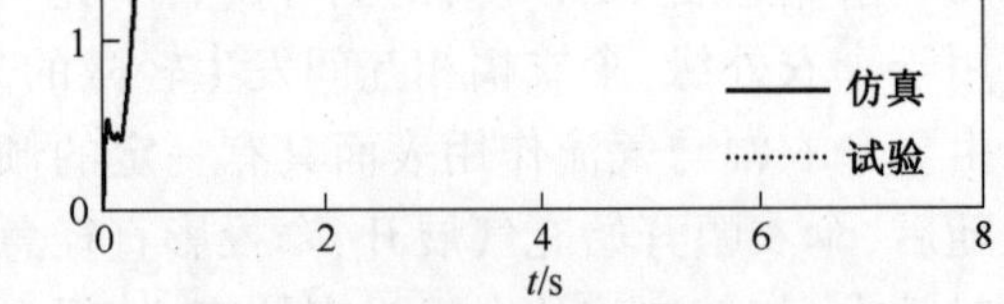

图 6.9　系统转速变化

由于四片伞衣幅之间具有很大的空白区域，即结构透气量大，因此涡环旋转伞没有明显的初始充气阶段和主充气阶段，也没有出现明显的“呼吸现象”。充气过程中，靠拢的伞衣幅首先分散开，在气流和伞绳拉力作用下张满，类似“船帆”。涡环旋转伞充气完成后，绕伞轴平稳地旋转，伞轴没有明显的晃动，说明涡环旋转伞具有良好的运动稳定性。

涡环旋转伞转速和伞衣幅外形的仿真结果和伞塔试验结果对比如图 6.10 和图 6.11

所示。可以发现,试验中涡环旋转伞的充满外形与仿真结果基本一致,伞塔投放过程中,空中存在横风,导致两片伞衣幅外缘有相对较大的变形。

综上,伞塔试验数据与仿真结果吻合良好,结合充气初始模型与实物模型初始状态具有较好的一致性,认为利用 ALE 方法可准确地模拟涡环旋转伞的开伞充气过程。

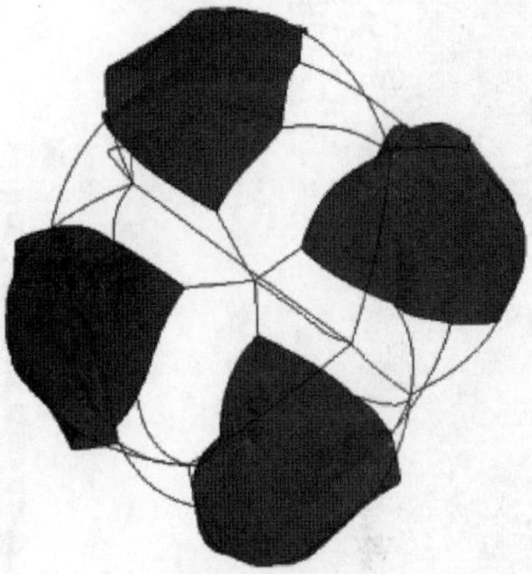

图 6.10　FSI 结果

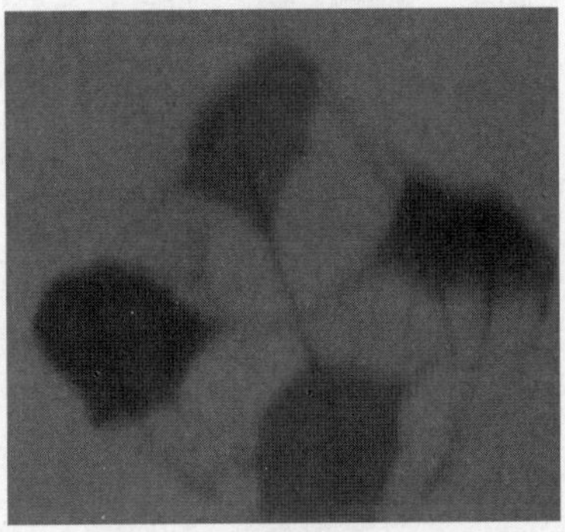

图 6.11　试验结果

6.2.4.3　涡环旋转伞充满状态下的气动特性

1. 充满状态下流场速度矢量

图 6.12 为 FSI 方法得到的稳态阶段涡环旋转伞旋转 1/4r 时的流场速度矢量变化情况。

可见,$t=4.13$s 时,通过伞衣幅间空白区域截面的流场速度矢量如图 6.12(a)所示,流体从伞衣幅之间空隙通过,方向略向外偏转,上方偏外区域有两个对称的涡核,该涡核的正上方亦有对称的涡核。当 $t=4.15$s 时,伞衣幅转动与截面接触,截面内流体只有极少部分通过伞衣幅材料(考虑伞衣幅材料的透气性),大部分流体从伞衣幅下方向外和向内偏转流动,所以伞衣幅之间的中心区域流场速度明显增大;当 $t=4.16$s 时,伞衣幅切割截面,其表面上方流体少,速度低,压力低,而对称中心区域和外围区域速度、压力较高的气流闯入填补,在伞衣幅上表面附近形成对称的旋涡,伞衣幅附近流场变化情况如图 6.13(a)所示。$t=4.17$s 时,中心对称的伞衣幅切割截面完毕,截面内气流再次通过空隙,旋涡随着来流上升远离伞衣幅,且快速规则形成涡核。图 6.13(b)为稳态下伞衣幅切割平面内的流场速度矢量分布情况的 CFD 结果,可见:自下而上的流体在靠近伞衣幅时,分别向内和向外偏转,使得四片伞衣幅间的空白区域和伞衣幅外缘附近的流体速度明显升高,同时在相对的两片伞衣幅的上方形成对称规则的旋涡,这与 FSI 结果相似。

由于伞衣幅结构的中心对称性和伞的旋转,气流速度矢量在水平方向上有不可忽略的分量,两种方法的结果分别如图 6.14 和图 6.15 所示。在伞衣幅上方不同高度的水平面内,都有气流旋涡现象,并有众多涡核以伞轴为对称中心按中心对称方式排布。

稳定阶段,在通过伞轴的任意平面内,气流在伞衣幅的上方时刻形成涡核,涡核随着气流、伞衣幅的旋转上升,所以涡核在空间内连续存在,其中心连线如图 6.16 所示。理想状态下,涡核中心连线连续,形状类似空间螺旋线,从下至上走势与伞旋转方向相反。但由于伞轻微的圆锥运动及四片伞衣幅成形不完全相同,流场变化出现不对称现象,旋涡破碎分离,导致涡核中心连线断裂。

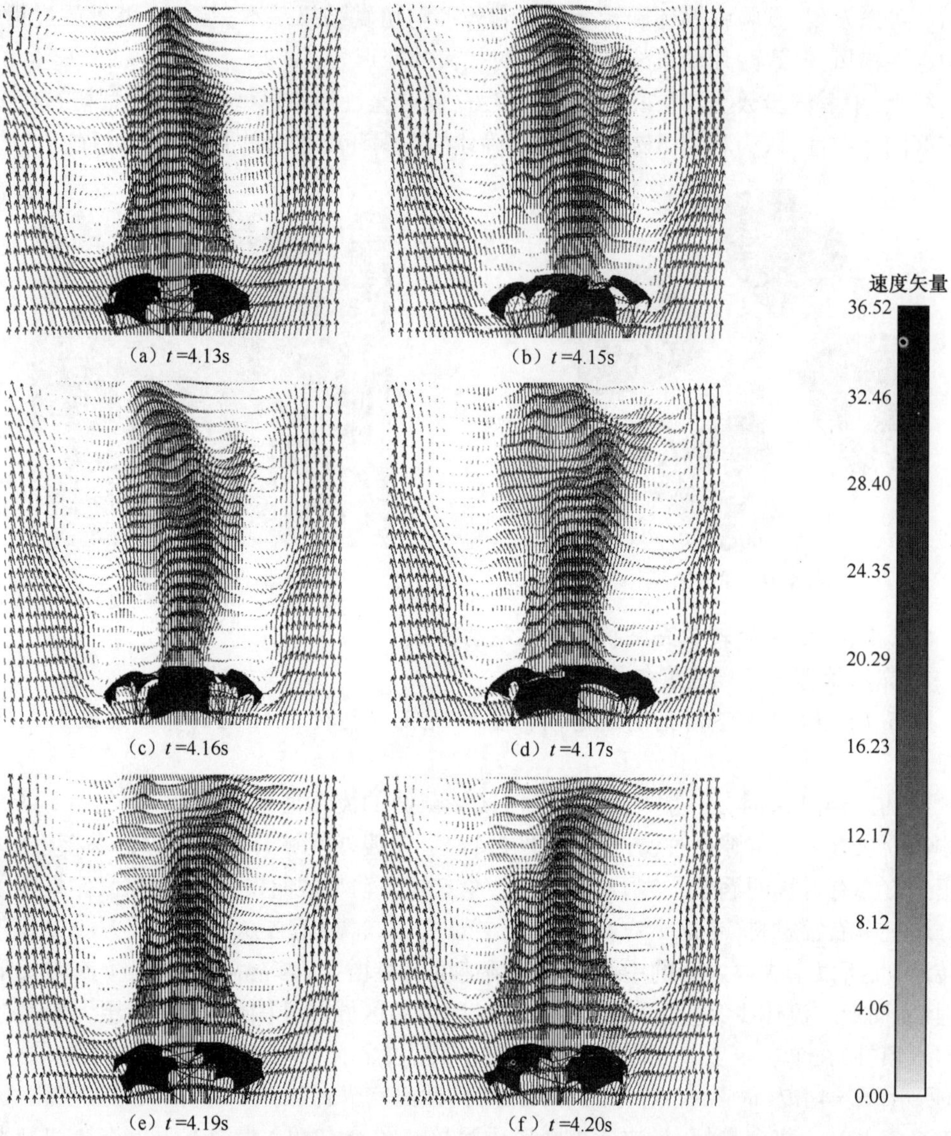

图 6.12　伞轴所在平面速度矢量图(1/4r)(FSI)

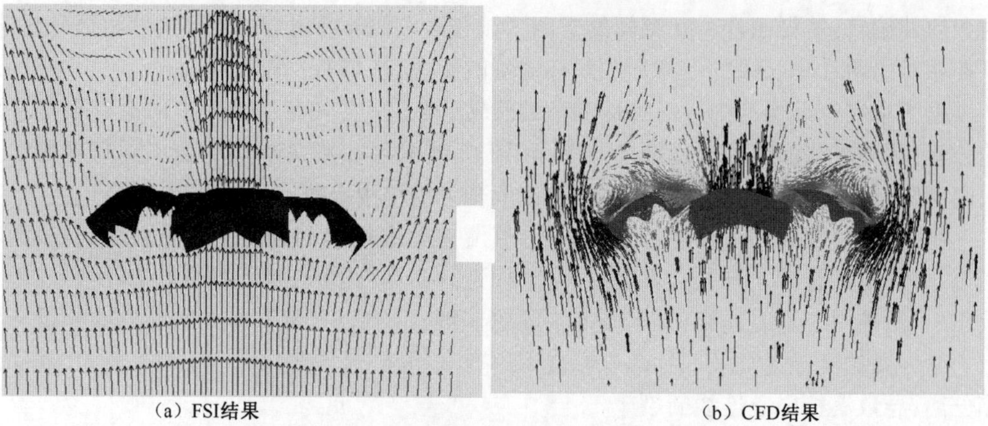

图 6.13　伞衣幅切割平面的流场速度矢量图

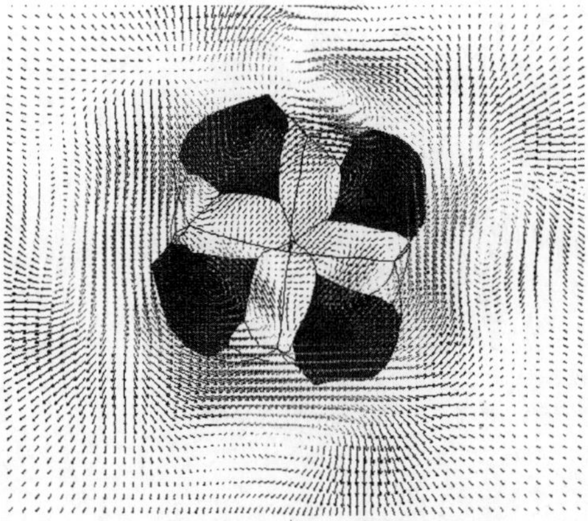

图 6.14　$t=4.20\text{s}$ 时伞轴垂直平面速度矢量图(FSI)

图 6.15　伞轴垂直平面速度矢量(CFD)

图 6.17 为流场静压力云图。伞衣幅下表面直接与气流作用,阻止流体通过,故其下方附近压力最高,远离伞衣幅位置的压力逐渐减小至标准气压;气流绕过伞衣幅向上流动,伞衣幅上表面附近流体少,且外沿附近流体速度高,导致伞衣幅上方出现明显的负压。伞衣幅上下表面附近的压差为涡环旋转伞提供阻力。加上由大量涡旋产生的涡阻,使得在同等条件下,涡环旋转伞受到的阻力大于其他轴对称结构的降落伞,即涡环旋转伞具有更大的阻力系数。

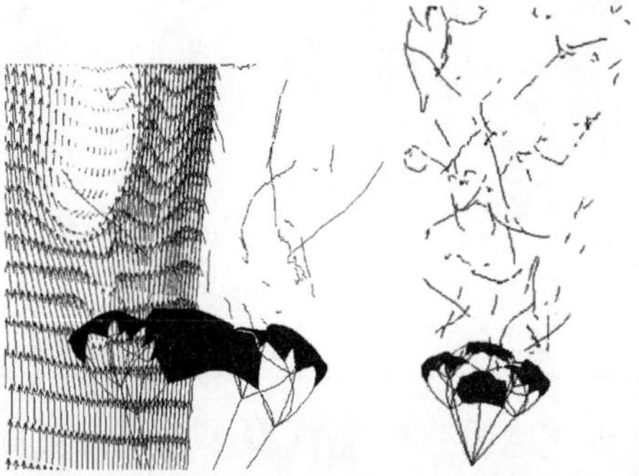

图 6.16　$t=4.20\text{s}$ 时涡核中心连线(FSI)

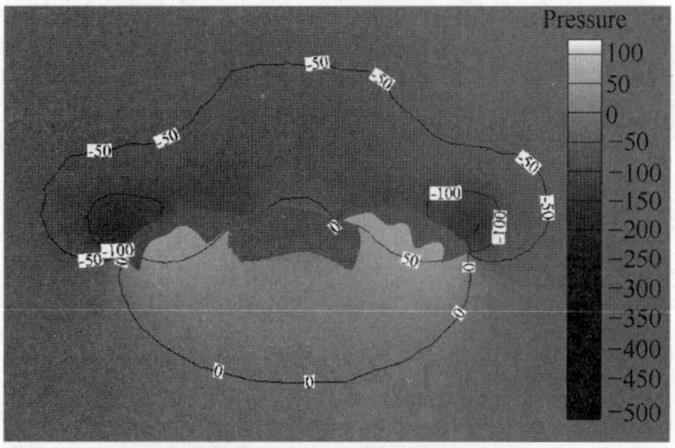

图 6.17　流场静压力云图(CFD)

2. 充满状态下流场流线

图 6.18(a)为 CFD 计算伞衣幅附近静态下的流线分布情况。在伞衣幅外缘和伞衣幅间的空白区域,流线分别发生向外和向内的偏转。由于未考虑透气性,其正下方的流体向左或向右偏转从伞衣幅外沿流过。伞衣幅正上方流体较少。与图 6.18(a)不同,图 6.18(b)为 FSI 计算动态过程的流线分布情况;流体从下向上流动,靠近伞衣幅底边外缘的流体向外偏转,绕过伞衣幅,有向外发散的趋势;流向伞衣幅间中央位置的流体向内靠拢,流体速度升高;由于考虑了伞衣材料的透气性,有部分流体穿过伞衣幅表面,其他从伞衣幅外沿流过。由于伞衣幅的结构非对称性且时刻发生转动,其上方流体变化较乱,流线方向随着位置变化很大。忽略伞衣幅上方较远空间位置,两种计算方法得到的伞衣幅附

近流场变化情况比较接近，说明了两种方法模拟降落伞附近流场变化情况的正确性。

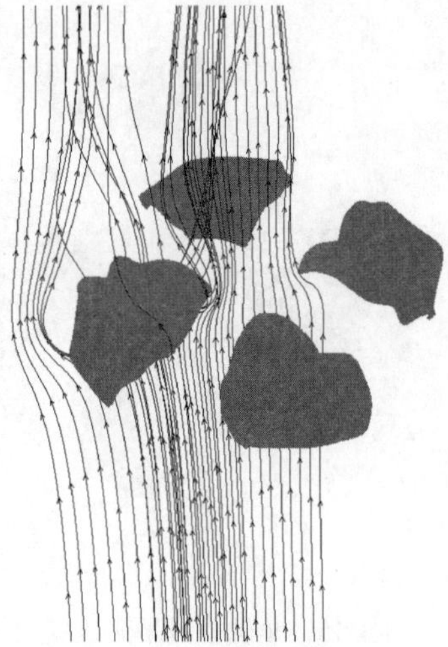

（a）CFD结果

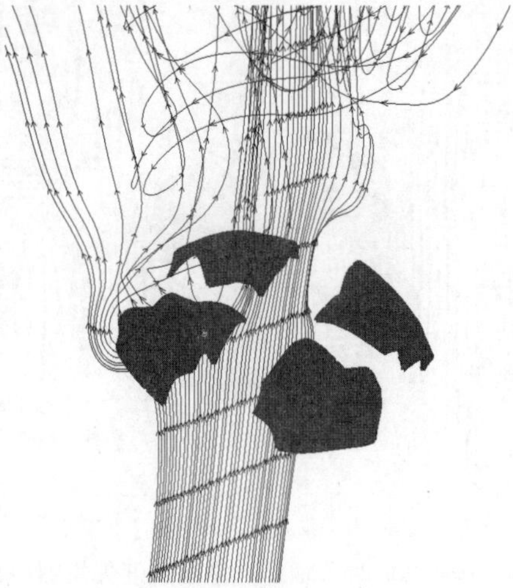

（b）FSI结果

图 6.18　流线图

3. 充满状态下涡环旋转伞的气动力参数

FSI 方法可通过输出开伞动载来计算涡环旋转伞的阻力系数，而 CFD 方法可直接输出其主要气动力参数。由表 6.1 所示，CFD 计算得到涡环旋转伞产生的阻力为 115.5N，其阻力系数为 1.10，略大于 FSI 方法得到的 1.05，误差为 3.8%，主要是由于算法、网格的差异及伞衣幅透气性的影响。另外，由 CFD 方法可得导旋力矩系数为 0.87，攻角为 2°时升力系数为 0.02。

表 6.1　气动力计算结果

计算方法	气动阻力/N	阻力系数 C_x	相对误差
FSI	110.0	1.05	4.8%
CFD	115.5	1.10	

通过 CFD 计算，得到了稳态下涡环旋转伞周围流场的分布规律、静压力分布和主要气动力参数。其中流场速度矢量分布、流场流线走势与 FSI 结果较为一致，说明了两种数值方法模拟涡环旋转伞流场相关规律的正确性。同时，结合 CFD 和 FSI 结果，定性地给出了涡环旋转伞阻力系数大的原因。对比两种计算方法及其结果，发现 CFD 方法在涡环旋转伞流场分析方面具有更大的优势，但在处理充气过程中的大变形问题时只能应用 FSI 方法。所以在进行降落伞充气过程及流场分析研究时，可结合使用 FSI 和 CFD 方法。

6.3　无伞末敏弹飞行动力学

6.3.1　概述

有伞末敏弹的优点是转速、落速低，故对探测器敏感元器件的反应速度要求低一些,适合现在的器件水平,但它的缺点是留空时间长、受横风影响大,为此,早就有人提出了无伞扫描的方案。无伞扫描的基本原理是利用子弹的气动外形和质量分布不对称而形成有规划的扫描运动。这可采用各种各样的方案,例如瑞士、法国联研制的“博纳斯”BONUS155 末敏弹就是采用了两片张开式旋弧翼片,翼片在母弹开仓抛射前折叠并贴附在战斗部壳体上,抛射后依靠弹簧自动展开并锁定。翼面展开后,表面流动的气流是非对称的,其中一片翼面上又翘起一片更小的弧形阻力片,进一步加剧了这种不对称性,从而带动子弹绕弹体惯性主轴转动,形成稳态扫描运动,如图 6.19 所示。在 20 世纪 70 年代,受到枫树种子稳定下落运动过程的启发,国外学者提出了一种翅果模型(如图 6.20 所示),开展了对非对称小展弦比翼型气动特性的探索研究。美国陆军装备和发展中心将翅果模型扩展,形成了用一个联结在圆柱子弹体边缘与弹体有一定夹角且顶端带有一配重物的柔性尾翼结构,利用子弹质量和空气动力的强非对称实现稳态扫描。

图 6.19　稳态扫描状态的“博纳斯”末敏子弹

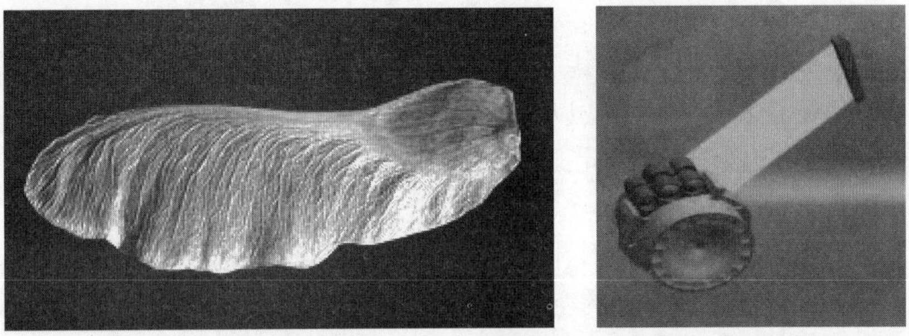

图 6.20　翅果模型及美国“SKEET”末敏子弹药的单翼无伞结构

由于没有减速伞,无伞末敏弹的转速落速都很高(落速可达 40m/s,转速可达 16r/s 以上),对电子器件反应速度和信号处理速度要求较高。无伞末敏弹现阶段主要有单翼型和双翼型两种结构,本节主要介绍其运动模型及运动特性。

6.3.2　单翼末敏弹系统运动模型

单翼末敏弹由圆柱形子弹体、单侧翼(可以是刚性的,也可以是柔性的)及翼端重物组成。单侧翼及翼端重物的作用是提供非对称的气动力和力矩以及合适的主弹体倾斜角,使末敏子弹形成所需形式的扫描运动及子弹作近似铅直匀速下降运动,且子弹弹轴围绕铅垂线匀速旋转,子弹对称轴与铅直下降线间近似保持为一恒定扫描角,如图 6.21 所示。

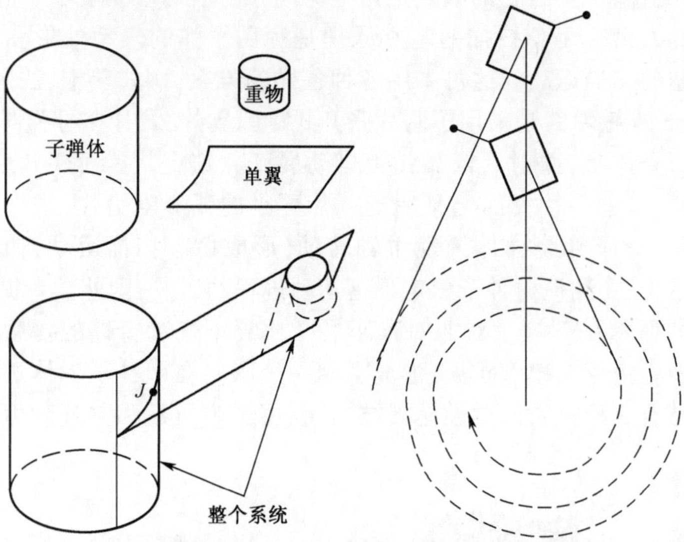

图 6.21 单翼末敏弹结构及扫描运动示意图

如图 6.21 所示,将整个非对称子弹系统看作是由两个刚体在 J 点(两刚体连接线的中点,也即近似平行四边形翼一边的中点)刚性连接而成。一个刚体是圆柱形子弹体,另一个刚体是单侧翼及翼端重物。分别对两个刚体建立运动微分方程,然后找出两者的联系方程以消除两者之间的约束力及约束力偶,最终得到整个系统的运动微分方程,以用于分析这种型式末敏子弹的扫描运动规律。

为便于研究,作基本假设如下:

(1) 单侧翼是刚性薄片,不考虑其柔性变形;

(2) 为便于确定翼的几何中心以计算其气动力及力矩,单翼设计为近似平行四边形(与子弹体连接的一边为弧形,但此弧形弧度较小,可忽略不计);

(3) 忽略翼的质量;

(4) 翼端重物设计为矮圆柱形,固定在翼的外端,其母线总与翼面垂直;

(5) 忽略翼端重物本身所受的空气动力;

(6) 忽略子弹体、翼及翼端重物间气动力及力矩的相互干扰;

(7) 气象条件标准。

6.3.2.1 受力分析

本节对圆柱部子弹体、翼片及翼端重物分别进行受力分析。

1. 作用在圆柱部弹体上的力

作用在圆柱部弹体上的力有重力、空气阻力、升力和连接处的约束反力。

1) 重力 $\boldsymbol{G}_1$

重力作用在圆柱部弹体质心 C 上,方向垂直向下,在地面坐标系 $Ox_0y_0z_0$ 中的投影为

$$\boldsymbol{G}_1 = \begin{bmatrix} G_{1x} \\ G_{1y} \\ G_{1z} \end{bmatrix} = \begin{bmatrix} 0 \\ 0 \\ -m_c g \end{bmatrix} \tag{6.151}$$

式中：m_c为圆柱部弹体质量。

2）空气阻力 $\boldsymbol{R}_1$

空气阻力的方向与质心速度相反，在地面坐标系 $Ox_0y_0z_0$ 中的投影为

$$\boldsymbol{R}_1=\begin{bmatrix}R_{1x0}\\R_{1y0}\\R_{1z0}\end{bmatrix}=-\frac{1}{2}\rho v_c C_d S\begin{bmatrix}v_{Cx0}\\v_{Cy0}\\v_{Cz0}\end{bmatrix}\tag{6.152}$$

式中：C_d为阻力系数；S 为参考面积（取圆柱部弹体横截面积）；v_{Cx0}，v_{Cy0}，v_{Cz0}为质心速度 Vc 在 Ox_0 轴，Oy_0 轴，Oz_0 轴上的投影。

3）升力 $\boldsymbol{R}_{y1}$

$$\boldsymbol{R}_{y1}=\begin{bmatrix}R_{y1_{x0}}\\R_{y1_{y0}}\\R_{y1_{z0}}\end{bmatrix}=\frac{\rho v_C^2 S C_l \delta_C}{2}\begin{bmatrix}I_{y_{x0}}\\I_{y_{y0}}\\I_{y_{z0}}\end{bmatrix}\tag{6.153}$$

式中：C_l为升力系数，δ_c为攻角（圆柱部弹体几何轴线与竖直方向的夹角），I_{yx0}，I_{yy0}，I_{yz0}为在地面坐标系 $Ox_0y_0z_0$ 中的单位方向矢量。

4）连接处的约束反力 $\boldsymbol{N}_1$

弹体与翼片的连接视为刚性连接，在地面坐标系 $Ox_0y_0z_0$ 中的投影为

$$\boldsymbol{N}_1=\begin{bmatrix}N_{1x0}\\N_{1y0}\\N_{1z0}\end{bmatrix}\tag{6.154}$$

2. 作用在圆柱部弹体上的力矩

作用在圆柱部弹体上的力矩有滚转力矩、极阻尼力矩、赤道阻尼力矩、静力矩和约束反力矩等。

1）滚转力矩 $\boldsymbol{M}_{xwl}$

由于翼片具有一定偏置角，从而造成翼片上下表面的压力不同，因此，产生了使弹体绕 Cz 轴旋转的力矩，其在固连系 $Cxyz$ 中的投影为

$$\boldsymbol{M}_{xw1}=\begin{bmatrix}M_{xw1_x}\\M_{xw1_y}\\M_{xw1_z}\end{bmatrix}=\begin{bmatrix}0\\0\\\frac{1}{2}\rho v_C^2 S l m'_{xwl}\beta\end{bmatrix}\tag{6.155}$$

式中：l 为参考长度，取圆柱部弹体母线长度；m'_{xwl}为滚转力矩系数导数；β 为翼片偏置角。

2）极阻尼力矩 $\boldsymbol{M}_{xzl}$

极阻尼力矩是阻碍子弹转动的力矩，方向与子弹自传方向相反，其在固连系 $Cxyz$ 中的投影为

$$\boldsymbol{M}_{xz1}=\begin{bmatrix}M_{xz1_x}\\M_{xz1_y}\\M_{xz1_z}\end{bmatrix}=\begin{bmatrix}0\\0\\-\frac{1}{2}\rho v_C S l^2 m'_{xzl}\omega_{Cz}\end{bmatrix}\tag{6.156}$$

式中：m'_{xwl}为极阻尼力矩系数导数；ω_{Cz}为弹体自偏置角速度。

3）赤道阻尼力矩 $\boldsymbol{M}_{zzl}$

赤道阻尼力矩是阻碍子弹弹轴摆动的力矩，方向与子弹弹轴摆动方向相反，其在固连系 $Cxyz$ 中的投影为

$$\boldsymbol{M}_{zz1} = \begin{bmatrix} M_{zz1_x} \\ M_{zz1_y} \\ M_{zz1_z} \end{bmatrix} = -\frac{1}{2}\rho v_C S l^2 m'_{zzl} \begin{bmatrix} \omega_{Cx} \\ \omega_{Cy} \\ 0 \end{bmatrix} \tag{6.157}$$

式中：m'_{zzl}为赤道阻尼力矩系数导数；ω_{Cx}、ω_{Cy}为子弹弹轴摆动角速度。

4）静力矩 $\boldsymbol{M}_{zl}$

由于子弹质心与压心并不重合，因此产生静力矩，其在固连系 $Cxyz$ 中的投影为

$$\boldsymbol{M}_{z1} = \begin{bmatrix} M_{z1_x} \\ M_{z1_y} \\ M_{z1_z} \end{bmatrix} = \frac{1}{2}\rho v_C^2 S l m'_{zl} \delta_C \begin{bmatrix} I_{Mzl_x} \\ I_{Mzl_y} \\ I_{Mzl_z} \end{bmatrix} \tag{6.158}$$

式中：m'_{zzl}为静力矩系数导数；I_{Mzlx}，I_{Mzly}，I_{Mzlz}为在固连系 $Cxyz$ 中的单位方向矢量。

5）约束反力矩 $\boldsymbol{M}_{N_1}$

约束反力矩在固连系 $Cxyz$ 中的投影为

$$\boldsymbol{M}_{N_1} = \begin{bmatrix} M_{N_{1x}} \\ M_{N_{1y}} \\ M_{N_{1z}} \end{bmatrix} \tag{6.159}$$

3. 作用在翼片及翼端重物上的力

作用在翼片及翼端重物上的力有重力、空气动力和连接处的约束反力。

1）重力 $\boldsymbol{G}_2$

重力作用在翼片及翼端重物几何中心 H 上，方向垂直向下，在地面坐标系 $Ox_0y_0z_0$ 中的投影为

$$\boldsymbol{G}_2 = \begin{bmatrix} G_{2_{x0}} \\ G_{2_{y0}} \\ G_{2_{z0}} \end{bmatrix} = \begin{bmatrix} 0 \\ 0 \\ -m_H g \end{bmatrix} \tag{6.160}$$

式中：m_H为翼片及翼端重物的质量。

2）空气动力 $\boldsymbol{R}_2$

设在固连系 $Hxyz$ 三个方向上空气动力系数 Cx，Cy，Cz，并经过坐标转换矩阵，得到空气动力在地面坐标系 $Ox_0y_0z_0$ 中的投影。

空气动力在固连系 $Hxyz$ 中的投影为

$$\boldsymbol{R}_2 = \begin{bmatrix} R_{2_x} \\ R_{2_y} \\ R_{2_z} \end{bmatrix} = -\frac{1}{2}\rho S_2 \begin{bmatrix} v_{Hx}^2 C_x \\ v_{Hy}^2 C_y \\ v_{Hz}^2 C_z \end{bmatrix} \tag{6.161}$$

式中：S_2为翼片的迎风面积；v_{Hx}，v_{Hy}，v_{Hz}为在固连系 $Hxyz$ 三个方向上的速度。

根据转动刚体速度平移定理可求得

$$V_H = \begin{bmatrix} v_{Hx} \\ v_{Hy} \\ v_{Hz} \end{bmatrix} = V_C + \omega_C \times r_{CH} \tag{6.162}$$

空气动力在基准系 $Ox_0y_0z_0$ 中的投影为

$$R_2 = L_2^{-1} \begin{bmatrix} R_{2_x} \\ R_{2_y} \\ R_{2_z} \end{bmatrix} \tag{6.163}$$

3）连接处的约束反力 $\boldsymbol{N}_2$

在地面坐标系 $Ox_0y_0z_0$ 中的投影为

$$\boldsymbol{N}_2 = -\boldsymbol{N}_1 = \begin{bmatrix} -N_{1x0} \\ -N_{1y0} \\ -N_{1z0} \end{bmatrix} \tag{6.164}$$

4. 作用在翼片及翼端重物上的力矩

作用在翼片及翼端重物上的力矩有空气动力矩、约束反力矩和翼端重物重力矩等。

1）空气动力矩 $\boldsymbol{M}_2$

由于压力中心与翼片几何中心 H 不重合，因此，产生空气动力矩，其在固连系 $Hxyz$ 中的投影为

$$\boldsymbol{M}_2 = \begin{bmatrix} M_{2_x} \\ M_{2_y} \\ M_{2_z} \end{bmatrix} = \boldsymbol{d}_1 \times \boldsymbol{R}_2 \tag{6.165}$$

式中：$\boldsymbol{d}_1$ 为压力中心到翼片几何中心 H 的矢量。

2）约束反力矩 $\boldsymbol{M}_{N_2}$

约束反力矩在固连系 $Hxyz$ 中的投影为

$$\boldsymbol{M}_{N_2} = \begin{bmatrix} -M_{N_{1x}} \\ -M_{N_{1y}} \\ -M_{N_{1z}} \end{bmatrix} = \boldsymbol{d}_2 \times \boldsymbol{N}_2 \tag{6.166}$$

式中：$\boldsymbol{d}_2$ 为连接点到翼片几何中心 H 的矢量。

3）翼端重物重力矩 $\boldsymbol{M}_{G2}$

翼端重物重力矩在固连系 $Hxyz$ 中的投影为

$$\boldsymbol{M}_{G2} = \boldsymbol{d}_3 \times \boldsymbol{G}_2 = \begin{bmatrix} 0 \\ 0 \\ -m_H g d_3 \end{bmatrix} \tag{6.167}$$

式中：$\boldsymbol{d}_3$ 为翼端重物质心到翼片几何中心 H 的矢量。

6.3.2.2 单翼末敏弹多刚体动力学方程

为研究单翼末敏弹在空间的运动规律，假设气象条件为无风，且不存在质量偏心，建

立动力学方程。

1. 圆柱部弹体质心动力学方程

下面推导圆柱部弹体质心动力学方程,由于固连系 $Cxyz$ 既有平移,又有转动,根据动量定理:

$$m_c \frac{\mathrm{d}v_c}{\mathrm{d}t} = m_c\left(\frac{\delta v_c}{\delta t} + \omega_c \times v_c\right) = \sum F_C = G_1 + R_1 + N_1 + R_{y1} \tag{6.168}$$

在固连系 $Cxyz$ 中, $\omega_c = \begin{pmatrix} \omega_{cx} \\ \omega_{cy} \\ \omega_{cz} \end{pmatrix}$, $v_c = \begin{pmatrix} v_{cx} \\ v_{cy} \\ v_{cz} \end{pmatrix}$,代入上式得

$$\begin{cases} \dot{v}_{cx} + \omega_{cy} v_{cz} - \omega_{cz} v_{cy} = \dfrac{G_{1x} + R_{1x0} + R_{y1x0} + N_{1x0}}{m_c} \\ \dot{v}_{cy} + \omega_{cz} v_{cx} - \omega_{cx} v_{cz} = \dfrac{G_{1y} + R_{1y0} + R_{y1y0} + N_{1y0}}{m_c} \\ \dot{v}_{cz} + \omega_{cx} v_{cy} - \omega_{cy} v_{cx} = \dfrac{G_{1z} + R_{1z0} + R_{y1z0} + N_{1z0}}{m_c} \end{cases} \tag{6.169}$$

2. 圆柱部弹体绕心动力学方程

下面推导圆柱部弹体绕心动力学方程,由动量矩定理可得

$$\frac{\mathrm{d}\boldsymbol{H}_1}{\mathrm{d}t} = \frac{\delta \boldsymbol{H}_1}{\delta t} + \omega_c \times \boldsymbol{H}_1 = M_{xw1} + M_{xz1} + M_{zz1} + M_{z1} + M_{N1} \tag{6.170}$$

式中: $\boldsymbol{H}_1 = \boldsymbol{J}_\mathrm{c} \cdot \boldsymbol{\omega}$ 为圆柱部弹体的动量矩; $\boldsymbol{J}_\mathrm{c}$ 为圆柱部弹体的惯性张量矩阵。

$\boldsymbol{J}_\mathrm{c} = \begin{pmatrix} I_{xx} & -I_{xy} & -I_{xz} \\ -I_{yx} & I_{yy} & -I_{yz} \\ -I_{zx} & -I_{zy} & I_{zz} \end{pmatrix}$, $\boldsymbol{\omega}_c = \begin{pmatrix} \omega_{cx} \\ \omega_{cy} \\ \omega_{cz} \end{pmatrix}$,代入上式展开得

$$\begin{cases} I_{xx}\dot{\omega}_{cx} + (I_{zz} - I_{yy})\omega_{cy}\omega_{cz} - I_{xy}(\dot{\omega}_{cy} - \omega_{cx}\omega_{cz}) - I_{xz}(\dot{\omega}_{cz} + \omega_{cx}\omega_{cy}) + I_{yz}(\omega_{cz}^2 - \omega_{cy}^2) = M_{xw1_x} + M_{xz1_x} + M_{zz1_x} + M_{z1_x} + M_{N1_x} \\ I_{yy}\dot{\omega}_{cy} + (I_{xx} - I_{zz})\omega_{cx}\omega_{cz} - I_{xy}(\dot{\omega}_{cx} + \omega_{cy}\omega_{cz}) + I_{xz}(\omega_{cx}^2 - \omega_{cz}^2) - I_{yz}(\dot{\omega}_{cz} - \omega_{cx}\omega_{cy}) = M_{xw1_y} + M_{xz1_y} + M_{zz1_y} + M_{z1_y} + M_{N1_y} \\ I_{zz}\dot{\omega}_{cz} + (I_{yy} - I_{xx})\omega_{cx}\omega_{cy} - I_{xz}(\dot{\omega}_{cx} - \dot{\omega}_{cy}\omega_{cz}) - I_{yz}(\dot{\omega}_{cy} + \omega_{cx}\omega_{cz}) + I_{xy}(\omega_{cy}^2 - \omega_{cx}^2) = M_{xw1_z} + M_{xz1_z} + M_{zz1_z} + M_{z1_z} + M_{N1_z} \end{cases} \tag{6.171}$$

3. 翼片及翼端重物质心动力学方程

下面推导翼片及翼端重物质心动力学方程,由于固连系 $Hxyz$ 既有平移,又有转动,根据动量定理:

$$m_H \frac{\mathrm{d}v_H}{\mathrm{d}t} = m_H\left(\frac{\delta v_H}{\delta t} + \omega_H \times v_H\right) = \sum F_H = G_2 + R_2 + N_2 \tag{6.172}$$

在固连系 $Hxyz$ 中, $\omega_H = \begin{pmatrix} \omega_{Hx} \\ \omega_{Hy} \\ \omega_{Hz} \end{pmatrix}$, $v_H = \begin{pmatrix} v_{Hx} \\ v_{Hy} \\ v_{Hz} \end{pmatrix}$,代入上式得

$$
\begin{cases}
\dot{v}_{Hx} + \omega_{Hy} v_{Hz} - \omega_{Hz} v_{Hy} = \dfrac{G_{2x} + R_{2x} + N_{2x}}{m_H} \\
\dot{v}_{Hy} + \omega_{Hz} v_{Hx} - \omega_{Hx} v_{Hz} = \dfrac{G_{2y} + R_{2y} + N_{2y}}{m_H} \\
\dot{v}_{Hz} + \omega_{Hx} v_{Hy} - \omega_{Hy} v_{Hx} = \dfrac{G_{2z} + R_{2z} + N_{2z}}{m_H}
\end{cases} \tag{6.173}
$$

4. 翼片及翼端重物绕心动力学方程

下面推导翼片及翼端重物绕心动力学方程，由动量矩定理可得

$$
\frac{\mathrm{d}\boldsymbol{H}_2}{\mathrm{d}t} = \frac{\delta H_2}{\delta t} + \boldsymbol{\omega}_H \times \boldsymbol{H}_2 = M_2 + M_{N2} + M_{G2} \tag{6.174}
$$

式中：$\boldsymbol{H}_2 = \boldsymbol{J}_H \cdot \boldsymbol{\omega}$ 为翼片及翼端重物的动量矩；$\boldsymbol{J}_H$ 为翼片及翼端重物在固连系 $Hxyz$ 中的惯性张量矩阵。$\boldsymbol{J}_H = \begin{pmatrix} I_{2xx} & 0 & 0 \\ 0 & I_{2yy} & 0 \\ 0 & 0 & I_{2zz} \end{pmatrix}$，$\boldsymbol{\omega}_H = \begin{pmatrix} \omega_{Hx} \\ \omega_{Hy} \\ \omega_{Hz} \end{pmatrix}$，代入上式展开得

$$
\begin{cases}
I_{2xx}\dot{\omega}_{Hx} + (I_{2zz} - I_{2yy})\omega_{Hy}\omega_{Hz} = M_{2x} + M_{N2x} + M_{G2x} \\
I_{2yy}\dot{\omega}_{Hy} + (I_{2xx} - I_{2zz})\omega_{Hx}\omega_{Hz} = M_{2y} + M_{N2y} + M_{G2y} \\
I_{2zz}\dot{\omega}_{Hz} + (I_{2yy} - I_{2xx})\omega_{Hx}\omega_{Hy} = M_{2z} + M_{N2z} + M_{G2z}
\end{cases} \tag{6.175}
$$

5. 两刚体关联方程

两刚体之间的速度和角速度联系方程为

$$
\boldsymbol{V}_H = \begin{bmatrix} v_{Hx} \\ v_{Hy} \\ v_{Hz} \end{bmatrix} = V_C + \omega_C \times r_{CH} \tag{6.176}
$$

$$
\boldsymbol{\omega}_C = \boldsymbol{\omega}_H = \begin{bmatrix} \dot{\psi}\sin\theta\sin\varphi + \dot{\theta}\cos\varphi \\ \dot{\psi}\sin\theta\cos\varphi - \dot{\theta}\sin\varphi \\ \dot{\psi}\cos\theta + \dot{\varphi} \end{bmatrix} \tag{6.177}
$$

将上式联立，即可得到单翼末敏弹系统的动力学方程组。

6.3.3 双翼末敏弹系统运动模型

双翼末敏弹系统由圆柱形子弹体、尾翼 1 和尾翼 2 在 J_1、J_2 点刚性连接而成，末敏弹被抛出后尾翼打开，尾翼展开后双翼末敏弹外形如图 6.22 所示。

6.3.3.1 受力分析

在地面坐标系中建立质心运动方程，将诸外力向地面坐标系投影；在弹轴坐标系中建立绕心运动微分方程，将诸外力矩向弹轴坐标系投影。

作用于弹体上的力包括空气动力和重力。

1. 空气阻力

考虑大攻角运动状态，空气阻力是速度与攻角的函数，表达式如下：

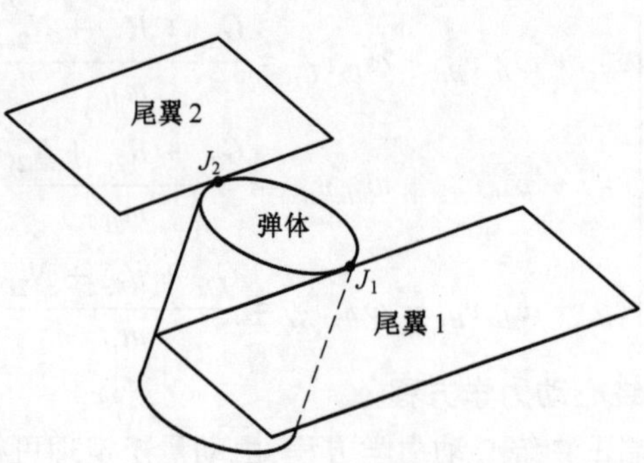

图 6.22　双翼末敏弹结构示意图

$$R_x = \frac{1}{2}\rho v_r^2 S C_x = m b_x v_r^2 (1 + k\delta^2)\ ,\ C_x = C_{x0}(1 + k\delta^2) \quad b_x = \frac{\rho S C_{x0}}{2m} \tag{6.178}$$

空气阻力 $\boldsymbol{R}_x$ 与速度 $\boldsymbol{v}_r$ 方向相反,它在地面坐标系中表示为

$$\begin{bmatrix} R_{x_x} \\ R_{x_y} \\ R_{x_z} \end{bmatrix} = \boldsymbol{\Phi}^{\mathrm{T}}_{\theta_r \psi_r} \begin{bmatrix} -R_x \\ 0 \\ 0 \end{bmatrix} = \frac{-R_x}{v_r} \begin{bmatrix} v_x - W_x \\ v_y \\ v_z - W_z \end{bmatrix} = -m b_x v_r (1 + k\delta^2) \begin{bmatrix} v_x - W_x \\ v_y \\ v_z - W_z \end{bmatrix} \tag{6.179}$$

2. 升力

$$R_y = \frac{1}{2}\rho v_r^2 S C_y' = m b_y v_r^2 \delta_r \tag{6.180}$$

升力在相对攻角平面内,垂直于相对速度 $\boldsymbol{v}_r$,并与弹轴位于 $\boldsymbol{v}_r$ 的同一侧,表示为

$$\boldsymbol{R}_y = \frac{1}{2}\rho v_r^2 S C_y' \,\boldsymbol{v}_r \times (\boldsymbol{\xi} \times \boldsymbol{v}_r)\delta_r / \sin\delta_r \tag{6.181}$$

式中:

$$\boldsymbol{v}_r \times (\boldsymbol{\xi} \times \boldsymbol{v}_r) = \boldsymbol{v}_r{}^2 \boldsymbol{\xi} - (\boldsymbol{v}_r \cdot \boldsymbol{\xi})\,\boldsymbol{v}_r$$

又有 $(\boldsymbol{v}_r \cdot \boldsymbol{\xi}) = v_r \cos\delta_{r1}\cos\delta_{r2}$,这样,在相对速度坐标系中有

$$v_r^2 \begin{bmatrix} \cos\delta_{r1}\cos\delta_{r2} \\ \sin\delta_{r1}\sin\delta_{r2} \\ \sin\delta_{r2} \end{bmatrix} - v_r \cos\delta_{r1}\cos\delta_{r2} \begin{bmatrix} v_r \\ 0 \\ 0 \end{bmatrix} = \begin{bmatrix} 0 \\ v_r^2 \sin\delta_{r1}\cos\delta_{r2} \\ v_r^2 \sin\delta_{r2} \end{bmatrix} \tag{6.182}$$

在地面坐标系中有

$$\boldsymbol{\Phi}^{\mathrm{T}}_{\theta_r \psi_r} \begin{bmatrix} 0 \\ v_r^2 \sin\delta_{r1}\cos\delta_{r2} \\ v_r^2 \sin\delta_{r2} \end{bmatrix} = v_r^2 \begin{bmatrix} -\sin\theta_r \sin\delta_{r1}\cos\delta_{r2} - \sin\psi_r \cos\theta_r \sin\delta_{r2} \\ \cos\theta_r \sin\delta_{r1}\cos\delta_{r2} - \sin\theta_r \sin\psi_r \sin\delta_{r2} \\ \cos\psi_r \sin\delta_{r2} \end{bmatrix} \tag{6.183}$$

这样,升力 $\boldsymbol{R}_y$ 在地面坐标系中表示为

$$\begin{bmatrix} R_{y_x} \\ R_{y_y} \\ R_{y_z} \end{bmatrix} = \frac{1}{2}\rho v_r^2 S C_y' \delta_r / \sin\delta_r \begin{bmatrix} -\sin\theta_r \sin\delta_{r1}\cos\delta_{r2} - \sin\psi_r \cos\theta_r \sin\delta_{r2} \\ \cos\theta_r \sin\delta_{r1}\cos\delta_{r2} - \sin\theta_r \sin\psi_r \sin\delta_{r2} \\ \cos\psi_r \sin\delta_{r2} \end{bmatrix} \tag{6.184}$$

3. 马格努斯力

$$R_z = \frac{1}{2}\rho S d\dot{\gamma} v_r C_z'' \delta_r = m b_z \dot{\gamma} v_r \delta_r \tag{6.185}$$

其方向为在垂直于弹轴的平面上，若 $\boldsymbol{R}_z$ 与矢量 $(\boldsymbol{\xi} \times \boldsymbol{v}_r)$ 一致时，则 $C_z'' \geqslant 0$；反之 $C_z'' \leqslant 0$。

该力写成向量形式为

$$\boldsymbol{R}_z = \frac{1}{2}\rho S \mathrm{d}\dot{\gamma} \delta_r (\boldsymbol{\xi} \times \boldsymbol{v}_r)/\sin\delta_r \tag{6.186}$$

式中

$$(\boldsymbol{\xi} \times \boldsymbol{v}_r) = v_r \begin{vmatrix} \boldsymbol{i} & \boldsymbol{j} & \boldsymbol{k} \\ \cos\varphi_a \cos\varphi_2 & \cos\varphi_2 \sin\varphi_a & \sin\varphi_2 \\ \cos\theta_r \cos\psi_r & \sin\theta_r \cos\psi_r & \sin\psi_r \end{vmatrix}$$
$$= v_r \begin{bmatrix} \cos\varphi_2 \sin\varphi_a \sin\psi_r - \sin\varphi_2 \sin\theta_r \cos\psi_r \\ \sin\varphi_2 \sin\theta_r \cos\psi_r - \cos\varphi_a \cos\varphi_2 \sin\psi_r \\ -\cos\varphi_2 \cos\psi_r \sin(\varphi_a - \theta_r) \end{bmatrix}$$

4. 重力

重力沿地面坐标系的 Oy 轴反向，即有

$$\begin{bmatrix} G_x \\ G_y \\ G_z \end{bmatrix} = \begin{bmatrix} 0 \\ -mg \\ 0 \end{bmatrix} \tag{6.187}$$

作用于末敏弹上的力矩包括俯仰力矩、马格努斯力矩、极阻尼力矩、赤道阻尼力矩和尾翼导转力矩。

5. 俯仰力矩

$$\boldsymbol{M}_z = \frac{1}{2}\rho S l v_r M_z' (\boldsymbol{v}_r \times \boldsymbol{\xi}) \delta_r / \sin\delta_r = A k_z v_r (\boldsymbol{v}_r \times \boldsymbol{\xi}) \delta_r / \sin\delta_r \tag{6.188}$$

对尾翼弹 $M_z' < 0$，对旋转弹 $M_z' > 0$。

式(6.193)中

$$(\boldsymbol{\xi} \times \boldsymbol{v}_r) = v_r \begin{vmatrix} \boldsymbol{i} & \boldsymbol{j} & \boldsymbol{k} \\ \cos\delta_{r1}\cos\delta_{r2} & \begin{matrix} -\cos\alpha\sin\delta_{r1} \\ -\sin\alpha\sin\delta_{r2}\cos\delta_{r1} \end{matrix} & \begin{matrix} \sin\alpha\sin\delta_{r1} \\ -\cos\alpha\sin\delta_{r2}\cos\delta_{r1} \end{matrix} \\ 1 & 0 & 0 \end{vmatrix}$$
$$= v_r \begin{bmatrix} 0 \\ \sin\alpha\sin\delta_{r1} - \cos\alpha\sin\delta_{r2}\cos\delta_{r1} \\ \cos\alpha\sin\delta_{r1} + \sin\alpha\sin\delta_{r2}\cos\delta_{r1} \end{bmatrix}$$

6. 马格努斯力矩

$$\boldsymbol{M}_y = \frac{1}{2}\rho S l d\dot{\gamma} m_y'' [\boldsymbol{\xi} \times (\boldsymbol{\xi} \times \boldsymbol{v}_r)] \delta_r / \sin\delta_r = C k_y \dot{\gamma} [\boldsymbol{\xi} \times (\boldsymbol{\xi} \times \boldsymbol{v}_r)] \delta_r / \sin\delta_r \tag{6.189}$$

式中

$$\boldsymbol{\xi}\times(\boldsymbol{\xi}\times\boldsymbol{v}_{\mathrm{r}})=v_{\mathrm{r}}\begin{bmatrix}0\\ \cos\alpha\sin\delta_{\mathrm{r1}}+\sin\alpha\sin\delta_{\mathrm{r2}}\cos\delta_{\mathrm{r1}}\\ -\sin\alpha\sin\delta_{\mathrm{r1}}+\cos\alpha\sin\delta_{\mathrm{r2}}\cos\delta_{\mathrm{r1}}\end{bmatrix}$$

7. 极阻尼力矩

该力矩沿弹轴坐标系的$\boldsymbol{\zeta}$反向,即与$\dot{\boldsymbol{\gamma}}$方向相反,在弹轴坐标系中有

$$\begin{bmatrix}M_{xz\xi}\\ M_{xz\eta}\\ M_{xz\zeta}\end{bmatrix}=\frac{1}{2}\rho Sld\dot{\gamma}v_{\mathrm{r}}m'_{xz}\begin{bmatrix}-1\\ 0\\ 0\end{bmatrix}=Ck_{xz}\dot{\gamma}v_{\mathrm{r}}\begin{bmatrix}-1\\ 0\\ 0\end{bmatrix}\tag{6.190}$$

8. 赤道阻尼力矩

该力矩与$\dot{\boldsymbol{\varphi}}$方向相反,其分量为

$$M_{zz}(\dot{\varphi}_a)=\frac{1}{2}\rho Sld\dot{\varphi}_a v_{\mathrm{r}}m'_{zz}=Ak_{zz}\dot{\varphi}_a v_{\mathrm{r}}\tag{6.191}$$

$$M_{zz}(\dot{\varphi}_2)=\frac{1}{2}\rho Sld\dot{\varphi}_2 v_{\mathrm{r}}m'_{zz}=Ak_{zz}\dot{\varphi}_2 v_{\mathrm{r}}\tag{6.192}$$

分别沿地面坐标系的Z轴反向和沿弹轴坐标系的$\boldsymbol{\eta}$轴方向。M_{zz}在弹轴坐标系中有

$$\begin{bmatrix}M_{zz\xi}\\ M_{zz\eta}\\ M_{zz\zeta}\end{bmatrix}=\begin{bmatrix}0\\ M_{zz}(\dot{\varphi}_2)\\ 0\end{bmatrix}+\boldsymbol{\Phi}_{\varphi_a\varphi_2}\begin{bmatrix}0\\ 0\\ -M_{zz}(\dot{\varphi}_a)\end{bmatrix}=\begin{bmatrix}-\sin\varphi_2 M_{zz}(\dot{\varphi}_a)\\ M_{zz}(\dot{\varphi}_2)\\ -\cos\varphi_2 M_{zz}(\dot{\varphi}_a)\end{bmatrix}\tag{6.193}$$

9. 尾翼导转力矩

该力矩沿弹轴坐标系的ξ方向,即与$\dot{\gamma}$方向相同,在弹轴坐标系中有

$$\begin{bmatrix}M_{xw\xi}\\ M_{xw\eta}\\ M_{xw\zeta}\end{bmatrix}=\frac{1}{2}\rho Slv_{\mathrm{r}}^2 m_{xw}\begin{bmatrix}-1\\ 0\\ 0\end{bmatrix}=Ck_{xw}v_{\mathrm{r}}^2 2\varepsilon\tag{6.194}$$

6.3.3.2 运动微分方程

1. 末敏弹系统质心运动微分方程组

由牛顿定律可知,在地面坐标系中系统运动方程可写成

$$m\frac{\mathrm{d}\boldsymbol{v}}{\mathrm{d}t}=\sum\boldsymbol{F}=\boldsymbol{G}_c+\boldsymbol{R}_c+\boldsymbol{R}_D$$

于是可得系统质心运动微分方程的标量形式

$$\begin{cases}\dfrac{\mathrm{d}v_x}{\mathrm{d}t}=\dfrac{1}{m}(R_{cxx}+R_{cyx}+R_{D1x}+R_{D2x}+G_{cx})\\ \dfrac{\mathrm{d}v_y}{\mathrm{d}t}=\dfrac{1}{m}(R_{cxy}+R_{cyy}+R_{D1y}+R_{D2y}+G_{cy})\\ \dfrac{\mathrm{d}v_z}{\mathrm{d}t}=\dfrac{1}{m}(R_{cxz}+R_{cyz}+R_{D1z}+R_{D2z}+G_{cz})\end{cases}\tag{6.195}$$

整理得

$$
\begin{cases}
\dfrac{\mathrm{d}v_x}{\mathrm{d}t} = -b_x v_c v_{cx} + \dfrac{b_y v_c \delta}{\sin\delta}\left[\cos\varphi_2\sin\varphi_a(v_{cy}\cos\varphi_2\cos\varphi_a + v_{cx}\cos\varphi_2\sin\varphi_a) - \sin\varphi_2(v_{cx}\sin\varphi_2 - v_{cz}\cos\varphi_2\cos\varphi_a)\right] \\
\quad + \cos\varphi_2\cos\varphi_a R_{D1x1} - \sin\varphi_a(\cos\gamma R_{D1y1} - \sin\gamma R_{D1z1}) - \sin\varphi_2\cos\varphi_a(\sin\gamma R_{D1y1} + \cos\gamma R_{D1z1}) \\
\quad + \cos\varphi_2\cos\varphi_a R_{D2x1} - \sin\varphi_a(\cos\gamma R_{D2y1} - \sin\gamma R_{D2x1}) - \sin\varphi_2\cos\varphi_a(\sin\gamma R_{D2y1} + \cos\gamma R_{D2z1}) \\
\dfrac{\mathrm{d}v_y}{\mathrm{d}t} = -b_x v_c v_{cy} + \dfrac{b_y v_c \delta}{\sin\delta}\left[-\sin\varphi_2(v_{cz}\cos\varphi_2\sin\varphi_a + v_{cy}\sin\varphi_2) - \cos\varphi_2\cos\varphi_a(v_{cy}\cos\varphi_2\cos\varphi_a + v_{cx}\cos\varphi_2\sin\varphi_a)\right] - g \\
\quad - \cos\varphi_2\sin\varphi_a R_{D1x1} + \cos\varphi_a(\cos\gamma R_{D1y1} - \sin\gamma R_{D1z1}) + \sin\varphi_2\sin\varphi_a(\sin\gamma R_{D1y1} + \cos\gamma R_{D1z1}) \\
\quad - \cos\varphi_2\sin\varphi_a R_{D2x1} + \cos\varphi_a(\cos\gamma R_{D2y1} - \sin\gamma R_{D2z1}) + \sin\varphi_2\sin\varphi_a(\sin\gamma R_{D2y1} + \cos\gamma R_{D2z1}) \\
\dfrac{\mathrm{d}v_z}{\mathrm{d}t} = -b_x v_c v_{cz} + \dfrac{b_y v_c \delta}{\sin\delta}\left[\cos\varphi_a\cos\varphi_2(v_{cx}\sin\varphi_2 - v_{cz}\cos\varphi_2\cos\varphi_a) - \cos\varphi_2\sin\varphi_a(v_{cz}\cos\varphi_2\sin\varphi_a + v_{cy}\sin\varphi_2)\right] \\
\quad + \sin\varphi_2 R_{D1x1} + \cos\varphi_2(\sin\gamma R_{D1y1} + \cos\gamma R_{D1z1}) + \sin\varphi_2 R_{D2x1} + \cos\varphi_2(\sin\gamma R_{D2y1} + \cos\gamma R_{D2z1})
\end{cases}
\tag{6.196}
$$

考虑到运动学方程,有:

$$
\begin{cases}
\dfrac{\mathrm{d}x}{\mathrm{d}t} = v_x \\
\dfrac{\mathrm{d}y}{\mathrm{d}t} = v_y \\
\dfrac{\mathrm{d}z}{\mathrm{d}t} = v_z
\end{cases}
\tag{6.197}
$$

2. 末敏弹系统绕心运动微分方程组

根据动量矩定理,在弹轴坐标系中建立弹体绕心运动微分方程为

$$
\frac{\mathrm{d}\boldsymbol{H}}{\mathrm{d}t} = \sum \boldsymbol{M} = \boldsymbol{M}_1 + \boldsymbol{M}_2 \tag{6.198}
$$

式中:$\boldsymbol{H} = \boldsymbol{J} \times \boldsymbol{\omega}$ 为末敏弹系统质心的动量矩矢量;$\sum \boldsymbol{M}$ 为作用于系统上的所有外力矩的矢量和;$\boldsymbol{\omega}$ 为末敏弹系统的转动角速度;$\boldsymbol{J}$ 为末敏弹系统在弹轴坐标系中的质心转动惯量矩阵。

由于弹轴坐标系 $C\xi\eta\zeta$ 是动坐标系,其转动角速度为 $\boldsymbol{\omega}_c$,又弹体坐标系 $Cx_1y_1z_1$ 与弹轴坐标系 $C\xi\eta\zeta$ 之间仅相差一个自转角 $\boldsymbol{\gamma}$,所以末敏弹系统的转动角速度 $\boldsymbol{\omega}$ 及它在弹轴坐标系 $C\xi\eta\zeta$ 各轴上的投影分别为

$$
\boldsymbol{\omega} = \boldsymbol{\omega}_c + \dot{\boldsymbol{\gamma}}
$$

$$
\begin{bmatrix} \omega_{c\xi} \\ \omega_{c\eta} \\ \omega_{c\zeta} \end{bmatrix} = \begin{bmatrix} -\dot{\varphi}_a\sin\varphi_2 + \dot{\gamma} \\ -\dot{\varphi}_2 \\ -\dot{\varphi}_a\cos\varphi_2 \end{bmatrix}
$$

式中:$\boldsymbol{\omega}_c$ 及它在弹轴坐标系 $C\xi\eta\zeta$ 各轴上的投影分别为

$$\boldsymbol{\omega}_c = \dot{\boldsymbol{\varphi}}_a + \dot{\boldsymbol{\varphi}}_2$$

$$\begin{bmatrix} \omega_{c\xi} \\ \omega_{c\eta} \\ \omega_{c\zeta} \end{bmatrix} = \begin{bmatrix} -\dot{\varphi}_a \sin\varphi_2 \\ -\dot{\varphi}_2 \\ -\dot{\varphi}_a \cos\varphi_2 \end{bmatrix}$$

根据相对导数与绝对倒数的概念与性质，

$$\frac{\mathrm{d}\boldsymbol{H}}{\mathrm{d}t} = \boldsymbol{J}\frac{\mathrm{d}\boldsymbol{\omega}}{\mathrm{d}t} + \boldsymbol{\omega}_c \times (\boldsymbol{J} \cdot \boldsymbol{\omega})$$

转动惯量矩阵 $\boldsymbol{J}$ 可表示为

$$\boldsymbol{J} = \begin{bmatrix} C & 0 & 0 \\ 0 & A & 0 \\ 0 & 0 & A \end{bmatrix}$$

于是,可得末敏弹系统绕心运动微分方程组的标量形式为

$$\begin{cases} \dfrac{\mathrm{d}\dot{\gamma}}{\mathrm{d}t} = \dfrac{1}{C}(M_{1\xi} + M_{2\xi}) + \ddot{\varphi}_a \sin\varphi_2 + \dot{\varphi}_a \dot{\varphi}_2 \cos\varphi_2 \\ \dfrac{\mathrm{d}\dot{\varphi}_2}{\mathrm{d}t} = -\dfrac{1}{A}(M_{1\eta} + M_{2\eta}) + (n-1)\dot{\varphi}_a^2 \sin\varphi_2 \cos\varphi_2 + n\dot{\varphi}_a \dot{\gamma} \cos\varphi_2 \\ \dfrac{\mathrm{d}\dot{\varphi}_a}{\mathrm{d}t} = \dfrac{1}{\cos\varphi_2}\left[-\dfrac{1}{A}(M_{1\zeta} + M_{2\zeta}) - (n-2)\dot{\varphi}_a \dot{\varphi}_2 \sin\varphi_2 - n\dot{\varphi}_2 \dot{\gamma}\right] \end{cases} \tag{6.199}$$

式中

$$\begin{cases} M_{1\xi} + M_{2\xi} = -Ck_x v_c \dot{\gamma} + y_{D1}(\sin\mu R_{D1y} + \cos\mu R_{D1z}) - z_{D1}(\sin\lambda R_{D1x} + \cos\mu\cos\lambda R_{D1y} - \sin\mu\cos\lambda R_{D1z}) \\ \qquad + y_{D2}(-\sin\varepsilon R_{D2y} - \cos\varepsilon R_{D2z}) - z_{D2}(-\sin\alpha R_{D2x} - \cos\varepsilon\cos\alpha R_{D2y} + \sin\varepsilon\cos\alpha R_{D2z}) \\ M_{1\eta} + M_{2\eta} = Ak_z v_c [v_{cx}\sin\varphi_2\cos\varphi_a - v_{cy}\sin\varphi_2\sin\varphi_a - v_{cz}\cos\varphi_2] + Ak_{yz} v_c \dot{\varphi}_2 \\ \qquad + \cos\gamma(z_{D1}(\cos\lambda R_{D1x} - \cos\mu\sin\lambda R_{D1y} + \sin\mu\sin\lambda R_{D1z}) - x_{D1}(\sin\mu R_{D1y} + \cos\mu R_{D1z})) \\ \qquad - \sin\gamma(x_{D1}(\sin\lambda R_{D1x} + \cos\mu\cos\lambda R_{D1y} - \sin\mu\cos\lambda R_{D1z}) - y_{D1}(\cos\lambda R_{D1x} - \cos\mu\sin\lambda R_{D1y} + \sin\mu\sin\lambda R_{D1z})) \\ \qquad + \cos\gamma(z_{D2}(\cos\alpha R_{D2x} - \cos\varepsilon\sin\alpha R_{D2y} + \sin\varepsilon\sin\alpha R_{D2z}) - x_{D2}(-\sin\varepsilon R_{D2y} - \cos\varepsilon R_{D2z})) \\ \qquad - \sin\gamma(x_{D2}(-\sin\alpha R_{D2x} - \cos\varepsilon\cos\alpha R_{D2y} + \sin\varepsilon\cos\alpha R_{D2z}) - y_{D2}(\cos\alpha R_{D2x} - \cos\varepsilon\sin\alpha R_{D2y} + \sin\varepsilon\sin\alpha R_{D2z})) \\ M_{1\zeta} + M_{2\zeta} = Ak_z v_c (v_{cx}\sin\varphi_a + v_{cy}\cos\varphi_a) + Ak_{yz} v_c \dot{\varphi}_2 \cos\varphi_2 \\ \qquad + \sin\gamma(z_{D1}(\cos\lambda R_{D1x} - \cos\mu\sin\lambda R_{D1y} + \sin\mu\sin\lambda R_{D1z}) - x_{D1}(\sin\mu R_{D1y} + \cos\mu R_{D1z})) \\ \qquad + \cos\gamma(x_{D1}(\sin\lambda R_{D1x} + \cos\mu\cos\lambda R_{D1y} - \sin\mu\cos\lambda R_{D1z}) - y_{D1}(\cos\lambda R_{D1x} - \cos\mu\sin\lambda R_{D1y} + \sin\mu\sin\lambda R_{D1z})) \\ \qquad + \sin\gamma(z_{D2}(\cos\alpha R_{D2x} - \cos\varepsilon\sin\alpha R_{D2y} + \sin\varepsilon\sin\alpha R_{D2z}) - x_{D2}(-\sin\varepsilon R_{D2y} - \cos\varepsilon R_{D2z})) \\ \qquad + \cos\gamma(x_{D2}(-\sin\alpha R_{D2x} - \cos\varepsilon\cos\alpha R_{D2y} + \sin\varepsilon\cos\alpha R_{D2z}) - y_{D2}(\cos\alpha R_{D2x} - \cos\varepsilon\sin\alpha R_{D2y} + \sin\varepsilon\sin\alpha R_{D2z})) \end{cases} \tag{6.200}$$

由运动学方程得

$$\begin{cases}\dfrac{\mathrm{d}\gamma}{\mathrm{d}t}=\dot{\gamma}\\ \dfrac{\mathrm{d}\varphi_2}{\mathrm{d}t}=\dot{\varphi}_2\\ \dfrac{\mathrm{d}\varphi_a}{\mathrm{d}t}=\dot{\varphi}_a\end{cases}\tag{6.201}$$

将质心运动微分方程组以及绕心运动方程组联立,即得末敏弹系统总的运动微分方程组,共 12 个方程。

式(6.200)中

$$\begin{cases}b_x=\rho SC_x/(2m)\\ b_y=\rho SC_y'/(2m)\\ k_x=\rho Sldm_x'/(2C)\\ k_z=\rho Slm_z'/(2A)\\ k_{yz}=\rho Sldm_{yz}'/(2A)\\ v_{c\eta\zeta}=\sqrt{v_{c\eta}^2+v_{c\zeta}^2}\\ v_c=\sqrt{v_{cx}^2+v_{cy}^2+v_{cz}^2}\\ \delta=\arcsin\left(\dfrac{v_{c\eta\zeta}}{v_c}\right)\\ n=C/A\end{cases}\tag{6.202}$$

6.3.3.3 无伞末敏弹的气动特性

计算流体力学(Computational Fluid Dynamics,CFD)的基本思想可归纳如下:把原来在时间域及空间域上连续的物理的场,如速度场和压力场,用一系列有限个离散点上的变量值的集合来代替,通过一定原则和方式建立起关于离散点上场变量之间关系的代数方程组,然后求解代数方程组获得场变量的近似值。CFD 方法是对流场的控制方程组用数值方法将其离散到一系列网格节点上,并求其离散数值解的一种方法。控制所有流体流动的基本规律是质量守恒定律、动量守恒定律和能量守恒定律。由它们可以分别导出连续性方程、动量方程和能量方程,在守恒方程组的基础上,加上反映流体流动特殊性质的数学模型(如湍流模型、燃烧模型、多相流模型等)和边界条件、初始条件,构成封闭的方程组来数学描述特定流场、流体的流动规律。

本节主要介绍平板型、S-C 型、S-S 型三种双翼末敏弹的气动特性。

1. 平板尾翼末敏弹气动特性

图 6.23 为来流速度 $v=30\text{m/s}$,攻角为 0°时的末敏弹表面压力分布云图。可以看出,高压区主要分布在弹头部表面、尾翼迎风面和弹体尾翼连接处。低压区主要位于弹体圆柱部侧表面、弹体底部和尾翼背风面。图 6.24 为子弹轴对称面的速度矢量图。通过速度矢量图可见,来流在达到弹头部时,气流受阻压缩后速度降为 0,形成驻点,使弹头部平面

中心部位形成高压区。绕过弹头部的气流和远场来流在尾翼迎风面形成驻点,在尾翼中心部位形成较大面积的高压区。气流在弹顶平面与圆柱面相接处产生涡,使这一部位形成低压区。受弹体和弹翼的相互干扰作用,气流在尾翼处转折,在尾翼和弹体的连接处又产生了一个高压区。由于涡的存在,翼前弹体圆柱侧面靠近头部处压强较小。平板尾翼的翼平面压力分布均匀,由尾翼中心向四周逐渐过渡。

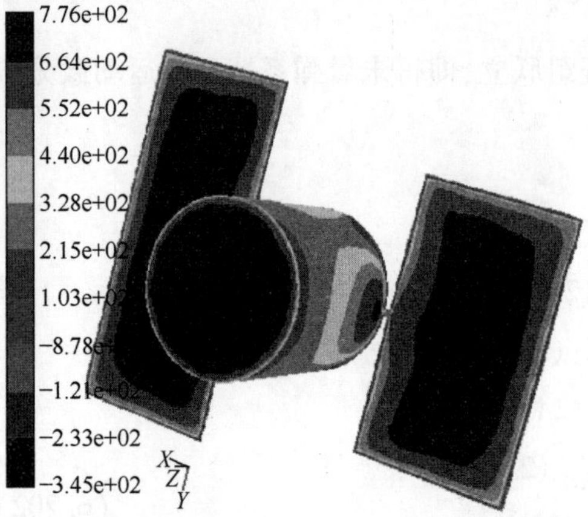

图 6.23　平板尾翼末敏弹表面压力分布云图

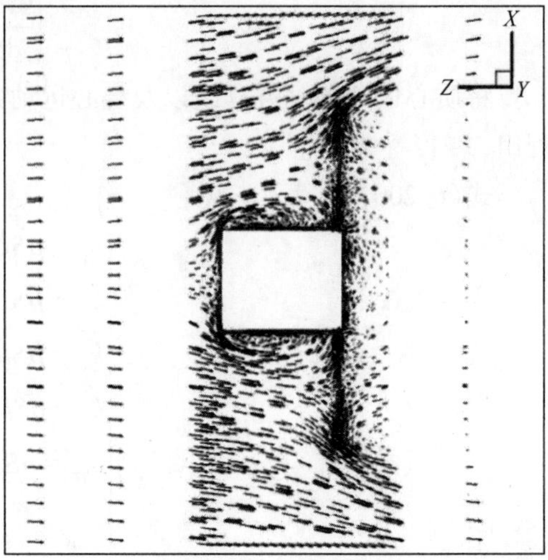

图 6.24　平板尾翼末敏弹流场截面速度矢量图

由图 6.25 可以看出:①攻角在−30°~30°范围内,阻力系数分布在 6~9。平头圆柱的零升阻力系数 $CD_0 \approx 0.7 \sim 1$,加装尾翼后,模型的阻力系数大幅提高,尾翼对末敏弹的增阻效果都非常明显。②攻角为 0°时,模型的阻力系数达到最大值,随着攻角绝对值增加,逐渐减小。③正攻角时阻力系数略大于负攻角时的值,是由于模型在攻角平面内结构不对称,气流吹过时弹体对大小尾翼的阻挡效果不同。

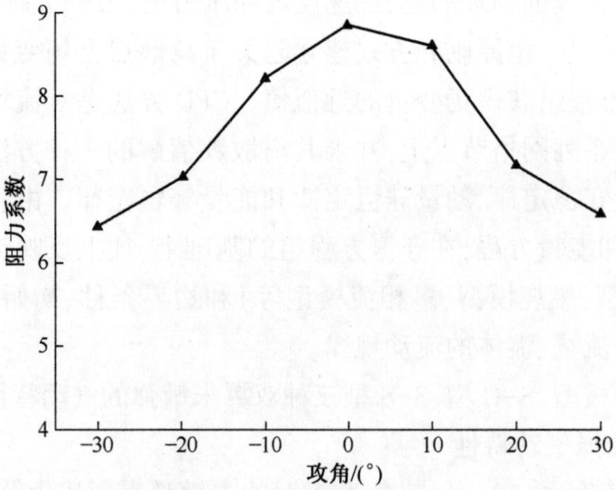

图 6.25　平板尾翼末敏弹阻力系数随攻角变化曲线

由图 6.26 可以看出,模型的升力系数随着攻角由负到正时,升力系数逐渐减小,呈斜率为负的线性变化。攻角为 0°时升力系数约为 0,升力系数在负攻角时为负,正攻角时为正,这与普通弹丸的升力变化趋势相反。

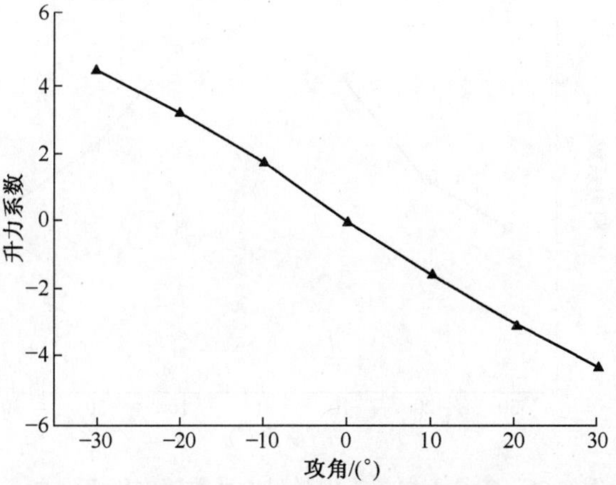

图 6.26 平板尾翼末敏弹升力系数随攻角变化曲线

由图 6.27 可以看出,平板尾翼末敏弹的转动力矩系数接近于 0,这与自由飞行试验中平板尾翼末敏弹试验结果是相符的。平板尾翼转动力矩系数由零攻角开始随着攻角绝对值增加而减小,在攻角为 20°时达到最低,后又继续增大,但转动力矩系数总的变化幅度很小。

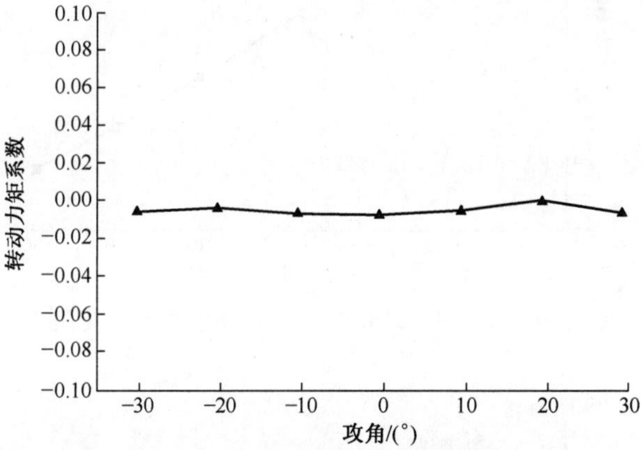

图 6.27 平板尾翼末敏弹转动力矩系数随攻角变化曲线

2. S-C 型尾翼末敏弹气动特性

由图 6.28 可以看出,S-C 型尾翼末敏弹的阻力系数值与变化规律跟平板尾翼末敏弹相似。S-C 型尾翼末敏弹阻力系数值略小,相同攻角时阻力最大相差约 8%。静态条件下 S-C 型尾翼结构的无伞末敏弹在尾翼的两端弯折而使其迎风面积减小,增阻效果受到影响。

由图 6.29 可以看出,模型的升力系数随攻角变化趋势与平板尾翼末敏弹大体相同,随着攻角由负到正时,升力系数逐渐减小,呈斜率为负的线性变化。攻角为 0°时升力系数约为 0,升力系数在负攻角时为负,正攻角时为正。

由图 6.30 可以看出,S-C 型尾翼末敏弹的转动力矩相对平板尾翼末敏弹大,且转动

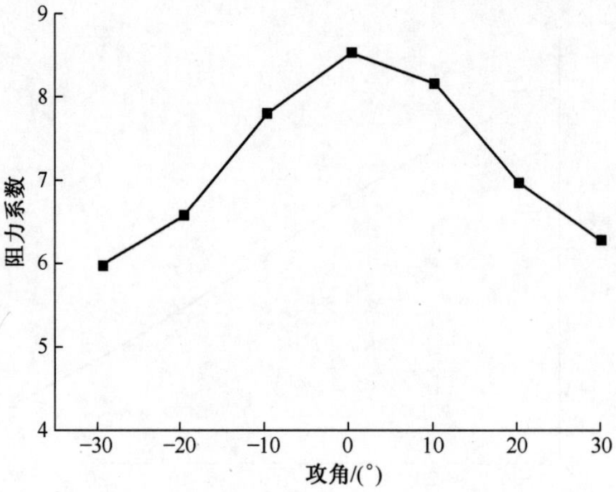

图 6.28　S-C 型尾翼末敏弹阻力系数随攻角变化曲线

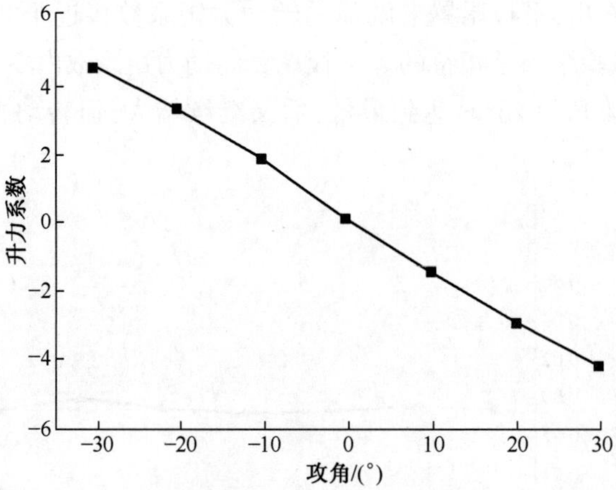

图 6.29　S-C 型尾翼末敏弹升力系数随攻角变化曲线

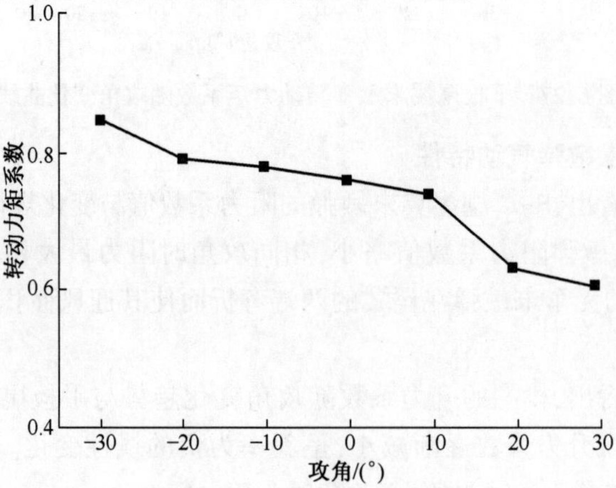

图 6.30　S-C 型尾翼末敏弹转动力矩系数随攻角变化曲线

力矩随着攻角的增加逐渐减小，最大值出现在攻角为-30°时，而在攻角为30°其转动力矩最小。S-C型尾翼末敏弹翼的两端以一定角度弯折，气流在沿尾翼弦向产生推力，形成转动力矩。S-C型尾翼末敏弹的尾翼折角面一部分被弹体阻挡，因此攻角变化时，翼面折角产生的转动力矩同时产生的变化，转速也相应发生变化。

3. S-S型尾翼末敏弹气动特性

由图6.31可以看出，S-S型尾翼末敏弹的阻力系数相较平板尾翼和S-C型尾翼大，在攻角为零时，阻力系数达到9.5。

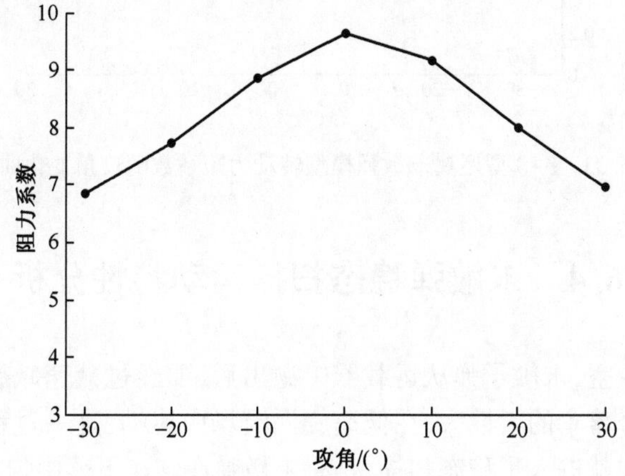

图6.31　S-S型尾翼末敏弹模型阻力系数随攻角变化曲线

由图6.32可以看出，在攻角大于10°后，升力系数变化率略有减小。同时，S-S型尾翼末敏弹在攻角绝对值为30°时的值也比平板尾翼和S-C型尾翼末敏弹大。

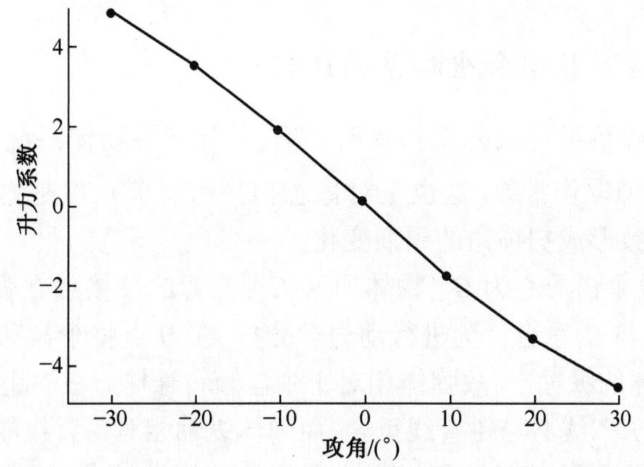

图6.32　S-S型尾翼末敏弹模型升力系数随攻角变化曲线

由图6.33可以看出，S-S型尾翼末敏弹转动力矩系数随攻角绝对值增加而减小，零攻角转动力矩系数最大，转动力矩系数在大攻角时依然保持较大值，即攻角变化时对S-S型尾翼末敏弹转动力矩系数影响不大。

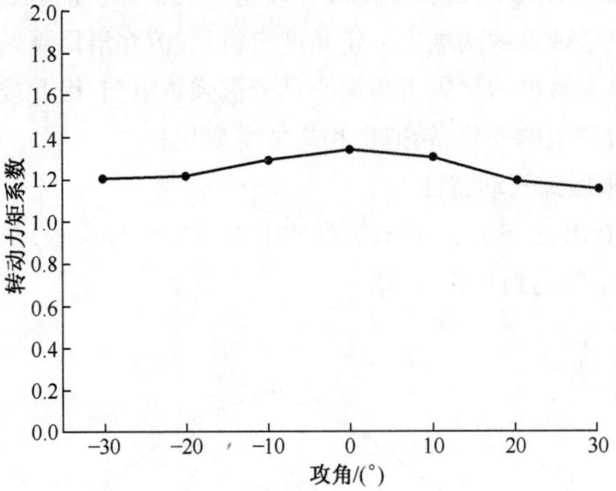

图 6.33　S-S 型尾翼末敏弹模型转动力矩系数随攻角变化曲线

6.4　末敏弹稳态扫描运动特性分析

在接近目标的上空,末敏子弹从运载器中抛出后,要经过减速减旋,打开主旋转伞步减速和导旋。由于降落伞的柔性大,在低速旋涡流场中运动,这一过程是十分复杂的,但经过不长时间末敏弹就进入了稳态扫描状态,末敏弹在匀速下落中匀速旋转,设计者最关心的问题之一是稳态扫描状态下扫描角的平均值以及扫描角变化的周期与伞弹系统的转速、静态悬挂角、横向转动惯量与极转动惯量、物体质量及悬挂点至质心距离间的关系。由于对伞物体运动方程用数值计算求解不能直观地看出这种关系,故本节在适当的简化下,导出运动参数与结构参数之间的解析关系式,这大大方便了伞-物体系统结构参数设计和总体设计分析。

6.4.1　稳态运动状态和坐标系的选取

由试验知,在伞弹系统进入稳态扫描阶段后,旋转伞—物体系统的下落速度 v_p 和转速 ω 变化很小,可近似取作常数(这也是对稳态扫描的要求),但是物体相对于悬挂点可以绕铰链轴摆动,以致形成扫描角的周期变化。

在图 6.34 中,设伞盘质心为 C_1,物体质心 C_2,二者的铰接点在弹体上的 D 点,由于伞盘很薄,可认为 D 与 C_1 重合。为进行动力学分析,在 D 点将伞盘和物体分离成两个物体。由于 D 不在物体的纵轴上,故弹体相对于伞盘倾斜悬挂。在静止时重心 C_2 必在过 D 点的铅直线上,此时 DC_2 线必与铅直线重合,而弹体纵轴相对铅直线的倾角角即为静态悬挂角。铰链 D 为柱铰,故物体只能相对于伞盘绕此柱铰轴转动,而整个系统则在旋转伞的作用下绕铅直轴旋转。由于旋转和摆动,弹体纵轴离开静悬挂位置,它与铅直轴的夹角 θ_2 即为动态扫描角,而值 $\theta_r=\theta_2-\theta_0$ 即力扫描角变化量。

取地面坐标系 $Oxyz$,O 点固定于地面。对于伞盘建立坐标系 $C_1x_1y_1z_1$,其中 C_1 为伞盘中心,C_1z_1 为铅直轴,C_1x_1 平行于柱铰轴,在图中垂直于纸面向上,C_1y_1 垂直于柱铰轴,其三轴上的单位矢量依次为 $\boldsymbol{k}_1,\boldsymbol{i}_1,\boldsymbol{j}_1$。对于弹体建立坐标系 $C_2x_2y_2z_2$,其中 C_2 为弹体质

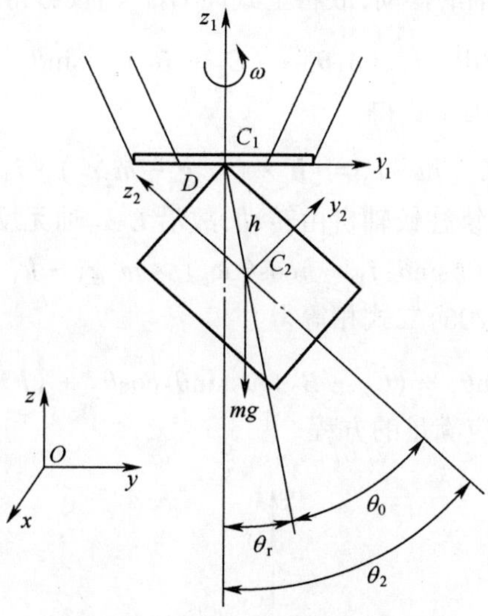

图 6.34　物伞系统和坐标定义

心，C_2x_2仍平行于铰链轴，C_2y_2垂直于铰链轴，C_2z_2为弹体纵轴，此三轴上的单位矢量依次为 $\boldsymbol{i}_2,\boldsymbol{j}_2,\boldsymbol{k}_2$，显然 $\boldsymbol{i}_2=\boldsymbol{i}_1$。

6.4.2　运动学关系

设质心 C_1和 C_2的位置矢量分别为 $r_1=OC_1$，$r_2=OC_2$。又设 D，C_2之间的距离为 h，则

$$\boldsymbol{h}=\boldsymbol{DC}_2=h\sin\theta_{\mathrm{r}}\boldsymbol{j}_1-h\cos\theta_{\mathrm{r}}\boldsymbol{k}_2 \tag{6.203}$$

此外，对于伞盘，其角速度 $\omega=\omega k_1$。对于弹体，除 r 绕铅直轴旋转，还有绕 D 点的摆动角速度 $\dot{\theta}_{\mathrm{r}}$，它沿 C_2x_2方向，此外有 $\theta_1=\theta_0+\theta_{\mathrm{r}}$，于是得弹体转速

$$\omega_2=\omega_{2x_2}\boldsymbol{i}_2+\omega_{2y_2}\boldsymbol{j}_2+\omega_{2z_2}\boldsymbol{k}_2$$

$$\omega_{2x_2}=\dot{\theta}_{\mathrm{r}},\omega_{2y_2}=\omega\sin\theta_2,\omega_{2z_2}=\omega\cos\theta_2$$

6.4.3　运动方程的建立

弹体所受的外力有重力 $m_2\boldsymbol{g}$，来自伞盘的约束反力 $\boldsymbol{N}_1$ 和约束反力矩 $\boldsymbol{M}_1$，如图 6.35 所示。弹体的质心运动方程和动量矩方程为

$$m_2\ddot{\boldsymbol{r}}_2=m_2\boldsymbol{g}+\boldsymbol{N}_1\quad \mathrm{d}\boldsymbol{L}_{c2}/\mathrm{d}t=\boldsymbol{m}_{c_2}(\boldsymbol{N}_1)+\boldsymbol{M}_1 \tag{6.204}$$

式中：$\boldsymbol{L}_{c2}$ 为弹体对质心 C_2的动量矩。对轴对称弹体有

$$\boldsymbol{L}_{c_2}=A_2\omega_{2x_2}\boldsymbol{i}_2+B_2\omega_{2y_2}\boldsymbol{j}_2+C_2\omega_{2z_2}\boldsymbol{k}_2$$

式中：A_2、B_2、C_2分别为弹体绕 C_{2x2}、C_{2y2}、C_{2z2}轴的转动惯量反力 N_1对质心 C_2的力矩为

$$\boldsymbol{m}_{c_2}(\boldsymbol{N}_1)=C_2D\times\boldsymbol{N}_1=-\boldsymbol{h}\times(m_2\ddot{\boldsymbol{r}}_2-m_2\boldsymbol{g})=\boldsymbol{h}\times(m_2\boldsymbol{g}-m_2\ddot{\boldsymbol{r}}_2)$$

利用绝对导数与相对导数的关系得

$$\frac{\mathrm{d}\boldsymbol{L}_{c_2}}{\mathrm{d}t}=\frac{\partial\boldsymbol{L}_{c_2}}{\partial t}+(\boldsymbol{\omega}_2\times\boldsymbol{L}_{c_2})=[A_2\dot{\omega}_{2x_2}+(C_2-B_2)\omega_{2y_2}\omega_{2x_2}]\boldsymbol{i}_2+$$

$$[B_2\dot{\omega}_{2x_2}+(A_2-C_2)\omega_{2y_2}\omega_{2x_2}]\boldsymbol{j}_2+[C_2\dot{\omega}_{2x_2}+(B_2-A_2)\omega_{2y_2}\omega_{2x_2}]\boldsymbol{k}_2$$

现只考虑弹体绕柱铰轴的摆动,故将上式向 C_2x_2 轴投影得

$$\mathrm{d}\boldsymbol{L}_{c_2}/\mathrm{d}t\cdot\boldsymbol{i}_2=A_2\ddot{\theta}_r+(C_2-B_2)\omega^2\sin\theta_2\cos\theta_2 \tag{6.205}$$

另外,又由式(6.205)第二式得

$$\mathrm{d}\boldsymbol{L}_{c_2}/\mathrm{d}t\cdot\boldsymbol{i}_2=[\boldsymbol{h}\times(m_2\boldsymbol{g}-m_2\ddot{\boldsymbol{r}}_2)\cdot\boldsymbol{i}_2] \tag{6.206}$$

$M\cdot i_2=0$ 是因弹体可绕柱铰轴自由转动,故沿 C_2x_2 轴无反作用力矩所致。而上式中

$$(\boldsymbol{h}\times m_2\boldsymbol{g})\cdot\boldsymbol{i}_2=[(h\sin\theta_r\boldsymbol{j}_1-h\cos\theta_r\boldsymbol{k}_1)\times m_2g(-\boldsymbol{k}_1)]\boldsymbol{i}_2=-hm_2g\sin\theta_r$$

由式(6.205)和式(6.206)二式相等得

$$A_2\ddot{\theta}_r+m_2hg\sin\theta_r+(C_2-B_2)\omega^2\sin\theta_2\cos\theta_2+(\boldsymbol{h}\times m_2\ddot{\boldsymbol{r}}_2)\boldsymbol{i}_2=0 \tag{6.207}$$

这就是扫描角变化所应满足的方程。

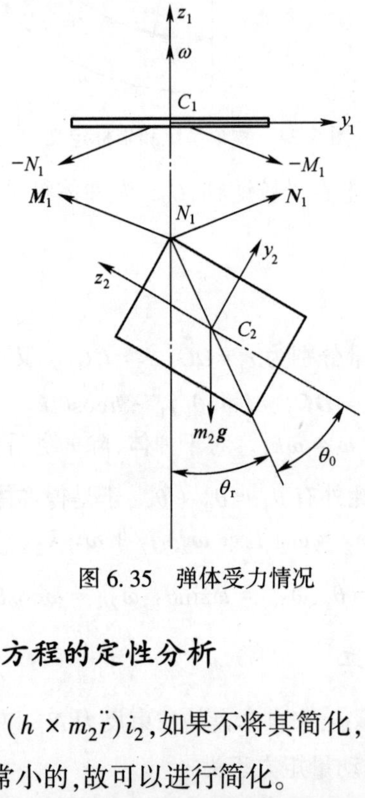

图 6.35　弹体受力情况

6.4.4　扫描角变化方程的定性分析

在式(6.207)中有一项 $(h\times m_2\ddot{r})i_2$,如果不将其简化,就难以求解,好在稳态扫描阶段弹体质心加速度 $\ddot{r}_2$ 是非常小的,故可以进行简化。

由降落伞理论和实验知,当悬挂物质量大而伞较小时,悬挂物落速较稳定,伞摆动对弹影响很小;当伞较大而悬挂物较小时,则弹摆动对伞影响小;降落伞落速较稳定。因此,对该项的处理也分两种情况。

1. 当子弹体质量比降落伞面积、质量大得多时

此时可认为在稳定状态下,子弹体质心落速较稳,加速度 $\ddot{r}_2=0$。例如末敏弹可认为是这种情况。于是得

$$A_2\ddot{\theta}_r+m_2hg\sin\theta_r+(C_2-B_2)\omega^2\sin\theta_2\cos\theta_2=0 \tag{6.208}$$

1) 稳态扫描角与转速及结构参数间的关系

当物伞系统进入稳态扫描阶段时,弹轴扫描角也大致稳定在一平均值 α_0 附近变化,

设 $\alpha_0=\theta_0+\beta_0$，$\beta_0$即为由旋转产生的扫描角稳态值增量。记变量

$$\theta_r=\beta_0+\beta_r$$

则

$$\theta_2=\theta_0+\beta_0+\beta_r=\alpha_0+\beta_r$$

即 θ_r在 β_0 附近变化，θ_2 在 α_0 附近变化，如图 6.36 所示。则式(6.208)改写为

$$A_2\ddot{\beta}_r+(C_2-B_2)\omega^2\sin(\alpha_0+\beta_r)\cos(\alpha_0+\beta_r)+m_2hg\sin(\beta_0+\beta_r)=0 \tag{6.209}$$

在实现稳态扫描时，必须有 $\beta_r\approx 0$，$\ddot{\beta}_r\approx 0$，则式(6.209)简化为

$$\sin(\alpha_0-\theta_0)=\frac{B_2-C_2}{2m_2hg}\omega^2\sin2\alpha_0 \text{ 或 } \sin\beta_0=\frac{B_2-C_2}{2m_2hg}\omega^2\sin2(\theta_0+\beta_0) \tag{6.210}$$

这就是稳态扫描角平均值 α_0，或扫描角增量 β_0 与转速 ω 及结构参数 θ_0、B_2、C_2、h、m_2之间的关系。这是一个超越方程，可用逐次逼近法计算。

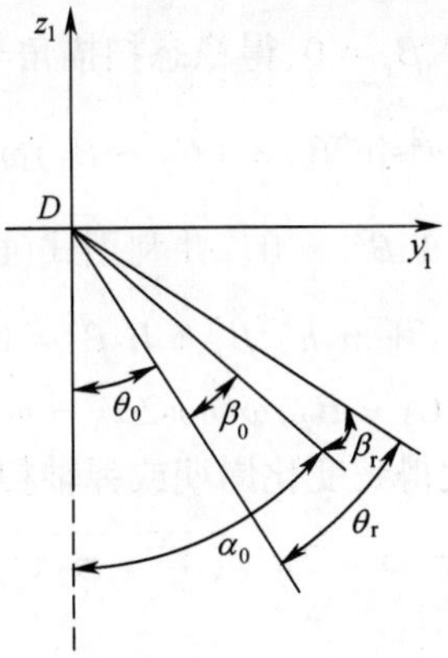

图 6.36　角度间关系

2）扫描角的变化周期

弹体轴摆动周期也就是 θ_r或 β_r变化的周期，考虑到稳态扫描时 β_r是很小的，故可取 $\sin\beta_r\approx\beta_r$，$\cos\beta_r\approx 1$，$\beta_r^2\approx 0$，并利用式(6.210)将方程(6.209)变换成如下形式

$$A_2\ddot{\beta}_r+H_1\beta_r=0$$

式中

$$H_1=m_2hg\cos(\alpha_0-\theta_0)+(C_2-B_2)\omega^2\cos2\alpha_0$$

这是一典型的谐振方程，由振动理论知扫描角变化周期为

$$T_1=2\pi/\omega=2\pi\sqrt{A_2/H_1}\quad(A_1=B_2) \tag{6.211}$$

2. 当降落伞面积、质量较大，弹体质量相对较小时

此时可认为在稳定状态下伞盘的质心速度变化很少，即 $\ddot{r}\approx 0$。例如落速很低的电视侦察弹可认为是这种情况。

$$\boldsymbol{r}_2=\boldsymbol{r}_1+\boldsymbol{h},\ddot{\boldsymbol{r}}_2=\ddot{\boldsymbol{r}}_1+\ddot{\boldsymbol{h}}$$

由式(6.203)得

$$\boldsymbol{h}=\mathrm{d}\boldsymbol{h}/\mathrm{d}t=\partial\boldsymbol{h}/\partial t+\boldsymbol{\omega}\times\boldsymbol{h}=(-h\omega\sin\theta_r)\boldsymbol{i}_1+\dot{\theta}_rh\cos\theta_r\boldsymbol{j}_1'+\dot{\theta}_rh\sin\theta_r\boldsymbol{k}_1$$

$$\ddot{\boldsymbol{h}} = \mathrm{d}\dot{\boldsymbol{h}}/\mathrm{d}t = \partial\dot{\boldsymbol{h}}/\partial t + \boldsymbol{\omega} \times \dot{\boldsymbol{h}}$$

$$= (-2\dot{\theta}_r h\omega\cos\theta_r)\boldsymbol{i}_1 + (\ddot{\theta}_r h\cos\theta_r - \dot{\theta}_r^2 h\sin\theta_r - h\sin\theta_r\omega^2)\boldsymbol{j}_1 + (\ddot{\theta}_r h\sin\theta_r + \dot{\theta}_r^2 h\cos\theta_r^2)\boldsymbol{k}_1$$

所以

$$(\boldsymbol{h} \times m_2\ddot{\boldsymbol{r}}_2)\boldsymbol{i}_2 = m(\boldsymbol{h} \times \ddot{\boldsymbol{r}}_2)\boldsymbol{i}_1 = m_2h^2\ddot{\theta}_r - m_2h^2\omega^2\sin\theta_r\cos\theta_r$$

将它代入式(6.207)中得

$$(A_2 + m_2h^2)\ddot{\theta}_r + m_2hg\sin\theta_r - m_2h^2\omega^2\sin\theta_r\cos\theta_r + (C_2 - B_2)\omega^2\sin\theta_2\cos\theta_2 = 0 \tag{6.212}$$

同样,在上式中令 $\alpha_0 = \theta_0 + \beta_0, \theta_r = \beta_0 + \beta_r, \theta_2 = \alpha_0 + \beta_r$,将上式化为

$$(A_2 + m_2h^2)\ddot{\beta}_r + m_2hg\sin(\beta_0 + \beta_r) - m_2h^2\omega^2\sin(\beta_0 + \beta_r) + (C_2 - B_2)\omega^2\sin(\alpha_0 + \beta_r)\cos(\alpha_0 + \beta_r) = 0$$

在稳态扫描状态下,令 $\beta_r = 0, \ddot{\beta}_r = 0$,得稳态扫描角与转速及结构间的关系为

$$m_2hg\sin\beta_0 - \frac{1}{2}m_2h^2\omega^2\sin2\beta_0 + (C_2 - B_2)\omega^2\sin2(\theta_0 + \beta_0) = 0$$

同理,取 $\sin\beta_r \approx \beta_r, \cos\beta_r \approx 1, \beta_r^2 \approx 0$。并利用式(6.212)可将方程(6.211)简化成

$$(A_2 + m_2h)^2\ddot{\beta}_r + H_2\beta_r = 0 \tag{6.213}$$

式中 $H_2 = m_2hg\cos(\alpha_0 - \theta_0) + (C_2 - B_2)\omega^2\cos2\alpha_0 - m_2h^2\omega^2\cos2(\alpha_0 - \theta_0)$

这同样是一个谐振方程,由此得到变化周期或弹轴扫描角变化周期为

$$T_2 = 2\pi/\omega = 2\pi\sqrt{(A_2 + m_2h^2)/H_2} \tag{6.214}$$

6.4.5 算例及计算结果

设有一旋转伞-弹系统,弹体直径 $d = 0.2$m,质量 $m_2 = 15$kg,轴向转动惯量 $C_2 = 0.064\text{kg}\cdot\text{m}^2$,求在不同转速(r/s)、不同转动惯量比和静态悬挂角下稳态扫描角增量 $(\alpha_0-\theta_0)$(°)及扫描角变化周期 T(s)。按第一种情况的公式将算例结果摘录于表6.2和表6.3中。

表6.2 平衡扫描角与静态悬挂角之差值$(\alpha_0-\theta_0)$与结构参数间的关系

$\omega=4.0$(r/s)				$D=0.20$m				$C_2=0.064563\text{kg}\cdot\text{m}^2$		
$\beta_0/(°)$ $\theta_0/(°)$ A_2/C_2	20	21	22	23	24	25	26	27	28	29
1.000	0.000	0.000	0.000	0.000	0.000	0.000	0.000	0.000	0.000	0.000
1.020	1.049	1.083	1.114	1.114	1.171	1.195	1.217	1.236	1.253	1.267
1.040	2.188	2.255	2.312	2.373	2.424	2.470	2.511	2.460	2.575	2.599
1.060	3.425	3.523	3.611	3.611	3.763	3.826	3.880	3.926	3.963	3.992
1.080	4.765	4.889	5.000	5.099	5.185	5.260	5.322	5.373	5.142	5.440
1.100	6.209	6.354	6.482	6.593	6.688	6.767	6.831	6.880	6.194	6.934

表 6.3　扫描角变化周期 T 与结构参数间的关系

T/s　θ/(°)　A_2/C_2	20	21	22	23	24	25	26	27	28	29
1.000	0.413	0.412	0.410	0.409	0.407	0406	0.404	0.402	0.400	0.398
1.020	0.426	0.424	0.422	0.420	0.418	0.416	0.414	0.412	0.405	0.408
1.040	0.439	0.437	0.434	0.432	0.430	0.427	0.424	0.422	0.419	0.416
1.060	0.452	0.449	0.446	0.443	0.440	0.437	0.434	0.431	0.427	0.424
1.080	0.464	0.461	0.457	0.454	0.450	0.446	0.443	0.439	0.435	0.431
1.100	0.476	0.472	0.468	0.463	0.459	0.455	0.450	0.446	0.442	0.437

由表 6.2 可见,如果要求动态平衡扫描角 $\alpha_0=30°$,则静态是挂角 θ_0必须小于 30°。另外子弹体横向转动惯量 A_2与轴向转动惯量 C_2比越大,动态扫描角平均值 α_0与静态悬挂角 θ_0之差越大;计算还表明转速越大,α_0与 θ_0之差也越大。这使得在受到扰动、转速不稳时,扫描角变化就越大。因此,为了减小扫描角的变化,转动惯量比 A_2/C_2越接近于 1 越好,最好是 $A_2/C_2=1$,这时弹体的惯量椭球变成球,扫描角不受转速影响,扫描角易稳定。由国内外现役的几种末敏弹可知,其结构都比较短、粗,忌讳细长,一般 $A/C<1.05$ 为好。又由 6.3 节可见,扫描角变化周期(表中约为 0.4s)一般不等于扫描周期(0.25s)。

6.4.6　伞-弹运动方程组及其数值解

为了详细了解末敏子弹在旋转伞张开后逐步形成稳态扫描的过程,须详细建立这一系统的运动方程。根据有伞末敏弹飞行动力学模型,在确定的起始条件下进行数值积分即可得整个扫描运动建立的过程。

图 6.37 为子弹转速 ω_b变化。开始阶段,ω_b急剧增大,这是因为系统轴线方向与初始速度方向不一致,旋转伞张开后受到的气动力使其轴线迅速接近速度方向,同时牵动子弹翻转。因为充满的旋转伞具有恒定的转速落速比,所以当落速 v_b稳定时,ω_p和 ω_b亦减小至 3.6r/s 附近,此时由于子弹扫描角未稳定,如图 6.38 所示,因此 ω_b亦发生小范围浮动。约 $t=8$s 时,扫描角达到稳定值 36°,转速 ω_b亦达到稳定值 3.6r/s,则伞降末敏子弹进入稳态扫描阶段。

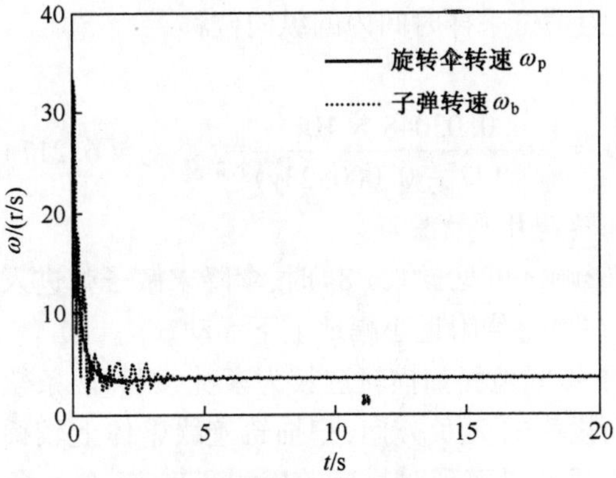

图 6.37　实际工况的弹体转速

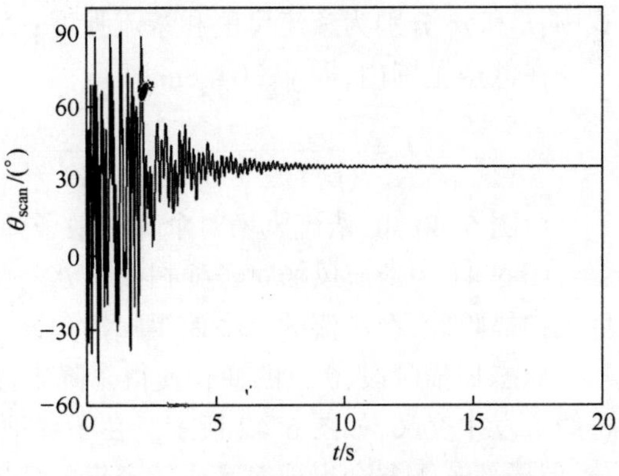

图 6.38　实际工况的子弹扫描角

末敏子弹在地面的扫描轨迹如图 6.39 所示，可见运动初期扫描曲线十分混乱，但经过一段时间后，最后形成规则的螺旋扫描曲线。

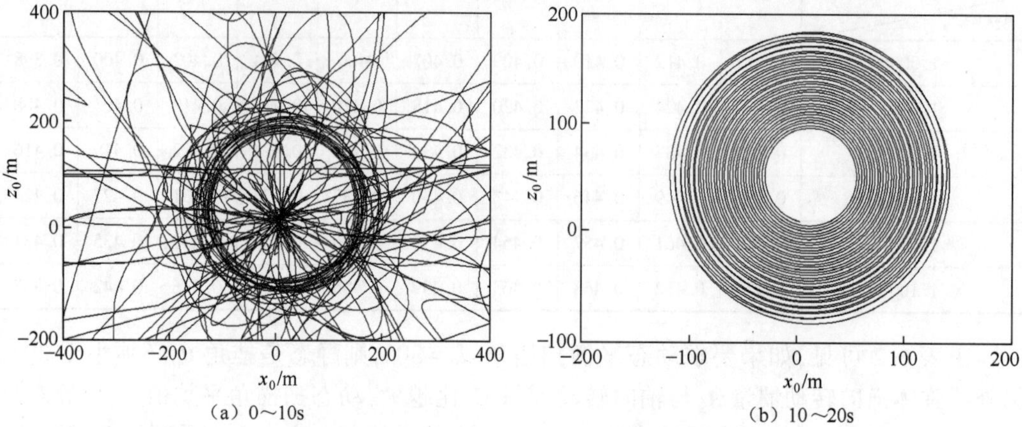

图 6.39　实际工况下，0~20s 地面扫描轨迹

6.4.7　风场对伞降末敏子弹稳态扫描特性的影响

在实际应用中，伞降末敏子弹受天气等因素的影响很大，故有必要分析伞降末敏子弹在多种气候条件下的弹道特性。伞降末敏子弹稳态扫描段主要在低空进行，故忽略纵风，仅考虑横风的作用。

风场模型有恒风风场、平均风场和紊流风场几种。其中，风速变化范围较大的紊流风场可能会使伞降末敏子弹产生运动不稳定的现象。紊流风场模型中较为经典的为 Dryden 模型和 Von Karman 模型。本节采用 Dryden 模型建立紊流风场，并与平均风场叠加。紊流的递推公式形式如下：

$$v_{wi} = av_{w(i-1)} + br_i \tag{6.215}$$

式中：r 为均值为 0、方差为 1 的白噪声信号；v_{wi} 为紊流信号；a 和 b 是根据此递推公式下相关函数所具有的统计特性推导得出。

对于横向

$$a = \left(1 - \frac{\Delta y}{2L}\right)\exp\left(-\frac{\Delta y}{L}\right),\ b = \sqrt{1 - a^2}\,\sigma \tag{6.216}$$

式中：L 和 σ 分别为紊流尺度和紊流强度；Δy 为单位采样时间内的纵向位移。

在低空范围内，即 $y<304.8$m 时

$$L = \frac{y}{(0.177 + 0.000823y)^{1.2}},\ \sigma = \frac{0.03048 \times 10^{-3}}{(0.177 + 0.000823y)^{1.2}} \tag{6.217}$$

由图 6.40 知，紊流风场对伞降末敏子弹的转速几乎无影响。

图 6.41 为紊流风场对子弹扫描角 θ_{scan} 的影响。可见，约 $t=8$s 时，伞降末敏子弹进入稳态扫描阶段，但紊流的存在使得扫描角 θ_{scan} 在稳定值附近小幅地上下浮动。

稳态扫描阶段，θ_{scan} 的变化使得伞降末敏子弹的地面扫描轨迹较为紊乱，相邻两条轨迹线常发生交叉，如图 6.42 所示。在子弹地面投影的 x_0 负方向，扫描轨迹线整体上较稀疏，但局部若干条会出现交叉或较密集的情况，显然可实现对目标的探测和攻击；在 x_0 负

方向,扫描轨迹虽然跨度小,但轨迹线发生交叉,若目标落在该区域,则可很大程度上提高命中概率。

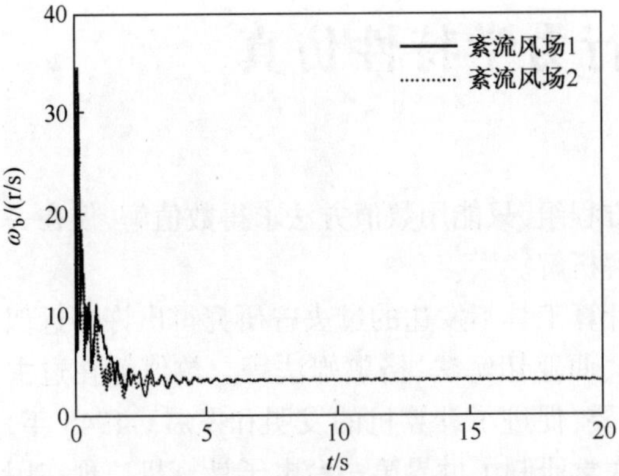

图 6.40 紊流风场对子弹转速的影响

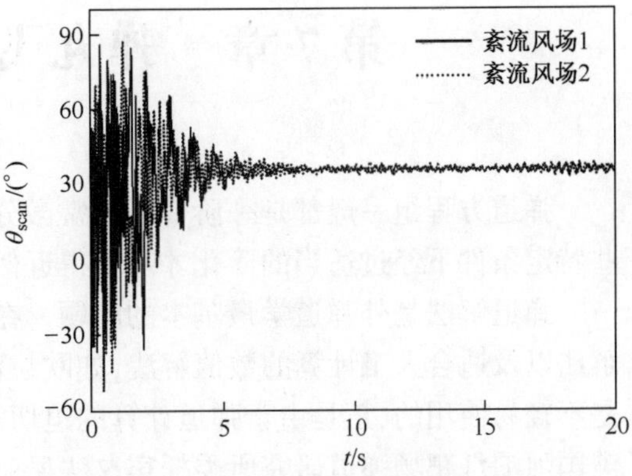

图 6.41 紊流风场对子弹扫描角的影响

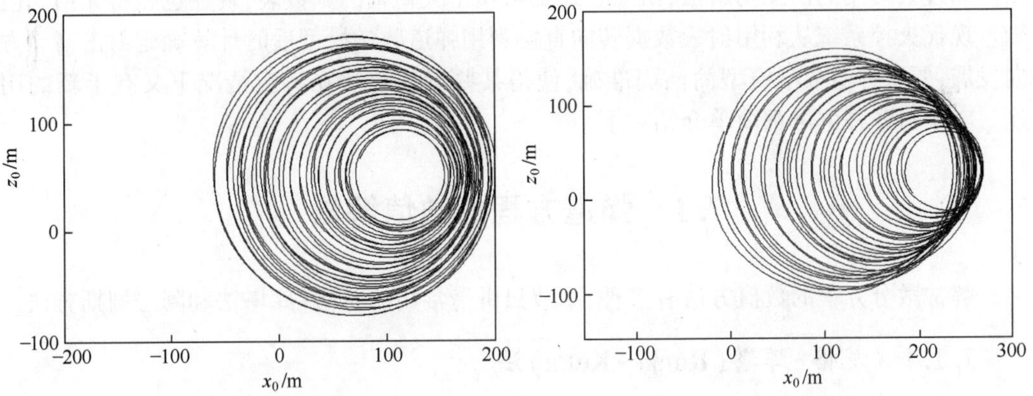

(a) 紊流风场1　　(b) 紊流风场2

图 6.42 两种紊流风场下,子弹的地面扫描轨迹(10~20s)

综上,紊流风场随高度变化大,且具有随机性,其作用下的伞降末敏子弹的地面扫描轨迹相对较乱,更容易产生漏扫目标的现象,并严重影响末敏弹对目标的捕获概率。需要指出的是,对于具有较高转速落速比及良好整体性能的伞降末敏子弹,虽然较高的风速对目标捕获有不良影响,但仍可保证一定的捕获概率。

第7章　弹丸飞行力学特性仿真

弹道方程组一般都是一阶变系数常微分方程组，只能用数值方法求得数值解，仅在一些特定条件下经过适当的简化才能求得近似解析解。

弹道解法是外弹道学最基本的问题。在计算工具不发达的过去曾研究得出许多近似解法以及适合人工计算的数值解法，如欧拉法、西亚切解法、格黑姆法等。数值解在过去是不轻易使用的，正是由于弹道计算的迫切需要，促进了计算机的发明和发展。1945年，美国阿泊汀靶场弹道研究所委托宾夕法尼亚大学研制了世界第一台电子计算机。现在用计算机数值求解弹道方程已不是难事，这使得过去弹道学中的一些近似解法逐渐失去作用。如过去常用的西亚切解法，由于它还要依赖于大篇幅的函数表，现在也显得无用。但随着现代火控系统从利用射表数据转向直接利用弹道数学模型适时计算确定射击诸元方向发展，要求弹道数学模型简洁而准确，使得某些近似解法在特定情况下又有了新的用途。本章将各种解法都简单介绍一下。

7.1　弹道方程的数值解法

解常微分方程的数值方法有多种，本节只讲最常用的龙格-库塔法和阿当姆斯方法。

7.1.1　龙格-库塔(Runge-Kutta)法

龙格-库塔法实质上是以函数 $y(x)$ 的泰勒级数为基础的一种改进方法。最常用的是4阶龙格-库塔法，其经典计算公式如下，对于微分方程组和初值

$$\frac{\mathrm{d}y_i}{\mathrm{d}t}=f_i(t,y_1,y_2,\cdots,y_m),y_i(t_0)=yi_0,i=1,2,\cdots,m \tag{7.1}$$

若已知在点 n 处的值 $(t_n,y_{1n},y_{2n},\cdots,y_{mn})$，则求点 $n+1$ 处的函数值的龙格-库塔公式为

$$y_{i,n+1}=y_{i,n}+\frac{1}{6}(k_{i1}+2k_{i2}+2k_{i3}+k_{i4})$$

式中

$$\begin{cases}k_{i1}=hf_i(t_n,y_{1n},y_{2n},\cdots,y_{mn})\\ k_{i2}=hf_i(t_n+\dfrac{h}{2},y_{1n}+\dfrac{k_{11}}{2},y_{2n}+\dfrac{k_{21}}{2},\cdots,y_{mn}+\dfrac{k_{m1}}{2})\\ k_{i3}=hf_i(t_n+\dfrac{h}{2},y_{1n}+\dfrac{k_{12}}{2},y_{2n}+\dfrac{k_{22}}{2},\cdots,y_{mn}+\dfrac{k_{m2}}{2})\\ k_{i4}=hf_i(t_n+h,y_{1n}+k_{13},y_{2n}+k_{23},\cdots,y_{mm}+k_{m3})\end{cases} \tag{7.2}$$

对于大多数实际问题,4 阶龙格-库塔法已可满足精度要求,它的截断误差正比于h^5。故 h 越小,精度越高。但积分步长过小,不仅会增加计算时间,而且会增大积累误差。如用质点弹道方程计算弹道时,可取时间步长 $h_t = 0.1 \sim 0.3\text{s}$;而对于6D 刚体弹道方程组,则时间步长 h_t 必须小于 0.005s,否则计算发散。

龙格-库塔法不仅精度高,而且程序简单,改变步长方便。其缺点是每积分一步要计算 4 次右端函数,因而重复计算量很大。

7.1.2 阿当姆斯预报-校正法

阿当姆斯法属于多步法,用这种方法求解 y_{n+1} 时,需要知道 y 及 $f(x,y)$ 在 $t_n, t_{n-1}, t_{n-2}, t_{n-3}$ 各时刻的值,其计算公式如下:

预报公式
$$y_{n+1} = y_n + \frac{h}{24}(55f_n - 59f_{n-1} + 37f_{n-2} - 9f_{n-3}) \tag{7.3}$$

校正公式
$$y_{n+1} = y_n + \frac{h}{24}(9f_{n+1} + 19f_n - 5f_{n-1} + f_{n-2}) \tag{7.4}$$

利用阿当姆斯预报-校正法进行数值积分时,一般先用龙格-库塔法自启动,算出前三步的积分结果,然后再转入阿当姆斯预报-校正法进行迭代计算,这样既发挥了龙格-库塔法自启动的优势,又发挥了阿当姆斯法每步只计算一次右端函数、计算量小的优势,效果比较理想。

但是阿当姆斯法改变步长较麻烦,需又一次转入龙格-库塔法,这就使程序结构复杂。

7.2 弹道表解法

在实际工作中常希望能简便迅速地获得弹道诸元。如果事先将计算出的各种弹道诸元编成表册,那么在需要时只需由表册查取,这将会给工作带来不少方便。尤其在过去计算工具不发达的时代,对这种表格的需求更为明显,因而出现了好几种弹道表。

其中有高炮弹道表、地炮弹道表和低伸弹道表,见表 7.1~表 7.4。

表 7.1 高射炮外弹道表示例(高角 87°, v_0=900m/s)

c \ t/s	1	2	3	4	5	6	7	8	9
0.00	894	1778	2652	3517	4371	5216	6051	6876	7692
0.10	889	1758	2609	3443	4261	5052	5849	6622	7381
0.12	888	1754	2601	3429	4239	5033	5811	6573	7321
0.14	887	1750	2592	3415	4218	5005	5772	6525	7262

利用高炮弹道表可查不同 c, v_0, θ_0 下弹道升弧上任一时刻的弹道诸元,如果 c, v_0, θ_0,

t 不在弹道表的参数节点上，则需采用多元直线插值的方法获取各弹道诸元。

表 7.2　地面火炮外弹道表示例($\theta_0 = 45°$)

c \ $v_0/(\mathrm{m \cdot s^{-1}})$	460	480	500	520	540	560	580
0.00	21570	23487	25485	27565	29725	31968	34292
0.10	17947	19233	20569	21957	23403	24908	26477
0.12	17452	18555	19895	21180	22515	23904	25349
0.14	16999	18128	19286	20480	21716	22999	24333

表 7.3　地面火炮外弹道表(下册)示例

初速变化 1m/s 时的射程改变量 Q_{x_0}(m)

$v_0/(\mathrm{m \cdot s^{-1}})$ \ c	0.1	0.2	0.3	0.4	0.5	0.6	0.7
50	9.6	9.6	9.6	9.5	9.5	9.4	9.4
100	19.0	18.8	18.6	18.5	18.3	18.1	17.9
150	28.1	27.5	26.9	26.3	23.8	25.2	24.7

表 7.4　低伸弹道表示例 ($\theta_0 = 1°30'$)

$v_0/(\mathrm{m \cdot s^{-1}})$ \ c	600	650	700	750	800	850	900
0	1923	2256	2617	3004	3418	3858	4326
0.10	1884	2206	2551	2920	3313	3728	4166
0.15	1866	2181	2520	2880	3263	3667	4091
0.20	1847	2157	2489	2841	3215	3607	4019
0.25	1830	2134	2459	2804	3168	3550	3950

利用地炮弹道表，可求各种地炮弹道的落点诸元 X、T、v_c、θ_c 和最大弹道高 Y。利用下册表还可查取由各种因素，如初速 v_0、射角 θ_0、弹道系数 c、气温、气压、纵风、横风等变化一个单位时射程、侧偏和飞行时间的改变量，即修正系数或敏感因子。

7.3　级数解法

7.3.1　概述

弹道级数解法的数学基础是泰勒级数。设有某函数 $y = f(x)$，其围绕自变量零点($x = 0$)展开的泰勒级数形式为

$$y=f(0)+f'(0)x+f''(0)\frac{x^2}{2!}+f'''(0)\frac{x^3}{3!}+\cdots+f^{(n)}(0)\frac{x^{(n)}}{n!} \tag{7.5}$$

对于在基本假设下的弹丸质心运动的弹道诸元(如 y,P,u,t 等),均可以表示成上述的泰勒级数形式,只要知道了其各阶导数(如$f'(0),f''(0),\cdots$),代入如下诸式中,就可求得各弹道诸元的近似解析公式。下式为以 x 为自变量的弹箭质心运动方程组:

$$\frac{\mathrm{d}v_x}{\mathrm{d}x}=-cH(y)G(v,c_s),\frac{\mathrm{d}P}{\mathrm{d}x}=-\frac{g}{v_x^2},\frac{\mathrm{d}y}{\mathrm{d}x}=P,\frac{\mathrm{d}t}{\mathrm{d}x}=\frac{1}{v_x},\frac{\mathrm{d}p}{\mathrm{d}x}=-\rho gP \tag{7.6}$$

式中 $v=v_x\sqrt{1+P^2}$;$G(v,c_s)=4.737\times10^{-4}vc_{x0N}(Ma)$;$Ma=v/c_s$;$c_s=20.047\sqrt{\tau}$;$H(y)=\rho/\rho_{0N}$;$\rho=p/(R_1\tau)$。

积分起始条件为

$$x=0\text{ 时},\ t=y=0\ ,\ P=\tan\theta_0\ ,\ v_x=v_0\cos\theta_0\ ,\ p_0=p_{0N}$$

取自变量为 x 的方程组(7.6)为例

$$\begin{cases}
y=y_0+y'_0x+y''_0\dfrac{x^2}{2!}+y'''_0\dfrac{x^3}{3!}+\cdots+y_0^{(n)}\dfrac{x^n}{n!} & (1)\\
P=P_0+P'_0x+P''_0\dfrac{x^2}{2!}+P'''_0\dfrac{x^3}{3!}+\cdots+P_0^{(n)}\dfrac{x^n}{n!} & (2)\\
v_x=v_{x_0}+v'_{x_0}x+v''_{x_0}\dfrac{x^2}{2!}+v'''_{x_0}\dfrac{x^3}{3!}+\cdots+v_{x_0}^{(n)}\dfrac{x^n}{n!} & (3)\\
t=t_0+t'_0x+P''_0\dfrac{x^2}{2!}+t'''_0\dfrac{x^3}{3!}+\cdots+t_0^{(n)}\dfrac{x^n}{n!} & (4)
\end{cases} \tag{7.7}$$

以上各式余项的形式为$y^{(n+1)}(\xi)\dfrac{x^{(n+1)}}{(n+1)!}$,其中$0<\xi<x$。对于不过大的 x 值,只要 n 取得适当大,其余项总是可以小到忽略。x 较小,n 也可以取得较小;x 较大,n 也须取得较大。但 n 也不宜过大,过大的话公式将太繁,不便应用。故可预见,级数解法适用于小射程或弹道的一个弧段,对较大射程只能分弧采用此法。

7.3.2 任意点弹道诸元公式

1. 弹道高

由方程组(7.6)可以求得 y_0,y'_0,y''_0,y'''_0 如下:

$$y_0=0\qquad y'_0=\left(\frac{\mathrm{d}y}{\mathrm{d}x}\right)_0=\tan\theta_0\qquad y''_0=\left(\frac{\mathrm{d}}{\mathrm{d}x}\tan\theta\right)=-\frac{g}{v_{x_0}^2}=-\frac{g}{v_0^2\cos^2\theta_0}$$

$$y'''_0=\left[\frac{\mathrm{d}}{\mathrm{d}x}\left(-\frac{g}{v_x^2}\right)\right]_0=-\frac{2g}{v_{x_0}^3}cH(y_0)G(v_0)=-\frac{2gcG(v_0)}{v_0^3\cos^3\theta_0}H(y_0)$$

将它们代入式(7.7)的第一式中,并略去三阶导数以上各项,整理后得到任意点弹道高公式

$$y=x\tan\theta_0-\frac{gx^2}{2v_0^2\cos^2\theta_0}F_1(x)\qquad F_1(x)=1+\frac{2cG(v_0)}{3v_0\cos\theta_0}H(y_0)x \tag{7.8}$$

2. 弹道倾角

求 P_0 及各阶导数：

$$P_0 = \tan\theta_0 \quad P'_0 = \left(\frac{\mathrm{d}P}{\mathrm{d}x}\right)_0 = -\frac{g}{v_{x_0}^2} = -\frac{g}{v_0\cos^2\theta_0}$$

$$P''_0 = \left[\frac{\mathrm{d}}{\mathrm{d}x}\left(-\frac{g}{v_x^2}\right)\right]_0 = -\frac{2gc}{v_{x_0}^3}G(v_0)H(y_0) = -\frac{2gcG(v_0)}{v_0^3\cos^3\theta_0}H(y_0)$$

代入式(7.7)中第二式,略去二阶导数以上各项,整理后得到弹道任意点的倾角公式

$$\tan\theta = \tan\theta_0 - \frac{gx}{v_0^2\cos^2\theta_0}F_2(x)\ ,\ F_2(x) = 1 + \frac{cG(v_0)}{v_0\cos\theta_0}H(y_0)x \tag{7.9}$$

3. 水平分速及速度

$$v_{x_0} = v_0\cos\theta_0$$

$$v'_{x_0} = -cH(y_0)G(v_0)$$

$$v''_{x_0} = \left[-c\frac{\mathrm{d}H(y)}{\mathrm{d}x}G(v) - cH(y)\frac{\mathrm{d}G(v)}{\mathrm{d}x}\right]_0$$

而

$$\frac{\mathrm{d}H(y)}{\mathrm{d}x} = \frac{\mathrm{d}H(y)}{\mathrm{d}y}\frac{\mathrm{d}y}{\mathrm{d}x} = P\frac{\mathrm{d}H(y)}{\mathrm{d}y}$$

取

$$H(y) = (1 - 2.1905 \times 10^{-5}y)^{4.4}$$

则

$$H'_x(y) = \frac{-9.6382 \times 10^{-5}}{1 - 2.1905 \times 10^{-5}y}H(y)\tan\theta \tag{7.10}$$

$$\frac{\mathrm{d}G(v)}{\mathrm{d}x} = \frac{\mathrm{d}G(v)}{\mathrm{d}v}\cdot\frac{\mathrm{d}v}{\mathrm{d}t}\frac{\mathrm{d}t}{\mathrm{d}x} = G'(v)[-cH(y)F(v) - g\sin\theta]\frac{1}{v\cos\theta} \tag{7.11}$$

将式(7.10)和式(7.11)代入 v''_{x_0} 式中,得

$$v''_{x_0} = \Bigg[c^2H^2(y)G(v)G'(v)\frac{1}{\cos\theta} + cH(y)G'(v)\frac{g}{v}\tan\theta + cH(y)G(v)\frac{9.6382 \times 10^{-5}}{1 - 2.1905 \times 10^{-5}y}\tan\theta\Bigg]_0 \tag{7.12}$$

将 v_{x_0}, v'_{x_0}, v''_{x_0} 代入式(7.7)中的第三式中得

$$v_x = v_{x_0}F_3(x) \tag{7.13}$$

$$F_3(x) = 1 - \frac{cH(y_0)G(v_0)x}{v_0\cos\theta_0}\Bigg[1 - \Bigg(cH(y_0)G'(v_0)\frac{1}{\cos\theta_0} + \frac{G'(v_0)}{G(v_0)}\frac{g}{v_0}\tan\theta_0 + \tan\theta_0\frac{9.6382 \times 10^{-5}}{1 - 2.1905 \times 10^{-5}y_0}\Bigg)\frac{x}{2}\Bigg] \tag{7.14}$$

而速度

$$v = v_x\sqrt{1 + \tan^2\theta} = \frac{v_x}{\cos\theta} \tag{7.15}$$

式(7.14)中的 $G'(v)$ 已根据 $G(v)$ 表数值微分求得,列于表 7.5 中。

表 7.5　$G'(v)$

v/m·s^{-1}	$G'(v)\times 10^4$	v/m·s^{-1}	$G'(v)\times 10^4$
250 以下	0.74	400~450	1.552
250~300	1.236	450~500	1.162
300~310	2.95	500~550	0.966
310~320	7.69	550~600	0.852
320~330	9.14	600~650	0.824
330~340	7.44	650~900	0.82
350~360	5.87	900~1100	0.915
360~370	4.44	1100~1300	1.09
370~380	2.81	1300~1500	1.22
380~390	2.34	1500~1900	1.24
390~400	1.98	1900~	1.23

4. 飞行时间

由于 $t_0 = 0$, $t'_0 = \dfrac{1}{v_{x_0}}$, $t''_0 = \left[\dfrac{\mathrm{d}}{\mathrm{d}x}\left(\dfrac{1}{u}\right)\right]_0 = \dfrac{cH(y_0)G(v_0)}{u_0^2} = \dfrac{cH(y_0)G(v_0)}{v_0^2\cos^2\theta_0}$

将它们代入式(7.7)的第 4 式中,整理后得到任意点的飞行时间公式如下:

$$t = \frac{x}{v_0\cos\theta_0}F_4(x)\ ,\quad F_4(x) = 1 + \frac{cH(y_0)G(v_0)}{2v_0\cos\theta_0}x \tag{7.16}$$

根据以上各公式的形式可知:任意点弹道诸元公式是以真空弹道为基础,各引进一个与空气阻力影响有关的修正函数 $F_1(x)$, $F_2(x)$, $F_3(x)$ 和 $F_4(x)$ 。由于修正函数只取到 x 的 1~2 次方,因此计算 x 的距离大小受到限制。如果将阻力函数 $G(v_0)$ 中的 v_0 以全弹道平均速度 v_{cp} 代替,其计算精度将有所提高,而 $v_{cp} \approx (v_0 + v)/2$ 可先用 v_0 算出 v 以后获得。即要迭代一次才能使计算结果准确些。但对于不长的弧段只算一次就够了。

表 7.6 列出了级数解法与数值解法的结果。可见在小射角,当 x = 1000m 时,级数解法有足够的准确性,而在大射角时如果减小 x 值也能获得足够的精度。

表 7.6　级数解法与数值解法的比较

计算条件	诸元 / 解法	y/m	θ	v/(m·s^{-1})	t/s
$c = 1.0$　$v_0 = 1000$m/s　$\theta_0 = 6°$　$x = 935$m	数值法	94	5°24′	833	1
	级数法	93.6	5°25′	882.8	0.995
$c = 1.0$　$v_0 = 1000$m/s　$\theta_0 = 60°$　$x = 472$m	数值法	811	59°42′	880	1
	级数法	811	59°42′	876	0.996

根据经验,级数解法对于射程 $X \leqslant 1500$ m 时的低伸弹道具有一定的准确性,可用在航炮射击、小口径舰炮防空反导的弹道计算中。此外,对于已知弹道上某一点诸元,求与其相距不远的左、右邻点处的弹道诸元也特别适用。

7.4 基于 MATLAB 的弹道模型与仿真

7.4.1 MATLAB 简介

MATLAB 由 MATrix 和 LABoratory 两词的前 3 个字母组合构成,也就是矩阵实验室(Matrix Laboratory)的意思。MATLAB 的产生是与数学计算紧密联系在一起的。20 世纪 70 年代,美国新墨西哥大学计算机科学系主任 Cleve Moler 为了减轻学生编程的负担,用 FORTRAN 编写了最早的 MATLAB。1984 年由 Moler、Steve Bangert 等一批数学家与软件专家合作成立的 MathWorks 公司正式把 MATLAB 推向市场。到 20 世纪 90 年代,MATLAB 已成为国际学术界的标准计算软件。MATLAB 是用于算法开发、数据可视化、数据分析以及数值计算的高级计算语言和交互式环境。如今,MATLAB 已成为本科生、硕士生及博士生必须掌握的基本工具。

7.4.2 MATLAB 环境下的常微分方程组求解

考虑常微分方程的初值问题:

$$y' = f(t,y)\ ,\ y(t_0) = y_0 \qquad t_0 \leqslant t \leqslant T$$

其数值解法,就是求它的解 $y(t)$ 在节点 $t_0 < t_1 < \cdots < t_m$ 处的近似值 $y_0, y_1, \cdots, y_m$ 的方法,所求得的 $y_0, y_1, \cdots, y_m$ 称为常微分方程初值问题的数值解。一般采用等距节点 $t_n = t_0 + nh$, $n = 0,1,\cdots,m$,其中 h 为相邻两个节点间的距离,称为步长。

常微分方程初值问题的数值解法多种多样,比较常见的有欧拉法、龙格-库塔法、线性多步法、预报校正法等。本节简单介绍龙格-库塔法及其 MATLAB 实现。由于龙格-库塔法在本章第一节已经介绍了,本节主要介绍龙格-库塔法的实现。

基于龙格-库塔法,MATLAB 提供了求常微分方程数值解的函数,一般调用格式为

$$[t,y] = \mathrm{ode23}(\mathrm{filename},\mathrm{tspan},y0)$$

$$[t,y] = \mathrm{ode45}(\mathrm{filename},\mathrm{tspan},y0)$$

其中 filename 是定义 $f(t,y)$ 的函数文件名,该函数文件必须返回一个列向量。tspan 形式为 $[t0,tf]$,表示求解区间。y_0 是初始状态列向量。t 和 y 分别给出时间向量和相应的状态向量。

这两个函数分别采用了二阶、三阶龙格-库塔法和四阶、五阶龙格-库塔法,并采用自适应变步长的求解方法,即当解得变化较慢时采用较大的步长,从而使得计算速度很快,当解的变化较快时步长会自动地变小,从而使得计算精度很高。

7.4.3 基于 M 语言的末敏弹母弹弹道仿真算例

对于某型 155mm 末敏弹,当母弹被发射后,按照预定的外弹道运动规律飞行至目标区上空依次抛出两枚末敏子弹,因此需要获得母弹的质心平动和自身滚转运动规律。由 6.2.1 节可知,末敏弹母弹的四自由度动力学方程如式(6.4)所示,此处不再赘述。

1. 初始条件

弹丸初始运动参数:$x = 0\mathrm{m}$, $y = 0\mathrm{m}$, $z = 0\mathrm{m}$, $V_x = 294.4\mathrm{m/s}$, $V_y = 294.4\mathrm{m/s}$, $V_z =$

294.4m/s, $\dot{\gamma}$ = 200r/s；

弹丸结构原始参数：m = 45.5kg，l = 0.889m，d = 0.155m；

其他参数：g = 9.8m/s^2，ρ = 1.21kg/m^3，W_x = 0，W_z = 0。

2. MATLAB 程序代码及仿真结果

```
Function fourdofballistictest_tang
x=0;  y=0;  z=0;  vx=294.4; vy=294.4; vz=294.4;    % 初始弹道参数
r=1885;
x0=[x,y,z,vx,vy,vz,r];
tt=[0 60];
options=odeset('RelTol',1e-6);
tic,[t,x]=ode45(@ ff,tt,x0,options);toc
vr=sqrt((x(:,4)).^2+x(:,5).^2+(x(:,6).^2));  % 相对速度
%结果输出
figure;
plot3(x(:,1),x(:,3),x(:,2));                              % 空间-时间图
grid on;

function dx=ff(t,x)
g=9.8;                                                    % 重力加速度
rou=1.21;                                                  % 空气密度
m=45,5;                                                     % 子弹质量
l=0.889;                                                    % 弹体长度
d=0.155;                                                   %弹体直径
S=0.25*pi*d*d;                                               %弹体阻力面积
C=1.814;                                                   %极转动惯量

Wx=0;                                                     % x方向风速
Wz=0;                                                     % z方向风速
Cx=0.303;                                                 %弹体阻力系数
mxzp=0.24;                                               %极阻尼力矩系数导数
kxz=rou*S*l*d*mxzp/2/C;
vr=sqrt((x(4)-Wx)^2+x(5)^2+(x(6)-Wz)^2);            %相对速度
bx=rou*S*Cx/2/m;

dx=[  x(4);                                     % x'=Vx
    x(5) ;                                      % y'=Vy
    x(6);                                       % z'=Vz
        -bx*vr*(x(4)-Wx);                            % dvx/dt
-bx*vr*x(5)-g;                                  % dvy/dt
        -bx*vr*(x(6)-Wz);                            % dvz/dt
        -vr*kxz*x(7);                           %d(x(7)')/dt=gama"
    ]
```

将初始条件代入以上四自由度母弹弹道模型，仿真后得到 $t = 44s$ 时母弹弹道计算结果，如图 7.1 和表 7.7 所示。

表 7.7　$t=44s$ 时母弹弹道计算结果

t/s	x/m	y/m	z/m	V_x/(m/s)	V_y/(m/s)	V_z/(m/s)	$\dot{\gamma}$/(r/s)
0	0	0	0	294.400	294.400	294.400	200
10.013	2508	2063	2508	216.087	130.755	216.087	83.952
20.573	4540	2785	4540	172.679	11.246	172.679	44.752
30.253	30.253	2451	30.253	146.158	-77.980	146.158	28.031
40.813	7492	1181	7492	112.150	-159.811	112.150	16.944
41.693	7599	1038	7599	120.251	-165.885	120.251	16.216
42.573	7704	889	7704	118.365	-171.839	118.365	14.512
43.453	7807	735	7807	116.490	-177.672	116.490	14.833
44	7869	636	7869	115.330	-181.250	115.330	14.430

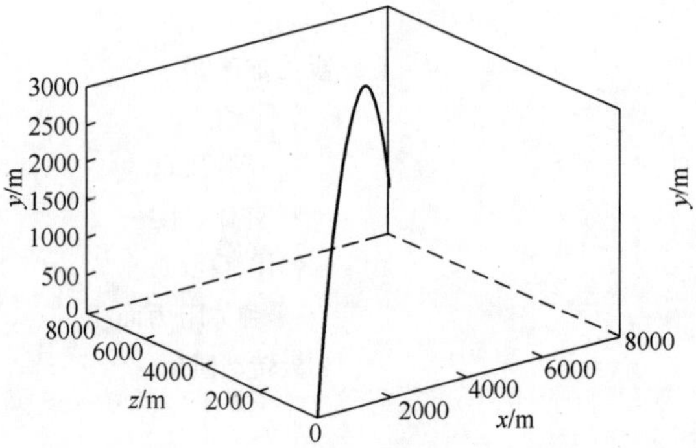

（a）空间运动轨迹

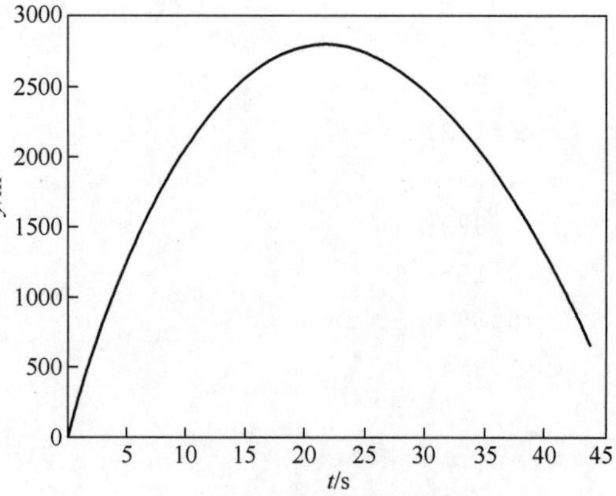

（b）高度随时间变化曲线

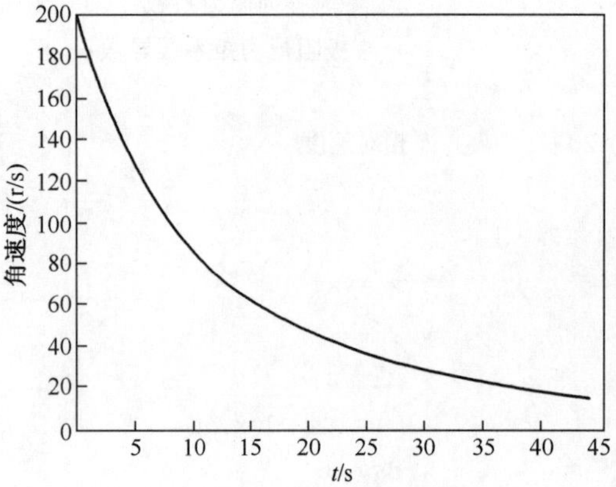

（c）角速度随时间变化曲线

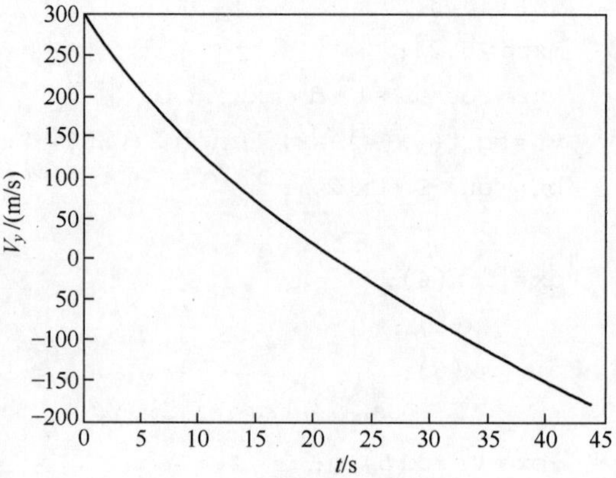

（d）速度随时间变化曲线

图 7.1　$t=44s$ 时母弹弹道计算结果

从图 7.1 可以看出，弹道高度随时间先增大后减小，在 20~25s 达到的弹道顶点为 2800m 左右；在极阻尼力矩作用下，弹丸的角速度随时间逐渐减小，在 44s 降到约 14.4r/s；速度随时间先减小后增大，在 44s 时为-181.2m/s。这些数据将成为末敏弹子母抛撒段弹道计算的输入数据条件。

7.5 基于 Simulink 的弹道模型与仿真

7.5.1 Simulink 简介

Simulink 中的"Simu"一词表示可用于计算机仿真，而"Link"一词表示它能进行系统连接，即把一系列模块连接起来，构成复杂的系统模型。作为 MATLAB 的一个重要组成部分，Simulink 由于它所具有的上述的两大功能和特色，以及所提供的可视化仿真环境、快捷简便的操作方法，而使其成为目前最受欢迎的仿真软件。Simulink 是一个针对动力学系统建模、仿真和分析的软件包，可以与 MATLAB 实现无缝结合，能够调用 MATLAB 强大的函数库。

Simulink 以 MATLAB 的核心数学、图形和语言模块为基础，可以让用户毫不费力地完成算法开发、仿真或者模型验证，而不需要传递数据、重写代码或者改变软件环境。Simulink 中包含许多涉及不同学科的工具包，在系统动力学分析、通信系统建模、控制系统仿真、信号处理等诸多领域都有广泛的应用。

下面简要介绍 Simulink 的基本操作。

1. 启动 Simulink

单击 MATLAB Command 窗口工具条上的 Simulink 图标，或者在 MATLAB 命令窗口输入 simulink，即弹出图 7.2 所示的模块库窗口界面（Simulink Library Browser）。该界面右边的窗口给出 Simulink 所有的子模块库。常用的子模块库有 Sources（信号源）、Sink（显示输出）、Continuous（连续系统）、Discrete（线性离散系统）、Function & Table（函数与表格）、Math（数学运算）、Discontinuities（非连续系统），Demo（演示）等。

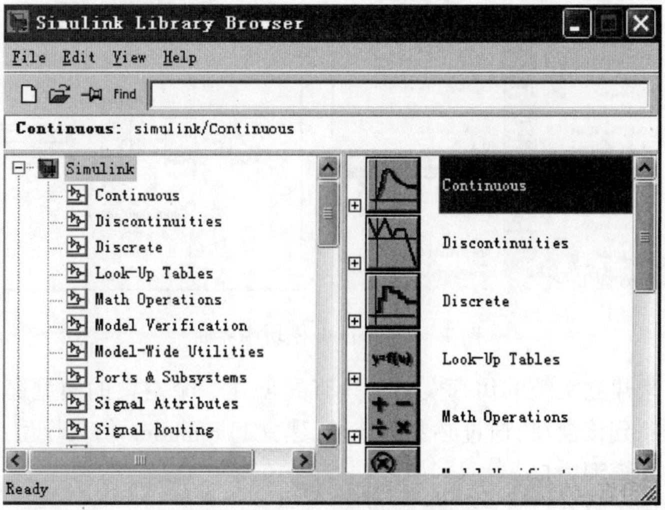

图 7.2 MATLAB/Simulink 界面

每个子模块库中包含同类型的标准模型，这些模块可直接用于建立系统的 Simulink 框图模型。可按以下方法打开子模块库：

用鼠标左键点击某子模块库（如【Continuous】），Simulink 浏览器右边的窗口即显示该子模块库包含的全部标准模块（图 7.3）。

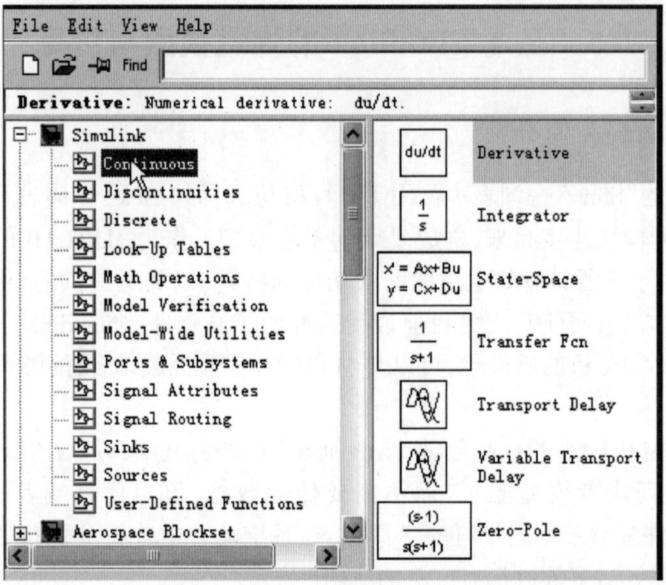

图 7.3　Continuous 模块库界面

用鼠标右键点击 Simulink 菜单项，则弹出一菜单条，点击该菜单条即弹出该子库的标准模块窗口。如单击左图中的【Sinks】，出现"Open the 'Sinks' Library"菜单条，单击该菜单条，则弹出右图所示的该子库的标准模块窗口（图 7.4）。

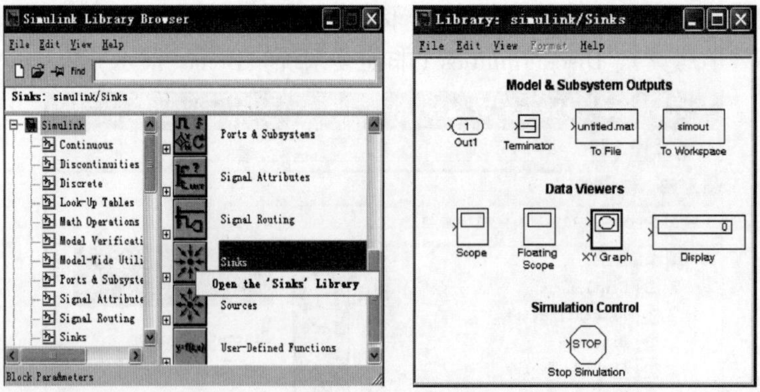

图 7.4　Simulink 模块库界面

模型窗口用来建立系统的仿真模型。只有先创建一个空白的模型窗口，才能将模块库的相应模块复制到该窗口，通过必要的连接，建立起 Simulink 仿真模型。也将这种窗口称为 Simulink 仿真模型窗口。

以下方法可用于打开一个空白模型窗口：

首先在 MATLAB 主界面中选择 File:New →Model 菜单项;然后单击模块库浏览器的新建图标;最后选中模块库浏览器的 File : New →Model 菜单项。所打开的空白模型窗口如图 7.5 所示。

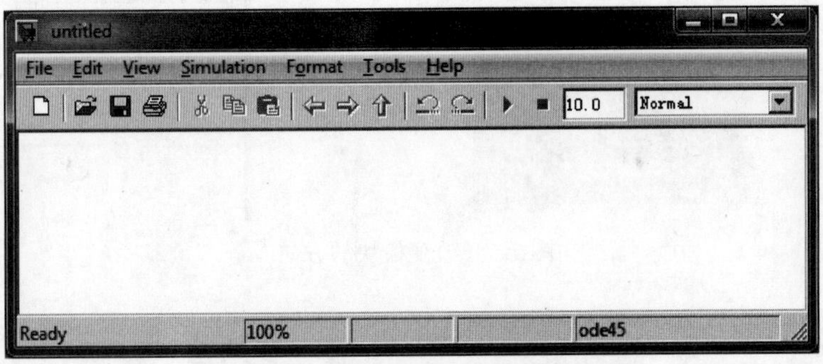

图 7.5 Simulink 空白模型窗口

2. 建立 Simulink 仿真模型

打开 Simulink 模型窗口(Untitled)。

选取模块或模块组:在 Simulink 模型或模块库窗口内,用鼠标左键单击所需模块图标,图标四角出现黑色小方点,表明该模块已经选中。

模块拷贝及删除:在模块库中选中模块后,按住鼠标左键不放并移动鼠标至目标模型窗口指定位置,释放鼠标即完成模块拷贝(图 7.6)。模块的删除只需选定删除的模块,按 Del 键即可。

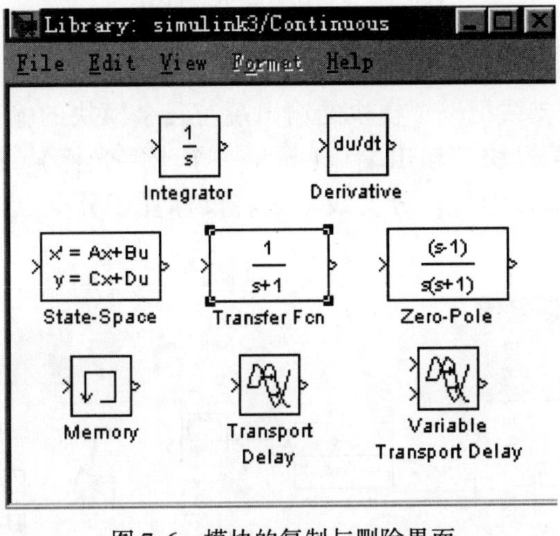

图 7.6 模块的复制与删除界面

模块调整:改变模块位置、大小;改变模块方向(图 7.7)。使模块输入输出端口的方向改变。选中模块后,选取菜单 Format→Rotate block,可使模块旋转 90°。

模块参数设置:用鼠标双击指定模块图标,打开模块对话框,根据对话框栏目中提供的信息进行参数设置或修改。例如双击模型窗口的传递函数模块,弹出图示对话框,在对话框中分别输入分子、分母多项式的系数,点击 OK 键,完成该模型的设置,如图 7.8 所示。

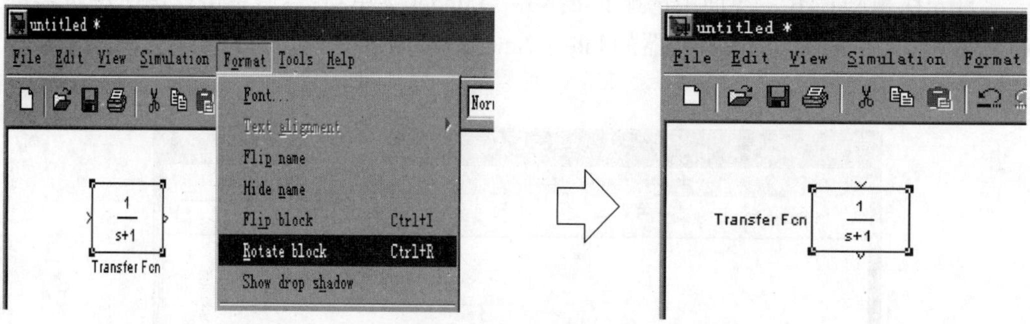

图 7.7 改变模块的方向

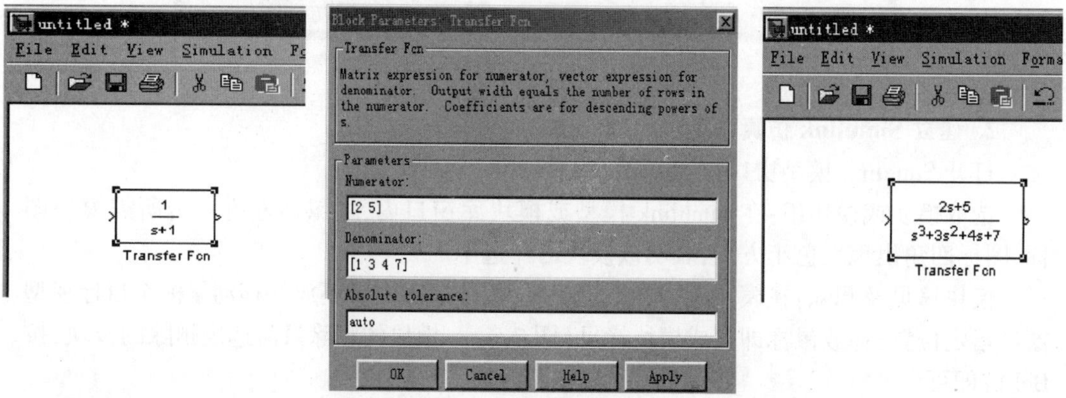

图 7.8 模块参数设置界面

模块的连接:模块之间的连接是用连接线将一个模块的输出端与另一模块的输入端连接起来;也可用分支线把一个模块的输出端与几个模块的输入端连接起来。连接线生成是将鼠标置于某模块的输出端口(显示一个十字光标),按下鼠标左键拖动鼠标置另一模块的输入端口即可。分支线则是将鼠标置于分支点,按下鼠标右键,其余同上(图 7.9)。

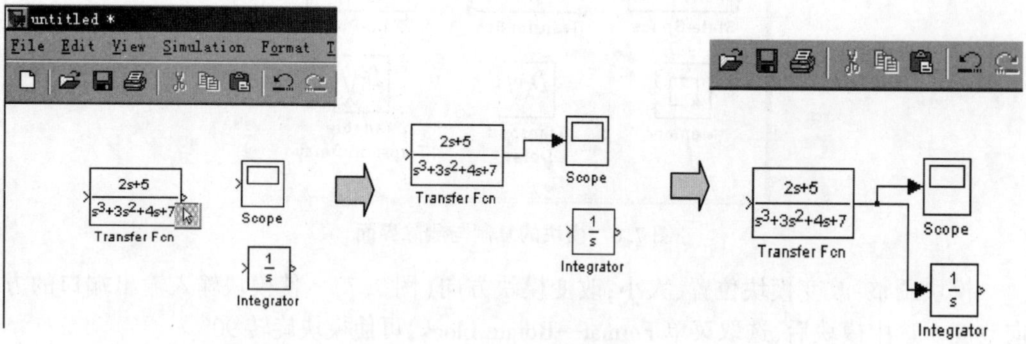

图 7.9 模块的连接界面

7.5.2 基于 Simulink 的末敏子弹减速减旋段弹道模型与仿真

根据末敏弹的运动方程,利用 Simulink 建立末敏弹运动仿真系统。从 6.2.2 节建立的末敏子弹减速减旋段的二刚体弹道动力学方程来看,受力及参数多,计算式复杂,所以此处将末敏子弹的力学模型简化为单刚体,用单刚体的弹道数学模型来描述末敏子弹减速减旋段的运动特性。在 Simulink 中建立运动系统将会用到多个不同的仿真模块,所以本节在建模时将整个系统模型分解为力模块、力矩模块、坐标系转换模块等多个子模块来进行建模,同时利用 Simulink 定质量六自由度刚体运动模型(Aerospace 6DOF 模块)完成弹道仿真模型的建立。

由于末敏弹从母弹抛出后到稳态扫描运动前的过渡阶段,子弹处于十分不稳定的运动状态,姿态角会在很大的范围内变动。利用欧拉法表示末敏弹的姿态变化,形象、直观并且比较简单,这也是传统弹箭飞行力学中常用的表达方法。但欧拉法适用于姿态角较小的扫描运动,不适合大幅度的姿态运动。这是由于当飞行体姿态变化较大时,方程容易出现突变,产生奇异,会导致方程无法运行下去,被迫停止。而采用四元数来表示姿态变化不仅能够解决方程的奇异问题,同时能够保证运算得又快又准。所以本节将通过四元数来表示姿态运动,利用 Aerospace 中 6DOF 中的 Quaterrion 模块完成弹道仿真模型的建立。Aerospace Blocket 中 6DOF(Quaterrion)模块如图 7.10 所示。

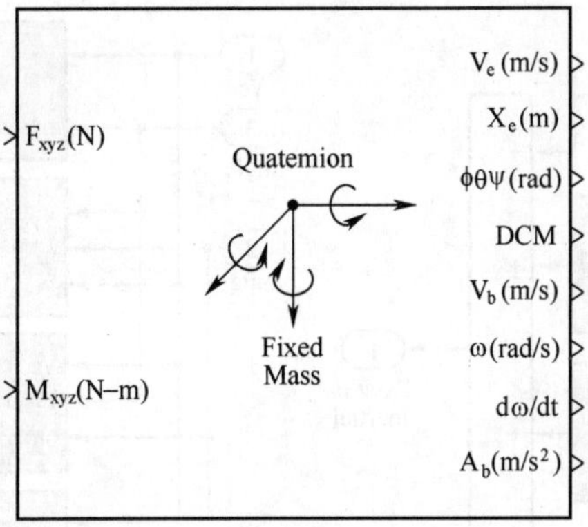

图 7.10　6DOF(Quaterrion)模块

6DOF(Quaterrion)的坐标系水平向右为 x 轴,铅垂向下为 z 轴,y 轴垂直 xz 平面满足左手定律,与 6.2.2.1 节定义的基准坐标系不同,故在建立弹道模型过程中,在加载力和力矩前需要变换坐标,将 $[x,y,z]$ 变换坐标成为 $[x,-z,y]$。

根据以上所述,末敏子弹减速减旋段仿真模型、仿真模型中力模块、力矩模块分别如图 7.11~图 7.13 所示。

末敏子弹减速减旋段的初始状态参数即为抛撒段的末状态:

$$(7869,636,7869,100.212,-181.250,115.330,14.430)$$

末敏子弹的初始结构参数:

$m_1 = 13.5\text{kg}$, $l = 0.23\text{mm}$, $d = 0.147\text{mm}$, $C = 0.05\text{kg}\cdot\text{m}^2$, $A = 0.078\text{kg}\cdot\text{m}^2$

减速伞的结构参数:

$$m_2 = 0.17\text{kg}\ ,\ C_d S_d = 0.1\text{m}^2$$

将给定的初始条件代入图 7.11 的减速减旋段仿真模型,仿真后得到部分仿真结果如表 7.8 和图 7.14 所示。

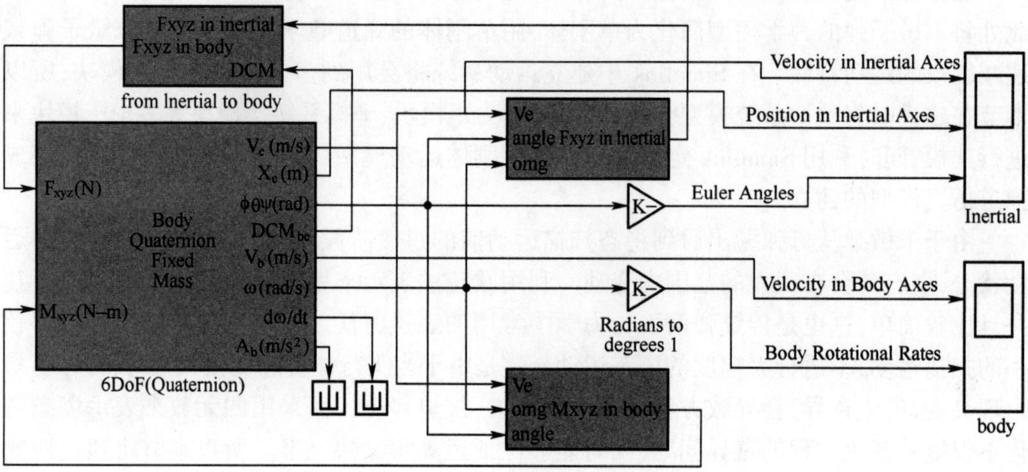

图 7.11　减速减旋段仿真模型

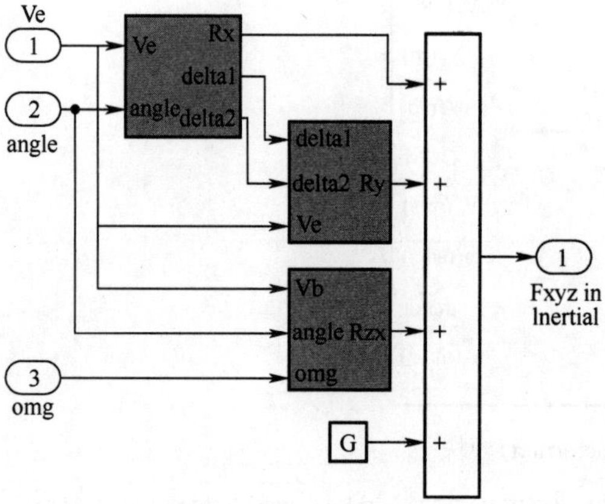

图 7.12　力模块

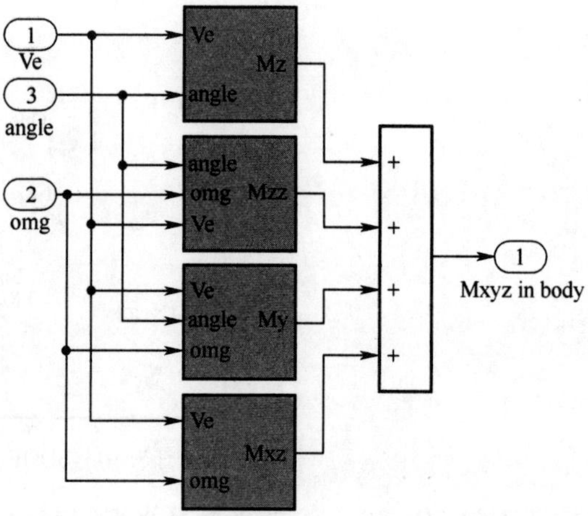

图 7.13　力矩模块

表 7.8　$t=5$s 时子弹减速减旋段弹道计算结果

t/s	x/m	y/m	z/m	V_x/(m/s)	V_y/(m/s)	V_z/(m/s)	$\dot{\gamma}$/(r/s)
0	7869	636	7869	100.212	−181.250	294.400	14.430
1.003	7891	513	7951	66.678	−89.878	216.087	14.399
2.011	8017	437	8002	48.982	−63.380	172.679	14.362
3.013	8062	380	8043	41.789	−51.720	146.158	14.322
4.011	8102	332	8081	38.419	−65.612	112.150	14.279
5	8135	291	8113	36.759	−41.630	120.251	14.237

从仿真结果可以看出：子弹从母弹舱内抛射出来后，在重力与气动力的作用下自由下落，速度与高度迅速降低，随着减速伞张开，飞行高度呈线性衰减，但是下降较开始时变

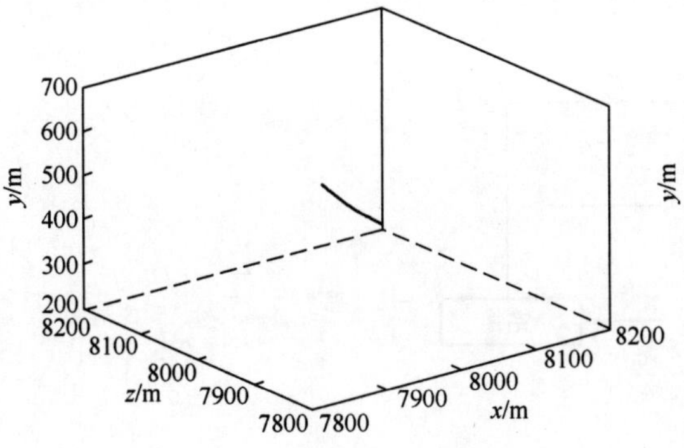

（a）空间运动轨迹

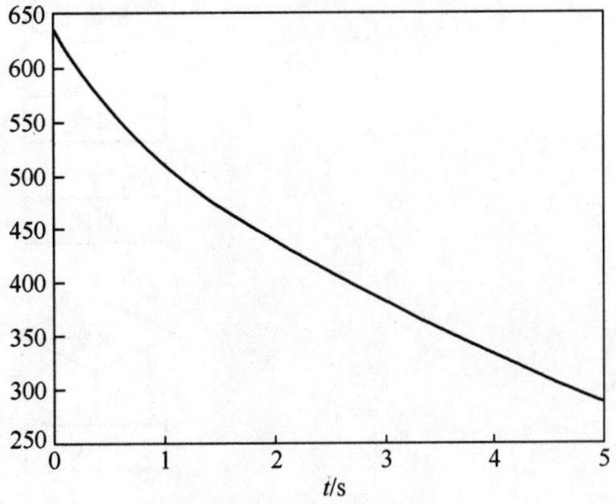

（b）高度随时间变化曲线

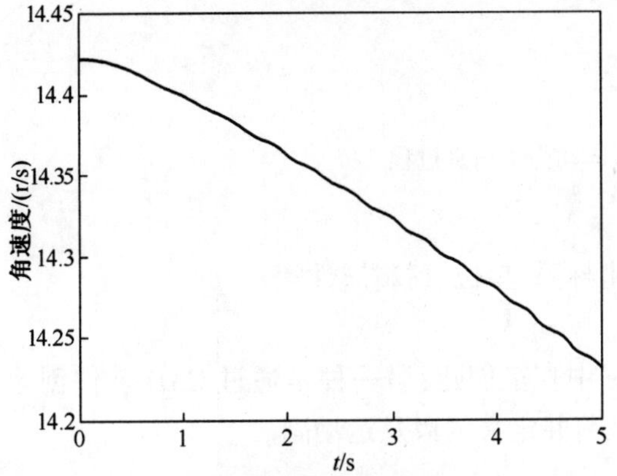

（c）角速度随时间变化曲线

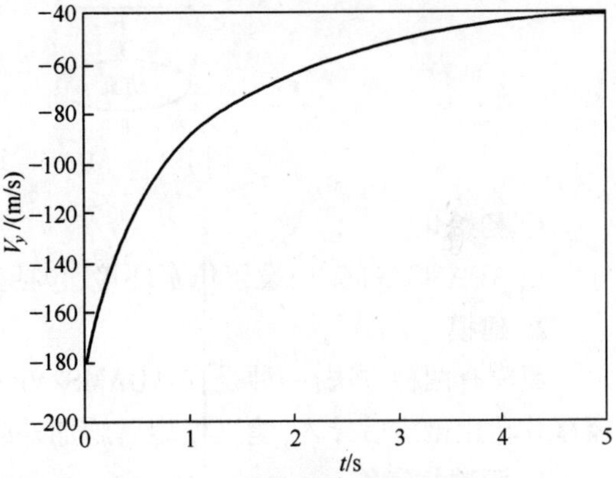

（d）速度随时间变化曲线图

图 7.14　$t=5$s 时末敏子弹减速减旋段弹道计算结果

缓，从图中也可看出，速度减小幅度逐渐放缓，加速度逐渐变小，在 5s 时高度为 291m，y 方向速度为 41.630m/s，角速度为 14.237rad/s，基本稳定在利于主旋转伞可靠张开的速度、角速度及高度条件，满足稳态扫描所需的初始条件。

7.6　基于 ADAMS 的多体动力学弹道仿真

7.6.1　ADAMS 简介

ADAMS 是一种机械系统的动力学分析软件，它拥有强大的建模和仿真环境，可对各种机械系统进行建模仿真和分析优化，是目前应用最多的多体系统分析软件。与其他动力学分析软件相比，它具有更完善的建模分析能力，其仿真结果的可靠性和计算精确度也相对较好。在弹丸弹道模型的求解中，相比以往研究中的编程计算而言，这种方法不仅可以减少用时、提高工作效率，还可以很方便的通过分析系统各部分间的力学关系不断改善模型，仿真并优化更为复杂的多体动力学问题。图 7.15 为 ADAMS 软件多体动力学的仿真过程。

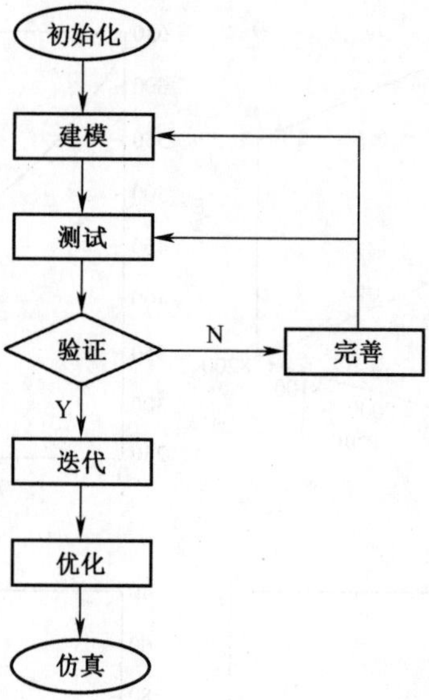

图 7.15　ADAMS 多体动力学仿真过程

1. 初始化

在 ADAMS/View 中设置仿真环境,包括坐标系、单位、材料属性等。

2. 建模

建模有两种方法:一种是在 ADAMS/View 中直接创建;另一种是通过 CAD 软件创建模型并转化格式后导入,建立模型后施加外载荷并定义约束及运动副。

3. 测试与完善

在仿真计算开始前,对系统的组成、自由度、未定义质量的构件和过约束等情况检查,以保证模型的准确性。

4. 细化与优化

进行系统的初步仿真分析,继续完善细化模型,在已经建好的模型中增加更加复杂的因素,以保证计算结果的可靠性,在此过程中,可使关键参数在一定的范围内变化。在仿真过程中通过不同参数值的迭代得到不同的数据,然后对这些数据进行整体分析,进而确定优化后的参数值。

5. 定制界面环境

为了使 ADAMS/View 更好地符合设计环境,可以通过定制界面环境,在菜单和便捷的对话框中,加入经常需要变化的优化设计参数,还可以利用宏命令执行相对复杂和重复的工作,以提高工作效率。

7.6.2　基于 ADAMS 的末敏子弹稳态扫描段建模与仿真

在 6.2.3 节中,在末敏子弹稳态扫描段的动力学建模时,将降落伞考虑成一个轴对称的柔体,将伞盘和末敏子弹体考虑成两个轴对称的刚体,最终得到了 22 个方程组成的刚柔耦合动力学模型。本节在介绍利用 ADAMS 软件进行弹道仿真求解时,为了简化问题,将降落伞与伞盘作为一个刚体,子弹弹体作为另一个刚体,两刚体间采用柱铰联接方式。

利用 CATIA 软件建立末敏子弹稳态扫描下落过程中的三维实体模型，并输出为“igs”格式文件，最后导入 ADAMS/View 软件。对两个刚体的已知参数和初始开伞条件进行设置，包括弹体质量、降落伞质量、材料属性、转动惯量、初始速度、初始转速以及初始位置等，并对降落伞和子弹之间进行约束设置及外载荷加载。外载荷包括主矢和主矩，参考 6.2.2 节中的载荷表达式。外载荷的作用点分别定义在两个刚体的质心，该位置在设定材料属性和质量后将自动生成，采用三分量形式分别定义作用于降落伞和子弹的外力及外力矩。降落伞和子弹之间施加柱铰联接，约束了伞弹系统之间的五个自由度，即形成了末敏弹稳态扫描运动的七自由度弹道仿真计算模型。图 7.16 为施加载荷和约束条件后的末敏子弹，其中，图(a)为整体，图(b)为弹体局部。

(a) 整体

(b) 弹体局部

图 7.16　施加外载荷与约束条件

末敏子弹减速减旋段的末状态即为稳态扫描段的初始状态，本节仿真所使用的末敏子弹系统的初始参数如下：

末敏弹子弹体：弹体的质量为 $m_p = 11.0\text{kg}$，弹体的静态悬挂角 $\theta_0 = 28°$，主旋转伞张开高度为 $h = 291\text{m}$，子弹的初速为 $v_{px} = 36.759\text{m/s}$，$v_{py} = -41.630\text{m/s}$，$v_{pz} = 120.251\text{m/s}$，弹的初始角速度为 $w_x = 0\text{r/s}$，$w_y = 14.237\text{r/s}$，$w_z = 0\text{r/s}$。

降落伞：伞系统的质量 $m_0 = 0.12\text{kg}$，降落伞的最大圆截面直径 $d = 1.4\text{m}$，降落伞的特征长度 $l = 1.2\text{m}$，伞系统的初速为 $v_{ox} = 36.759\text{m/s}$，$v_{oy} = -41.630\text{m/s}$，$v_{oz} = 120.251\text{m/s}$，伞系统的初始角速度为 $w_x = 0\text{r/s}$，$w_y = 14.237\text{r/s}$，$w_z = 0\text{r/s}$。

根据已知参数和初始条件在 ADAMS 仿真过程中进行相应设置，并施加外载荷，即可仿真计算末敏子弹稳态扫描段的运动规律(表 7.9)。图 7.17 为部分弹道诸元的仿真计算结果，其中，图 7.17(a)为末敏子弹的下落高度随时间的变化规律，图 7.17(b)为末敏子弹的下落速度随时间的变化规律，图 7.17(c)为末敏子弹的扫描角随时间变化规律，图 7.17(d)为末敏子弹的转速随时间的变化规律。

从以上曲线图和数据中可以得到以下信息：首先，不论是落速、转速还是扫描角在一段时间后都非常稳定，不同于实际情况，几乎没有波动，基本达到了稳定状态，这是因为本书中的模型是在理想情况下进行的仿真，没有考虑空气动力参数随环境的变化，以及风向等的影响。

表7.9 末敏子弹稳态扫描阶段部分弹道结果

时间 /s	高度 /m	扫描角 θ /(°)	转速 ω /(r/s)	落速 v /(m/s)	扫描点坐标	
					X/m	Y/m
0.00	291	28	13.40	125	-155.0	0.0
0.01	291	33.9	8.56	117	195	117
0.02	290	60.8	4.07	109	102	136
0.03	290	89.8	1.96	100	34.7	124
0.04	290	88.9	4.50	92.2	-5.79	75.8
…	…	…	…	…	…	…
10.0	184	30.1	1.13	10.9	13.6	106
10.1	184	30.0	1.14	10.9	-9.16	104
10.2	183	29.9	1.14	10.9	-60.2	76.8
10.3	182	29.7	1.15	10.9	-93.6	3.58
10.4	182	29.6	1.16	10.9	-85.7	-51.4
…	…	…	…	…	…	…
20.0	74.5	29.9	1.13	10.9	-5.14	-42.9
20.1	74.4	29.5	1.13	10.9	-2.02	-32.6
20.2	74.3	28.9	1.14	10.9	1.06	-9.01
20.3	74.1	28.5	1.15	10.9	37.5	18.0
20.4	74.0	28.7	1.15	10.9	27.9	36.8
…	…	…	…	…	…	…
26.5	3.67	28.6	1.15	10.9	2.87	-0.86
26.6	3.02	28.9	1.15	10.9	1.98	1.50
26.7	2.35	28.5	1.15	10.9	-0.61	-2.67
26.8	1.26	28.5	1.15	10.9	-0.5.6	-0.19
26.9	0	28.5	1.15	10.9	0	0

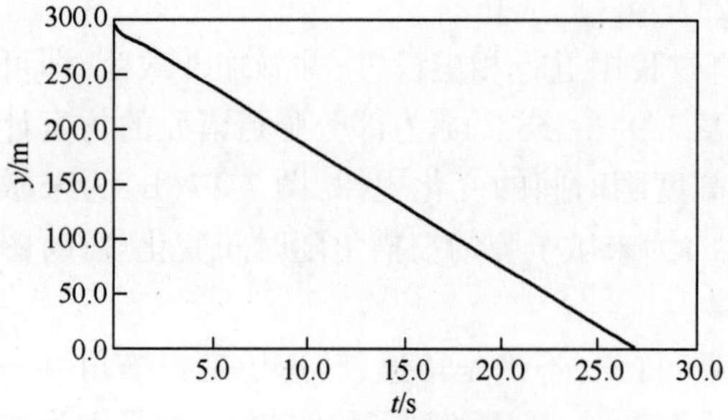

(a) 高度随时间变化曲线

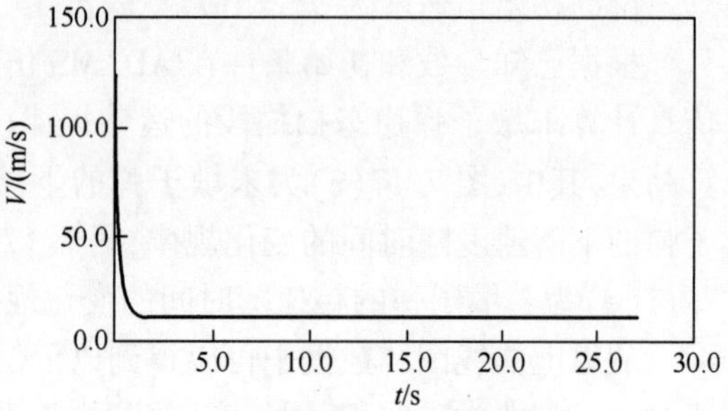

(b) 落速随时间变化曲线

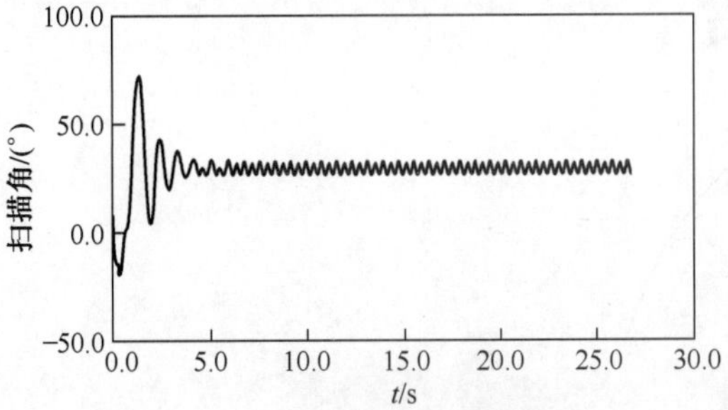

（c）扫描角随时间变化曲线

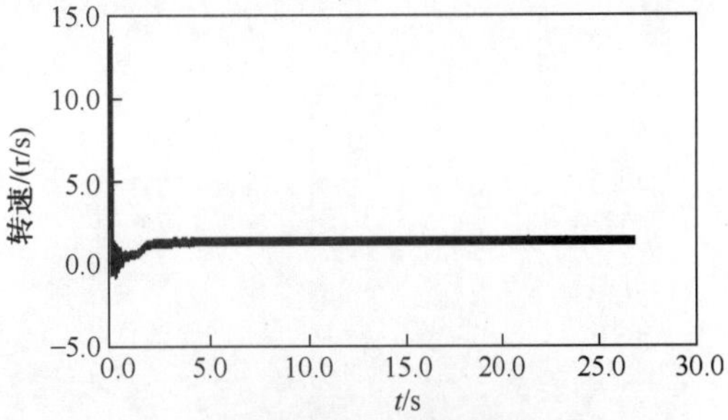

（d）转速随时间变化曲线

图 7.17　末敏子弹稳态扫描段的弹道计算结果

其次,从图 7.17 中可以看出,下落速度先迅速减小,然后在接近 2s 时即稳定在 10.9m/s,这是由于开始下落时速度较大,阻力也很大,伞-弹系统速度在阻力的作用下迅速降低,当重力和阻力平衡时速度趋于恒定值;转速同落速变化规律相同,先迅速减小后趋于稳定,转速稳定得时刻接近 5s,稳定值为 1.15r/s,转速比落速稳定得晚是由于转速主要与极阻尼力矩及导转力矩相关,而两者又和速度相关,所以只有在落速稳定后,转速才会稳定;扫描角开始运动为大幅波动,在 5s 后才趋于稳定,稳定在 28.5°,这是由于当落速和转速稳定后,由于末敏子弹初始运动中的摆动,故它要克服惯性后稳定下来的时间就要延长,所以扫描角最后稳定。

图 7.18 为不同时间段运动形成的扫描轨迹线。0~10s 时,由于落速、转速及扫描角的值都还不稳定,所以末敏子弹形成的扫描轨迹图也极不规则;10~20s 时,随着落速、转速及扫描角逐渐地趋向稳定,扫描轨迹也逐渐形成规则的阿基米德螺线,扫描轨迹覆盖了整个扫描区域,可以完成末敏弹要达到的稳态扫描任务。

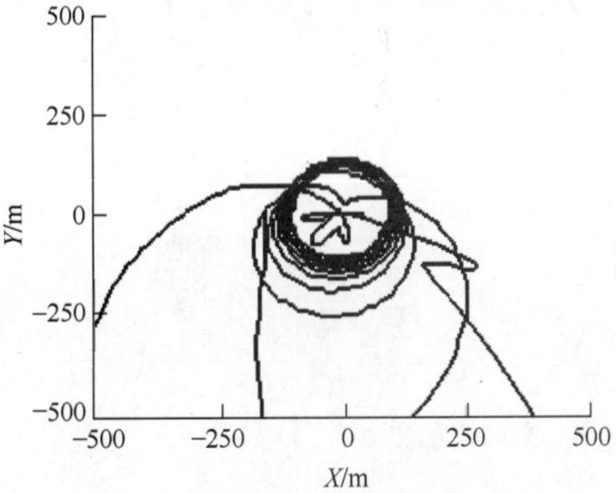

（a）0～10s

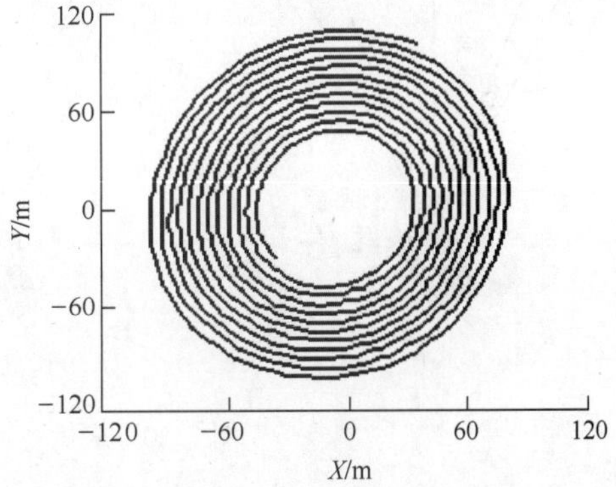

（b）10～20s

图 7.18　末敏子弹的扫描轨迹

由 AOAMS 仿真得到的末敏弹系统的运动过程数据,还可以定性地看到末敏弹的整个运动过程及其在不同时刻的飞行姿态。图 7.19 为截取的末敏弹系统在空中运行的部分轨迹图(由于末敏子弹弹体径向尺寸与高度相比非常小,在图中反映的螺旋运动极不明显,故以降落伞的边缘一点来观察系统的空中螺旋运动),图 7.20 分别为末敏弹在 0s 时刻、10s 时刻、20s 时刻的空中姿态图。

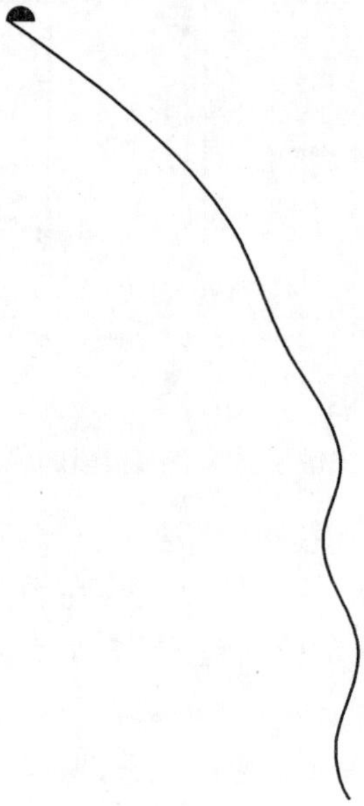

图 7.19　末敏弹系统空中运行轨迹图

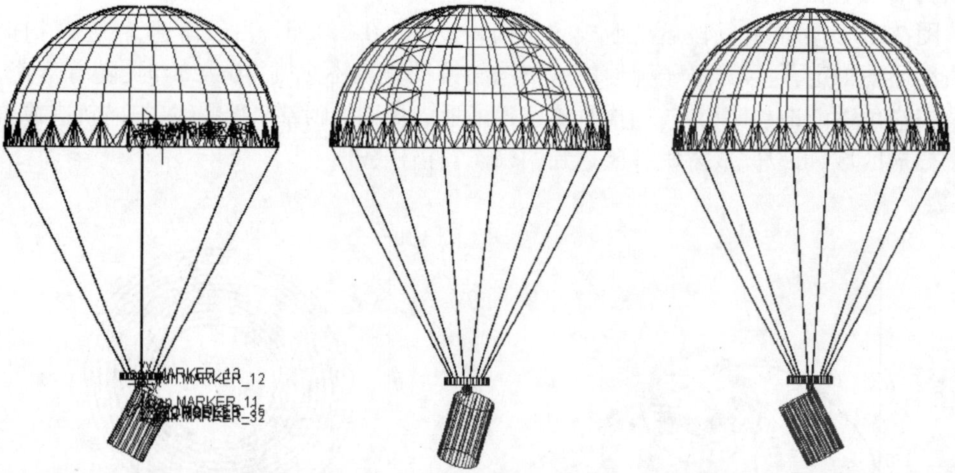

(a) 0s　　(b) 10s　　(c) 20s

图 7.20　末敏弹不同时刻的空中姿态

7.7　基于虚拟现实技术的末敏弹全弹道仿真

7.7.1　虚拟现实简介

虚拟现实(简称 VR-Virtual Reality),又称临境技术,是一种运用计算机对现实世界进行全面虚拟仿真的技术,它可以创建一个与现实世界相类似的模拟仿真环境,用户可以根据自己的感觉,通过采用各种传感装置参与到其中,并运用各项技能在已建立的仿真场景中完成对三维仿真物体的观察与操作,虚拟现实还可以为参与者提供包括听觉、视觉及触觉在内的自然而又直观的实时感知,使其“沉浸”于模拟环境中。虽然我们并没有被环境环绕,但它作为一个逼真的三维环境让我们感觉置身其中。随着人们不同的动作,这些感觉也随之改变。事实上,虚拟现实技术不单单指诸如戴着手套和头盔的技术,并且还包含所有的涉及自然仿真及临场感受的途径和手段。它将建立一个十分逼真的客观场景甚至更为真实的客观环境,既可以让用户身临其境地感受环境,又可以控制其中事物的和谐的人机环境,同时也是一个包含了众多信息的可驾驭的环境。虚拟现实系统要满足人机交互的临境感受和简便自然。

VRML(Virtual Reality Modeling Language)具有如下特点:

(1) VRML具有创建三维几何造型的功能,在虚拟现实场景中模拟现实,不再是一般的二维图片,而具有立体感觉。

(2) VRML具有良好的交互功能,与动画制作软件最大的区别在于VRML的图形渲染是“实时”的画面。这种“实时”导致了在虚拟现实场景中的人机“交互性”,并且VRML具有很强大的编程设计能力,支持Java、Javascript、VRMLscript等语言的接口,可以方便地控制图形和动画。

7.7.2 基于MATLAB/VR的末敏弹全弹道运动仿真

1. 三维几何建模

按虚拟现实场景中仿真模型的建立步骤,首先采用CATIA V5软件建立末敏弹各个阶段的几何模型,将其保存的文件格式改为能被VRML读取的.wrl格式,设定好文件名和存放的地址,然后在Vrmlpad编辑器中采用Inline内联节点法调用设定好的几何模型素材文件,再进行编辑和修改,最后得到在虚拟现实场景末敏弹各阶段的实体模型。

2. 可视化仿真系统总体结构

末敏弹的可视化仿真系统主要包括弹道模型、MATLAB与VR接口和虚拟场景三部分组成。在MATLAB环境下,基于Simulink建立弹道模型,末敏弹结构参数、气动力参数和气象条件单独编写在M文件中,方便修改控制。通过修改M文件中的参数,实现虚拟环境中末敏弹飞行姿态和运动轨迹的改变。图7.21和图7.22分别为母弹飞行段和减速减旋段可视化仿真系统的总体结构框图。对于稳态扫描段,需要先将ADAMS数据导入到Simulink。图7.23为稳态扫描段可视化仿真系统的总体结构框图。

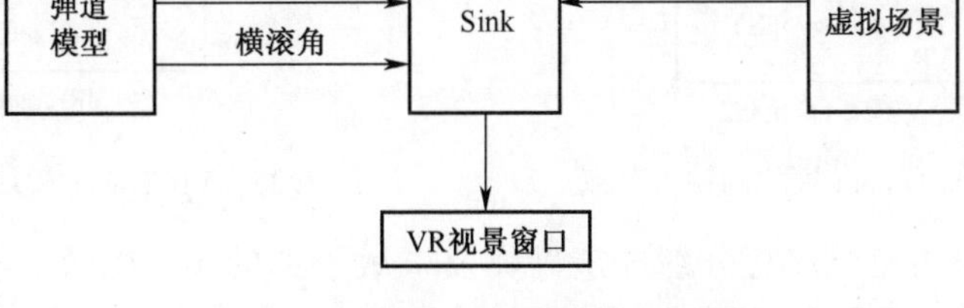

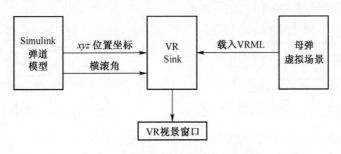

图7.21 母弹飞行段的仿真框架图

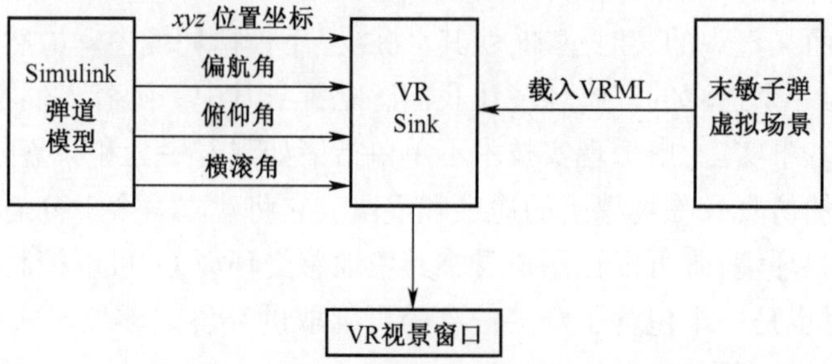

图 7.22　末敏子弹减速减旋段的仿真框架图

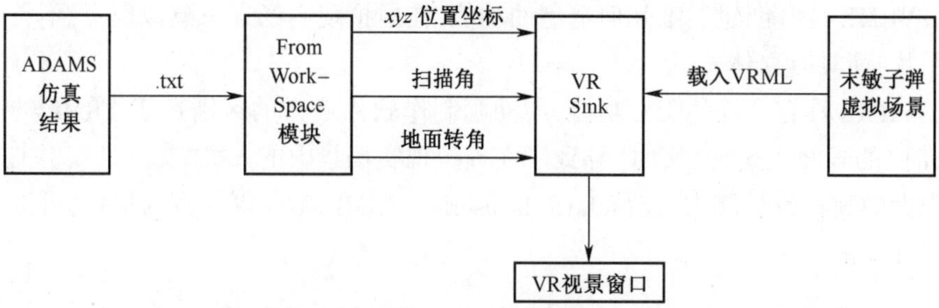

图 7.23　末敏子弹稳态扫描段的仿真框架图

3. 虚拟现实模型和 Simulink 的连接

虚拟现实工具箱是虚拟现实模型与 Simulink 的接口，将虚拟场景通过虚拟现实工具箱导入 Simulink，用 Simulink 模块驱动虚拟场景中的运动，以下为虚拟现实模型和 Simulink 连接的具体步骤：

(1) 依次打开前面建立的 Simulink 弹道模型。

(2) 将 VR Sink 模块、VR Text Output 模块和 VR Tracer 模块拖曳到以上打开的 Simulink 弹道程序窗口中，VR Sink 模块将 Simulink 中的数据输出到虚拟世界；VR Text Output 模块是将 Simulink 模块中的数据按照一定的文本格式输出到虚拟场景中指定的文本节点中，本书格式和文书节点需要定义，本书将母弹和末敏子弹不同运动阶段的运动时间、位移、速度和转速信息分别输出在三个虚拟场景中，如图 7.24。VR Tracer 模块将 Simulink 模块中与模型运动轨迹相关的数据以曲线的形式画在虚拟世界中，运动轨迹的标识和采样时间可以自行定义，本书将末敏子弹的位移数据输出显示在虚拟场景中，方便更好地看到末敏子弹的运动过程，如图 7.25 所示。

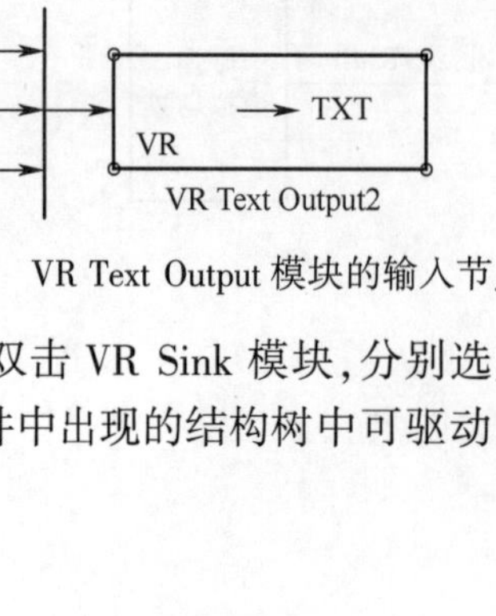

图 7.24　VR Text Output 模块的输入节点

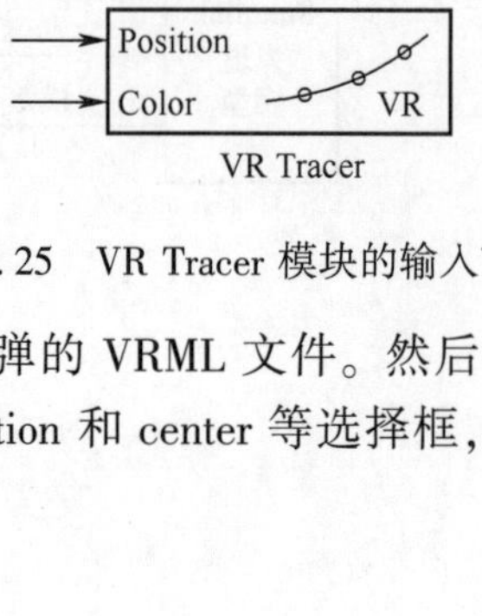

图 7.25　VR Tracer 模块的输入节点

(3) 双击 VR Sink 模块，分别选定母弹及末敏子弹的 VRML 文件。然后依次选中 VRML 文件中出现的结构树中可驱动的 translation、rotation 和 center 等选择框，以驱动模型运动。

(4) 选择要控制的自由度。本课题中在母弹运动阶段选择母弹 Transform 节点下的 translation 和 rotation 域,减速减旋段选择 MMD Transform 节点下的 translation、x_rotation、y_rotation 和 z_rotation 域,稳态扫描段分别选择 MMZD Transform 节点下的 translation 域、SAN Transform 节点下的 rotation 和 DAN Transform 下的 rotation 域 。完成设置后,输入端口即出现在 VR Sink 模块中,如图 7.26 所示,图(a)、(b)、(c)分别为母弹、子弹减速减旋段和稳态扫描段的 VR Sink 模块输入节点。将 Simulink 模型中信号接到对应的端口,启动仿真,就可以在浏览器中观察到虚拟场景了。

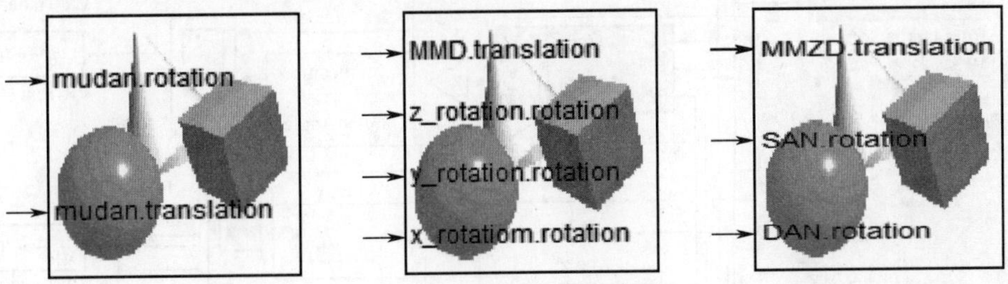

(a) 母弹飞行　　(b) 减速减旋段　　(c) 稳态扫描段

图 7.26　末敏弹 VR Sink 模块输入节点

经过以上步骤虚拟现实模型和 Simulink 的接口已经搭好,Simulink 模块的数据可以通过 VR 视景窗口展现,图 7.27~图 7.29 分别为母弹飞行段、减速减旋段、稳态扫描段的 Simulink 可视化仿真模型。

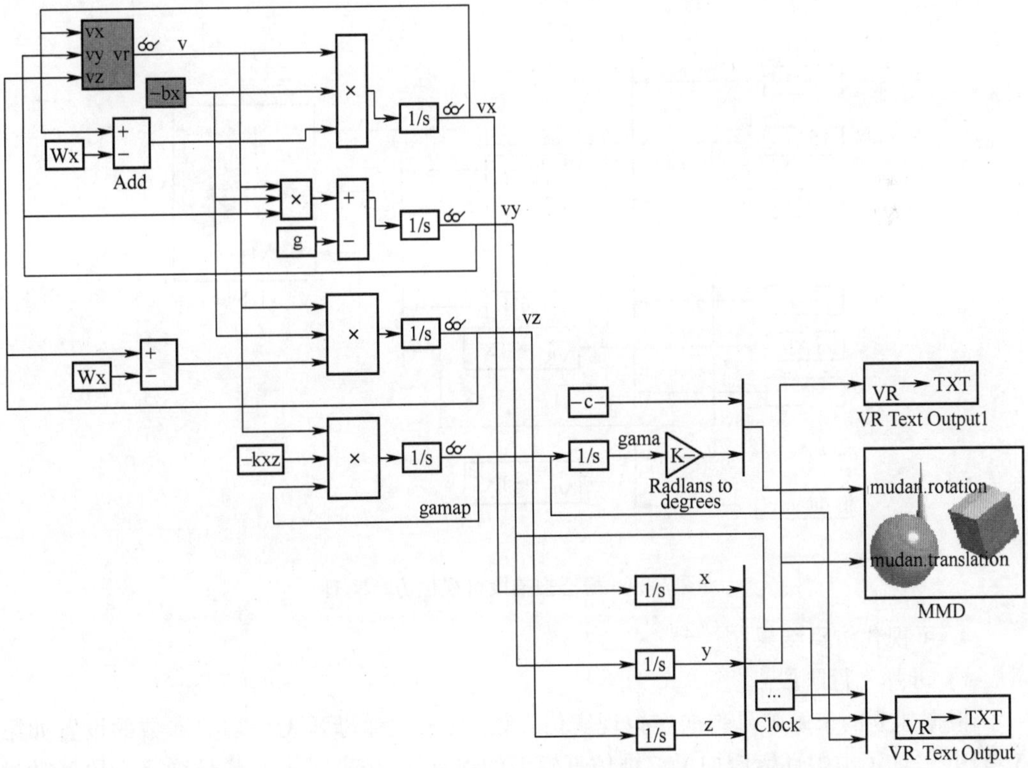

图 7.27　母弹飞行段可视化仿真模型

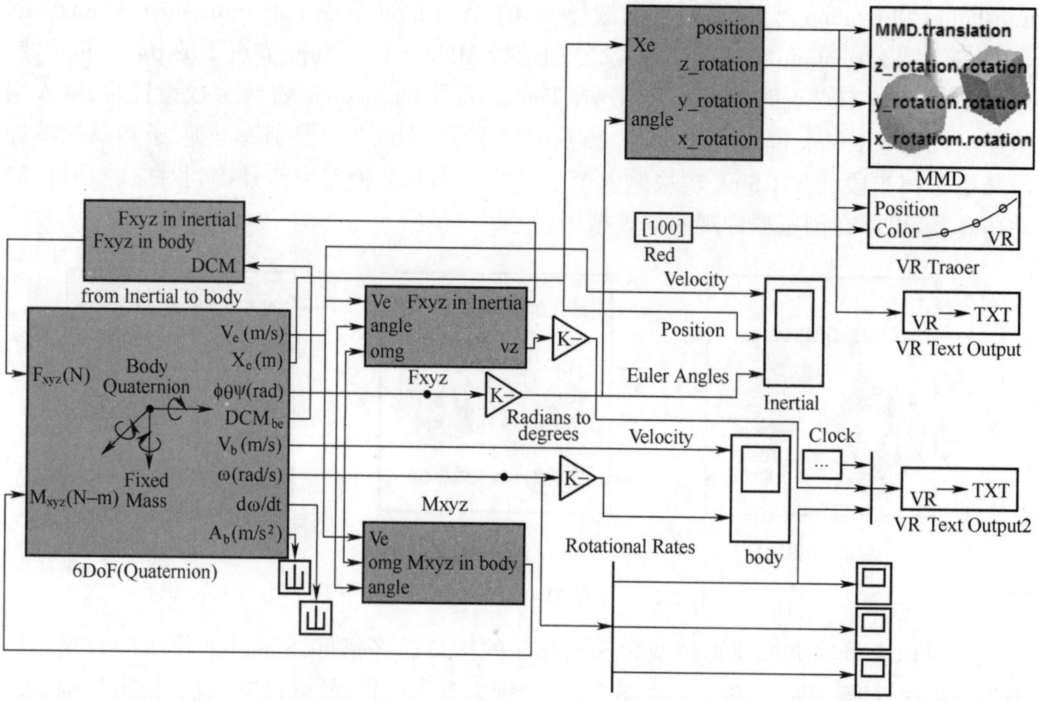

图 7.28　减速减旋段可视化仿真模型

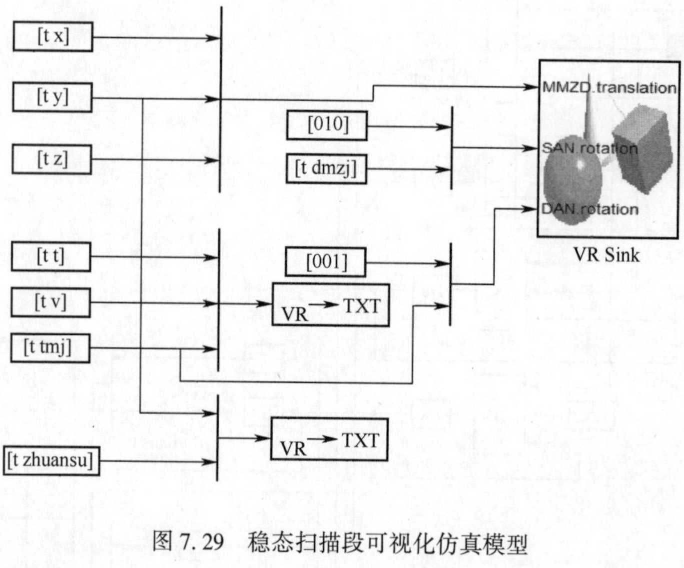

图 7.29　稳态扫描段可视化仿真模型

4. 可视化仿真结果

1）母弹飞行阶段

根据建立的末敏弹母弹的虚拟现实仿真模型，末敏弹母弹飞行初始参数的设置如第 5 章，并添加了虚拟环境增加了三维仿真模型的逼真性，仿真了末敏弹母弹飞行段运动过程。母弹飞行段的运动图像如图 7.30 所示。

(a) 母弹发射

(b) 母弹空中飞行

图 7.30　母弹飞行段的运动图

由仿真结果图可以看出母弹在飞行段位移和倾角的变化。构建的虚拟战场环境是以草地为地面,波澜起伏的高山为背景,加入了简易火炮发射装置和坦克装甲目标,给人一种身临其境的感觉。为了更好地描述母弹运动过程,作出了母弹运行轨迹线。左下角设置的启动按钮用于控制母弹发射,正下方为母弹飞行段提示牌,能够清楚地知道末敏弹正处于哪个运动阶段。从图 7.30(a)母弹发射到图 7.30(b)母弹空中飞行,看出母弹从炮口发射一直沿着既定的运动轨迹飞行,先上升后下降,弹道倾角也有相应的变化,真实地反映了母弹飞行段的运动状态。

2) 抛撒分离阶段

抛撒分离段的初始条件就是母弹飞行段的终点的运动状态,母弹飞行段的终点运动状态如图 7.31(a)所示。抛撒分离段弹壳、弹底、前后子弹运动状态如图 7.31(b)所示。

从图 7.31(b)看出,分离的时序如下:首先将弹底从子弹串中分离,然后依次分离后子弹和前子弹,直观地看出弹壳、弹底、前后子弹在空中的运动状态,为之后的减速减旋段做好准备。

3) 末敏子弹减速减旋段

减速减旋段初始条件就是抛撒分离段前后子弹终点的运动状态。后子弹先打开减速

(a) **抛撒分离段初始时刻**

(b) **抛撒分离过程中**

图 7.31　抛撒分离段运动图

伞充气,开始快速地减速并与前子弹分离,在此时也拉紧了前子弹的开伞绳,当前后子弹分离达到一定值时,前子弹打开减速伞充气,快速减速,两个子弹继续分离。本节为了简化,只给出了后子弹减速减旋段的运动状态,如图 7.32 所示。

图 7.32　减速减旋段运动图

由图 7.32 看出,此时的后子弹和减速伞一边下落一边绕铅垂轴旋转,正准备打开主旋转伞,为顺利进入稳态扫描段做准备。

4) 末敏子弹稳态扫描段

稳态扫描段初始条件就是减速减旋段前后子弹终点的运动状态。抛掉减速伞和减旋翼片,打开主旋转伞,进入了稳态扫描阶段。稳态扫描运动过程如图 7.33 所示。

(a) 稳态扫描开始

(b) 稳态扫描结束

图 7.33 稳态扫描段运动图

从图 7.33(a)、(b)看出,稳态扫描段伞-弹系统在坦克装甲目标上空一边匀速下落,一边绕铅垂轴旋转,进行探测、搜索。

7.7.3 基于 Vega Prime 的末敏弹全弹道视景仿真

Vega Prime 是 Multigen 公司推出的跨平台可扩展的开发环境,是主要用于虚拟现实、实时视景仿真、声音仿真以及其他可视化领域的世界领先级的应用软件工具,它能高效创建和配置视景仿真、基于仿真的训练、通用可视化等应用程序。

Lynx Prime 图形用户界面配置工具是一个添加类实例和定义实例初始参数的编辑器。视景系统初始配置参数存储在 Lynx Prime 创建的 ACF(Application Configuration File)文件中。ACF 包含所有的 Vega Prime 初始化信息和部分系统运行信息,ACF 文件在 Vega Prime 的 Lynx Prime GUI 中定义并设置。ACF 文件在随后可自动被翻译成 C++程序,这样利用配置好的 ACF 文件就能大大减少系统代码的编写量。

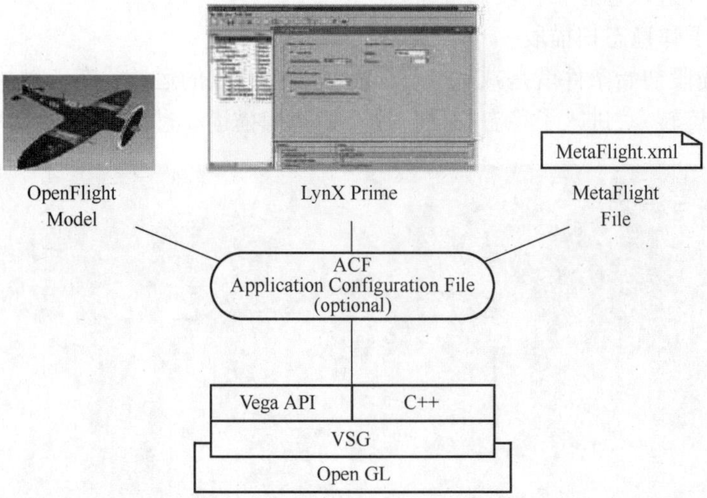

图 7.34　Vega Prime 的系统结构图

1. 路径定义

路径定义包括对末敏弹以及目标的路径定义。路径定义主要是利用第 1 章中得到的末敏弹外弹道上的数百个时空坐标点,定义末敏弹在虚拟场景中的运动路径,从而实现末敏弹按照路径运动的效果。在 Vega Prime 中可以利用 Path Tool 工具进行路径定义。在 Path Tool 工具中可以设置运动体六个自由度以及运动速度和加速度等参数,因此可以实时地控制虚拟场景中运动物体的运动状态实现可视化仿真(图 7.35)。

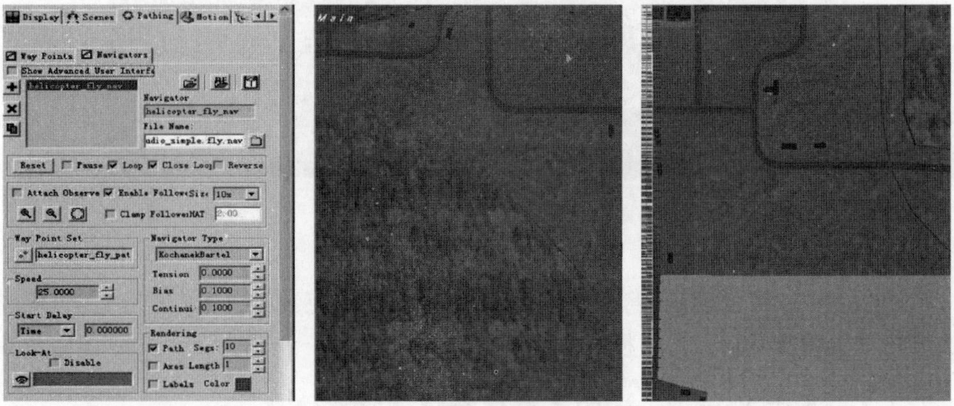

图 7.35　末敏弹路径定义图

2. 多仿真视点

定点视点是指实时得到末敏弹的位置后,将此点设为视点观察;侧方视点是将视点设置在末敏弹旁的某个位置,时时追随末敏弹观察;俯视视点是将视点设定为高空中固定的一点,对整个视景场景进行观察;目标视点是对末敏弹所打击的目标的追随观察视角(图 7.36)。

3. 多通道多窗口

多通道多窗口可以实现在同一时刻以不同的角度观察弹丸飞行状态。可以通过在一

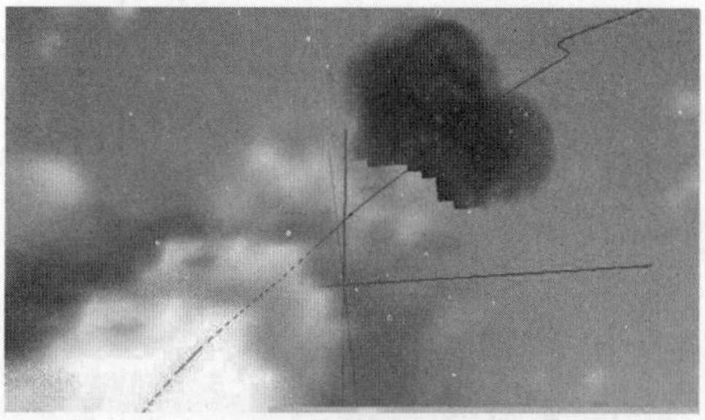

（a）定点视点

（b）侧方视点

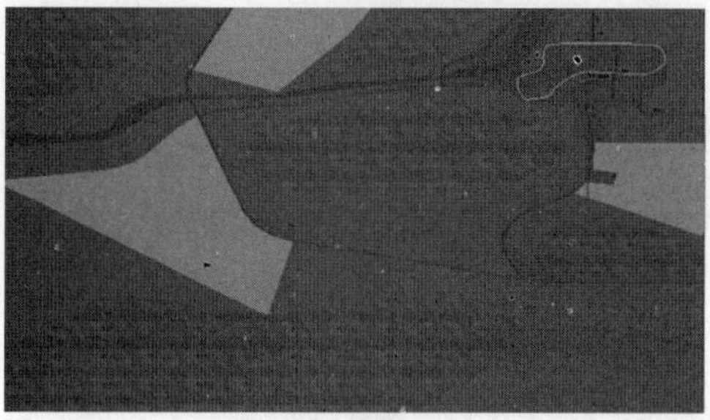

（c）俯视视点

（d）目标视点

图 7.36　观察模式效果图

个线程中绘制多通道从而生成静态通道的方法来实现。首先，在配置 ACF 文件时，将配置好的多个通道的大小设为 0。然后，在运行时将所需要的观察者、通道和窗口关联起来，并将该通道添加进去。通过应用多通道技术，实现了四分屏观察模式，实现了对末敏弹全方位、多角度的观察，增强了视景仿真的逼真度和实时感（图 7.37）。

图 7.37　多通道效果图

4. 碰撞检测模式

Vega Prime 中定义了七种碰撞检测模式：Tripod、Bump、Los、HAT、XYZPR、ZPR 和 Z。末敏弹在飞行过程中，主要是判断末敏弹与地形的碰撞情况，可以应用 Los 碰撞算法检测碰撞。末敏弹在爆炸过程中，主要是判断 EFP 与目标的碰撞情况，可以应用 Bump 碰撞算法检测碰撞(图 7.38)。

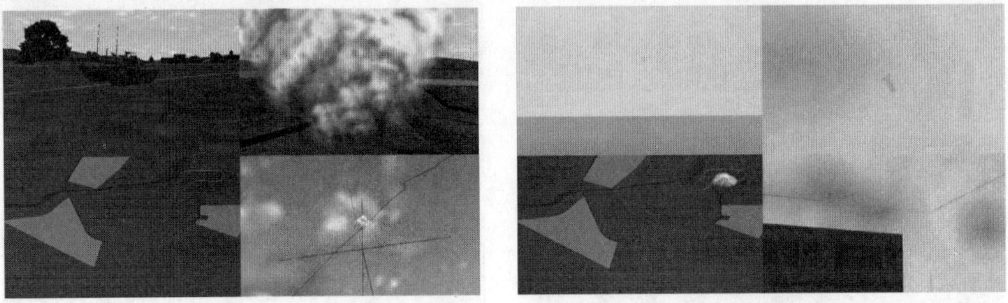

(a) EFP爆炸　　(b) 爆炸效果

(c) 烟雾效果　　(d) 火焰效果

图 7.38　EFP 与目标的碰撞效果图

5. 气象环境定义

末敏弹可以在多种气象环境下作战，因此，在对末敏弹进行全弹道视景仿真时也需要模拟各个环境下的作战情况。主要考虑四种情况的天气系统：积云、晴朗、阴和暴雨(图 7.39)。

(a) 积云　　(b) 晴朗

（c）阴天　　（d）暴雨

图 7.39　天气环境效果图

6. 仿真结果

首先根据作战任务及气象、地理等参数计算并装定射击诸元，如射角、射向、时间引信的开舱时间等，发射末敏弹，如图 7.40 所示。

图 7.40　末敏弹发射效果图

随后末敏弹在空中飞行，逐渐靠近要打击的目标。此时目标正在处于高速的运动中，如图 7.41 所示。

图 7.41　末敏弹飞行效果图

当末敏弹飞至目标区上空时,时间引信按照装定的时间作用,点燃抛射药,抛出两枚末敏子弹。末敏子弹减速减旋并逐渐分开一定距离,抛出减速伞,如图 7.42 所示。

图 7.42　减速减旋效果图

末敏子弹减速减旋一段时间后,释放出旋转伞,进入稳态扫描阶段。此时,末敏子弹以一定的落速和转速下落。与此同时,末敏子弹自主地对目标进行搜索、探测、识别,如图 7.43 所示。当末敏子弹探测到敌装甲目标,即起爆 EFP 战斗部,EFP 高速飞行目标,如图 7.44、图 7.45 所示。

图 7.43　稳态扫描效果图

图 7.44　起爆 EFP 效果图

图 7.45　EFP 击中运动中坦克效果图

参考文献

[1] 韩子鹏. 弹箭外弹道学[M]. 北京:北京理工大学出版社,2008.

[2] 徐明友. 弹箭飞行动力学[M]. 北京: 国防工业出版社, 2003.

[3] 臧国才. 弹箭空气动力学[M]. 北京:兵器工业出版社,1989.

[4] 杨启仁. 子母弹飞行动力学[M]. 北京:国防工业出版社,1997.

[5] 杨绍卿. 灵巧弹药工程[M]. 北京:国防工业出版社,2010.

[6] 曹兵,郭锐,杜忠华. 弹药设计理论[M]. 北京理工大学出版社,2016.

[7] 李向东,郭锐,陈雄,等. 智能弹药原理与构造[M]. 北京:国防工业出版社,2016.

[8] 钱建平. 弹药系统工程[M]. 北京:电子工业出版社,2014.

[9] 韩珺礼. 弹道学——枪炮弹药的理论与设计[M]. 北京:国防工业出版社,2014.

[10] 马晓冬. 伞降末敏子弹动力学特性研究[D]. 南京理工大学博士论文,2016.

[11] 张俊. 典型末敏弹的红外辐射特性研究[D]. 南京理工大学博士论文,2015.

[12] 吕胜涛. 无伞末敏弹气动布局优化及尾翼气动弹性研究[D]. 南京理工大学博士论文,2015.

[13] 邱荷. 末敏弹全弹道运动仿真及虚拟现实技术研究[D]. 南京理工大学硕士论文,2013.

[14] 胡志鹏. 无伞末敏弹稳态扫描技术研究[D]. 南京理工大学博士论文,2013.

[15] 殷克功. 末敏子弹运动特性分析研究[D]. 南京理工大学博士论文,2008.

[16] 王福海. 伞降末敏子弹运动特性研究[D]. 南京理工大学硕士论文, 2007.

[17] 郭锐. 导弹末敏子弹总体相关技术研究[D]. 南京理工大学博士论文,2006.

[18] 舒敬荣. 非对称末敏子弹大攻角扫描特性研究及应用[D]. 南京理工大学博士论文, 2004.

[19] 卢春梅. 末敏弹系统多刚体力学分析及动画模拟仿真[D]. 南京理工大学硕士论文,2002.

[20] 刘荣忠. 末敏弹结构动态响应和效能分析[D]. 南京理工大学博士论文,1996.

[21] 周长省, 鞠玉涛, 朱福亚. 火箭弹设计理论[M]. 北京: 北京理工大学出版社, 2005.

[22] 王儒策. 弹药工程[M]. 北京: 北京理工大学出版社, 2002.

[23] 唐乾刚,张青斌,杨涛,等. 末修子弹动力学[M]. 2013.

[24] 苗昊春,杨栓虎,等. 智能化弹药[M]. 北京:国防工业出版社,2014.

[25] 陆珥. 炮兵照明弹设计[M]. 北京:国防工业出版社,1978.

[26] 王儒策,刘荣忠,苏玳,等. 灵巧弹药构造及作用[M]. 北京:兵器工业出版社,2001.

[27] 李向东,钱建平,曹兵,等. 弹药概论[M]. 北京: 国防工业出版社, 2004.

[28] 李增刚. ADAMS 入门详解与实例[M]. 北京:国防工业出版社,2006.

[29] 李军,邢俊文, 贾文洁. ADAMS 实例教程[M]. 北京: 北京理工大学出版社,2002.

[30] 张德丰,周灵. VRML 虚拟现实应用技术[M]. 北京: 电子工业出版社, 2010.